디지털 공학

최 동 선
양 승 호 공저

도서
출판 상 학 당

머리말

디지털 공학은 전기, 전자 및 컴퓨터 분야의 기초가 되는 학문으로서 반도체 기술의 발전과 더불어 응용 범위가 점점 더 확대되어 가고 있다.

디지털 공학은 컴퓨터, 자동차, 통신장비, 비디오 게임기, 가전기기, 계측장비, 전자수첩, 전자사전, 의료기기, 항공우주, 군용장비 등 거의 모든 산업 분야에 응용되고 있다. 그러므로 디지털 공학은 관련 분야에 종사하는 사람들뿐만 아니라 공학을 하는 사람들이 필수적으로 이해하고 있어야 할 학문 분야 중의 하나이다.

특히 전자, 정보통신 분야에서는 가장 중요하고 기초가 되는 학문인 것이다. 따라서, 누구나 쉽게 배워 실생활에 응용할 수 있는 디지털 공학의 기초지식을 학습하기 위한 교과서로 사용되도록 이 책을 만들게 되었다.

이 책을 내면서 국내외 여러 저서 및 매뉴얼 등을 참고로 하였기에 먼저 수고하신 여러 저자분들께 감사의 말씀을 드리고, 부족한 점은 보다 완성도가 높은 교재가 될 수 있도록 앞으로 계속 수정 · 보완해 나갈 것을 약속드린다.

아무쪼록 이 책이 디지털 기술을 배우고자 하는 학생들에게 디지털 기술에 대한 기초이론을 확립하도록 하여 상위의 응용기술을 습득하는 데 조금이라도 도움이 되기를 바란다.

끝으로 이 책이 출간되도록 애써 주신 상학당 남승우 사장님께 감사드린다.

저자 씀

차 례

제 1 장 ■ 서 론 ■ 13

제 2 장 ■ 수의 체계와 연산 ■ 21

제 3 장 ■ 코드화 시스템 ■ 47

제 4 장 ■ 불 대수와 논리 게이트 ■ 75

제 5 장 ■ 불 함수의 간략화 ■ 119

제 6 장 ■ 조합 논리회로 ■ 157

제 7 장 ■ 순서 논리회로 ■ 205

제 8 장 ■ 레지스터 ■ 251

제 9 장 ■ 카운터 회로 ■ 267

제 10 장 ■ 기억회로 ■ 301

제 11 장 ■ 디지털 응용 ■ 333

제 1 장 서 론

1.1 개 요

디지털 컴퓨터(digital computer)는 수학·과학·상업 및 공학 분야에서 아주 중요하게 취급되고 있으며, 정보화 사회를 맞아 컴퓨터가 사회에 미치는 영향은 엄청나다고 할 수 있겠다. 따라서, 컴퓨터를 어떻게 사용하고, 어떻게 동작시킬 것인가 하는 것은 상식적인 일이 되었다.

비록 계산기의 역사로 말하자면 19세기까지 돌이켜보아야 하지만 근대의 컴퓨터는 1930년대에 고안되기 시작했고 실제로 제작된 것은 1950년경이다. 1946년 펜실베이니아 대학에서 연구하던 존 본 노이먼(John Von Neuman)이 내장형 프로그램(stored programming)의 개념을 제안하면서 전자화된 컴퓨터가 개발되기 시작하였다. 따라서 근대의 컴퓨터는 약 50년 정도의 역사를 갖고 있다고 할 수 있겠으나 컴퓨터가 21세기를 맞아 사회에 미치는 영향은 절대적이라 할 수 있을 것이다.

먼저 디지털(digital)과 아날로그(analog)란 무엇인가를 살펴보도록 하자. 거실에서 사용되고 있는 조광기를 예로 들어보면, 먼저 조광기를 켜고 끌 때 ON, OFF 스위치를 사용하게 되는데 이와 같이 동작상태가 2가지밖에 없는 이산(discrete) 동작을 디지털이라 한다. 스위치를 ON한 상태에서 조광 조절장치를 서서히 증가시키는 방향으로 증가시키면 빛의 밝기는 서서히 밝아지고, 감소시키면 서서히 어두워진다. 이때 무수히 존재하는 빛의 밝기의 연속(continous) 동작을 아날로그라 한다.

디지털 신호(digital signal)란 이산적(discrete)인 정수체계로 표현되는 시간적으로 불연속적(discontinous)인 전기신호를 말한다. 디지털이란 본래 수를 헤아린다는 의미로 이때 0과 1의 이산적인 값이 이용된다.

아날로그 신호는 디지털 신호에 대비되는 말로서 전압 · 전류 · 길이 · 온도 · 습도 · 압력 · 속도 · 수위 · 유량, 그리고 소리의 세기, 빛의 강도 등과 같이 시간축 상에서 연속적으로 변하는 물리량을 뜻한다. 일반적으로 자연계에서 발생하는 물리적인 양은 변환기(transducer)를 통해 전기적 신호인 아날로그 신호로 바뀐다.

디지털 시스템(digital system)은 디지털 신호를 처리하는 시스템으로, 아날로그 신호를 처리하는 아날로그 시스템에 비하여 정밀하고 높은 신뢰도를 유지한다. 물론, 디지털 시스템을 대표하는 것은 디지털 컴퓨터이고, 그 밖에 전자교환기 · 광통신 시스템 · 디지털 전압계 · 디지털 온도계 · 디지털 저울 · 디지털 계산기 · 디지털 혈압계 · 디지털 시계 · 전자사전 등이 이에 속한다.

우리 주위에서 흔히 볼 수 있는 에어컨 · 전열기 · 냉장고 등에 쓰이는 ECM(Electrically Commutated Motor) 가변속도 전동기도 디지털 기술이 이용된 마이크로프로세서와 EPROM을 사용하여 설계된다.

그 밖에도 로봇 · 교육 · 우주 · 항공 · 군용 · 의료 · 통신 분야 등 이루 헤아릴 수 없을 만큼 많은 분야에서 디지털 시스템이 연구 개발되어 이용되고 있는 실정이다. 현대의 우리 인간은 디지털 시대 속에서 살고 있다고 해도 과언이 아닐 것이다.

아날로그 신호보다 디지털 신호를 많이 사용하고 있는 이유는 디지털 시스템이 아날로그 시스템에 비해 정확하고 신뢰성이 높을 뿐만 아니라 디지털 신호처리 기술의 발달로 컴퓨터에 의한 다양한 처리가 가능하다는 장점 때문이다. 아날로그 시스템과 디지털 시스템의 특성을 비교해보면 〈표 1-1〉과 같다.

〈표 1-1〉 아날로그 시스템과 디지털 시스템의 특성 비교

구 분	아날로그 시스템	디지털 시스템
신호의 형태	연속적(continous)	이산적(discrete)
주요회로	증폭회로	논리회로
출력표시	연속적인 물리량	숫자 · code · 문자
응용장치의 예	라디오 · TV · 무선 송수신기	컴퓨터 · 디지털 멀티미터
정밀도	0.01%가 한계이다	높일 수 있다
프로그래밍	불필요	필요
기본연산	미적분(병렬연산)	사칙연산
신호의 예	음성신호 · 영상신호	펄스 신호
처리대상	시뮬레이터 · 미분방정식	과학기술 · 사무용 계산

1-2 디지털 펄스

디지털 시스템에서의 상태는 2개의 전압준위를 이용하여 표현한다. 전압준위가 높은 값(high level, HIGH)을 1로 하고, 낮은 값(low level, LOW)을 0으로 하는 시스템을 정논리(positive logic) 시스템이라 하고, 반대로 낮은 값을 1, 높은 값을 0으로 하는 시스템을 부논리(negative logic) 시스템이라 한다.

[그림 1-1]은 정펄스와 부펄스를 나타낸 것이다. 정펄스(positive pulse)는 전압파형이 LOW 레벨에서 HIGH 레벨로 되었다가 다시 LOW 레벨로 되는 것으로 [그림 1-1 (a)]와 같으며, 부펄스(negative pulse)는 전압파형이 HIGH 레벨에서 LOW 레벨로 되었다가 다시 HIGH 레벨로 되돌아가는 것으로 [그림 1-1 (b)]와 같다.

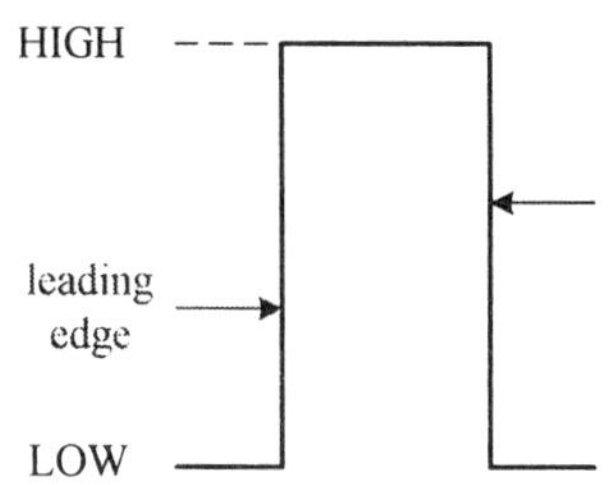

(a) 정펄스

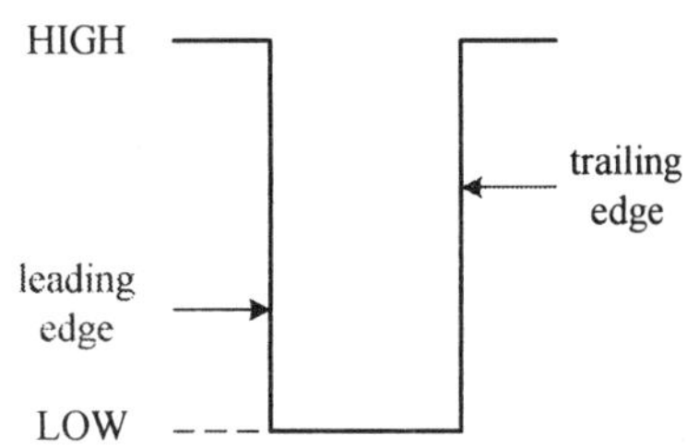

(b) 부펄스

[그림 1-1] 정펄스와 부펄스

정펄스에 있어서 리딩 에지(leading edge)를 상승구간(positive-going transition 또는 rising edge)이라고 부르며, 트레일링 에지(trailing edge)는 하강구간(negative-going transition 또는 falling edge)이라고 부른다. 부펄스의 경우 리딩 에지는 하강구간, 트레일링 에지는 상승구간이 된다. 따라서, 정논리 시스템에서의 정펄스의 사용은 부논리 시스템에서의 부펄스 사용과 같은 효과를 나타냄을 알 수 있다. 이상과 같은 디지털 신호는 스위치의 단락, 단안정 멀티바이브레이터, 비안정 멀티바이브레이터 등을 이용하면 손쉽게 만들 수 있다.

디지털 신호를 표현하는 방법은 여러 가지가 있다. 가장 일반적인 방법은 논리 1일 때 HIGH 전위, 논리 0일 때 LOW 전위로 대치하는 것인데, 이것을 NRZ(Non Return to Zero) 신호라 하며 [그림 1-2 (a)]와 같이 동작한다. 이 코드는 컴퓨터 주변기기(단말기 · 프린터 등)에서 많이 사용된다. 또한 펄스와 다음 펄스 사이에 반드시 0 전위를 일정 시간 동안 유지하는 신호를 RZ (Return to Zero) 신호라 하고 파형은 [그림 1-2 (b)]와 같다. 그러나 이 코드는 많이 사용되지 않는다. 바이폴라(bi-polar) 신호의 파형은 [그림 1-2 (c)]와 같으며 RZ 신호와 비슷하나 0일 때는 상태변화가 없고 1일 때만 (+) 전위와 (−) 전위 상태가 교대로 나타나는 신호이다.

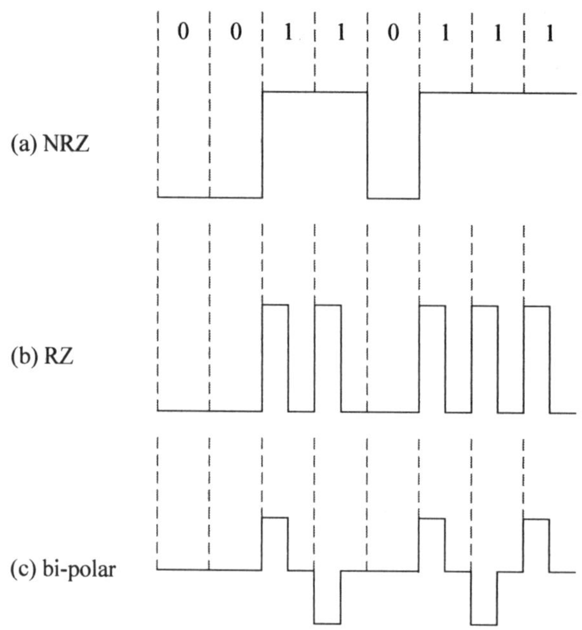

[그림 1-2] 디지털 신호

1.3 디지털 컴퓨터 시스템

디지털 컴퓨터의 기본구조는 입력부(IU : Input Unit), 연산부(ALU : Arithmetic and Logical Unit), 제어부(CU : Control Unit), 주기억장치(MM : Main Memory), 출력부(OU : Output Unit)로 구성된다. [그림 1-3]은 컴퓨터의 구조를 간략하게 블록도로 표시한 것이다.

제어부 및 연산부와 직접적인 통신을 하는 기억부는 보통 주메모리라 부르는 고속 RAM으로 구성된다. 대부분의 컴퓨터에서 프로그램 수행시 주기억장치의 기억용량이 부족한 경우 주기억장치보다 속도가 늦더라도 가격이 저렴하고 많은 기억용량을 갖는 보조기억장치를 필요로 한다. 보조기억장치는 속도가 늦어 중앙처리장치와 자료를 직접 교환할 수 없으므로 보조기억장치에 기억되어 있는 프로그램은 주기억장치에 옮겨져서 수행된다.

입/출력부의 주요기능은 그 이름이 뜻하는 바와 같이 정보의 입력과 출력 기능을 수행하지만 그들은 일시 기억기능(buffering)과 데이터 변환 등의 보조기능을 가진다. 일시 기억기능은 처리속도가 매우 빠른 장치와 비교적 느린 장치간의 연결기능을 수행한다. 입력부의 대표적 장치는 키보드, 출력부의 대표적 장치는 CRT라 할 수 있겠다.

연산부(ALU : Arithmetic Logic Unit)는 기억장소로부터 가져온 오퍼랜드에 대해 다양한 산술논리 연산을 수행한다. ALU의 연산내용은 수행되고 있는 연산명령에 따라 변화한다.

제어부(control unit)는 기억장치(memory)로부터 명령어를 받아서 그것들을 해독하고 다른 부분에 적절한 신호를 제공하여 목표하는 동작이 수행되도록 한다. 또한, ALU에 의해 만들어진 자료에 대한 다양한 시험결과를 받아서 이를 기초로 하여 여러 처리과정간의 선정을 한다. ALU와 제어장치를 묶어서 흔히 중앙처리장치(CPU : Central Processing Unit)라고 부른다.

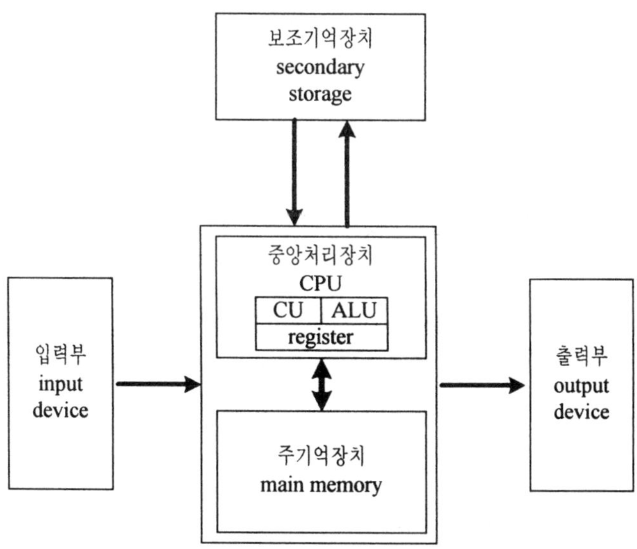

[그림 1-3] 컴퓨터의 기본구조

이와 같은 디지털 컴퓨터는 기억용량을 더욱 확대시키고 처리속도를 더욱 빠르게 하는 방향으로 계속 발전되어나가고 있으며, 또한 병렬 컴퓨터 시스템으로 발전해나갈 것이다.

디지털 시스템의 주된 특징을 살펴보면 다음과 같다.

① 디지털 시스템은 설계하기 쉽다. 사용되는 회로가 스위칭 회로이기 때문이다. TR · CMOS 등의 전자소자를 이용하면 손쉽게 스위칭 회로를 구성할 수 있다.

② 정보저장이 쉽다. 이것은 플립플롭과 같은 특별한 기억소자에 의해 가능하다.

③ 정확성과 정밀도가 높다. 디지털 시스템은 몇 개의 스위칭 회로를 추가함으로써 우리가 필요로 하는 많은 자릿수의 정밀도를 가진 수를 다룰 수 있다.

④ 컴퓨터와 호환성을 가진다. 시스템의 동작이 프로그램이라고 하는 일련의 저장된 명령에 의해 제어되는 디지털 시스템을 설계하기는 쉽기 때문이다.

⑤ 디지털 회로는 잡음에 강하다. 왜냐하면 HIGH와 LOW를 구별하지 못할 만큼 잡음이 충분히 크지 않는 한, 미세하게 변동하는 전압의 정확한 값은 중요하지 않기 때문이다.

⑥ 많은 디지털 회로구성이 IC칩 상에서 고밀도 집적이 가능하므로 영구적이라 할 수 있다.

⑦ 정보저장 기능과 프로그램 기능을 이용하여 지능을 갖도록 할 수 있다.

1 4 디지털 집적회로

디지털 컴퓨터를 비롯한 디지털 시스템 회로는 대부분 집적회로(integrated circuit)로 설계된다. 집적회로는 한 개의 실리콘 기판(silicon substrate) 위에 완전한 기능을 가진 회로를 구성하는 데 필요한 여러 가지 부품들, 즉 트랜지스터 · 다이오드 · 저항 · 콘덴서 · 도선 등을 반도체 처리 기법에 의하여 생성시킨 회로이다.

이와 같은 IC의 제조공정은 크게 4가지 공정으로 나눌 수 있다. 먼저 Si 웨이퍼 상에서 회로를 그릴 수 있는 절연층을 만들기 위해 표면가공이 행해진다. 두 번째 과정은 에피택셜 성장으로 Si 웨이퍼를 기판으로 하여 특별한 전기적 특성을 갖는 물질의 층을 침전시키는 과정이다. 세 번째 과정은 확산과정으로서 횟수에 따라 저항 · 다이오드 · 트랜지스터 소자가 결정된다. 마지막 과정은 금속증착화 과정으로 각 회로성분을 내부적으로 연결해주는 과정이다. 이렇게 만들어진 IC는 일반적으로 소형이며 값이 싸고 신뢰성이 높은 특징을 가진다.

반도체를 집적도에 따라 분류하면 다음과 같다.

① SSI(Small Scale Integrated circuit) : 수십 개 미만의 게이트를 집적한 반도체를 말한다. 소규모 집적회로로 대부분의 74 시리즈가 해당된다.

② MSI(Medium Scale Integrated circuit) : 수십 개에서 수백 개 미만의 게이트를 집적한 반도체를 말한다. 중규모 집적회로로 인코더 · 디코더 · MUX · DMUX · 레지스터 · 카운터 · ALU 등이 해당된다.

③ LSI(Large Scale Integrated circuit) : 수백 개에서 수천 개 미만의 게이트를 집적한 반도체를 말한다. 대규모 집적회로로 RAM, 마이크로프로세서 등이 해당된다. 40 pin짜리 범용 입출력 인터페이스 8255 PPI(Programmable Peripheral Interface)가 이에 속한다.

④ VLSI(Very Large Scale Integrated circuit) : 수천 개에서 수만 개 미만의 게이트를 집적한 반도체를 말한다. 초대규모 집적회로로 원칩 마이크로컨트롤러 40 pin 8051 IC가 이에 속한다.

⑤ ULSI(Ultra Large Scale Integrated circuit) : 극초대규모 집적회로로서 수만 개 이상의 트랜지스터를 집적한 반도체를 말한다.

참고 한 개의 게이트는 10개 정도의 전자소자로 집적된다. 또한, SSI나 MSI는 BJT 혹은 MOS 소자를 사용하나, LSI 이상에서는 집적도를 높이기 위해 MOS나 I^2L소자를 사용한다.

1 연습문제

1. 디지털 신호와 아날로그 신호에 대하여 설명하여라.
2. 정논리 시스템과 부논리 시스템에 대하여 설명하여라.
3. 디지털 신호의 표현방법에 대하여 설명하여라.
4. 컴퓨터의 기본구조에 대하여 설명하여라.
5. 탁상용 계산기(calculator)와 컴퓨터(computer)의 차이점은 무엇인가?
6. 디지털 시스템의 특징에 대하여 약술하여라.
7. MSI에 대하여 약술하여라.

제 2 장 ······· 수의 체계와 연산

우리가 일상생활에서 사용하는 수는 10을 기초로 하는 10진법이지만 컴퓨터 시스템의 내부에서 사용하는 수의 체계는 2진법이다. 디지털 시스템을 이해하고 활용하기 위해서는 2진수(binary number)에 대한 이해가 필요하다.

2-1 10진수와 진법

어떤 숫자 시스템에서 사용하는 기호(symbol)의 수를 베이스(base) 또는 기수(radix)라고 한다. 예를 들어, 10진법에서는 베이스가 10이고, 2진법에서는 2, 그리고 16진법에서는 16이 된다. r 진법에서는 베이스가 r 이고, r 진법의 숫자를 표현하기 위해서는 0~(r－1)인 r 개의 기호가 필요하게 된다.

r＝2인 2진법에서는 0과 1만으로 숫자를 표현하게 된다. 마찬가지로 r＝10인 10진법에서는 0, 1, 2, 3, 4, 5, 6, 7, 8, 9인 10개의 기호를 이용하며, r＝16인 16진법에서는 0~9와 A, B, C, D, E, F의 16개의 기호를 이용하여 숫자를 표현하게 된다.

r 진법의 숫자 $N_r = a_n a_{n-1} \cdots a_3 a_2 a_1 a_0$ 은 다음과 같은 수식으로 그 값을 계산할 수 있다.

$$N_r = a_n r^n + a_{n-1} r^{n-1} + \cdots + a_i r^i + \cdots + a_3 r^{3+} a_2 r^2 + a_1 r^1 + a_0 r^0$$

단, 위 식에서 $a_i\,(i = 0, 1, \cdots, n)$ 은 0과 (r－1) 사이의 숫자이다.

10 진수(decimal number) 체계에서 어떤 값을 표현할 때 대부분의 경우 숫자가 구성되는 과정을 설명하지 않지만 625라는 숫자는 6백2십5의 값을 가

진다. 이때 각 기호는 숫자 내에서의 위치에 따라 갖는 값이 달라지게 되며 이것을 가중치(weight)라 한다.

즉, 10진수 625는

$$625 = 6 \times 10^2 + 2 \times 10^1 + 5 \times 10^0$$
$$= 6\text{백} + 2\text{십} + 5$$

만큼의 값을 가진다.

또 다른 예로서 N=123.4일 때 그 크기는

$$N = 1 \times 10^2 + 2 \times 10^1 + 3 \times 10^0 + 4 \times 10^{-1}$$

만큼의 값을 가진다.

예제 2-1

베이스가 3인 수의 시스템에서 숫자의 표현은 어떻게 되겠는가? 222까지 수를 세는 방법을 보여라. 그리고 222 다음의 수는 무엇이 될까 생각해보아라.

해답 베이스가 3이므로 숫자를 표현하는 기호는 0, 1, 2를 사용하여야 한다. 0으로부터 3개의 수는 0, 1, 2이며, 그 다음을 나타내기 위해서는 2개의 숫자기호를 결합시켜야 한다. 즉, 2 다음의 수는 10이고, 그 다음은 11, 12이다. 12 다음은 20, 21, 22이다. 2개의 숫자기호의 최대 결합이 이루어졌으므로 그 다음은 3개의 숫자기호의 결합이 시작된다. 따라서

0, 1, 2, 10, 11, 12, 20, 21, 22, 100, 101, 102, 110, 111, 112, 120, 121, 122, 200, 201, 202, 210, 211, 212, 220, 221, 222, …가 된다.

222 다음은 4개 숫자기호의 결합이 시작되어야 하므로 1000이 될 것이다.

2.2 2진수

2진수(binary number)는 가장 간단한 수체계이며 디지털 시스템에서 많이 사용되고 있다. 2진 숫자의 각 자리는 비트(bit)라 하며, 2진수에서 사용되는 숫자기호는 일반적으로 0, 1의 2종류이다. 2진수에서 사용되는 2개의 숫자기호는 상반된 개념을 지니며 'HIGH'와 'LOW' 또는 'ON'과 'OFF' 등에 대한 각 상태를 대표하게 된다.

예제 2-2

2진수에서 사용되는 숫자기호 0과 1 대신에 A와 B를 사용하면 7(일곱)은 어떻게 셀까?

해답 0 = A, 1 = B, 2 = BA, 3 = BB, 4 = BAA, 5 = BAB, 6 =BBA, 7 = BBB순으로 세어야 하므로 7은 BBB가 된다.

(1) 2진수에서 10진수로의 변환

2진수로 표현된 정수에서 2진 숫자 내의 각 비트(bit)의 가중치는 최하위 비트(LSB : Least Significant Bit)로부터 최상위 비트(MSB : Most Significant Bit) 쪽으로 1, 2, 4, 8, … 등의 값을 가진다. 2진수의 각 비트에 대한 가중치를 표로 나타내면 아래 〈표 2-1〉과 같다.

〈표 2-1〉 2진법에서 각 비트의 가중치

위 치	MSB						LSB
비트값	b_n	b_{n-1}	……	b_3	b_2	b_1	b_0
가중치	2^n	2^{n-1}	……	2^3	2^2	2^1	2^0

단, bi = 0 또는 1의 값

위의 〈표 2-1〉을 이용하여 2진 숫자 N = 11100101_2를 10진수로 변환하면 그 크기는

$$\begin{aligned} N &= 1\times2^7+1\times2^6+1\times2^5+0\times2^4+0\times2^3+1\times2^2+0\times2^1+1\times2^0 \\ &= 128+64+32+4+1 \\ &= 229_{10} \end{aligned}$$

가 된다. 즉, 2진수의 각 비트 위치에 대한 가중치를 산술적으로 합하면 2진수 표현과 등가인 10진수가 계산된다.

소수점을 갖는 2진수에서 소수점에 위치한 비트들의 가중치는 다음 〈표 2-2〉와 같다.

즉, 2진법에서 소수점 아래의 비트들은 $\frac{1}{2}$, $\frac{1}{4}$, $\frac{1}{8}$, … 등의 가중치를 가진다. 따라서 N = 0.101_2를 10진수로 변환하면 그 크기는

$$0.101_2 = 1\times\frac{1}{2} + 0\times\frac{1}{4} + 1\times\frac{1}{8} = 0.5 + 0.125 = 0.625_{10}$$

가 된다.

〈표 2-2〉 2진법에서 소수점 아래 비트의 가중치

위 치	소수점						LSB
비트값	.	b_{-1}	b_{-2}	b_{-3}	…	$b_{-(m-1)}$	b_{-m}
가중치		2^{-1}	2^{-2}	2^{-3}	…	$2^{-(m-1)}$	2^{-m}

단, bi = 0 또는 1의 값

또한, 정수부와 소수부를 동시에 갖는 실수의 각 비트들의 가중치는 아래 〈표 2-3〉과 같다.

〈표 2-3〉 2진 실수의 각 비트의 가중치

위 치	MSB					소수점					LSB
비트값	b_n	b_{n-1}	…	b_1	b_0	.	b_{-1}	b_{-2}	…	$b_{-(m-1)}$	b_{-m}
가중치	2^n	2^{n-1}	…	2^1	2^0		2^{-1}	2^{-2}	…	$2^{-(m-1)}$	2^{-m}

단, bi = 0 또는 1의 값

따라서 소수점 이하 부분을 갖는 2진수 N = 1011.101_2를 10진수로 변환하면 그 값은

$$N = 1\times2^3+0\times2^2+1\times2^1+1\times2^0+1\times2^{-1}+0\times2^{-2}+1\times2^{-3}$$
$$=8+2+1+\frac{1}{2}+\frac{1}{8}$$
$$=11.625_{10}$$

가 된다.

예제 2-3 2진수 110.001_2를 10진수로 변환하여라.

해답 $110.001_2 = 1\times2^2+1\times2^1+1\times2^{-3}=6.125_{10}$

(2) 10진수에서 2진수로의 변환

인간은 10진수를 사용하고 있으나 컴퓨터 시스템 내부에서는 2진수를 이용하므로 10진수를 2진수로 변환할 수 있어야 한다. 10진수를 2진수로 변환

하기 위해서는 정수부와 소수부를 나누어서 생각하여야 한다. 먼저 정수부만 갖는 10진수 N을 2진수로 변환하는 과정을 알아본다.

10진수 N과 등가인 2진수를 다음과 같이 표현할 수 있다.

$$N=(a_n a_{n-1} \cdots a_2 a_1 a_0)_2$$

위 식의 우변을 10진값으로 변환한 값이 N과 같아야 한다. 즉,

$$(a_n a_{n-1} \cdots a_2 a_1 a_0)_2 = a_n \times 2^n + a_{n-1} \times 2^{n-1} + \cdots + a_2 \times 2^2 + a_1 \times 2^1 + a_0 \times 2^0$$

이므로,

$$N=a_n \times 2^n + a_{n-1} \times 2^{n-1} + \cdots + a_2 \times 2^2 + a_1 \times 2^1 + a_0 \times 2^0$$

가 성립하여야 한다.

a_0을 구하기 위하여 식의 양변을 2로 나누면

$$\frac{N}{2}=a_n \times 2^{n-1} + a_{n-1} \times 2^{n-2} + \cdots + a_2 \times 2^1 + a_1 \times 2^0 + \frac{a_0}{2}$$

가 되고, $\frac{N}{2}$의 몫 Q_1은

$$Q_1=a_n \times 2^{n-1} + a_{n-1} \times 2^{n-2} + \cdots + a_2 \times 2^1 + a_1 \times 2^0$$

이 되고, 나머지 R_1은

$$R_1=a_0$$

가 되며, a_0는 N에 대한 2진 표현의 최하위 비트(LSB : Least Significant Bit)가 된다. 다시 a_1을 구하기 위해서는 첫 번째 과정의 몫인 Q_1에 대하여 위의 과정을 반복한다. $Q_1 = a_n \times 2^{n-1} + a_{n-1} \times 2^{n-2} + \cdots + a_2 \times 2^1 + a_1 \times 2^0$ 이므로, 이 식의 양변을 다시 2로 나누면 몫 Q_2는 $a_n \times 2^{n-2} + a_{n-1} \times 2^{n-3} + \cdots + a_2 \times 2^0$, 나머지 R_2는 a_1이 된다. 나머지 a_1는 N에 대한 2진 표현의 두 번째 비트가 된다.

위의 과정을 몫 Q가 0이 될 때까지 반복 수행하면 각 단계에서 구해지는 나머지가 N에 대한 2진 표현의 각 비트값이 된다. 이 과정에서 주의할 사항은 첫 번째로 구해지는 나머지가 2진수 표현의 LSB가 되는 것이다. 10진수 N을 r 진법으로 변환할 경우에는 N 에 대하여 r 로 반복해서 위의 과정을 수행한다.

예를 들어, 10진수 13을 2진수로 변환하고자 하는 경우, 10진수를 반복해서 2로 나누면서 몫이 0이 될 때까지 구해지는 나머지들을 LSB로부터 역순으로 표시한다.

먼저 13을 2로 나누면 몫(quotient)은 6, 나머지(remainder)는 1이 되고, 이 나머지 값이 2진수의 LSB가 된다. 첫 번째 나눗셈의 몫 6을 다시 2로 나누면 몫은 3, 나머지는 0이 되고, 이 나머지 값은 2진수의 두 번째 자릿수가 된다. 3을 다시 2로 나누면 몫은 1, 나머지도 1이 되고, 이 나머지 값은 2진수의 세 번째 자릿수가 된다. 1을 다시 2로 나누면 몫은 0, 나머지는 1이 되고, 이 나머지 값은 2진수의 최상위 비트(MSB : Most Significant Bit)가 된다. 2로 나누는 과정을 몫이 0이 될 때까지 계속 반복하면 10진수 13은 2진수 1101로 변환된다.

예제 2-4

$(353)_{10}$을 2진수로 변환하여라.

해답

	몫	나머지	
2	353	… 1	↑ (LSB)
2	176	… 0	
2	88	… 0	
2	44	… 0	
2	22	… 0	
2	11	… 1	
2	5	… 1	
2	2	… 0	
2	1	… 1	(MSB)
	0		

위와 같이 10진수 $(353)_{10}$는 2진수 $(101100001)_2$으로 변환된다.

소수부만 갖는 10진수 N을 2진수로 변환하는 과정을 알아본다.

10진수 N과 등가인 2진수를 다음과 같이 표현할 수 있다.

$$N=(0.a_{-1}a_{-2}\cdots a_{-(m+1)}a_{-m})_2$$

식의 좌우가 같은 값을 갖기 위한 2진수 표현의 각 비트값 a_{-i}를 구하면 된다.

$$(0.a_{-1}a_{-2}\cdots a_{-(m+1)}a_{-m})_2$$
$$= a_{-1}\times 2^{-1}+a_{-2}\times 2^{-2}+\cdots+a_{-(m+1)}\times 2^{-(m+1)}+a_{-m}\times 2^{-m}$$

이므로 $N=a_{-1}\times 2^{-1}+a_{-2}\times 2^{-2}+\cdots+a_{-(m+1)}\times 2^{-(m+1)}+a_{-m}\times 2^{-m}$가 성립하여야 한다. 식의 양변에 2를 곱하면

$$2N=a_{-1}+a_{-2}\times 2^{-1}+\cdots+a_{-(m-1)}\times 2^{-m}+a_{-m}\times 2^{-m+1}$$

가 되고, 2N의 결과에서 a_{-1}은 이미 정수값이 되며 N에 대한 2진 표현의 소수점 아래 첫 번째 비트가 된다.

또한, $a_{-2}\times 2^{-1}+\cdots+a_{-(m-1)}\times 2^{-m}+a_{-m}\times 2^{-m+1}$ 은 새로운 소수부를 갖는 N_1이 되며, N_1의 양변을 다시 2로 곱하면

$$2N_1=a_{-2}+a_{-3}\times 2^{-1}\cdots+a_{-(m-1)}\times 2^{-m+1}+a_{-m}\times 2^{-m+2}$$

가 된다. $2N_1$에서 a_{-2}는 정수부 값이 되며,

$$a_{-3}\times 2^{-1}+\cdots+a_{-(m-1)}\times 2^{-m+1}+a_{-m}\times 2^{-m+2}$$

는 소수부는 N_2가 된다. 따라서 a_{-2}는 이미 정수값이 되며 N에 대한 2진 표현의 소수점 아래 두 번째 비트가 된다. 이 과정을 소수부가 0이 될 때까지 반복 수행하면서 각 단계에서 구해지는 정수부가 N에 대한 2진수 표현의 각 비트값이 된다. 이 과정에서 주의할 사항은 첫 번째로 구해지는 정수부가 2진수 표현의 소수점 아래 첫 번째 비트가 되는 것이다.

예를 들어, 10진수 0.625를 2진수로 변환하고자 하는 경우, 2를 반복해서 곱하면서 소수부가 0이 될 때까지 구해지는 정수부들을 소수점 아래 첫 번째 비트로부터 표시힌다. 먼지 0.625에 2를 곱하면 1.25이므로 성수부는 1, 소수부는 0.25가 되고, 이 정수부의 값 1이 2진수의 소수점 아래 첫 번째 비트값이 된다. 첫 번째 곱셈의 소수부 0.25에 다시 2를 곱하면 0.5이므로 정수부는 0, 소수부는 0.5가 되어 소수점 아래 두 번째 비트값은 0이 된다. 0.5에 다시 2를 곱하면 정수부는 1, 소수부는 0.0이 되어서 소수점 아래 세 번째 비트값은 1이 된다. 즉, 2를 곱하는 과정을 소수부가 0이 될 때까지 계속 반복하며, 이러한 방법으로 10진수 $0.625_{10} = 0.101_2$ 로 변환된다.

예 제 2-5

$(0.703125)_{10}$을 2진수로 변환하여라.

해답

```
          0.703125
          X      2
1 · · · · ①.40625
          X     2
0 · · · · ⓪.8125
          X    2
1 · · · · ①.625
          X   2
1 · · · · ①.25
          X  2
0 · · · · ⓪.5
          X 2
1 · · · · ①.0
```

따라서, 10진수 $(0.703125)_{10} = (0.101101)_2$이 된다.

정수부(I)와 소수부(F)를 모두 갖는 10진 실수 N을 2진수로 변환할 경우에는 실수 N = I.F 이므로 정수부 I 에 대해서는 I 를 2로 연속적으로 나누면서 나머지를 역순으로 모으고, 소수부 F 에 대해서는 2를 연속적으로 곱하면서 소수점 위로 올라가는 수(정수부)를 모은다. 따라서, 10진 실수 N에 대한 2진수로의 변환결과는 I 에 의해서 변환된 부분으로 2진 표현의 소수점 윗부분을, F 에 의해서 변환된 부분으로 2진 표현의 소수점 아랫부분을 구성한다.

예제 2-6

10진 실수 $(254.21875)_{10}$을 2진법으로 변환하여라.

해답 10진 실수 $(254.21875)_{10}$을 2진법으로 변환하기 위하여 정수부 254와 소수부 0.21875로 나누어서 각각 2진수로 변환한다.

```
    정수부                       소수부

2 | 254 · · · 0 ↑                   0.21875
2 | 127 · · · 1                     X     2
2 |  63 · · · 1        0 · · · ⓪.43750
2 |  31 · · · 1                     X     2
2 |  15 · · · 1        0 · · · ⓪.87500
2 |   7 · · · 1                     X     2
2 |   3 · · · 1        1 · · · ①.75000
2 |   1 · · · 1                     X     2
      0                1 · · · ①.50000
                                    X     2
                       1 · · · ①.00000
```

따라서, 10진수 $(254.21875)_{10}$을 2진수로 변환하면 $(11111110.00111)_2$가 된다.

2 3 8진수

8진수(octal number)와 2진수는 10진수에 비하여 상호변환이 쉽게 이루어지는 특성을 갖고 있으므로 디지털 컴퓨터의 분야에서 많이 사용되고 있다. 8진법에서는 0, 1, 2, 3, 4, 5, 6, 7의 8종류 숫자기호를 사용한다.

8진수 $N = 625_8$ 일 때, '그 크기는 625(육이오)이고 기수는 8이다'라고 읽게 되며, 10진수로 변환한 값은

$$N = 6\times8^2+2\times8^1+5\times8^0$$
$$= 405_{10}$$

으로 계산된다.

예제 2-7

$(142)_8$을 10진수로 변환하여라.

해답

$$(142)_8 = 1\times8^2+4\times8^1+2\times8^0$$
$$= 1\times64+4\times8+2\times1$$
$$= 64+32+2$$
$$= (98)_{10}$$

10진수를 8진수로 변환하는 과정은 10진수를 2진수로 변환하는 것과 동일한 방법으로 정수부는 몫이 0이 될 때까지 기수인 8(2진 변환의 경우에는 2)로 반복해서 나누어서 나머지를 역순으로 배열하고, 소수부는 소수점 아래가 0이 될 때까지 8을 곱하면서 소수점 위로 올라가는 수(정수부)의 모으기를 반복한다.

예제 2-8

$(127)_{10}$을 8진법으로 변환하여라.

해답

```
8 | 127   ··· 7  ↑
8 | 15    ··· 7  ┆
8 | 1     ··· 1  ┆
    0
```

따라서 10진수 $(127)_{10}$을 8진수로 변환하면 $(177)_8$이 된다.

예제 2-9

$(0.1875)_{10}$을 8진법으로 변환하여라.

해답

```
                 0.1875
                 X    8
                -------
┆ 1 · · · ·     (1).5000
┆                X    8
                -------
↓ 4 · · · ·     (4).0000
```

따라서 10진수 $(0.1875)_{10}$을 8진수로 변환하면 $(0.14)_8$이 된다.

예제 2-10

$(254.21875)_{10}$을 8진법으로 변환하여라.

해답

정수부

```
8| 254 · · · 6 ↑
8| 31  · · · 7 ┆
8| 3   · · · 3 ┆
   0
```

소수부

```
                 0.21875
                 X     8
                --------
┆ 1 · · · ·     (1).75000
┆                X     8
                --------
↓ 6 · · · ·     (6).00000
```

10진수 $(254.21875)_{10}$을 8진수로 변환하면 $(376.16)_8$이 된다.

2.4 16진수

16진수(hexadecimal number)도 8진수와 마찬가지로 2진수와 특별한 관계가 있기 때문에 디지털 컴퓨터의 분야에서 많이 사용되고 있다. 16진수는 1자리의 표시에 16개의 숫자를 필요로 하기 때문에 0~9 이외에 A, B, C, D, E, F를 사용한다.

16진수 $N = 15AF_{16}$ 일 때 그 크기는 다음과 같이 된다.

$$\begin{aligned} N &= 1 \times 16^3 + 5 \times 16^2 + (10) \times 16^1 + (15) \times 16^0 \\ &= 4096 + 1280 + 160 + 15 \\ &= 5551_{10} \end{aligned}$$

10진수를 16진수로 변환하는 과정은 10진수를 2진수나 8진수로 변환하는 것과 동일한 방법으로 정수부는 몫이 0이 될 때까지 기수인 16(2진 변환의 경우에는 2)으로 반복해서 나누어서 나머지를 역순으로 배열하고, 소수부는 소수점 아래가 0이 될 때까지 16을 곱하면서 소수점 위로 올라가는 수(정수부)의 모으기를 반복한다.

예제 2-11

10진 실수 $(254.21875)_{10}$을 16진법으로 변환하여라.

해답 10진 실수 $(254.21875)_{10}$을 16진법으로 변환하기 위하여 정수부 254와 소수부 0.21875로 나누어서 각각 16진수로 변환한다.

정수부

```
16 | 254  · · ·  14(E)  ↑
16 |  15  · · ·  15(F)  ¦
       0
```

소수부

```
              0.21875
            ×      16
            ---------
¦ 3 · · · ·   (3)50000
¦           ×      16
            ---------
↓ 8 · · · ·   (8)00000
```

따라서 10진수 $(254.21875)_{10}$을 16진수로 변환하면 $(FE.38)_{16}$이 된다.

2-5 2진-8진-16진 변환

(1) 8진-2진 변환

2진수와 8진수의 관계는 $2^3 = 8$ 이기 때문에 2진수의 3자리가 8진수의 1자리와 같은 크기를 나타낸다. 따라서, 2진수를 소수점에서부터 3자리씩 구분하면 각각의 구분이 8진수 1자리에 해당한다. 예를 들면, 다음과 같이 대응한다.

2진수 : 011100010110100

8진수 : 3 4 2 6 4

이와 같은 예는 2진수 8진수 상호변환에 이용된다. 반대로 8진수를 2진수로 변환할 때에는 8진수 1자리를 2진수 3자리로 변환하면 된다. 예를 들어, 8진수 275_8을 2진수로 변환하면

$675_8 = 6 \quad 7 \quad 5$

$110 \; 111 \; 101_2$

이므로 $675_8 = 110111101_2$이다.

이와 같은 결과는 8진수에서의 각 디지트는 3 디지트의 2 진수 값으로 표시될 수 있다는 것을 보여준다.

예제 2-12

$(1011011)_2 = (\quad)_8$

해답 이 문제는 숫자를 읽을 때 디지트를 3자리씩 적절하게 분리시켜야 하는데 그 작업은 가장 오른쪽 디지트에서부터 시작하고 1, 011, 011은 001, 011, 011과 같이 표시되며, 이것은 $(133)_8$로 변환된다.

---

(2) 2진-16진 변환

2진수를 16진수로 변환하기 위해서는 4비트의 2진수를 16진수로 변환하면 된다. 〈표 2-4〉는 2진수와 16진수간의 변환관계를 표시한 것이다.

예를 들면 다음과 같이 대응한다.

2진수 : 101100111101

16진수 : B 3 D

〈표 2-4〉 2진수와 16진수의 변환관계

2진	16진	2진	16진
0000	0	1000	8
0001	1	1001	9
0010	2	1010	A
0011	3	1011	B
0100	4	1100	C
0101	5	1101	D
0110	6	1110	E
0111	7	1111	F

2진수의 값이 $(11111110.00111)_2$라면 소수점을 중심으로 4자리씩 구분하여 16진수로 변환하면

2진수 : 11111110.00111<u>000</u>

16진수 : F E . 3 8

와 같이 16진수 $(FE.38)_{16}$이 된다.

예제 2-13

다음의 2진수를 16진수로 변환하여라.

011011110101

해답

0110 1111 0101

↓ ↓ ↓

6 F 5

따라서 2진수 $011011110101_2 = 6F5_{16}$으로 변환된다.

16진수를 2진수로 변환시킬 때는 16진수의 각 디지트를 4비트의 2진수로 변환시키면 된다.

예제 2-14

다음의 16진수를 2진수로 변환하여라.

F10

해답

$(F10)_{16}$ = 1111 0001 0000

= $(111100010000)_2$

2 6 10진 보수연산

보수(complement)라고 하는 것은 뺄셈을 덧셈으로 처리하고자 할 때 필요한 수이다. 두 수간의 효과적인 감산을 수행하기 위해서는 보수를 이용하게 되며, 디지털 컴퓨터 시스템에서 음수를 효과적으로 표현하기 위해서도 보수를 사용한다. 베이스가 r 인 r 진법에서는 **(r−1)의 보수**(r−1′s 보수)와 **r의 보수**(r′s 보수, 진보수)가 있다.

베이스가 r 이고 자릿수가 n개인 수 N에 대한 r′s 보수 N_r은

$$N_r = r^n - N$$

이며, r−1′s 보수 N_{r-1}은

$$N_{r-1} = r^n - N - 1$$

이다. 위의 두 식으로부터 아래의 관계를 알 수 있다.

$$N_r = N_{r-1} + 1$$

r′s 보수 = r−1′s 보수 + 1

즉, r′s 보수는 r−1′s 보수에 1을 더한 값이다.

일반적인 수체계에서 두 수의 뺄셈은 보수를 이용한 덧셈으로 처리된다. 즉, 두 수 N1과 N2의 뺄셈(N1−N2)은 N1과 N2의 보수를 덧셈함으로써 계산된다.

10진법에서는 9의 보수와 10의 보수가 존재한다. 예를 들어, 25에 대한 9의 보수와 10의 보수는 다음과 같이 구할 수가 있다.

```
  99
- 25
----
  74  ←-- 25에 대한 9의 보수
+  1
----
  75  ←-- 25에 대한 10의 보수
```

(1) r−1의 보수

base가 r 인 r 진법에서 자릿수가 n인 수 N과 M의 감산(N−M)에 대하여 아래와 같이 r−1′s 보수를 이용하여 표현할 수 있다.

$$N - M = N + \{(r^n - 1) - M\} - (r^n - 1)$$

위 식에서 $\{(r^n - 1) - M\}$은 **M**에 대한 r-1's 보수인 M_{r-1}이고, r^n은 최상위 자리로부터의 올림수(carry)인 C_{n-1}이다. 따라서, **N-M**의 계산은

$$\begin{aligned} N - M &= N + \{(r^n - 1) - M\} - (r^n - 1) \\ &= N + M_{r-1} - C_{n-1} + 1 \quad \text{또는} \quad N + M_r - (r^n - 1) \end{aligned}$$

로 계산된다. 위의 결과로부터

1) $N + M_{r-1}$에서 올림수 C_{n-1}이 발생할 때

$N + M_{r-1}$을 $C_{n-1} + K$로 표현하면

$$\begin{aligned} N - M &= N + \{(r^n - 1) - M\} - (r^n - 1) \\ &= N + M_{r-1} - C_{n-1} + 1 \\ &= C_{n-1} + K - C_{n-1} + 1 \\ &= K + 1 \end{aligned}$$

로 계산된다. 식에서 **K**는 $N + M_{r-1}$의 계산에서 최상위 자리로부터의 올림수를 무시한 나머지이며, +1은 $N + M_{r-1}$의 결과로 발생하는 올림수 C_{n-1}을 **K**에 되돌려서 더하는 것과 같다. 따라서 +1을 r-1's 보수연산에서 순환 자리올림수(end around carry)라 하며, 순환 자리올림수가 발생하는 경우에는 연산의 결과가 양수이다.

2) $N + M_{r-1}$에서 올림수가 없을 때

$N + M_{r-1}$을 **K**로 표현하면

$$\begin{aligned} N - M &= N + \{(r^n - 1) - M\} - (r^n - 1) \\ &= N + M_{r-1} - (r^n - 1) \\ &= K - (r^n - 1) \\ &= -\{(r^n - 1) - K\} \end{aligned}$$

로 계산된다. 최상위 자리로부터의 올림수가 없기 때문에 N-M을 계산한 결과는 $-\{(r^n - 1) - K\}$가 되고 이 값은 -{**K**에 대한 r-1's 보수}이다.

즉, r-1's 보수를 이용한 두 수의 연산에서

① 최상위 자리로부터 올림수가 있는 경우에는 연산의 결과에서 순환 올

림수를 처리하고 그 결과는 양의 값을 가진다.

② 최상위 자리로부터 올림수가 없는 경우에는 연산의 결과는 음의 값을 가지며 r−1′s 보수로 표현되어 있다.

예제 2-15

9의 보수를 이용하여 10진 연산 83−25를 수행하여라.

해답

$$\begin{array}{r} 83 \\ -\ 25 \\ \hline 58 \end{array} \qquad \begin{array}{r} 83 \\ +\ 74 \\ \hline (1)57 \\ +\ 1 \\ \hline +58 \end{array} \xleftarrow{\text{9의 보수}} -25$$

(a) 10진 연산　　(b) 9의 보수를 이용한 연산

예제 2-16

9의 보수를 이용하여 10진 연산 25−83을 수행하여라.

해답

$$\begin{array}{r} 25 \\ -\ 83 \\ \hline -\ 58 \end{array} \qquad \begin{array}{r} 25 \\ +\ 16 \\ \hline 41 \\ \downarrow \text{9의 보수} \\ -58 \end{array} \xleftarrow{\text{9의 보수}} -83$$

(a) 10진 연산　　(b) 9의 보수를 이용한 연산

---

(2) r의 보수

base가 r인 r진법에서 자릿수가 n인 수 N과 M의 감산 (N − M)에 대하여 아래와 같이 r′s 보수를 이용하여 표현할 수 있다.

$$N - M = N + (r^n - M) - r^n$$

위 식에서 $(r^n - M)$은 M에 대한 r′s 보수이며 M_r이라고 표현한다. 또한, r^n은 최상위 자리로부터의 올림수(carry)인 C_{n-1}이다. 따라서 N−M의 계산은

$$N - M = N + (r^n - M) - r^n$$
$$= N + M_r - C_{n-1} \quad \text{또는} \quad N + M_r - r^n$$

로 계산된다. 위의 결과로부터

1) $N+M_{r-1}$에서 올림수 C_{n-1}이 발생할 때

$N+M_{r-1}$을 $C_{n-1}+K$로 표현하면

$$\begin{aligned} N-M &= N+(r^n-M)-r^n \\ &= N+M_{r-1}-C_{n-1} \\ &= C_{n-1}+K-C_{n-1} \\ &= K \end{aligned}$$

로 계산된다. 식에서 K는 $N+M_{r-1}$의 계산에서 최상위 자리로부터의 올림수를 무시한 나머지이며, 따라서 r's 보수를 이용한 두 수의 연산에서 최상위 자리로부터 올림수(carry) C_{n-1}가 발생하면 C_{n-1}는 무시하며 연산의 결과가 양수 K이다.

2) $N+M_{r-1}$에서 올림수가 없을 때

$N+M_{r-1}$을 K로 표현하면

$$\begin{aligned} N-M &= N+(r^n-M)-r^n \\ &= N+M_{r-1}-r^n \\ &= K-r^n \\ &= -(r^n-K) \end{aligned}$$

로 계산된다. 최상위 자리로부터의 올림수가 없기 때문에 $N-M$을 계산한 결과는 $-(r^n-K)$가 되고 이 값은 −{K에 대한 r's 보수}이다.

즉, r's 보수를 이용한 두 수의 연산에서

① 최상위 자리로부터 올림수가 있는 경우에는 연산의 결과에서 최상위 자리로부터의 올림수를 무시한 나머지가 연산의 결과이며 양의 값을 가진다.

② 최상위 자리로부터 올림수가 없는 경우에는 연산의 결과는 음의 값을 가지며 r's 보수로 표현되어 있다.

예제 2-17 10의 보수를 이용하여 10진 연산 83−25를 수행하여라.

해답

(a) 10진 연산	(b) 10의 보수를 이용한 연산
83 - 25 58	83 + 75 ←------------ 25 (10의 보수) 1̸58 (올림수 무시) 58

예제 2-18

10의 보수를 이용하여 25−83의 연산을 수행하여라.

해답

(a) 10진 연산	(b) 10의 보수를 이용한 연산
25 - 83 - 58	25 + 17 ←------------ -83 (10의 보수) 42 ↓ 10의 보수 -58

2.7 2진 보수연산

2진법에서는 $r=2$이므로 2의 보수와 1의 보수가 있다.

$$N_{r-1} = r^n - N - 1$$
$$= (r^n - 1) - N$$

에서 $r=2$이므로

$$N_1 = 2^n - N - 1$$
$$= (2^n - 1) - N$$
$$= (1111\cdots11) - N$$

로 계산된다. 따라서 2진수에 대한 1의 보수는 $1-1=0$이므로 모든 1을 0으로, $1-0=1$이므로 모든 0을 1로 변환하면 된다. 몇 가지 예를 들어 설명한다.

1010과 1110에 대한 1의 보수는

1010의 1의 보수 = 1111 − 1010
= 0101
1110의 1의 보수 = 1111 − 1110
= 0001

이다.

2진법에서 2의 보수는

$$N_r = N_{r-1} - 1$$

r 의 보수 = r − 1의 보수 + 1

이므로 1의 보수에 1을 더하면 얻어진다. 즉,

2의 보수 = 1의 보수 + 1

이다. 예를 들어 1011의 2의 보수는 1의 보수 0100에 1을 더한 0101이다.

2진수	1의 보수	2의 보수
1110	0001	0001 + 1 = 0010
0001	1110	1110 + 1 = 1111

이러한 보수를 사용하여 어떻게 감산을 행할 것인가?

하나의 방법은 1의 보수를 사용하는 방법이다. 피감수에서 감수를 직접 감산하는 대신 1의 보수를 더하고 MSB로부터의 올림수를 결과에 더해주는 방법이다.

MSB로부터 올림수가 있으면 감산의 결과는 양수이다. 그러나 MSB로부터 올림수가 없으면 감산의 결과는 음수에 대한 1의 보수이다.

예제 2-19

10진 연산 7 − 5를 1의 보수를 이용하여 2진 연산을 수행하여라.

해답

10진법	보통의 방법	1의 보수법	
7 (피감수)	111	111	
- 5 (감수)	- 101	+ 010	←---- (101에 대한 1의 보수)
2	010	(1)001	
		↳+ 1	←---- (end-around carry 처리)
		010	

여기시 우리가 행한 것을 요약하면 다음과 같다.

① 101에 대한 1의 보수 010을 만든다.
② 010을 111에 더해 1001을 얻는다.
③ MSB로부터 올림수가 있으면 이를 LSB에 더해준다(end-around carry 처리).

예제 2-20

10진 연산 10－13을 1의 보수를 이용하여 2진 연산을 수행하여라.

해답

10진법	보통의 방법	1의 보수법
10 (피감수)	1010	1010
-13 (감수)	- 1101	+ 0010 ←---- (1101에 대한 1의 보수)
-3	-0011	1100 ←---- (-0011에 대한 1의 보수)

이 경우에서와 같이 MSB로부터의 올림수가 없으면 두 수에 대한 감산의 결과는 음수이며 1의 보수 형태이다. 즉, 1100은 0011에 대한 1의 보수이므로 감산의 결과는 －0011이 된다.

또 다른 방법은 2의 보수를 사용하는 방법이다.

감산을 하는 대신에 2의 보수를 더하여 MSB로부터의 올림수를 버리면 된다.

예제 2-21

10진 연산 7－5를 2의 보수를 이용하여 2진 연산을 수행하여라.

해답

10진법	보통의 방법	2의 보수법
7 (피감수)	111	111
- 5 (감수)	- 101	+ 011 ←−−(101에 대한 2의 보수)
2	010	(1)010
		↑ └−−−−−−(carry 무시)

2의 보수를 이용한 2진수 감산에서는 감수(subtrahend)에 대한 2의 보수를 피감수(minuend)에 가산하고 마지막 자리에서 올림수(carry)가 발생할 경우

이를 버리면 답이 얻어진다. 2의 보수를 이용한 감산에서 MSB로부터 올림수가 있으면 감산의 결과는 양수이고 올림수가 없으면 음수이다.

예제 2-22 10진 연산 10－13을 2의 보수를 이용하여 2진 연산을 수행하여라.

해답 10진법 보통의 방법 2의 보수법

```
  10        1010       1010
- 13      - 1101     + 0011 ←----- (1101에 대한 2의 보수)
----      ------     ------
- 3       - 0011       1101 ←------(-0011에 대한 2의 보수)
```

가 된다. 2의 보수를 이용한 2진 감산에서 MSB로부터의 올림수가 없으므로 결과는 음수이며 2의 보수 형태이다. 따라서 감산의 결과는 －0011이 된다.

2-8 수치 데이터의 표현방법

(1) 고정소수점 표현

과학 분야에서의 계산에 쓰이는 수는 부호와 크기, 그리고 소수점으로 나타낼 수 있다. 부호는 수가 양수인지 또는 음수인지를 표현하고자 하는 것으로 수치연산에 필수적인 것이며, 소수점의 위치로 소수 부분(fraction)을 표시할 수 있다.

소수점의 위치를 나타내는 방법으로는 고정소수점(fixed-point)에 의한 것과 부동소수점(floating-point)에 의한 것의 두 가지가 있다. 고정소수점은 글자 그대로 소수점이 언제나 약속된 위치에 고정되어 있으며, 소수를 나타내기 위해서는 가장 왼쪽의 위치, 그리고 정수를 표현하기 위해서는 가장 오른쪽의 위치에 소수점이 고정되어 있다고 가정하면 될 것이다. 그에 비해 부동소수점은 소수점의 위치가 고정되어 있지 않다.

2진수의 음의 수까지 고려한 고정소수점 표현은 세 가지 방법으로 표현될 수 있다. 그것들은 부호 및 크기(singed-magnitude) 표현, 1의 보수 및 2의 보수에 의한 표현 등이다. 이 세 가지 모두 맨 왼쪽의 비트가 부호를 나타내는 부호 비트이며, 이 부호 비트가 1이면 음수, 0이면 양수임을 표시한다.

부호 및 크기표현이란 음수를 표현함에 있어서 가장 왼쪽(높은 자리 쪽)의 1비트로 부호를 나타내고, 나머지 비트들로 그 수의 크기를 표현하는 방식이다. 다른 두 방식은 1의 보수 및 2의 보수를 이용하여 음수를 표시한다.

예를 들어, 8비트로서 수를 표시하는 경우 +3을 나타낼 때는 세 가지 표현 방식에서 공통적으로 00000011로 표현된다. 즉, 양수에 대해서는 세 가지 표현 방식이 동일하지만 음수를 나타낼 때는 각각 다르게 표현된다.

+3과 −3을 세 가지 표현 방식으로 나타내면 아래와 같다.

- 부호 및 크기표현 방식 : +3 0 0000011, −3 1 0000011
- 1의 보수표현 방식 : +3 0 0000011, −3 1 1111100
- 2의 보수표현 방식 : +3 0 0000011, −3 1 1111101

부호 및 크기표현 방식에서의 −3은 +3의 표현에서 부호 비트만 바꾸면 되고, 1의 보수의 경우는 부호 비트를 제외한 비트들의 보수, 그리고 2의 보수의 경우 부호 비트를 제외한 비트들의 보수를 구하면 된다. 일반적으로 컴퓨터에서 2의 보수 방식은 연산속도가 1의 보수 방식에 비해 빠르므로 많이 사용되고 있으며, 부호와 절대치 방식은 잘 사용되지 않는다.

예제 2-23

10진수 15를 8비트로 1의 보수표현 방식 및 2의 보수표현 방식으로 나타내어라.

해답 15는 8비트 부호 및 크기 표현 방식으로 00001111이 된다. 따라서

1의 보수는 11110000이 되며,
2의 보수는 11110001이 된다.

---

(2) 부동소수점 표현

부동소수점의 경우에는 어떤 자료의 소수점의 위치를 지시하는 다른 자료(지수값)가 주어져야 한다. 표현하고자 하는 수의 범위를 넓히기 위하여 수를 부동소수점으로 나타낼 때에는 두 부분의 정보가 필요한데, 부호 비트가 첨가된 고정소수점으로 표현된 소수 또는 정수 부분(mantissa)과 지수 부분(exponent)이다.

예를 들어, 10진수 +35.746은 다음과 같이 나타내어진다.

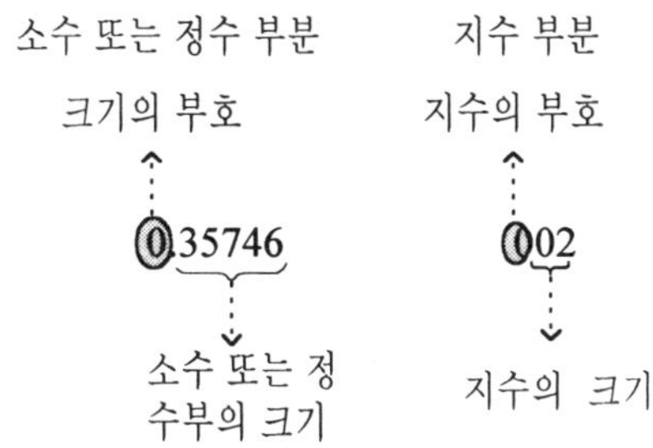

일반적으로 부동소수점 표현은 $m*r^e$로 표현되는데 mantissa인 m과 exponent인 e가 실제로 표시되고, base r과 mantissa에서의 소수점 위치는 약속에 의하여 고정되므로 부동소수점을 처리하는 디지털 회로는 이런 약속에 입각하여 설계되어야 한다.

부동소수점 표현에서 같은 값의 수를 여러 가지로 표현할 수 있는 폐단을 없애기 위하여 mantissa의 최대유효 디지트가 0이 아닌 값을 갖도록 표현하는데 이를 정규화(normalization)되었다고 한다. mantissa가 정규화되면 유효 디지트들을 최대로 표현할 수 있는 장점도 있다.

예를 들어, 5개의 10진 디지트와 부호로서 mantissa를 표현할 때에 $+.35746 \times 10^2 = 35.746$의 수는 정규화되었다고 생각할 수 있는데, 정규화되지 않은 형태인 $+.00357 \times 10^4 = 35.7$로 표현한다면 두 유효숫자 4와 6은 표현할 수 없게 된다.

예제 2-24

다음 수를 부동소수점 형태로 정규화하여라.

a) 123.4　　　　　　b) 0.00567

해답

a) $123.4 = 0.1234 \times 10^3$

b) $0.00567 = 0.567 \times 10^{-2}$

지수부와 가수부에는 각각 부호 비트가 표시되는데, 32 비트의 수는 다음과 같이 저장된다.

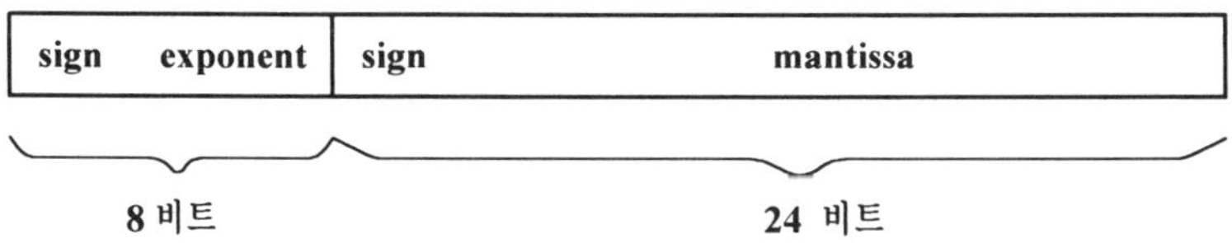

부동소수점 연산에서의 곱셈에 의한 해를 구하기 위해서는 가수부는 서로 곱하고, 지수부는 더해야 한다.

$$N_1N_2=(M_1\times2^{E1})(M_2\times2^{E2})$$
$$=M_1M_2\times2^{(E1+E2)}$$

나눗셈에서는 가수부는 나누고, 지수부는 빼주면 된다.

$$\frac{N_1}{N_2}=\frac{M_1\times2^{E1}}{M_2\times2^{E2}}=\frac{M_1}{M_2}\times2^{(E1-E2)}$$

덧셈이나 뺄셈은 지수부 값이 같을 때에만 가능하다. 뺄셈에서는

$$N_1-N_2=M_1\times2^{E1}-M_2\times2^{E2}$$

이고 지수부가 $E_1=E_2=E$ 라면

$$N_1-N_2=M\times2^{E}$$

이다. 덧셈에서는

$$N_1+N_2=M_1\times2^{E1}+M_2\times2^{E2}$$

이고, 지수부가 $E_1=E_2=E$ 라면

$$N_1+N_2=M\times2^{E}$$

이다.

2 연습문제

1. 아래의 10진수를 2진수로 고쳐라.

a) 234 b) 0.125

2. 아래의 2진수를 10진수로 고쳐라.

a) 11011 b) 1010.011

3. 아래의 8진수를 10진수로 변환하여라.

a) 234 b) 0.125

4. 아래의 10진수를 8진수로 변환하여라.

a) 234 b) 0.125

5. 아래의 16진수를 10진수로 변환하여라.

a) A7 b) 3D

6. 아래의 10진수를 16진수로 변환하여라.

a) 234 b) 32.125

7. 2진수와 8진수의 상호변환을 실시하여라.

a) $(1101101)_2$ = ($)_8$ b) (123)8 = ($)_2$

c) $(101110.111)_2$ = ($)_8$ d) (4567)8 = ($)_2$

8. 2진수와 16진수의 상호변환을 실시하여라.

a) $(01101101)_2$ = ($)_{16}$ b) $(3A7)_{16}$ = ($)_2$

c) $(3D)_{16}$ = ($)_2$ d) $(0101111010100110)_2$ = ($)_{16}$

9. 35 − 18을 9의 보수와 10의 보수 방식으로 연산하여라.

10. 1의 보수와 2의 보수를 구하여라.

a) 1001111 b) 1010011

11. 1의 보수를 이용해서 아래의 2진수 뺄셈을 하여라.

a) 101011 − 011010 b) 10110110 − 00110010

12. 2의 보수를 이용해서 아래의 2진수 뺄셈을 하여라.

a) 101011 − 011010　　　　b) 11101101 − 01001111

13. 위 문제에서 피감수와 감수를 바꾸어 2의 보수 방식으로 연산을 수행하여라.

14. 8비트로 10진수 −125를 2의 보수표현 방식으로 나타내어라.

15. 다음 수를 부동소수점 형태로 정규화하여라.

a) 234　　　　b) 135.79

제 3 장 코드화 시스템

디지털 시스템에서 사용하는 코드는 수치 데이터와 문자 데이터를 표현할 수 있어야 한다. 수치 코드(code)에는 각 비트별로 가중치(weight)를 갖는 가중치 코드(weighted code)인 2진화 10진(BCD : Binary Coded Decimal) 코드, 2421 코드 등과 가중치가 없는 비가중치 코드(unweighted code)인 그레이 코드(gray code), 3초과 코드(excess-3 code) 등이 있다.

문자 코드(alphanumeric code)는 숫자뿐만 아니라 알파벳 문자, 특수기호 등을 포함하는 데이터를 다루기 위한 코드로서, ASCII(American Standard Code for Information Interchange : 미국 정보교환 표준 코드)와 EBCDIC (Extended Binary Coded Decimal Interchange Code : 확장 2진-10진 변환 코드) 등이 있다.

3-1 BCD-8421 코드

(1) 8421 코드

인간은 10진수를 사용하고 있으나 디지털 시스템에서는 2진수만 사용하여야 하기 때문에 10진수를 1과 0만으로 나타낼 수 있는 인간과 디지털 시스템 사이의 상호변환 약속이 필요한데 이를 코드라 한다. BCD(Binary Coded Decimal) 코드란 2진화 10진 코드라는 뜻으로 10진수를 표시하는 데 1과 0을 사용해서 쓰인 2진 코드를 말한다. 8421 코드는 2진화 10진 코드의 형식으로서 10진수의 0~9를 4비트의 2진수로 나타낸 것이다. 이 코드에서 8421(2^3, 2^2, 2^1, 2^0)은 삭 비트의 가중치를 의미하며, 10진수 1자리를 4비트의 2진수로 변환하므로 8421 코드와 10진수 사이의 변환이 용이하다. 10진 숫자를 표현하기 위해서는 10개의 BCD 코드만 필요하며, 그 내용은 〈표 3-1〉과 같다.

〈표 3-1〉 8421 코드

10진수	8421 코드
0	0000
1	0001
2	0010
3	0011
4	0100
5	0101
6	0110
7	0111
8	1000
9	1001

따라서, 8421 코드에서는 1010, 1011, 1100, 1101, 1110, 1111 등 6개의 코드는 사용하지 않는다.

4비트의 2진수는 16($2^4 = 16$)개의 정보를 표현할 수 있지만 BCD 코드에서는 이들 중 10개만 사용하고 있다. 8421 코드는 대표적인 10진 코드이므로 보통 BCD 코드라고만 말할 때는 일반적으로 8421 코드를 의미한다.

다음 예는 10진수를 BCD 코드로 표시한 예이다.

63 = 0110 0011
6.3 = 0110.0011

(2) BCD 코드의 덧셈

대부분의 컴퓨터에서는 10진수를 BCD 코드로 변환하여 저장한다. BCD 코드로 표시되는 2진수에 대한 덧셈과정은 다음과 같다.

① 2진수의 덧셈 규칙에 따라 두 수를 더한다.
② 연산결과 자리올림수가 없으면서 결과값이 9 이하이면 맞는 값이다.
③ 연산결과 값이 9보다 크거나(A~F), 자리올림수가 발생하면 틀린 값이므로 이 경우는 그 결과값에 6(0110)을 더한다. 이를 +6 보정이라 한다.

예제 3-1 다음 10진수를 BCD 코드로 덧셈하여라.

a) 6+6　　　　b) 8+8

해답

a) 연산의 결과값이 9보다 큰 경우 +6을 보정한다.

6	0110
+ 6	+ 0110
12	1100
	+ 0110
	1 0010

b) 연산의 결과 자리올림수가 발생하면 +6을 보정한다.

8	1000
+ 8	+ 1000
16	1 0000
	+ 0110
	1 0110

예제 3-2

다음 연산을 BCD 코드로 덧셈하여라.

a) 36+35   b) 77+73

해답

a)

36	0011	0110	
+ 35	+ 0011	0101	
71	0110	1011	좌측은 BCD이고, 우측은 BCD가 아님.
		+ 0110	우측에 +6하고, carry는 좌측에 더함.
	0111	0001	BCD임.

b)

77	0111	0111	
+ 73	+ 0111	0011	
150	1110	1010	양측 모두 BCD 아님.
	+ 0110	+ 0110	양측에 모두 +6하고, carry는 좌측에 더함
	1 0101	0000	BCD임.

3-2 3초과 코드

(1) 3초과 코드

3초과 코드(excess-3 code)는 BCD 코드와 많은 연관성을 가지고 있으며, 특별한 산술연산에서는 아래에 서술한 몇 가지 장점으로 인해 BCD 코드 대신 사용된다. 10진수에 있어 3초과 코드는 2진으로 변환되기 전에 3이 가산되어 사용된다. 예를 들어, 9를 3초과 코드로 변환하기 위해서는, 먼저 3을 가산하여 12를 얻은 후, 4비트의 2진 코드인 1100으로 변환한다. BCD 코드와 3초과 코드의 관계는 〈표 3-2〉와 같다. 따라서 3초과 코드에서는 0000, 0001, 0010, 1101, 1110, 1111 등 6개의 코드는 사용하지 않는다.

2진수를 코드화했을 때 각 비트에 일정한 자리값을 갖는 코드를 가중치 코드(weighted code)라 하고 그렇지 못한 경우의 코드를 비가중치 코드

(unweighted code)라 한다. 따라서 3초과 코드는 비가중치 코드이다. 또한, 3초과 코드는 자기보수(self complement)의 성질을 가지고 있으므로 10진수의 감산을 9의 보수를 이용하여 실행할 수 있다. 따라서 감산을 덧셈으로 쉽게 처리할 수 있다.

그렇다면 자기보수의 성질을 갖는다는 것은 무엇인가? 자기보수의 성질이란 어떤 수 N에 대한 1의 보수를 취한 값이 N을 10진수로 표현한 값의 9의 보수를 해당 코드로 나타낸 값과 일치하는 성질이다.

〈표 3-2〉에서 10진수 4에 대한 9의 보수는 5이며, 4와 5에 대한 3초과 코드는 각각 0111과 1000이며 두 값은 서로 1의 보수관계이다. 즉, 10진수에서 9의 보수관계가 3초과 코드에서 1의 보수관계임을 알 수 있다. 1의 보수는 디지털 논리회로에서 인버터를 이용하여 쉽게 만들 수 있다. 따라서 3초과 코드를 이용하면 감산을 9의 보수법을 이용하여 실행할 수 있으므로 매우 유용하다.

〈표 3-2〉 BCD와 3초과 코드의 관계

10진수	BCD	3초과 코드
0	0000	0011
1	0001	0100
2	0010	0101
3	0011	0110
4	0100	0111
5	0101	1000
6	0110	1001
7	0111	1010
8	1000	1011
9	1001	1100

(2) 3초과 코드의 덧셈

3초과 코드의 덧셈은 BCD 코드의 덧셈에 비해 연산 알고리즘이 간단하고 또한 코드 자체가 자기보수 성질이 있어 보수를 쉽게 얻을 수 있다. 따라서 뺄셈을 덧셈으로 쉽게 할 수 있기 때문에 디지털 시스템에서 많이 사용된다. 3초과 코드의 덧셈 알고리즘은 올림수(carry)가 있는 경우와 없는 경우로 나누어서 생각하여야 한다.

① 두 개의 3초과 코드를 합하여 carry가 없는 경우에는 두 개의 3초과 코드를 합하면 6초과 코드가 되므로 그 결과에서 3(0011)을 빼야 한다 (−3 보정).

예제 3-3

다음 3초과 코드의 덧셈을 수행하여라.

0111 + 1000

해답

10 진수	3초과 코드	
4	0111	
+ 5	+ 1000	
9	1111	(carry 없음)
	- 0011	(-3 보정)
(3초과 코드) →	1100	

② 두 개의 3초과 코드를 합하여 carry가 있는 경우에는 그 결과에 3(0011)을 더해야 한다(+3 보정).

예제 3-4

다음 3초과 코드의 덧셈을 수행하여라.

1011 + 1010

해답

10 진수	3초과 코드	
8	1011	
+ 7	+ 1010	
15	1 0101	(carry 있음)
	+ 0011 +0011	(+3 보정)
(3초과 코드) →	0100 1000	

예제 3-5

다음의 각 10진수 덧셈을 3초과 코드를 이용하여 계산하여라.

a) 15 + 25 b) 98 + 96

해답

10 진수	3초과 코드	
15	0100 1000	(15의 3초과 코드)
+ 25	+ 0101 1000	(25의 3초과 코드)
40	1010 0000	(우측에 carry 있음 : +3 보정)
	- 0011 + 0011	(좌측에 carry 없음 : -3 보정)
(40의 3초과 코드) →	0111 0011	

a) 3초과 코드를 이용한 15+25의 계산

10 진수	3초과 코드	
98	1100 1011	(98의 3초과 코드)
+ 96	+ 1100 1001	(96의 3초과 코드)
194	1 1001 0100	(좌우측에 carry 있음)
	+ 0011 + 0011 + 0011	(3곳 모두 +3 보정)
(194의 3초과 코드) →	0100 1100 0111	

b) 3초과 코드를 이용한 98+96의 계산

3 3 그레이 코드

컴퓨터 시스템은 이산적인 형태로만 데이터를 처리하도록 설계되어 있지만, 자연계의 물리적인 양은 아날로그 형태로서 데이터를 제공하고 있다. 이들 데이터가 컴퓨터 시스템에 입력되기 위해서는 불연속적인 디지털 형태로 변환되어야 한다. 즉, 아날로그 정보는 아날로그 디지털(AD : Analog-to- Digital) 변환기에 의해서 디지털 형태로 변환되어야 한다. 이런 경우 그레이 코드(gray code 또는 reflected code)를 사용하는 것이 편리하다.

그레이 코드를 입력장치에서 사용하면 판독의 정확성을 개선시킬 수 있기 때문에 그레이 코드는 광학적 또는 기계적으로 위치를 변환시키는 부호기(encoder)에 널리 사용된다. 또한, 비트 수에 제한이 없으며 고속 AD 변환에서 병렬부호화(parallel encoding)에 쓰이기도 한다.

〈표 3-3〉에서 알 수 있듯이 그레이 코드는 일반 코드와는 달리 인접된 두 코드는 한 비트만 달라지는 특성을 갖고 있으므로 기계적인 각 위치(angular position)를 부호화(encode)하는 데 유용하다. 한 각 위치에서 다음 각 위치로 넘어갈 때 경계점에서 오류가 생길 수 있는데 그레이 코드의 경우 오류가 생기더라도 1비트만 생기기 때문이다.

[그림 3-6]은 그레이 코드와 2진 코드의 예로서 그레이 코드(동도 (a))가 3(010)에서 4(110)로 변할 때 동도의 경계면에서 010, 110으로 검출된다. 오직 두 가지 3(010)과 4(110)만 검출되므로 오류가 작다.

이에 비하여 보통의 2진 코드(동도 (b))에서는 오류가 생길 확률이 높아진다. 예를 들어 2진 코드가 3(011)에서 4(100)로 변할 때 경계면에서 검출기의 불완전성 때문에 0(000), 7(111), 1(001), 5(101)로 잘못 검출될 수 있으므로 오류가 크다고 할 수 있겠다.

〈표 3-3〉 그레이 코드

10진수	2진수	그레이 코드	10진수	2진수	그레이 코드
0	0000	0000	8		1100
1	0001	0001	9	1001	1101
2	0010	0011	10	1010	1111
3	0011	0010	11	1011	1110
4	0100	0110	12	1100	1010
5	0101	0111	13	1101	1011
6	0110	0101	14	1110	1001
7	0111	0100	15	1111	1000

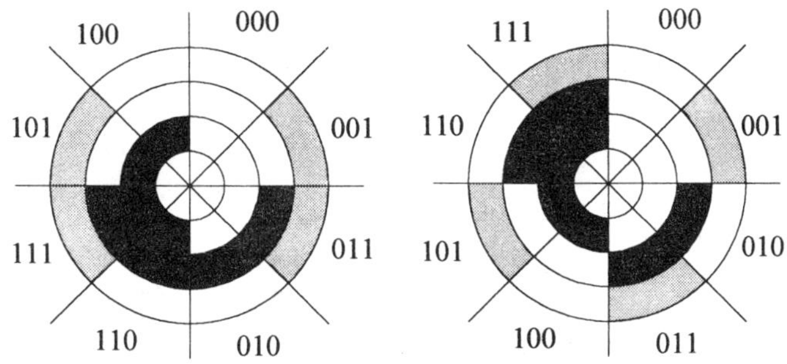

(a) 그레이 코드　　(b) 2진 코드

[그림 3-1] 그레이 코드와 2진 코드

입출력 시스템에서 AD 변환과 DA 변환이 이루어지므로 2진수의 그레이 코드 변환과 그레이 코드의 2진수 변환을 살펴보도록 한다.

(1) 2진수의 그레이 코드 변환

2진수 워드(word)를 그레이 코드 형태로 변환시키는 과정은 다음과 같다.

① 2진수의 MSB에서 시작하여 연속되는 비트의 각 쌍을 비교한다.

② 만약 두 개의 2진수 비트가 같은 값이면 그레이 코드에 0을 표시하고, 만약 두 개의 2진수 비트가 다른 값이면 그레이 코드에 1을 표시한다 (처음 2진수 비트는 0에서 시작하는 것으로 한다).

③ 이런 동작은 modulo-2 가산에 의한 비트 쌍의 덧셈과 같은 것이다 (modulo 2 가산은 0+0=0, 0+1=1, 1+0=1, 1+1=0에서 정의된다).

예제 3-6 다음 2진수를 그레이 코드로 변환하여라.

a) 011010111101 b) 111010101110

해답

a) binary 0 1 1 0 1 0 1 1 1 1 0 1

gray 0 1 0 1 1 1 1 0 0 0 1 1

b) binary 1 1 1 0 1 0 1 0 1 1 1 0

gray 1 0 0 1 1 1 1 1 1 0 0 1

[예제 3-6]에서 아래쪽의 화살표는 2개의 2진수 비트를 비교하는 데 사용되고 결과 비트는 그레이 코드 워드가 된다.

(2) 그레이 코드의 2진수 변환

그레이 코드를 2진수 코드로 변환시킬 때 변환은 MSB(Most Significant Bit)에서 시작한다. 4비트 2진수 코드에서 LSB(Least Significant Bit)는 2^0비트이고 MSB는 가장 큰 웨이트의 위치인 2^3비트이다.

2진수와 자신의 그레이 코드의 등가변환은 다음과 같다(MSB는 가장 왼쪽이다).

그레이 코드에서 2진수 코드를 구하는 변환규칙은 다음과 같다.

① 그레이 코드 워드의 MSB에서 시작한다. 2진수의 MSB는 그레이 코드의 MSB와 같으며 처음 1을 포함한다.

② 그레이 코드의 비트를 이용해서 조절한다. 만약 그레이 코드의 디지트가 1이면 새로운 2진수의 비트를 얻기 위해서 앞의 2진수 비트를 반복해서 쓴다. 규칙 ②를 이용해서 반복적으로 각 그레이 코드 비트를 변환시킨다.

예제 3-7 다음 그레이 코드를 2진수로 변환하여라.

a) 01101011101 b) 111010101110

해답

a) gray 0 1 1 0 1 0 1 1 1 1 0 1

binary 0 1 0 0 1 1 0 1 0 1 1 0

b) gray 1 1 1 0 1 0 1 0 1 1 1 0

binary 1 0 1 1 0 0 1 1 0 1 0 0

3-4 기타의 BCD 코드

(1) 기타의 4비트 코드

〈표 3-4〉에 표시된 코드들은 모두 가중치 코드이지만 각 코드 이름이 나타내는 것처럼 각 비트가 갖는 가중치가 다르다. 따라서, 가중치 코드로 표현된 임의의 4비트 2진수의 10진값은 1로 표시된 해당 비트의 가중치를 더하면 10진값을 쉽게 계산할 수 있다. 74$\overline{2}\overline{1}$ 코드의 비트별 가중치는 각각 7, 4, −2, −1이다.

〈표 3-4〉 가중치 방식의 4비트 코드

10진수	5421	2*421	7421	74$\overline{2}\overline{1}$
0	0000	0000	0000	0000
1	0001	0001	0001	0111
2	0010	0010	0010	0110
3	0011	0011	0011	0101
4	0100	0100	0100	0100
5	1000	1011	0101	1010
6	1001	1100	0110	1001
7	1010	1101	1000	1000
8	1011	1110	1001	1111
9	1100	1111	1010	1110

예제 3-8

다음의 5421 코드 숫자를 10진수로 변환하여라.

0011 1000 1010

해답 각 비트의 가중치를 고려해서 10진값을 계산하면

$0011 = 0\times5+0\times4+1\times2+1\times1=3_{10}$

$1000 = 1\times5+0\times4+0\times2+0\times1=5_{10}$

$1010 = 1\times5+0\times4+1\times2+0\times1=7_{10}$

따라서 $(0011\ 1000\ 1010)_{5421} = (357)_{10}$이다.

예제 3-9

다음의 2*421 코드 숫자를 10진수로 변환하여라.

1111 1101 1011

해답 비트 위치에 따른 가중치를 고려하면 다음과 같이 계산할 수 있다.

$1111=1\times2+1\times4+1\times2+1\times1=9$

$1101=1\times2+1\times4+0\times2+1\times1=7$

$1011=1\times2+0\times4+1\times2+1\times1=5$

따라서 $(1111\ 1101\ 1011)_{2*421} = (975)_{10}$

주의 : 2*는 가중치가 2인 비트가 두 개이므로 * 표시를 해서 위치가 다르다는 것을 나타내기 위한 것이다.

예제 3-10

다음의 $74\overline{2}\overline{1}$ 코드의 숫자를 10진수로 변환하여라.

0101 0110 0111

해답 $74\overline{2}\overline{1}$ 코드 역시 가중치 코드이기 때문에 각 비트 위치의 가중치를 더하면 10진값을 구할 수 있다.

$0101 = 0\times7+1\times4-0\times2-1\times1=3$

$0110 = 0\times7+1\times4-1\times2-0\times1=2$

$0111 = 0\times7+1\times4-1\times2-1\times1=1$

따라서 $(0101\ 0110\ 0111)_{74\overline{2}\overline{1}} = (321)_{10}$

---

(2) 5비트 코드

5비트 코드의 몇 가지 예가 〈표 3-5〉에 표시되어 있다. 2 out of 5 코드는 비가중치 코드이며, 각 코드 그룹에는 1이 항상 2개이다. 이런 특성 때문에

전화와 통신용으로 많이 사용되며 오류를 쉽게 검출할 수 있다. 이들 코드에서는 각 코드별로 1의 개수가 2개인가를 조사함으로써 오류가 발생된 코드를 색출한다.

51111 코드는 가중치 코드이며, 자기보수 코드이다(〈표 3-4〉 참조). 코드의 형태는 1에서 4까지는 1이 오른쪽에서부터 왼쪽으로 밀리게(push) 되어 있고 5에서 9까지는 1이 왼쪽에서 오른쪽으로 push된다. 이런 패턴은 전자회로의 연산에서 쉽게 사용된다.

시프트 카운터 코드(shift counter code)는 일명 존슨 코드(Johnson code)라고도 불리는 것으로 가중치 코드는 아니지만 고유한 패턴 때문에 많은 곳에서 사용되고 있다. 주의할 것은 1부터 5까지는 1이 왼쪽에서부터 오른쪽으로 push되거나 shift되고 6에서 9까지는 0이 왼쪽에서 오른쪽으로 shift된다. 이러한 코드는 twisted ring counter에 의해서 쉽게 구성될 수 있다.

〈표 3-5〉 5 비트 코드

10진수	2 out of 5	51111	shift-counter (Johnson code)
0	00011	00000	00000
1	00101	00001	10000
2	00110	00011	11000
3	01001	00111	11100
4	01010	01111	11110
5	01100	10000	11111
6	10001	11000	01111
7	10010	11100	00111
8	10100	11110	00011
9	11000	11111	00001

(3) 5비트 이상의 코드

10진 코드에서의 오류검출과 연산을 쉽게 할 수 있는 특성을 갖기 위해서는 5비트 이상의 비트 수가 필요하다. 이러한 코드 중 대표적인 것이 〈표 2-9〉에 표시된 7비트 biquinary 코드와 링 카운터 코드(ring counter code)가 있다.

1) biquinary 코드

biquinary 코드는 7비트로 구성되는데 각 코드는 2비트가 1의 값을 갖게 된다. 또한 이 코드의 가중치를 이용하여 일명 5043210 코드라고도 불린다.

biquinary 코드에서 주의할 것은 1의 값을 갖는 비트는 항상 2개지만 반드시 그 중 하나는 왼쪽의 두 비트 중에서 한 비트이고, 나머지 하나는 오른쪽 5비트 중에서 한 비트여야 한다는 점이다.

2) 링 카운터 코드

링 카운터 코드는 인식이 아주 쉽고 디지털 회로에서 가장 디코딩(decoding)이 쉬운 코드이다. 비록 코드를 표시하는 데 10비트가 필요하지만 오류검출이 쉽기 때문에 디지털 회로에 많이 사용된다. 〈표 3-5〉에 표시한 것처럼 각 코드에는 오직 한 비트만 1의 값을 가진다. 10진값은 오른쪽의 비트로부터 1의 값을 가지며, 값의 증가에 따라 1의 값을 갖는 비트의 위치가 좌측으로 이동하므로 표시방법이 간단하다.

〈표 3-6〉 biquinary와 ring counter code

10진수	biquinary 50 43210	ring-counter 9876543210
0	01 00001	0000000001
1	01 00010	0000000010
2	01 00100	0000000100
3	01 01000	0000001000
4	01 10000	0000010000
5	10 00001	0000100000
6	10 00010	0001000000
7	10 00100	0010000000
8	10 01000	0100000000
9	10 10000	1000000000

3 5 알파뉴메릭 코드

컴퓨터의 언어는 0, 1의 2진수에 의해서 기술되므로 알파벳과 숫자, 기호를 2진수로 표현할 수 있어야 한다. 이러한 목적으로 사용되는 2진 코드를 알파뉴메릭 코드(alphanumeric code)라 한다.

알파뉴메릭 코드로는 ASCII(American Standard Code For Decimal Interchange Code)와 EBCDIC(Extended Binary Coded Decimal Interchange Code)가 대표적이다.

(1) 아스키 코드

아스키(ASCII) 코드는 가장 널리 사용되는 표준 알파뉴메릭 코드로서 〈표 3-8〉에서와 같이 7비트로 구성된다.

예를 들면, 문자 CHOI는

C	H	O	I
$1000011(43_{16})$	$1001000(48_{16})$	$1001111(4F_{16})$	$1001001(49_{16})$

로 표현된다.

아스키 코드는 〈표 3-7〉에서 알 수 있듯이 7비트를 이용하므로 128개의 문자를 나타낼 수 있다. 94개의 그래픽 문자와 34개의 제어문자로 구성된다. 그래픽 문자는 대문자 26개, 소문자 26개, 숫자 10개, 특수문자 32개로 구성된다.

〈표 3-7〉 아스키 코드

LSB	MSB							
	000 (0)	001 (1)	010 (2)	011 (3)	100 (4)	101 (5)	110 (6)	111 (7)
0000 (0)	NUL	DLE	SP	0	@	P	‘	p
0001 (1)	SOH	DC1	!	1	A	Q	a	q
0010 (2)	STX	DC2	"	2	B	R	b	r
0011 (3)	ETX	DC3	#	3	C	S	c	s
0100 (4)	EOT	DC4	$	4	D	T	d	u
0101 (5)	ENQ	NAK	%	5	E	U	e	t
0110 (6)	ACK	SYN	&	6	F	V	f	v
0111 (7)	BEL	ETB	’	7	G	W	g	w
1000 (8)	BS	CAN	(	8	H	X	h	x
1001 (9)	HT	EM	)	9	I	Y	i	y
1010 (A)	LF	SUB	*	:	J	Z	j	z
1011 (B)	VI	ESC	+	;	K	[	k	{
1100 (C)	FF	FS	,	<	L	\	l	|
1101 (D)	CR	GS	-	=	M	]	m	}
1110 (E)	SO	RS	.	>	N	↑	n	~
1111 (F)	SI	US	/	?	O	←	o	DEL

34개의 제어문자는 〈표 3-8〉에 약어와 기능을 정리하였다. 제어문자는 데이터를 정리하고 프린트할 문서를 정해진 형태로 정렬시키는 등의 작업을 위해 이용하는 문자로서, 형태정렬문자(format effectors), 정보분리문자(information separators), 통신제어문자(communication control character)의 세 종류가 있다.

여기서 형태정렬문자는 프린트되는 윤곽을 제어하는 문자로서, 타자기의 백스페이스(BS : Back Space), 수평위치조정(HT : Horizontal Tabulation), 캐리지 리턴(CR : Carriage Return) 등과 같은 기능을 포함하고, 정보분리문자는 정보를 구·절·페이지 등의 데이터로 분리시키는 제어문자로 레코드 분리(RS : Record Separator), 파일 분리(FS : File Sperator) 등의 기능을 포함한다. 그리고 통신제어문자는 원격 터미널간의 문서전송에 이용하는 제어문자로서, 문서시작(STX : Start of TeXt)과 문서끝(ETX : End of teXt) 등과 같이 문서 메시지를 전화선을 통하여 전송할 때 메시지를 프레임(frame)으로 단락시키기 위해 이용한다.

8비트 아스키 코드는 7비트 아스키 코드에 1비트의 패리티 비트를 추가하여 아스키-8 코드로 이용된다. 패리티 비트는 데이터 전송시에 발생하는 착오를 검사하기 위해서 이용된다.

〈표 3-8〉 제어문자 기능

기 호	기 능	기 호	기 능
NULL	NULL	DLE	Data Link Escape
SOH	Start Of Heading	DC1	Device Control 1
STX	Start Of Text	DC2	Device Control 2
ETX	End Of Text	DC3	Device Control 3
EOT	End Of Transmission	DC4	Device Control 4
ENQ	Enquiry	NAK	Negative Acknowledge
ACK	Acknowledge	SYN	Synchronous Idle
BEL	Bell	ETB	End Of Transmission block
BS	Backspace	CAN	Cancel
HT	Horizontal Tab	EM	End Of Medium
LF	Line Feed	SUB	Substibute
VT	Vertical Tab	ESC	Escape
FF	Form Feed	FS	File Separator
CR	Carriage Return	GS	Group Separator
SO	Shift Out	RS	Record Separator
SI	Shift In	US	Unit Separator
SP	Space	DEL	Delete

(2) EBCDIC 코드

EBCDIC(Extended Binary Coded Decimal Interchange Code) 코드는 확장 2진화 10진 정보 코드(extended binary coded decimal interchange code)이며, 8비트로 문자나 기호를 나타내는 알파뉴메릭 코드의 하나로 〈표 3-9〉와 같다.

패리티 비트를 이용할 때는 9번째 비트를 할당한다.

〈표 3-9〉 EBCDIC 코드

bit positions 3, 2 →	00				01				10				11			
bit positions 1, 0 →	00	01	10	11	00	01	10	11	00	01	10	11	00	01	10	11
bit positions 7,6,5,4 0000	NUL		DS		SP	&										
0001			SOS						a	j			A	J		1
0010			FS						b	k	s		B	K	S	2
0011		TM							c	l	t		C	L	T	3
0100	PF	RES	BYP	PN					d	m	u		D	M	U	4
0101	HT	NL	LF	RS					e	n	v		E	N	V	5
0110	LC	BS	EOB	UC					f	o	w		F	O	W	6
0111	DL	IL	PRE	EOT					g	p	x		G	P	X	7
1000									h	q	y		H	Q	Y	8
1001									i	r	z		I	R	Z	9
1010		CC	SM		Ø	!		:								
1011						$	.	#								
1100					<	*	%	@								
1101					(	)	-	'								
1110					+	;	>	=								
1111	CU1	CU2	CU3		|		?	"								

Definitions of control abbreviations;

BS	Backspace	LC	Lowercase	Meaning of unfamiliar symbols
BYP	Bypass	LF	Line Feed	Vertical bar; logical OR
CC	Cursor Control	NL	New Line	Logical NOR
CU1	Customer Use	PF	Punch Off	Hyphen or minus sign
CU2	Customer Us	PN	Punch On	Underscore (0110110)

CU3	Customer Use	PRE	Prefix	Example of code format
DL	Delete	RES	Restore	01234567 bit positions
EOB	End Of Block	SM	Set Mode	11000110 is F
EOT	End Of Transmission	SP	Space	
FS	Field Speparator	TM	Tape Mark	
HT	Horizontal	UC	Uppercase	
II	Idle			

3 6 패리티

(1) 패리티 비트

어떤 디지털 회로나 전송선로를 통하여 수신한 자료가 전송과정에서 착오가 발생하지 않았는가를 검사하기 위하여 자료 코드에 어떤 규칙성을 갖도록 하고, 수신된 자료 코드의 규칙성을 검사함으로써 통신오류의 발생 여부를 확인할 수 있게 된다. 원래의 BCD 코드 외에 규칙성을 부여하기 위하여 코드에 추가된 비트를 패리티 비트(parity bit)라 한다. 예를 들면, 컴퓨터에서 자기 테이프와 자기 디스크에는 테이프나 디스크로부터 읽어들인 정보의 정확도를 개선하기 위해서 패리티 검출 코딩을 갖도록 한다.

〈표 3-10〉은 8421 코드의 기수(odd)와 우수(even) 패리티 방식을 나타내고 있다. 기수 패리티 방식에서는 코드 내의 1의 개수가 항상 홀수(기수)개가 되도록 패리티 값을 추가하며, 우수 패리티 방식에서는 코드 내의 1의 개수가 항상 짝수(우수)개가 되도록 패리티 값을 추가한다. 일반적으로 짝수 패리티 비트의 생성은 홀수함수의 작용을 하는 XOR(exclusive OR) 게이트를 이용하면 쉽게 구현할 수 있으며, 홀수 패리티 비트의 생성은 제일 마지막 단에만 XNOR(exclusive NOR) 게이트를 이용하면 된다.

〈표 3-10〉 8421 코드의 패리티 비트

10진수	8421 코드	기수 패리티	우수 패리티
0	0000	00001	00000
1	0001	00010	00011
7	0111	01110	01111

예 제 3-11 다음에 표시된 패리티 코디드 BCD값을 보고 오류를 검출할 수 있는지를 알아보아라.

BCD	parity bit	parity type
(a) 1001	0	odd parity
(b) 1000	0	odd parity
(c) 0001	0	even parity
(d) 1010	0	even parity
(e) 0110	1	odd parity

해답 (a)와 (c)는 패리티 비트가 틀렸으며 (b)와 (e)는 정확하다. (d)는 BCD 코드 문자가 아니기 때문에 틀렸다.
패리티 비트는 BCD 코드에서는 어느 곳에서나 사용된다. 잡다한 워드의 세트에 패리티 비트가 더해져서 전송된다면 패리티 비트는 위에서 기술한 것처럼 선택된다.

(2) 워드 패리티

비트 패리티를 이용하면 간단한 오류는 검출이 가능하다. 그러나 오류가 한 개 이상 발생되는 경우에는 비트 패리티만을 가지고는 모든 오류를 검출할 수 있다고 말할 수는 없다.

데이터가 정확할 때 기술한 데이터와 패리티 정보표현을 갱신해보고 단일 오류가 어떻게 검출되어지며 비트 패리티와 워드 패리티를 사용해서 정정하는 것을 고찰해보자. 몇 개의 데이터 워드가 다음과 같이 기술되었다.

각 워드의 가장 우측 비트가 홀수 패리티 비트이고 마지막 워드가 홀수 패리티 워드라면 비트의 각 column은 홀수 패리티를 구성한다. 컴퓨터는 오류가 있는지 데이터가 정확한지 고려하지 않는다. 다만 받아들여진 데이터만을 처리할 뿐이다. 우선 오류가 존재한다고 가정하고 받아들여진 데이터만을 사용해서 정정하게 된다. 컴퓨터에 의해서 사용되는 처리과정은 각 워드의 패리티를 체크하고 각 column의 패리티를 체크하는 일이다. 워드 패리티는 단일 비트 오류의 정정과 검출에 사용된다.

[그림 3-9]는 자기 테이프에 저장된 2진 데이터를 표시하고 있다. 검은 점(dark spot)이 1이고 밝은 점(light spot)은 0이다. 워드의 블록은 각 8비트로 구성되어 있다(한 개는 패리티 비트이다). 데이터의 7개 워드가 표시되고 오류 검출을 위해서 패리티 워드가 추가된다. 이 데이터는 앞에서 표시한 2진

데이터와 동일한 내용이다.

홀수 패리티가 정확하다는 것을 보이기 위해서 패리티 워드가 포함된 각 워드를 검사한다(워드에서의 1 비트 숫자는 패리티 비트를 포함해서 홀수이다). 패리티 워드(마지막 값)는 각 column의 홀수 패리티에서 비트를 구성하기 위해서 7개 데이터 워드로 구성된다. 만약 단일 비트 오류가 발생되었다면 비트 패리티와 워드 패리티를 통해서 검출할 수 있다. 단일 비트 오류가 아래에 표시된 것처럼 비트 패리티와 워드 패리티를 갖는 데이터의 블록에서 검출된다.

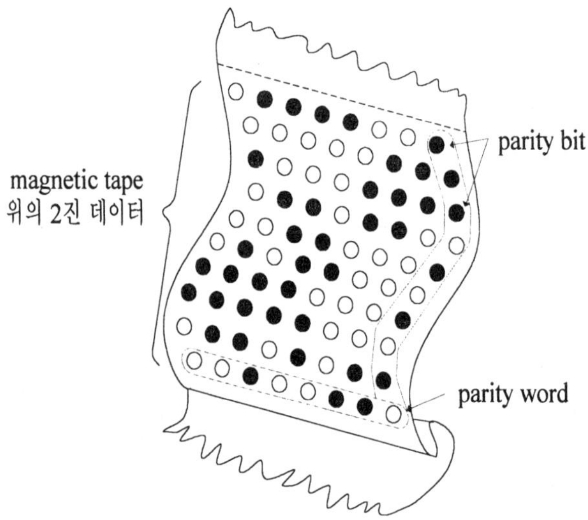

[그림 3-2] 워드 패리티 동작을 보이기 위한 자기 테이프의 section

0111 1 001
0000 0 111
1000 1 111
0110 1 110
0011 1 001 ← 검출된 패리티 오류
0101 1 000
1111 0 001
1111 1 000
↑
검출된 패리티 오류

[그림 3-3] 오류검출

주의할 것은 오류가 오른쪽으로부터 4번째 column과 위에서 5번째 row에서 검출되었다는 점이다. 사각형으로 표시된 1비트는 오류 비트가 되고 1비트는 0비트로 정정되어야 한다. 따라서 원래의 데이터를 검사해 보면 0비트가 옳다는 사실을 확인할 수 있으며, 간단히 비트를 0으로 교환함으로써 컴퓨터는 정보를 정확하게 처리하고 기억장치에 저장할 수 있다. 패리티 워드는 더 이상 필요하지 않으며 7개의 데이터 워드만이 저장된다. 비트 패리티는 컴퓨터의 내부 기억장치에서 사용될 때 오류검출을 위해서 계속 유지된다.

3-7 해밍 코드

해밍 코드(Hamming code)는 R. W. Hamming이 고안한 코드로서 오류를 검출하고, 검출된 오류를 교정할 수 있도록 구성되어 있다. 이 방식의 코드에는 자료 코드의 비트 수에 따라 패리티 비트 수가 달라지며, 추가된 패리티 비트들은 자료 코드 내의 적절한 비트 위치에 놓이게 된다. 자료 코드의 비트 수가 m이면 패리티 비트의 수 p는 아래의 조건을 만족하도록 정해주어야 한다.

$$2^p \geq m + p + 1$$

예를 들어, 4비트로 구성된 자료 코드를 해밍 코드로 변환하기 위해서는 위 식으로부터 $p \geq 3$인 p값으로 하여야 하므로 $p = 3$으로 하여 해밍 코드를 구성하면 7비트로 구성된 해밍 코드를 구성할 수 있다. 즉, 4비트 (M_1, M_2, M_3, M_4)로 표현된 자료를 해밍 코드로 나타내기 위해서는 3비트 (P_1, P_2, P_3)의 패리티 비트를 추가하여 구성하여야 한다. 4비트의 자료 M_1, M_2, M_3, M_4와 3비트의 패리티 P_1, P_2, P_3으로 구성된 해밍 코드의 비트 위치별 정보의 내용은 아래의 〈표 3-11〉과 같다. 2^n번째에 패리티 비트가 위치하고 있음을 알 수 있다.

〈표 3-11〉 7비트 해밍 코드의 비트 구성

비트 기호	P_1	P_2	M_1	P_3	M_2	M_3	M_4
비트 위치(10진)	1	2	3	4	5	6	7
비트 위치(2진)	001	010	011	100	101	110	111
정보 비트(M_n)							
패리티 비트(P_n)							

이와 같이 구성된 7비트의 해밍 코드 X의 각 패리티 값을 계산하기 위해서는 이들이 계산되는 원리를 알아야 한다.

$$X = P_1, P_2, M_1, P_3, M_2, M_3, M_4$$

패리티 비트 P_n은 n을 2진수로 표현할 때 나타나는 1의 값을 갖는 위치에 2진수로 나타낸 비트 위치가 1인 비트들의 패리티를 계산한다. 즉, 각 패리티 비트는 자신을 포함해서 2진수로 표현된 비트 위치에서 같은 자리에 1을 갖는 모든 비트 위치를 점검한다.

① 패리티 비트 P_1은 $1_{10}=001_2$이므로 2진수로 나타낸 비트 위치가 xx1 (001, 011, 101, 111)인 비트(P_1, M_1, M_2, M_4)들에 대해서 패리티를 구성하게 된다.

② 패리티 비트 P_2는 $2_{10}=010_2$이므로 2진수로 나타낸 비트 위치가 x1x (010, 011, 110, 111)인 비트(P_2, M_1, M_3, M_4)들에 대해서 패리티를 구성하게 된다.

③ 패리티 비트 P_3은 $4_{10}=100_2$이므로 2진수로 나타낸 비트 위치가 1xx (100, 101, 110, 111)인 비트(P_3, M_2, M_3, M_4)들에 대해서 패리티를 구성하게 된다.

각 패리티 값은 기수/우수 패리티(odd/even parity)에 따라서 정해지며, 자신을 포함하는 비트 내의 1의 개수가 각각 홀수/짝수가 되도록 패리티 값을 준다. 예를 들어 M_1, M_2, M_3, M_4이 각각 0101 일 때, 우수 패리티를 사용하여 해밍 코드를 구성하면 자료 코드가 4 비트이므로 $2^p \geq m + p + 1$식에서

$$2^p \geq 4 + p + 1 = 5 + p$$

에서 $p = 3$일 때

$$2^3 = 8 \geq 5 + 3$$

이므로 3비트의 패리티 비트가 필요하다. 따라서 0101을 해밍 코드로 변환하기 위해서는 아래 〈표 3-12〉와 같이 구성해야 한다. 〈표 3-12〉에서 각 패리티 값을 계산하기 위하여 다음과 같이 계산한다.

① 패리티 비트 P_1: P_1, M_1, M_2, M_4 = x011 이 우수 패리티를 구성하여야 하므로 $P_1 = 0$

〈표 3-12〉 7비트 해밍 코드의 비트 구성(우수 패리티)

비트 기호	P_1	P_2	M_1	P_3	M_2	M_3	M_4
비트 위치(10진)	1	2	3	4	5	6	7
비트 위치(2진)	001	010	011	100	101	110	111
정보 비트(M_n)			0		1	0	1
패리티 비트(P_n)	0	1		0			
해밍 코드(X)	0	1	0	0	1	0	1

② 패리티 비트 P_2 : $P_2, M_1, M_3, M_4 = x001$ 이 우수 패리티를 구성하여야 하므로 $P_2 = 1$

③ 패리티 비트 P_3 : $P_3, M_2, M_3, M_4 = x101$ 이 우수 패리티를 구성하여야 하므로 $P_3 = 0$

그러므로 해밍 코드 X는

$$X = P_1, P_2, M_1, P_3, M_2, M_3, M_4 = 0100101$$

이 된다.

예제 3-12 $M_1, M_2, M_3, M_4 = 1010$ 일 때, 기수 패리티를 사용하여 해밍 코드를 구성하여라.

해답 자료 코드가 4비트이므로 $2^p \geq m+p+1$ 식에서 $p = 3$ 일 때

$$2^3 = 8 \geq 4 + 3 + 1$$

이므로 3비트의 패리티 비트가 필요하다. 따라서 1010을 해밍 코드로 변환하기 위해서는 아래 〈표 3-13〉과 같이 구성해야 한다. 〈표 3-13〉에서 각 패리티 값을 계산하기 위하여 다음과 같이 계산한다.

〈표 3-13〉 7비트 해밍 코드의 비트 구성(기수 패리티)

비트 기호	P_1	P_2	M_1	P_3	M_2	M_3	M_4
비트 위치(10진)	1	2	3	4	5	6	7
비트 위치(2진)	001	010	011	100	101	110	111
정보 비트(M_n)			1		0	1	0
패리티 비트(P_n)	0	1		0			
해밍 코드(X)	0	1	1	0	0	1	0

① 패리티 비트 P_1: P_1, M_1, M_2, M_4 = x100이 기수 패리티를 구성하여야 하므로 $P_1 = 0$
② 패리티 비트 P_2: P_2, M_1, M_3, M_4 = x110이 기수 패리티를 구성하여야 하므로 $P_2 = 1$
③ 패리티 비트 P_3: P_3, M_2, M_3, M_4 = x010이 기수 패리티를 구성하여야 하므로 $P_3 = 0$

그러므로 해밍 코드 X는

$$X = P_1, P_2, M_1, P_3, M_2, M_3, M_4 = 0110010$$

으로 된다.

해밍 코드의 가장 주요한 특성은 오류검사 및 정정 기능이다. 수신된 해밍 코드가 올바른가를 검사하려면 수신신호를 아래의 〈표 3-14〉에 대입하여 검사하여야 한다. 예를 들어, 우수 패리티를 적용한 7비트 해밍 코드 X= 0110010이 수신되었을 경우 수신된 코드에 1비트의 오류가 있을 경우 이를 정정하는 방법은 다음과 같다.

〈표 3-14〉에서 해밍 코드 X는 아래와 같이

① 1, 3, 5, 7번 비트에 대하여 구성한 우수 패리티
② 2, 3, 6, 7번 비트에 대하여 구성한 우수 패리티
③ 4, 5, 6, 7번 비트에 대하여 구성한 우수 패리티

가 되도록 구성한 것이어야 한다. 이들의 조건에 따라 검사해서 테스트 비트 T_n을 조사해보면 다음과 같은 결과를 얻을 수 있다.

〈표 3-14〉 7비트 해밍 코드의 비트 검사(우수 패리티)

비트 기호	P_1	P_2	M_1	P_3	M_2	M_3	M_4
비트 위치(10진)	1	2	3	4	5	6	7
비트 위치(2진)	001	010	011	100	101	110	111
수신 해밍 코드(X)	0	1	1	0	0	1	0
테스트 비트(T)	T_3 : 4, 5, 6, 7 비트 검사 : 1(bad) T_2 : 2, 3, 6, 7 비트 검사 : 1(bad) T_1 : 1, 3, 5, 7 비트 검사 : 1(bad)						
오류위치(L)	$L = (T_3T_2T_1)_2 = (111)_2 = 7$						

① 1, 3, 5, 7번 비트 : 0100은 우수 패리티 아님 : $T_1 = 1$
② 2, 3, 6, 7번 비트 : 1110은 우수 패리티 아님 : $T_2 = 1$
③ 4, 5, 6, 7번 비트 : 0010은 우수 패리티 아님 : $T_3 = 1$

이때 해밍 코드에서 오류가 발생한 위치 L은 테스트 비트 $T_3T_2T_1$로 구성된 비트 위치이다. 즉, 위의 경우 $L = (111)_2 = 7$이므로 7번째 비트에 오류가 있다는 의미이므로 이 비트의 0은 1이어야 한다. 따라서, 교정된 해밍 코드 값 X는 다음과 같다.

수신된 해밍 코드 X = 0110010
교정된 해밍 코드 X = 0110011

예제 3-13

9비트 해밍 코드 X = 101101010을 수신하였을 경우 오류를 교정하여라. 단, 기수 패리티를 사용하였으며, 4개의 패리티 비트가 있다.

해답 오류를 검사하기 위해서 먼저 비트 검사표를 만든다.

〈표 3-15〉 7비트 해밍 코드의 오류검사

비트 기호	P_1	P_2	M_1	P_3	M_2	M_3	M_4	P_4	M_5
비트 위치(10진)	1	2	3	4	5	6	7	8	9
비트 위치(2진)	0001	0010	0011	0100	0101	0110	0111	1000	1001
수신 해밍 코드(X)	1	0	1	1	0	1	0	1	0
테스트 비트(T)	T4 : 8, 9 비트 검사 : 0 (good) T3 : 4, 5, 6, 7 비트 검사 : 1 (bad) T2 : 2, 3, 6, 7 비트 검사 : 1 (bad) T1 : 1, 3, 5, 7 비트 검사 : 1 (bad)								
오류위치(L)	$L = (T_4T_3T_2T_1)_2 = (0111)_2 = 7$								

〈표 3-15〉의 결과로부터 오류 비트 위치 L = 7이므로 7번째 비트값에 오류가 발생하였다. 따라서 교정된 해밍 코드는 101101110이다.

---

3 8 보안용 코드

데이터를 유선 또는 무선으로 전송할 때 보안유지가 필요하다. 따라서 코드를 사용하는 다른 이유는 데이터의 보안을 유지하는 데 있다. 이를 위하여 송신단에서는 데이터를 부호화(encode)하여 전송하게 되고, 수신단에서는 복호화(decode)하여 정보를 재생하게 된다. 이러한 방식을 사용하게 되면 부호화된 정보를 도청하더라도 내용을 이해하지 못하게 될 것이다. [그림 3-4]는 코드 키를 이용한 부호화와 복호화를 나타낸 것이다.

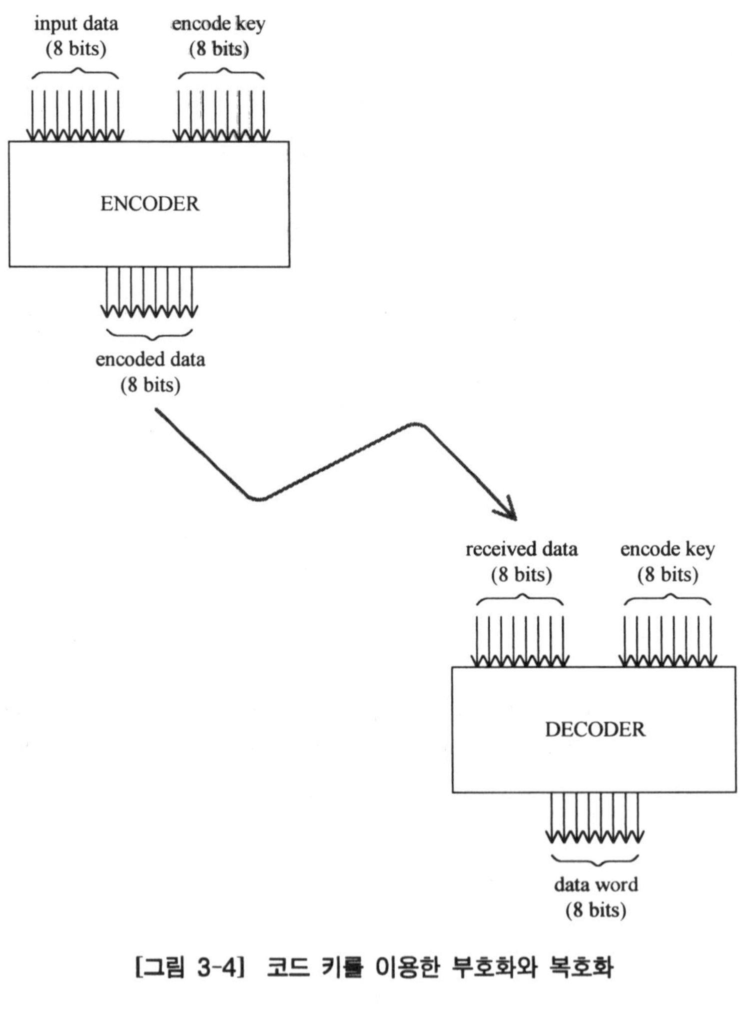

[그림 3-4] 코드 키를 이용한 부호화와 복호화

예제 3-14 코드 키를 10001000로 하고, 배타적 OR(XOR) 연산을 부호화 연산으로 사용하여 ASCII A(16진수 41) = 01000001을 부호화해보자.

해답 8비트의 부호화된 워드는 각 수직의 비트 쌍을 비교해서 만약 두 비트가 같다면 부호화 비트는 논리 0이고, 만약 두 비트가 같지 않다면 논리 1을 표시함으로써 구할 수 있다.

0100 0001	입력 데이터(ASCII A)
+ 1000 1000	코드 키
1100 1001	부호화된 데이터

위 그림에서 + 연산자는 ENCODER에서 부호화 과정에서 수행되는 연산을 나타내는 것이며, 따라서 8 비트 입력 데이터인 01000001(ASCII A)은 부호화되어 11001001으로 변환되어서 전송된다.

수신된 워드는 원래의 ASCII 문자를 얻기 위해서 복호화되어야 한다. 복호화를 위해서는 원래의 데이터를 부호화할 때 사용한 것과 동일한 연산을 수행하는 DECODER(복호기)를 사용해서 원래의 데이터를 추출(디코딩)할 수 있다. 복호화 과정에서 사용된 것과 동일한 연산과 코드 키를 사용하면 다음과 같이 원래의 문자를 재생시킬 수 있다.

1100 1001	수신 데이터
+ 1000 1000	코드 키
0100 0001	복호화뒤 데이터(ASCII A)

이러한 방식의 부호화와 복호화는 H/W 구성과 연산 알고리즘의 구현이 쉽지만 이런 방식으로 부호화된 정보를 해독하는 것은 전문가들에게는 매우 쉽다. 따라서 이러한 기본적인 엔코딩은 단순한 상업용 데이터나 혹은 낮은 수준의 보안이 필요한 곳에서만 사용되고 좀더 보안이 필요한 곳에서는 복잡한 방식이 사용된다.

3 연습문제

1. 다음 10진수 덧셈을 BCD 코드로 변환하여 계산하여라.

a) 4+3　　　b) 35+23

2. 다음 3초과 코드를 10진수로 변환하여라.

a) 1100 1001　　　b) 1010 0110 0100 0011

3. 3초과 코드를 이용하여 계산하여라.

a) 234+567　　　b) 12.3+45.6

4. 10진수 345를 다음에 표시된 코드 형태로 변환하여라.

a) 2-out-of-5 code　　b) 51111 code　　c) Johnson code

5. 다음의 숫자를 biquinary 코드로 변환하여라.

a) 345　　　b) 906

6. 다음 2진수를 그레이 코드로 변환하여라. 또 이것이 그레이 코드일 경우 이를 2진수로 변환시켜라.

a) 1100101　　　b) 1011101

7. 10진수 1947과 영문자 CHOI를 ASCII 코드를 사용해서 표시해보아라(16진수 형태).

8. 홀수 패리티 비트와 홀수 패리티 워드를 갖는 정보가 아래와 같을 때 오류를 검출하고 정정하여라.

```
10011
10111
01000
10000
10011 ← parity word
↑
parity bit
```

9. 우수 패리티를 갖는 7비트 해밍 코드에 대한 수신 코드 X가 다음과 같을 때 오류를 교정해보자(단, 1 비트 오류발생).

$$X = P_1, P_2, M_1, P_3, M_2, M_3, M_4 = 0001101$$

10. 우수 패리티를 갖는 7비트 해밍 코드에 대한 수신 디지트가 1000011이다. 한 개의 오류가 발생되었는지를 검사하고 만약 오류가 있다면 교정하여라.

11. MSB에 짝수 패리티 비트를 둔 ASCII B를 코드 키로 사용하고, 부호화 연산 XOR을 사용해서 16진수 F5를 부호화해보자.

12. MSB에 홀수 패리티 비트를 둔 ASCII A를 코드 키로 사용하고, 복호화 연산 XOR를 사용해서 수신된 신호 16진수 A3을 복호화해보자.

제 4 장 ····· 불 대수와 논리 게이트

4 1 불 대수의 규칙

불 대수(Boolean algebra)는 오직 두 종류의 값(예 : TRUE와 FALSE)만으로 이루어진 매우 단순한 대수학으로서 1854년 영국 수학자 불(George Boole)에 의하여 창시되었다. 불 대수가 발표되고 84년이 지난 후(1938년), 당시 MIT의 대학원생이었던 샤논(Claude E. Shannon)은 전화교환기의 스위칭 문제(사실은 조합 논리회로의 문제)에 적용하여 릴레이 회로의 스위칭 동작해석에 불 대수가 적용될 수 있음을 증명하였다.

논리회로 설계에서 사용하는 기본적인 불 대수 공식은 공리의 집합과 공리로부터 얻어진 정리의 집합으로 되어 있으며 논리의 간략화에 이용된다.

(1) 기본연산과 논리 게이트

1) 반전연산

논리 반전연산은 입력변수의 값을 반대로 변환시키는 연산을 수행한다. 즉, 입력변수 X의 값이 0이면 1을 출력, 1이면 0을 출력하며, X에 대한 반전연산의 출력은 $\overline{X}$로 표시한다. $\overline{X}$는 X에 대한 '보수(complement)' 또는 '역'이라고 한다.

2) 논리 AND 연산

2개의 입력변수 A, B에 대한 논리 AND 연산은 A · B로 표시한다. A · B는 A와 B가 모두 논리 1의 값을 가질 때에만 1을 출력하고, 기타의 경우에는 0을 출력한다.

3) 논리 OR 연산

2개의 입력변수 A, B에 대한 논리 OR 연산은 A+B로 표시한다. A+B는 A 또는 B가 논리 1의 값을 가질 때 1을 출력하고, 두 입력이 모두 0인 경우에는 0을 출력한다. 이상의 3가지 연산이 논리연산의 기본이 된다. 이상의 3가지 연산을 잘 조합하면 그 밖의 아래와 같은 논리연산이 가능해진다.

4) 논리 NAND 연산

2개의 입력변수 A, B에 대한 논리 NAND 연산은 $\overline{A \cdot B}$로 표시한다. $\overline{A \cdot B}$는 A 또는 B가 논리 0의 값을 가질 때 1을 출력하고, 두 입력이 모두 1인 경우에는 0을 출력한다.

5) 논리 NOR 연산

2개의 입력변수 A, B에 대한 논리 NOR 연산은 $\overline{A+B}$로 표시한다. $\overline{A+B}$는 A 또는 B가 논리 1의 값을 가질 때 0을 출력하고, 두 입력이 모두 0인 경우에는 1을 출력한다.

6) 배타적 OR(XOR : eXclusive OR) 연산

2개의 입력변수 A, B에 대한 배타적 OR 연산은 A⊕B로 표시한다. A⊕B는 A 또는 B가 동일한 값을 가질 때는 0을 출력하고, 두 입력이 서로 상이할 때는 1을 출력한다.

임의의 불 대수식에서 모든 입력조합에 대한 출력값을 표로 나타낸 것을 진리표 또는 진리치표(truth table)라고 하며, 아래 〈표 4-1〉은 불 대수의 기본 연산에 대한 진리표이다. [그림 4-1]은 앞에서 살펴본 불 대수에 대한 6가지 기본연산 기능을 수행하는 논리 게이트들의 기호(symbol)이며, 이들 논리 게이트의 입출력 관계는 〈표 4-1〉의 진리표와 같다.

〈표 4-1〉 불 대수에 대한 기본연산의 진리표

NOT 연산	
X	$\overline{X}$
0	1
1	0

AND 연산	
A B	A · B
0 0	0
0 1	0
1 0	0
1 1	1

OR 연산	
A B	A+B
0 0	0
0 1	1
1 0	1
1 1	1

NAND 연산	
A B	$\overline{A \cdot B}$
0 0	1
0 1	1
1 0	1
1 1	0

NOR 연산	
A B	$\overline{A+B}$
0 0	1
0 1	0
1 0	0
1 1	0

XOR 연산	
A B	A⊕B
0 0	0
0 1	1
1 0	1
1 1	0

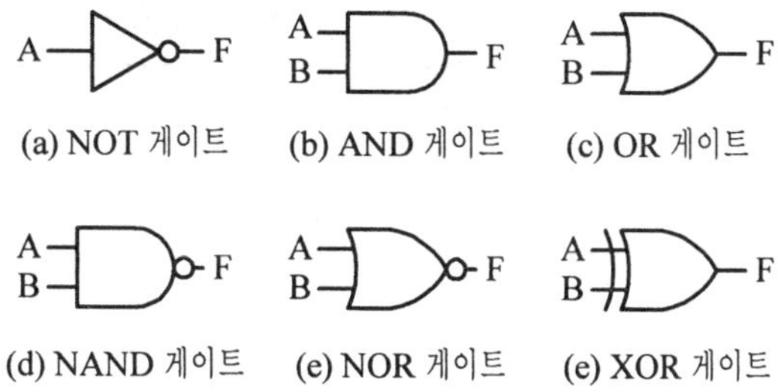

[그림 4-1] 기본 논리 게이트 기호

(2) 불 대수의 기본정리

불 대수의 기본정리는 디지털 회로의 기능을 설명하거나 설계에서 유용하게 사용되는 불 변수간의 기본적인 관계에 관한 규칙이다. 불 대수에서의 법칙은 일반대수와 같이 교환법칙 · 결합법칙 및 분배법칙 등이 있다.

2 입력변수에 대한 OR 연산과 AND 연산의 교환법칙은 아래와 같다.

OR 연산의 교환법칙 : $A+B = B+A$
AND 연산의 교환법칙 : $A \cdot B = B \cdot A$

이것은 입력변수들이 OR 연산 또는 AND 연산되는 순서를 바꾸어도 출력에는 변화가 없다는 것을 의미한다. OR 연산과 AND 연산의 결합법칙은 3개의 변수에 대해서도 성립한다.

OR 연산의 결합법칙 : $A+(B+C) = (A+B)+C$
AND 연산의 결합법칙 : $A \cdot (B \cdot C) = (A \cdot B) \cdot C$

이 법칙은 여러 변수들의 OR 연산 또는 AND 연산에서 그 결과는 변수의 무리(연산순서)에 관계없이 같다는 것을 나타낸 것이다.

분배법칙은 3개의 변수에 대해서 다음과 같이 나타난다.

AND 연산의 분배법칙 : $A \cdot (B+C) = (A \cdot B)+(A \cdot C)$
OR 연산의 분배법칙 : $A+(B \cdot C) = (A+B) \cdot (A+C)$

위의 AND 연산의 분배법칙은 보통 대수에서도 동일하게 성립하기 때문에 이해하기가 쉬울 것이나 OR 연산의 분배법칙은 불 대수에서만 성립하므로 유의하여야 한다.

〈표 4-2〉는 불 대수식을 계산하고 간략화하는 데 유용한 몇 개의 기본규칙을 나타낸 것이다.

〈표 4-2〉 불 대수의 기본규칙

1. $A + 0 = A$
2. $A + 1 = 1$
3. $A \cdot 1 = A$
4. $A \cdot 0 = 0$
5. $A + A = A$
6. $A + \overline{A} = 1$
7. $A \cdot A = A$
8. $A \cdot \overline{A} = 0$
9. $A = A$
10. $A + A \cdot B = A$
11. $A + \overline{A} \cdot B = A + B$
12. $(A + B) \cdot (A + C) = A + B \cdot C$

[규칙 1] : 변수 A와 0의 OR 연산의 결과는 A와 같다. 즉, A가 0이면 결과는 0이 되고, A가 1이 되면 결과는 1이 된다.

[규칙 2] : 변수 A와 1의 OR 연산의 결과는 1이다. 즉, A의 값에 관계없이 연산결과는 1이 된다.

[규칙 3] : A와 0의 AND 연산의 결과는 0이다. 즉, 한 입력변수의 값이 0이면 나머지 입력변수의 값에 관계없이 결과는 항상 0이 된다.

[규칙 4] : A와 1의 AND 연산의 결과는 A와 같다. 즉, A가 1이면 결과는 1, A가 0이면 결과는 0이 된다.

[규칙 5] : 2 입력변수가 모두 A이면 OR 연산의 결과는 A와 같다. 즉, 만일 A가 0이면 결과는 0, A가 1이면 결과는 1이 된다.

[규칙 6] : 입력변수 A와 그 보수 $\overline{A}$를 OR 연산하면 결과는 항상 1이 된다. 즉, A가 0이면 $0+\overline{0}=1$, A가 1이면 $1+\overline{1}=1$이 된다.

[규칙 7] : 2 입력변수가 모두 A이면 AND 연산의 결과는 A와 같다. 즉, 만일 A가 0이면 결과는 0, A가 1이면 결과는 1이 된다.

[규칙 8] : 입력변수 A와 그 보수 $\overline{A}$를 AND 연산하면 결과는 항상 1이 된다. 즉, A가 0이면 $0+\overline{0}=1$, A가 1이면 $1+\overline{1}=1$이 된다.

[규칙 9] : 만일 변수 A가 두 번 보수가 되면 그 결과는 A가 된다.

[규칙 10] : 결합법칙, 규칙 2 및 규칙 4를 이용하여 증명할 수 있다.

$$A+A \cdot B=A \cdot (1 + B)$$

$$=A \cdot 1$$
$$=A$$

[규칙 11] : $A+\overline{A}\cdot B=A+B$는 다음과 같이 증명할 수 있다.

$$\begin{aligned} A+\overline{A}\cdot B &= (A+A\cdot B)+\overline{A}\cdot B \\ &= (A\cdot A+A\cdot B)+\overline{A}\cdot B \\ &= A\cdot A+A\cdot B+A\cdot \overline{A}+\overline{A}\cdot B \\ &= A(A+\overline{A})+B(A+\overline{A}) \\ &= A+B \end{aligned}$$

[규칙 12] : $A+BC=(A+B)(A+C)$는 다음과 같이 증명할 수 있다.

$$\begin{aligned} (A+B)\cdot(A+C) &= A\cdot A+A\cdot C+A\cdot B+B\cdot C \\ &= A+A\cdot C+A\cdot B+B\cdot C \\ &= A\cdot(1+C)+A\cdot B+B\cdot C \\ &= A\cdot 1+A\cdot B+B\cdot C \\ &= A\cdot(1+B)+B\cdot C \\ &= A\cdot 1+B\cdot C \\ &= A+B\cdot C \end{aligned}$$

앞의 규칙들로부터 다음과 같은 정리들이 성립한다.

- **교환율**(commutative rule)

  1. $A+B=B+A$　　2. $A\cdot B=B\cdot A$

- **결합률**(associative rule)

  3. $A+(B+C)=(A+B)+C$　　4. $A\cdot(B\cdot C)=(A\cdot B)\cdot C$

- **분배율**(distribution rule)

  5. $A\cdot(B+C)=A\cdot B+A\cdot C$　　6. $A+(B\cdot C)=(A+B)\cdot(A+C)$

예제 4-1

$F=(A+B)\cdot(A+CD)$를 간단히 하여라.

해답 정리 12를 이용하여 간단히 하면 아래와 같다.

$$(A+B)(A+CD)=A+BCD$$

별해) $(A+B)(A+CD)=A+ACD+AB+BCD$

$$=A+BCD$$

예제 4-2

다음의 논리함수 F를 간단히 하여라.

$$F(A, B, C) = \overline{A}BC + \overline{A}B\overline{C} + AC$$

해답

$$\begin{aligned} F &= \overline{A}BC + \overline{A}B\overline{C} + AC \\ &= \overline{A}B(C + \overline{C}) + AC \\ &= \overline{A}B \cdot 1 + AC \\ &= \overline{A}B + AC \end{aligned}$$

논리함수의 간략화에 유용한 정리들을 추가로 나열한다.

7. $A(A+B) = A$
8. $(A+B)(A+\overline{B}) = A$
9. $A + \overline{A}B = A + B$
10. $(A+B)(A+C) = A + BC$

예제 4-3

$AB + \overline{A}C + BC = AB + \overline{A}C$가 됨을 증명하여라.

해답

$$\begin{aligned} AB + \overline{A}C + BC &= AB + \overline{A}C + BC(A + \overline{A}) \\ &= AB + \overline{A}C + ABC + \overline{A}BC \\ &= AB(1+C) + \overline{A}C(1+B) \\ &= AB + \overline{A}C \end{aligned}$$

예제 4-4

합의 정리 $(A+B)(\overline{A}+C) = AC + \overline{A}B$가 됨을 증명하여라.

해답

$$\begin{aligned} (A+B)(\overline{A}+C) &= A\overline{A} + AC + \overline{A}B + BC \\ &= AC + \overline{A}B + BC \\ &= AC + \overline{A}B + BC(A + \overline{A}) \\ &= AC(1+B) + \overline{A}B(1+C) \\ &= AC + \overline{A}B \end{aligned}$$

4.2 쌍대성 원리

임의의 논리관계에서 0을 1, 1을 0, +를 ·, ·를 +로 치환해놓은 논리관계를 원래 논리관계의 쌍대(dual)라 한다. 불 함수에서는 1과 0, +와 ·를 치환해도 공리가 변함이 없다. 쌍대관계는 정리의 증명에 이용할 수 있다. [예제 4-5]를 통하여 확인해보자.

대수식에서 쌍대가 필요하면 OR 연산자와 AND 연산자를 서로 바꾸어 주고, 1을 0으로, 또 0을 1로 대치시키면 된다.

예제 4-5

다음 논리식들의 쌍대함수를 구하여라.

a) $0+A=A$ b) $1+A=1$

c) $A(B+C)=AB+AC$ d) $\overline{A+B} = \overline{A} \cdot \overline{B}$

해답

a) $1 \cdot A=A$ b) $0 \cdot A=0$

c) $A+BC=(A+B)(A+C)$ d) $\overline{A \cdot B} = \overline{A}+\overline{B}$

4-3 논리 게이트

불 함수는 AND, OR 및 보수 연산자를 이용하여 표현되고, 이들 연산자의 기능을 수행하는 AND, OR, 인버터(NOT) 등의 논리 게이트가 정의되어 있기 때문에 논리 게이트를 이용한 디지털 논리회로에 의해서 불 함수를 쉽게 구현할 수 있다. 즉, AND, OR, NOT 게이트만 있으면 모든 불 함수의 구현이 가능하다.

AND, OR, NOT 게이트 이외에도 상업적으로 판매되고 논리회로의 설계에 널리 쓰이는 게이트들이 존재한다. 8 종류의 논리 게이트에 대한 그래픽 기호(graphic symbol)와 진리표가 [그림 4-2]에 나타나 있다. 게이트는 두 개의 2진 입력 X와 Y 그리고 하나의 2진 출력 변수 F로 표시되어 있다.

인버터 회로는 2진 신호의 논리적 의미를 반전하는 보수연산을 수행하게 된다. 인버터의 그래픽 기호의 출력에 나타나 있는 작은 원(bubble)은 논리적인 보수연산을 의미한다. 삼각형 기호 자체는 버퍼(buffer)회로를 나타낸 것이며, 버퍼는 입력과 출력의 논리값은 동일하지만 전력증폭 능력이 있다.

(1) NAND 게이트

NAND 게이트만으로 OR, AND, NOT 게이트의 기능을 수행하도록 논리회로를 만들 수 있으므로 NAND 게이트를 만능소자라 한다. NAND 게이트로 NOT 게이트를 만들려면 [그림 4-3 (a)]와 같이 입력을 서로 연결하면 된다.

이름	기호	불 식	진리표
AND	X, Y 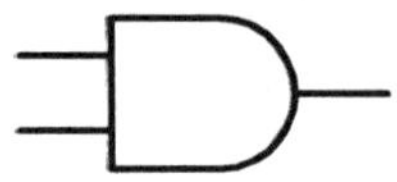 F	$F = XY$	X Y | F 0 0 | 0 0 1 | 0 1 0 | 0 1 1 | 1
OR	X, Y 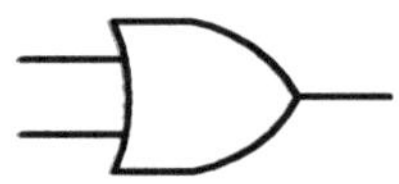 F	$F = X+Y$	X Y | F 0 0 | 0 0 1 | 1 1 0 | 1 1 1 | 1
NOT	X 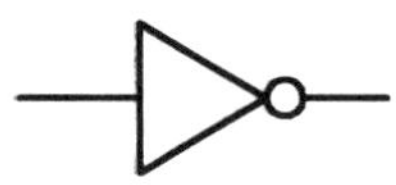 F	$F = \overline{X}$	X | F 0 | 1 1 | 0
BUFFER	X 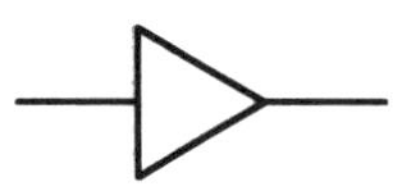 F	$F = X$	X | F 0 | 0 1 | 1
NAND	X, Y 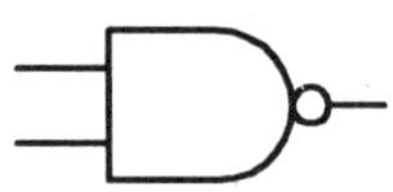 F	$F = \overline{XY}$	X Y | F 0 0 | 1 0 1 | 1 1 0 | 1 1 1 | 0
NOR	X, Y 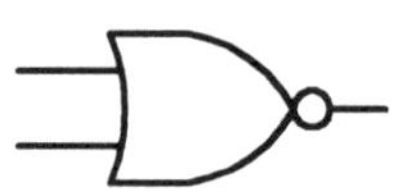 F	$F = \overline{X+Y}$	X Y | F 0 0 | 1 0 1 | 0 1 0 | 0 1 1 | 0
exclusive OR (XOR)	X, Y 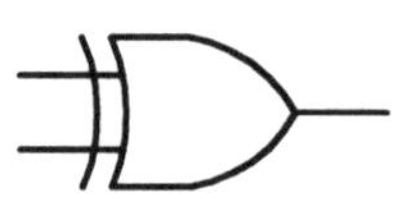 F	$F = \overline{X}Y+X\overline{Y}$ $= X \oplus Y$	X Y | F 0 0 | 0 0 1 | 1 1 0 | 1 1 1 | 0
exclusive NOR (XNOR)	X, Y 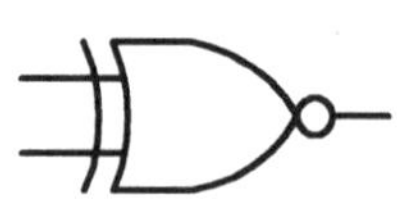 F	$F = XY+\overline{X}\,\overline{Y}$ $= X \odot Y$	X Y | F 0 0 | 1 0 1 | 0 1 0 | 0 1 1 | 1

[그림 4-2] 디지털 논리 게이트

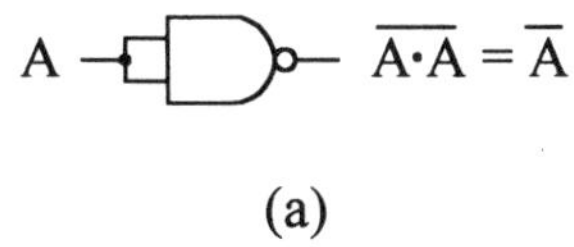

[그림 4-3] 인버터로서의 NAND 게이트

A=0이면 [그림 4-3 (a)]의 출력은

$$\overline{A \cdot A} = \overline{0 \cdot 0} = \overline{0} = \overline{A} = 1$$

가 되고, 또 A=1이면

$$\overline{A \cdot A} = \overline{1 \cdot 1} = \overline{1} = 0 = \overline{A}$$

가 된다. 따라서 NAND 게이트만으로 NOT 게이트를 만들 때는 [그림 4-3 (b)]와 같이 표시하기로 한다.

예제 4-6

전원 5[V], 저항 150[Ω], push-button 스위치 S/W를 이용하여 S/W가 ON일 때 LED가 OFF되고, S/W가 OFF일 때 LED가 ON이 되는 NOT 회로(inverter)를 구성해보아라.

해답 [그림 4-4]의 회로에서 S/W가 OFF 상태이면 전류가 저항을 통하여 LED에 흐르게 되어 LED가 발광(ON)하게 된다. 반대로 S/W가 ON 상태이면 전류가 저항과 S/W를 통하여 흐르게 되므로 LED가 OFF된다. 따라서 S/W와 LED가 반대로 동작하는 인버터(NOT) 회로가 된다.

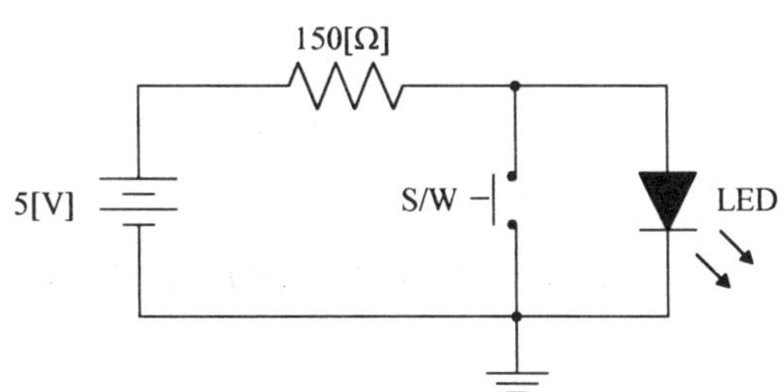

[그림 4-4] 예제 4-6의 회로

NAND 게이트로 AND 게이트를 만들려면 [그림 4-5 (a)]와 같이 연결하면 된다. 첫째 NAND 게이트의 출력은 $\overline{AB}$가 되고, 둘째 NAND 게이트의 출력은 $\overline{\overline{AB}}$, 즉 AB이다. NAND 게이트를 사용하여 OR 게이트는 [그림 4-5 (b)]와 같이 만들 수가 있다. 즉, 처음 두 개의 NAND 게이트는 A와 B를 $\overline{A}$와 $\overline{B}$로 바꾸면 둘째 NAND 게이트의 출력은 $\overline{\overline{A}\cdot\overline{B}}$이므로 드 모르간(De Morgan) 정리에 의해 다음과 같이 된다.

$$\overline{\overline{A}\cdot\overline{B}}=\overline{\overline{A}}+\overline{\overline{B}}=A+B$$

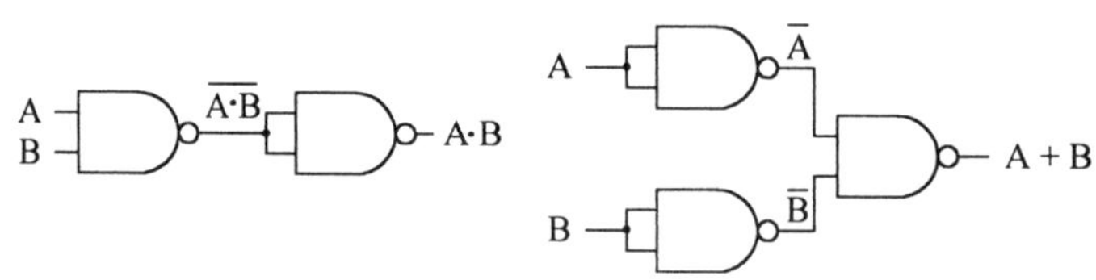

(a) AND 게이트 (b) OR 게이트

[그림 4-5] NAND 게이트를 이용한 AND, OR 게이트 구현

위에서 알 수 있듯이 NAND 게이트만으로 AND, OR, NOT 게이트를 구현할 수 있다.

[그림 4-6]의 두 그래픽 기호는 NAND 게이트의 분석과 설계에 유용하며, 같은 그림 내에서 두 기호를 혼용할 경우 혼용표시(mixed notation) 회로라고 부른다.

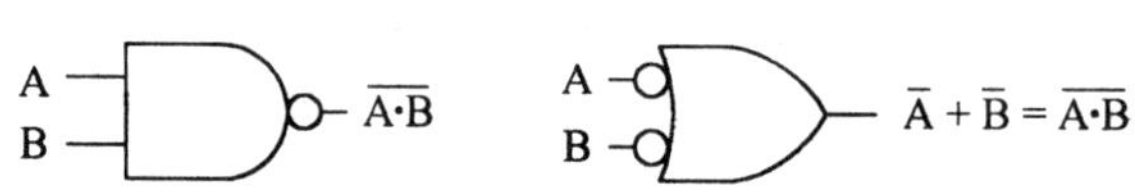

(a) AND-NOT (b) NOT-OR

[그림 4-6] NAND 게이트의 두 가지 기호

다단회로의 설계에 있어서 가장 일반적인 과정은 불 함수를 AND, OR, NOT 연산의 형태로 표현하는 것이다. 그러면, 불 함수는 AND, OR, NOT 게이트로 직접 구현이 가능하며, 필요에 따라 NAND 게이트만으로도 동일한 불 함수를 구현할 수 있다.

예제 4-7

[그림 4-7 (a)]의 3입력 NAND 게이트와 (b)의 회로는 서로 같음을 증명하여라.

(a) (b)

[그림 4-7] 예제 4-7

해답 [그림 4-7 (a)]의 출력은 $\overline{A\ B\ C}$ 이다. [그림 4-7 (b)]에서 OR 게이트의 입력에 $\overline{A}\cdot\overline{B}\cdot\overline{C}$ 가 들어오므로 출력은 $\overline{A}+\overline{B}+\overline{C}$ 이다. 이들 두 회로의 동작이 같음을 증명하려면

$$\overline{A}+\overline{B}+\overline{C}=\overline{ABC}$$

임을 증명하면 된다. 드 모르간의 둘째 정리를 사용하면

$$\overline{ABC}=\overline{AB\cdot C}=\overline{AB}+\overline{C}$$

또, $\overline{AB}=\overline{A}+\overline{B}$이므로

$$\overline{ABC}=\overline{A}+\overline{B}+\overline{C}$$

이다.

앞에서 다룬 내용을 활용하기 위해서 다음 불 함수를 고려해보자.

$$F=A(CD+B)+B\overline{C}$$

괄호를 제거하여 수식을 다른 형태로 나타낼 수도 있지만, 수식 그대로를 다단회로로 구현하여 나타내기로 한다. AND-OR 구현은 다음 [그림 4-8 (a)]에 나타나 있으며 이 회로에는 게이트가 4단으로 구성되어 있다.

각 단에서의 AND와 OR 게이트의 논리도는 혼용표시를 사용하여 NAND 회로로 쉽게 변환된다. 이것이 [그림 4-8 (b)]에 나타나 있다. 이 과정은 AND 게이트는 AND-NOT로, OR 게이트는 NOT-OR로 바꾸는 것이다. NAND 회로는 같은 선 위에 두 개의 작은 원이 존재하므로 AND-OR 회로와 같은 논리로 동작한다. 결국 [그림 4-8 (a)]의 AND-OR형 논리회로는 [그림 4-8 (b)]와 같이 NAND 게이트만의 논리회로 구현이 가능해진다.

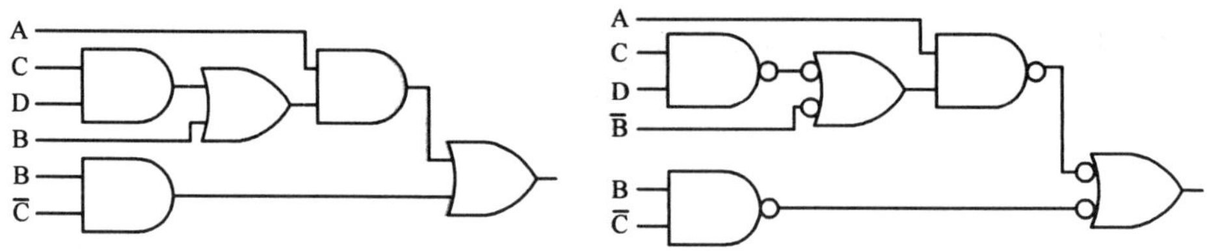

(a) AND-OR 게이트 (b) NAND 게이트

[그림 4-8] $F = A(CD+B)+B\overline{C}$ **의 구현**

예제 4-8

대수식 $A+(B \cdot C)+\overline{D}=Y$에 대응하는 AND-OR 논리회로를 그려라.

해답 [그림 4-9]를 보라.

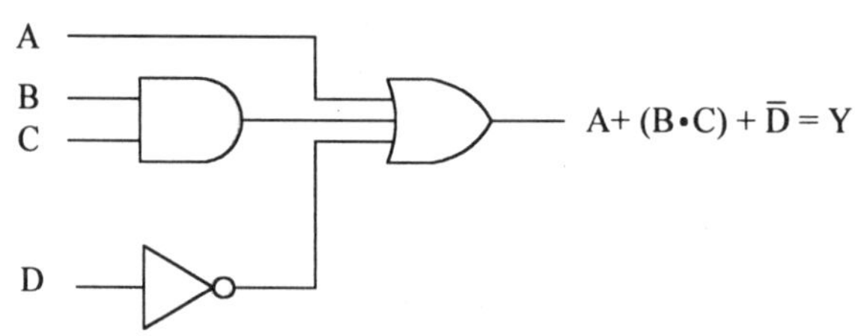

[그림 4-9] AND-OR 게이트에 의한 구현

예제 4-9

앞 문제의 AND-OR 논리회로를 토대로 하여 NAND에 의한 논리회로를 유도하여라. 완성된 회로는 대수식 $A+(B \cdot C)+\overline{D}=Y$ 를 만족시켜야 한다.

해답 [그림 4-10]을 보라.

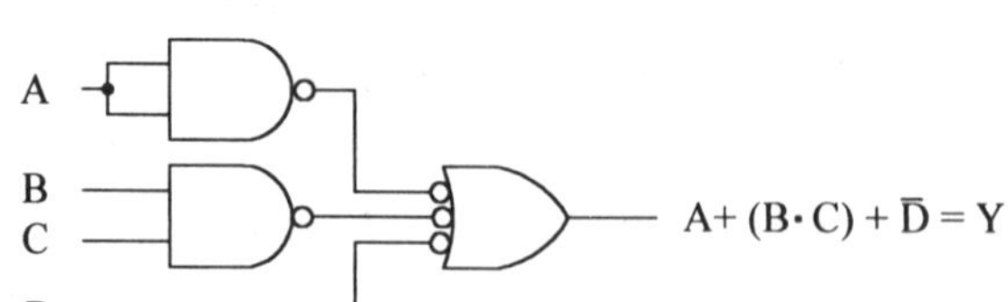

[그림 4-10] NAND 게이트에 의한 구현

예제 4-10 NAND 게이트만을 사용해서 논리식 $AB+\overline{A}C$를 구현하는 논리회로도를 그려라.

해답 우선 [그림 4-11 (a)]의 회로를 그리고 AND 게이트의 출력에 인버터를 부가시키고 OR 게이트의 입력에 역시 인버터를 부가시키면 논리식의 출력에 영향을 주지 않으면서도 [그림 4-11 (c)]와 같은 NAND 회로로 구현시킬 수 있다.

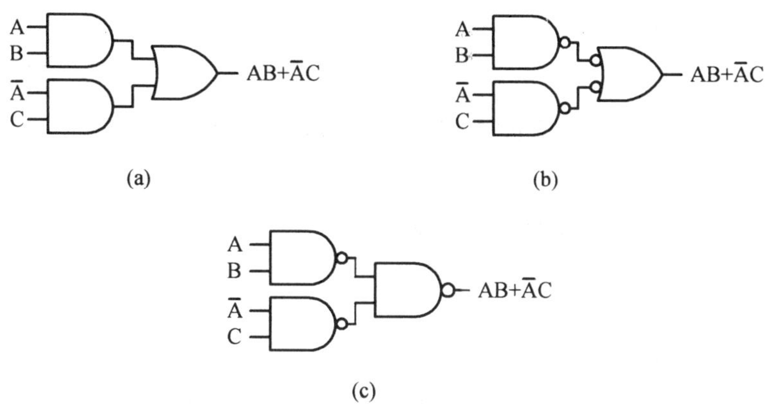

[그림 4-11] $AB+\overline{A}C$의 논리도

(2) NOR 게이트

NOR 연산은 NAND 연산과 이원적 특성을 가지므로, NOR 논리의 모든 과정과 규칙은 NAND 논리를 위해 설명된 과정과 규칙의 이원적인 형태가 된다. NOR 게이트는 임의의 불 함수를 구현하는 데 사용될 수 있는 또 다른 범용 게이트이다. OR 게이트를 사용한 AND, OR, NOT 연산의 구현이 [그림 4-12]에 나타나 있다.

보수연산은 단일입력 NOR 게이트로부터 얻어지며 OR 연산은 두 개의 NOR 게이트를 필요로 하고, AND 연산은 각 입력에 보수를 취한 NOR 게이트로부터 얻어진다. 따라서 NOR 게이트로 OR, AND, NOT 게이트를 만들 수 있으므로 NOR 게이트 역시 만능소자(universal gate)이다.

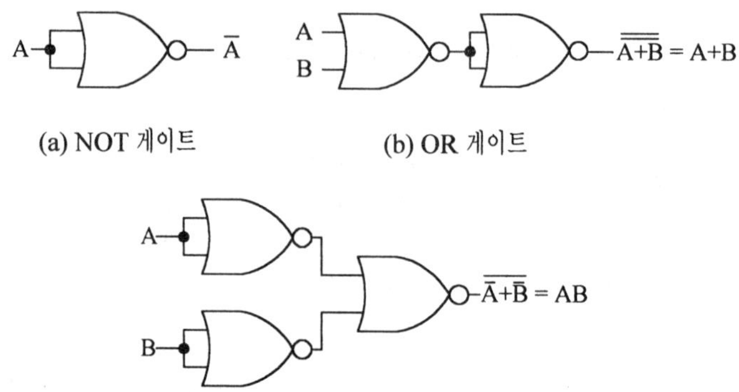

(a) NOT 게이트 (b) OR 게이트

(c) AND 게이트

[그림 4-12] NOR 게이트를 이용한 논리연산

혼용표시를 사용한 NOR 게이트의 두 가지의 기호가 [그림 4-13]에 나타나 있다. OR-NOT 기호는 OR 다음에 보수연산을 취한 형태로 NOR 연산을 수행하며, NOT-AND 기호는 각 입력에 보수를 취한 다음 AND 연산을 취한 형태로 NOR 연산을 수행한다. 따라서, 두 기호는 모두 NOR 연산을 의미하고 있으며 드 모르간의 정리에 의해 논리적으로 등가이다.

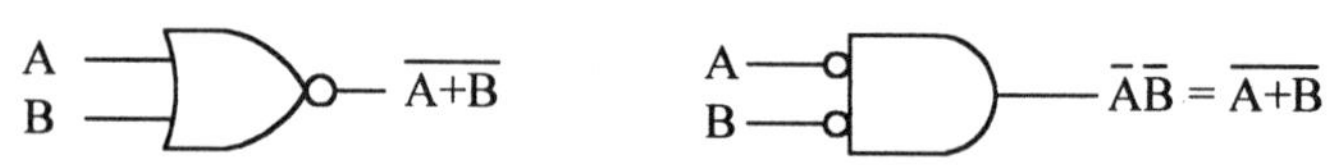

(a) OR-NOT (b) NOT-AND

[그림 4-13] NOR 게이트의 두 가지 기호

대수식을 NOR 게이트로 실현하는 절차는 NAND 게이트의 경우와 같이 아래 절차에 따른다.

① OR-AND 게이트에 의한 논리회로를 그린다.
② AND 게이트의 각 입력에 작은 원(NOT)을 덧붙인다.
③ 각 OR 게이트의 출력에 작은 원을 덧붙인다.
④ 입력에서 들어가 출력에 나가는 논리변수 레벨을 대조한다.

대수식 $(A+B)\cdot(C+D)\cdot E=Y$를 조사해보자. NOR 게이트를 사용하여 이 대수식을 실현하기 위해서 위에서 언급한 절차대로 실행해보자.

① 1단계([그림 4-14 (a)])에서는 OR-AND 논리회로를 그린다.

② 2단계에서는 AND 게이트의 각 입력에 작은 원을 덧붙인다. 이 결과, AND 게이트는 NOR 게이트로 변환된다. 입력에 3개의 작은 원이 덧붙여진 기호는 NOR 게이트가 된다([그림 4-14 (b)]).

③ 3단계에서는 각 OR 게이트의 출력에 작은 원을 덧붙인다. [그림 4-14 (c)]의 1번 게이트와 2번 게이트에는 작은 원이 덧붙여져 있다.

④ 4단계에서는 작은 원의 덧붙임에 의한 입출력선의 논리 레벨을 조사한다. [그림 4-14 (c)]의 점에 덧붙인 작은 원이 원형의 OR-AND 형식을 바꾸고 있다. 5번의 보수연산은 인버터(4번 소자)와 2중 부정되어 서로 상쇄된다. 4번의 인버터는 NOR 게이트로도 구성할 수 있다. 즉, [그림 4-14 (a)]와 같이 NOR 게이트의 모든 입력을 접속하면 NOR 게이트는 인버터(NOT) 게이트가 된다.

따라서 [그림 4-14]의 OR-AND 논리회로와 NOR 논리회로는 동일한 논리연산을 실행한다.

(a) OR-AND 게이트에 의한 구성　　(b) NOR 게이트에 의한 구성

[그림 4-14]　$(A+B)\cdot(C+D)\cdot E = Y$의 구성

예제 4-11

대수식 $\overline{A}\cdot(B+C)\cdot D=Y$ 에 대응하는 OR-AND 논리회로를 그려라.

해답 [그림 4-15]를 보라.

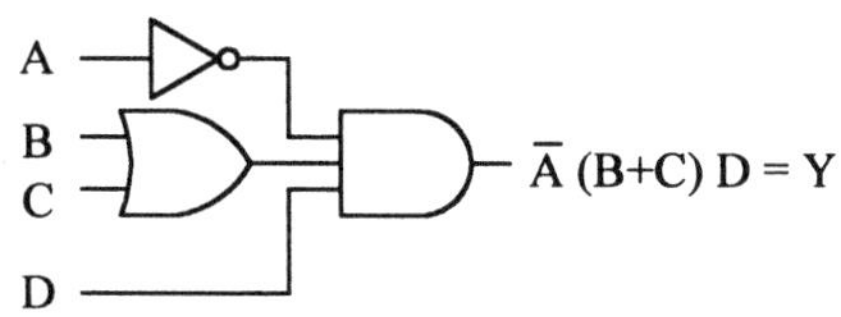

[그림 4-15]　OR-AND에 의한 논리회로

예제 4-12

앞 문제의 OR-AND에 의한 논리회로를 NOR 게이트만 이용하여 논리회로를 그려라. NOR 논리회로는 대수식 $\overline{A}\cdot(B+C)\cdot D=Y$ 로 표시되는 논리연산을 실행해야 한다.

해답 [그림 4-16]을 보라.

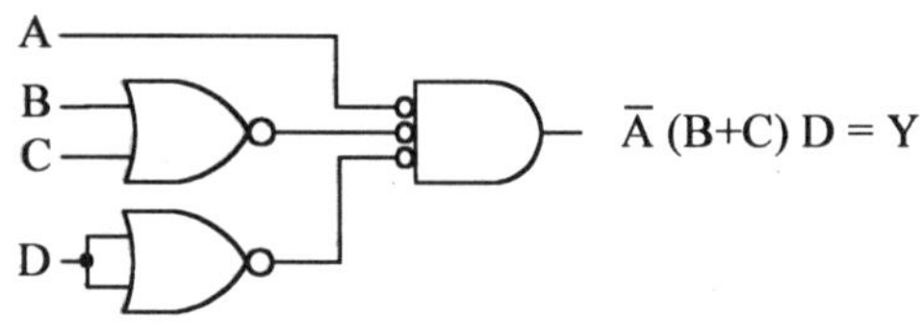

[그림 4-16] NOR 게이트에 의한 논리회로

예제 4-13

논리식 $D=A\overline{B}C+A+\overline{(\overline{B}+C)}$ 를 구현하기 위한 논리도를 그려라. 논리도를 오로지 NOR 게이트와 인버터만을 이용해서 다시 그려라.

해답 D는 [그림 4-17 (a)]와 같이 구현된다. 논리도를 NOR 게이트와 인버터만으로 재구성하기 위해서는 우선 [그림 4-17 (b)]의 회로도를 구해야 한다. 최종의 논리회로도는 [그림 4-17 (c)]와 같다.

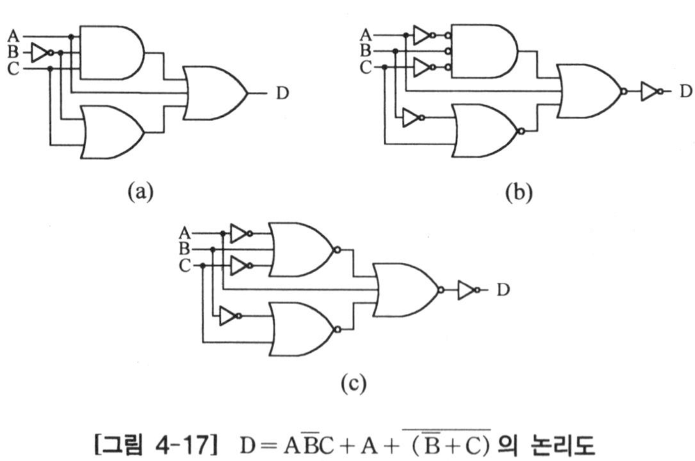

[그림 4-17] $D=A\overline{B}C+A+\overline{(\overline{B}+C)}$ **의 논리도**

예제 4-14

[그림 4-18 (a)]의 출력의 논리식을 구하여라.

해답 게이트 N3를 자신의 NOT-OR 형태로 다시 그리면 [그림 4-18 (b)]에 표시된 논리도를 구할 수 있다. 여기서 N1과 N2 게이트 출력의 반전은 게이트 N3의 입력의 반전에 의해서 제거된다. 따라서 출력은

$$E = A \cdot B + \overline{C} \cdot D$$

로 구해진다.

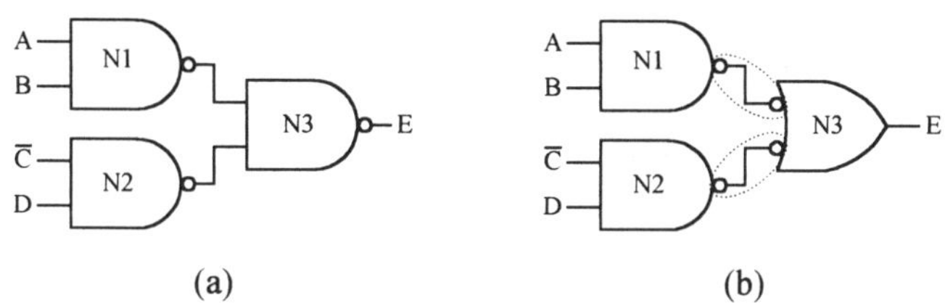

[그림 4-18] 논리도

4-4 드 모르간의 정리

드 모르간(De Morgan)은 불 대수를 발전시킨 논리학자이며 수학자로서 다음과 같은 중요한 두 가지의 정리를 제안하였다. 그 정리는 다음과 같은 식으로 표시된다.

$$\overline{A \cdot B} = \overline{A} + \overline{B}$$

$$\overline{A + B} = \overline{A} \cdot \overline{B}$$

이 정리는 변수의 합(OR)이나 곱(AND)의 형태를 서로 바꾸면서 논리식을 간략화하는 데 유용하다. 이 정리는 [그림 4-19]에서 등가 게이트 회로와 진리표에 의해 증명될 수 있다. 첫 번째 식으로부터 NAND 게이트란 반전입력이 OR 게이트로 결합된 형태와 등가이다. 두 번째 식으로부터 NOR 게이트란 반전입력이 AND 게이트로 결합된 형태이다.

결국 드 모르간의 정리는 AND 연산과 OR 연산은 NOT(보수) 연산을 이용하면 서로 호환될 수 있음을 의미한다. 따라서, NAND만으로 또는 NOR만으로 모는 논리회로의 구현이 가능케 된다.

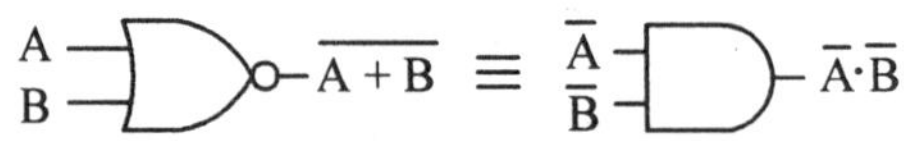

A B	$\overline{A+B}$	$\overline{A}\cdot\overline{B}$
0 0	1	1
0 1	0	0
1 0	0	0
1 1	0	0

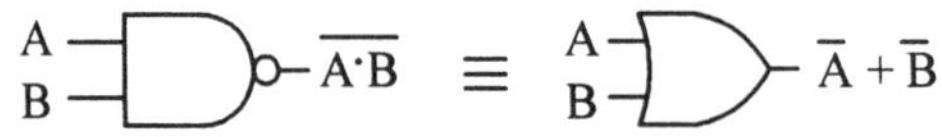

A B	$\overline{A\cdot B}$	$\overline{A}+\overline{B}$
0 0	1	1
0 1	1	1
1 0	1	1
1 1	0	0

[그림 4-19] 등가 게이트 회로와 진리표에 의한 드 모르간 정리 증명

예제 4-15

드 모르간 정리 $\overline{A\cdot B}=\overline{A}+\overline{B}$ 를 증명하여라.

해답 A=0, B=0 인 경우 $\overline{A\cdot B}=\overline{0\cdot 0}=\overline{0}=1$

$\overline{A}+\overline{B}=\overline{0}+\overline{0}=1+1=1$

A=0, B=1인 경우 $\overline{A\cdot B}=\overline{0\cdot 1}=\overline{0}=1$

$\overline{A}+\overline{B}=\overline{0}+\overline{1}=1+0=1$

A=1, B=0인 경우 $\overline{A\cdot B}=\overline{1\cdot 0}=\overline{0}=1$

$\overline{A}+B=\overline{1}+\overline{0}=0+1=1$

A=1, B=1인 경우 $\overline{A\cdot B}=\overline{1\cdot 1}=\overline{1}=0$

$\overline{A}+\overline{B}=\overline{1}+\overline{1}=0+0=0$

예제 4-16

다음 논리식들을 드 모르간의 정리를 이용하여 변환시켜라.

a) $\overline{(A+B+C)}$ b) $\overline{(ABC)}$

c) $\overline{\overline{A+B}+\overline{C}}$

해답 a) $\overline{(A+B+C)}=\overline{A}\cdot\overline{B}\cdot\overline{C}$

b) $\overline{(ABC)}=\overline{A}+\overline{B}+\overline{C}$

c) $\overline{\overline{(A+B)}+\overline{C}}=(A+B)\cdot C$

예제 4-17

드 모르간 정리를 사용하여 $\overline{AC+B\overline{C}}=\overline{A}C+\overline{B}\,\overline{C}$ 임을 증명하라.

해답

$$\begin{aligned}
\overline{AC+B\overline{C}} &= \overline{AC}\cdot\overline{B\overline{C}} \\
&=(\overline{A}+\overline{C})(\overline{B}+C) \\
&=(\overline{A}+\overline{C})\overline{B}+(\overline{A}+\overline{C})C \\
&=\overline{A}\,\overline{B}+\overline{B}\,\overline{C}+\overline{A}C+C\overline{C} \\
&=\overline{A}\,\overline{B}(C+\overline{C})+\overline{B}\,\overline{C}+\overline{A}C \\
&=\overline{A}\,\overline{B}C+\overline{A}\,\overline{B}\,\overline{C}+\overline{B}\,\overline{C}+\overline{A}C \\
&=\overline{A}C(\overline{B}+1)+\overline{B}\,\overline{C}(\overline{A}+1) \\
&=\overline{A}C+\overline{B}\,\overline{C}
\end{aligned}$$

4-5 불 함수

불 함수는 2진 변수(0 또는 1), 2진 연산자(AND, OR, NOT), 괄호, 등호(=) 등으로 나타낼 수 있다. 불 함수에 나타나는 입력변수는 1이나 0의 값만 가질 수 있으며, 이들 입력값의 모든 조합에 따른 출력값을 계산하는 것이 불 함수의 연산이다.

다음은 불 함수의 예이다.

$$F_1=A\overline{B}\,\overline{C}$$

$$F_2=\overline{A}B + B\overline{C}$$

함수 F_1은 A=1, B=0, C=0인 경우에만 F_1의 값이 1이 되고, 그 이외에는 0의 값을 가진다.

함수 F_2는 A=0, B=1인 경우 또는 B=1, C=0인 경우에만 F_2의 값이 1이 되고, 그 이외에는 0의 값을 가진다.

위의 수식들은 불 함수의 대수적 표현이며, 불 함수는 진리표상에서 표현될 수 있다(〈표 4-3〉).

불 함수는 AND, OR, NOT 게이트로 구성되는 논리회로로 변환하여 표현될 수 있으며, 위에 언급한 네 가지 불 함수의 논리회로가 [그림 4-20]에 표시되어 있다.

〈표 4-3〉 F_1, F_2에 대한 진리표

A	B	C	F_1	F_2
0	0	0	0	0
0	0	1	0	0
0	1	0	0	1
0	1	1	0	1
1	0	0	1	0
1	0	1	0	0
1	1	0	0	1
1	1	1	0	0

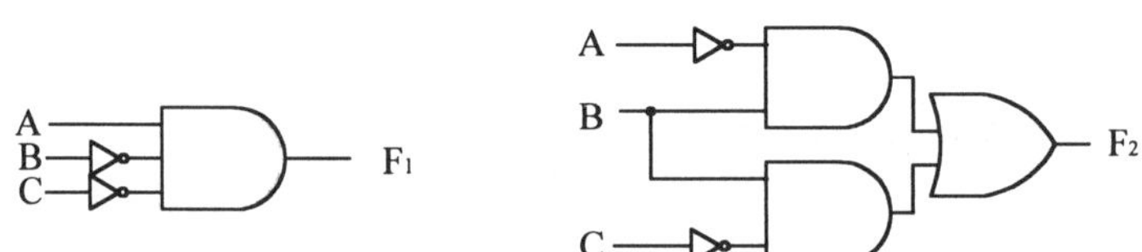

(a) $F_1 = A\overline{B}\,\overline{C}$

(b) $F_2 = \overline{A}B + B\overline{C}$

[그림 4-20] 불 함수의 논리회로

불 함수 F의 보수(complement)를 $\overline{F}$라고 할 때, 불 함수의 보수를 구하는 방식에는 아래와 같은 것들이 있다.

① 불 함수 F에 보수를 취하는 방식
② 드 모르간의 정리를 이용하는 방식
③ 연산자들의 쌍대성을 이용하는 방식

예제 4-18

다음 불 함수의 보수를 구하여라.

a) $F_1 = \overline{A}B\overline{C} + A\overline{B}\,\overline{C}$ b) $F_2 = A(B\overline{C} + \overline{B}C)$

해답 (1) 드 모르간의 정리를 이용하여 각 함수의 AND는 OR, OR는 AND로 바꾸고, 각 변수에 보수를 취하면 된다.

$F_1 = \overline{A}B\overline{C} + A\overline{B}\,\overline{C}$에 드 모르간 정리를 적용하면 다음과 같이 된다.

$$\overline{F_1} = \overline{\overline{A}B\overline{C} + A\overline{B}\,\overline{C}} = \overline{\overline{A}B\overline{C}} \cdot \overline{A\overline{B}\,\overline{C}}$$
$$= (A + \overline{B} + C)(\overline{A} + B + C)$$

$F_2 = A(B\overline{C} + \overline{B}C)$ 에 드 모르간 정리를 적용하면

$$\overline{F_2} = \overline{(A(B\overline{C} + \overline{B}C))} = \overline{A} + \overline{(B\overline{C} + \overline{B}C)}$$
$$= \overline{A} + (\overline{B} + C)(B + \overline{C})$$

가 된다.

(2) 쌍대성을 이용하여 각 함수의 연산자의 쌍대를 취하고, 각 변수의 보수를 취하면 된다.

$F_1 = \overline{A}B\overline{C} + A\overline{B}\,\overline{C}$ 일 때 F_1의 쌍대는 $(\overline{A} + B + \overline{C})(A + \overline{B} + \overline{C})$ 이고, 각 변수의 보수를 취하면

$$\overline{F_1} = (A + \overline{B} + C)(\overline{A} + B + C)$$

가 된다.

$F_2 = A(B\overline{C} + \overline{B}C)$ 일 때 F_2의 쌍대는 $A + (B + \overline{C})(\overline{B} + C)$ 이고, 각 변수의 보수를 취하면

$$\overline{F_2} = \overline{A} + (\overline{B} + C)(B + \overline{C})$$

가 된다.

4-6 TTL 논리 게이트

포화형 논리회로(트랜지스터를 포화상태에서 ON으로 구동시킨다)에서 스위칭 속도가 빠른 것으로 TTL(Transistor-Transistor Logic) 게이트가 있다. 이는 T^2L이라고 부르기도 하는데, 이러한 집적회로(IC : Integrated Circuits)는 [그림 4-21]에서 보는 바와 같이 단일 트랜지스터에 다중 이미터(emitter) 구조를 갖는다.

[그림 4-21 (a)]는 한 개의 입력(혹은 그 이상)이 0 [V]인 경우의 회로동작을 나타내고 있다. TR Q_1은 ON으로 되어서 Q_2의 베이스에는 Q_1의 컬렉터-이미터 포화전압($V_{CE\text{-}sat}$)이 걸리게 된다. Q_2의 베이스는 약 0.1 [V] 전압이 인가되어서 Q_2는 OFF되므로 출력전압 V_{output}는 +5 [V]가 된다.

[그림 4-21 (b)]는 모든 입력이 +5 [V]인 경우의 회로동작을 나타내고 있다. 트랜지스터 Q_1은 역방향(reverse) 모드에서 동작하므로 컬렉터-베이스를 통한 전류가 Q_2를 ON시키게 된다. 따라서 Q_2의 출력전압 V_{output}는 Q_2의 포화전압인 0.1 [V]가 된다.

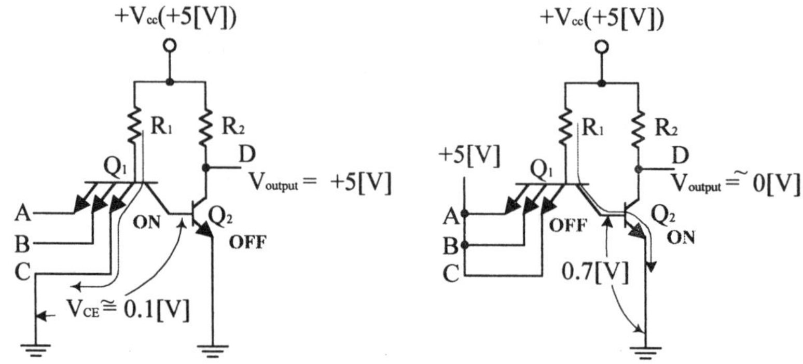

(a) 출력 TR OFF (b) 출력 TR ON

[그림 4-21] 기본적인 TTL 회로의 동작

〈표 4-4〉는 기본 TTL 시리즈별 특성을 나타낸 것이다. 빠른 처리속도, 낮은 전력소비를 갖는 LS 시리즈가 현재에는 가장 많이 사용된다.

〈표 4-4〉 기본 TTL 시리즈

series type	designation	features
standard	74	표준형, 저가
figh power	74H	고전력 소모
low power	74L	저전력 소모
Schottky	74S	고속 스위칭
CMOS	73HC	고속 CMOS
low power Schottky	74LS	저전력, 고속

[그림 4-22]의 회로는 토템폴(totem pole) 출력을 갖는 TTL NAND 게이트 회로이다. 이 회로에서의 Y점의 출력전압 V_{output}는 출력 TR Q_3가 OFF이고 출력 TR Q_4가 ON일 때는 HIGH 레벨이 얻어지고, 출력 TR Q_3가 ON이고 출력 TR Q_4가 OFF일 때 'LOW' 레벨이 얻어진다. 또한, 이 회로는 TR Q_3와 Q_4가 동시에 ON 상태가 될 수 없도록 설계되어 있다. 두 입력 중 하나가 0 [V](LOW)이면 TR Q_1는 ON 상태가 되고 Q_1의 컬렉터-이미터 포화전압은 Q_2를 OFF 상태로 만든다.

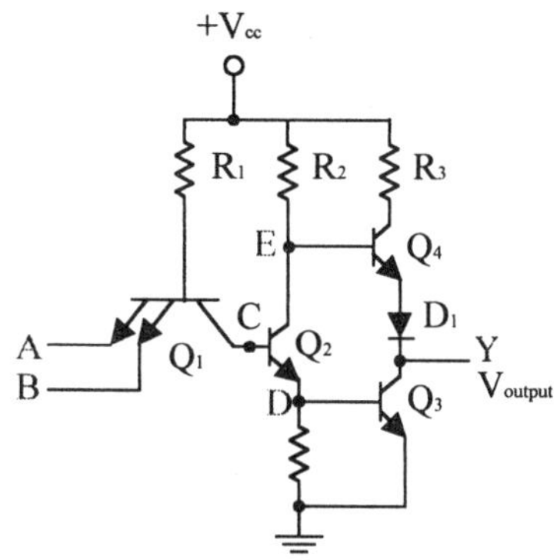

[그림 4-22] 토템폴 출력을 갖는 기본 TTL NAND 게이트

Q_3의 베이스 전압이 LOW가 되므로 Q_3가 OFF 상태로 되고, Q_2가 OFF 상태이므로 출력을 HIGH 레벨로 만드는 R_2를 통해서 흐르는 베이스 전류에 의해서 Q_4가 ON 상태가 된다. Q_4 베이스-이미터 양단에 걸리는 전압강하와 다이오드 D_1에서의 전압강하로 인하여

$$V_{cc} - V_{BE,on} - V_D = 5.0 - 0.7 - 0.7 = 3.6[V]$$

이므로 출력 Y점의 V_{output}는 3.6 [V](HIGH)가 출력된다. 따라서 Q_4가 ON 상태이고 Q_3가 OFF 상태이면 출력은 +3.6 [V]의 논리 1에 해당하는 출력을 내보낸다.

모든 입력이 HIGH이거나 개방(OPEN) 상태이면 Q_1는 R_1을 통해서 흐르는 전류에 의해서 역(베이스에서 컬레터 방향으로)으로 ON 상태가 되므로 Q_2가 ON 상태가 되고 Q_2의 이미터 전류는 Q_3가 ON 상태로 되기에 충분하도록 Q_3의 베이스 전압(V_D)을 증가시킨다. Q_2가 ON 상태일 때 Q_2의 컬렉터 전압(V_E)은 약 0.8 [V]이다.

$$V_{BE,on}(Q_3) + V_{CE,sat}(Q_2) = 0.7 + 0.1 = 0.8[V]$$

Q_4를 ON 상태로 하기 위해서는 Q_4의 베이스 전압(V_E)가

$$V_{BE,on} + V_D = 0.7 + 0.7 = 1.4[V]$$

이므로 1.4 [V]의 베이스 전압을 필요로 한다. 그러나 Q_2가 ON 상태일 때 Q_2의 컬렉터 전압(V_D)은 약 0.8 [V]이므로 TR Q_4는 OFF 상태가 된다.

다이오드 D_1과 Q_4가 동시에 OFF 되는 반면 Q_3는 ON 상태가 되어서 출력전압은 0 [V]가 된다. 이 회로의 동작에 대한 전압진리표는 〈표 4-5〉에 표시되어 있다.

〈표 4-5〉 토템폴 출력을 갖는 NAND 게이트의 전압진리표

V_A[V]	V_B[V]	Q_1	V_C[V]	Q_2	V_D[V]	V_E[V]	Q_3	Q_4	Y[V]
0	0	ON	0	OFF	0	+5	OFF	ON	+3.6
0	+5	ON	0	OFF	0	+5	OFF	ON	+3.6
+5	0	ON	0	OFF	0	+5	OFF	ON	+3.6
+5	+5	ON	1.4	ON	0.7	0.7	ON	OFF	≒0

4 7 3상태 소자

단일회로에서 개방 컬렉터(open collector)와 토템폴(totem-pole)의 장점을 결합시킨 3상태(tri-state) 출력특성을 갖는 2 입력 NAND 게이트의 구조가 [그림 4-23]에 표시되어 있다. 제어입력 C가 개방 혹은 HIGH(+5[V])이면 임의의 입력 A 혹은 B가 LOW가 되면 TR Q_1은 ON 상태로 되고, Q_2와 Q_3는 OFF 상태로 유지된다. TR Q_4가 ON되면 Q_5도 ON되고 출력은 HIGH 레벨(+3.6[V])로 된다.

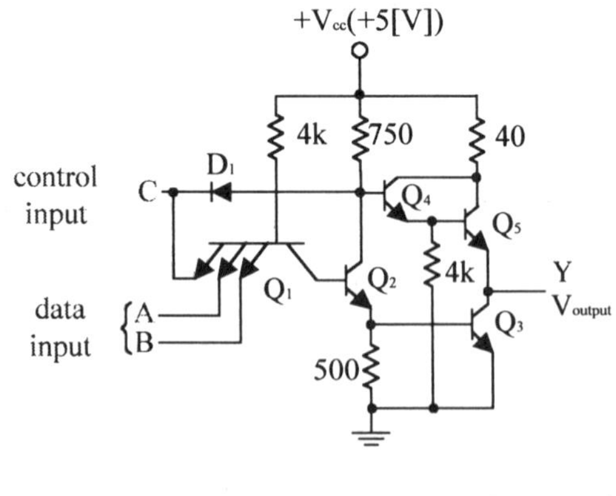

[그림 4-23] 3상출력을 갖는 2 입력 NAND 게이트

만약 제어입력 C가 LOW이면 다이오드 D_1이 ON되어서 TR Q_4와 Q_5를 OFF시키고, 또한 C에 의해서 TR Q_1은 ON되고 Q_2와 Q_3는 OFF된다. 따라서 제어입력 C가 LOW일 때 출력은 개방(open)회로가 되는 반면 제어입력 C가 HIGH 혹은 개방이면 출력은 토템폴로 동작하게 된다.

다시 요약하면 주어진 입력에 의해서 출력은 LOW, HIGH, 개방회로의 3개의 상태를 갖게 된다. 〈표 4-6〉에는 3상회로의 동작을 요약한 전압진리표가 표시되어 있다. 회로가 개방 컬렉터나 토템폴보다 복잡하지만 유용하게 사용된다.

〈표 4-6〉 3상출력을 갖는 2 입력 NAND 게이트의 전압진리표

V_A[V]	V_B[V]	V_C[V]	Q_1	Q_2	Q_3	Q_4	Q_5	Y[V]
0	0	+5	ON	OFF	OFF	ON	ON	+3.6
0	+5	+5	ON	OFF	OFF	ON	ON	+3.6
+5	0	+5	ON	OFF	OFF	ON	ON	+3.6
+5	+5	+5	ON (REVERSE)	ON	ON	OFF	OFF	≒0
-	-	0	ON	OFF	OFF	OFF	OFF	open-circuit

4 8 개방 컬렉터형 TTL과 wired 게이트

[그림 4-24]에 표시한 것처럼 R_4, Q_4, D_1을 제거시키면 개방 컬렉터(open collector) 출력을 갖는 TTL NAND 게이트를 구현할 수 있다. 두 입력 중 하나라도 LOW 상태이면 Q_1은 ON 상태로 되므로 Q_2가 OFF 된다. 따라서 open 회로 출력을 갖는 Q_3도 OFF 된다. 모든 입력이 OPEN(개방) 상태 혹은 HIGH 상태이면 Q_1은 Q_2와 Q_3를 ON 상태로 구동시키고 출력은 LOW가 된다. 개방 컬렉터 출력은 wried-OR 혹은 wried-AND 논리 게이트의 구성을 가능하게 한다.

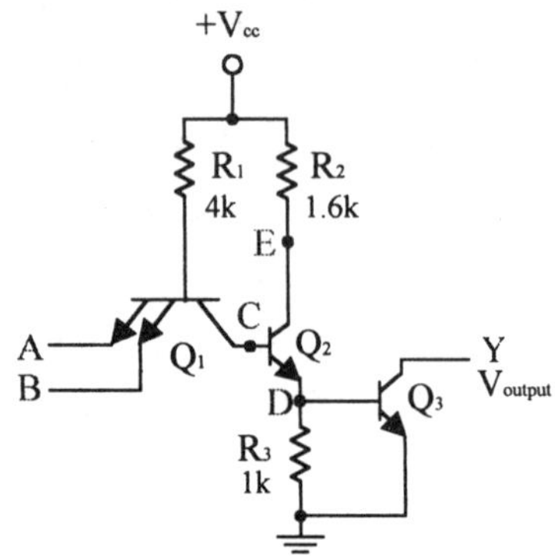

[그림 4-24] 개방 컬렉터 TTL NAND 게이트

〈표 4-7〉은 개방 컬렉터 TTL NAND 게이트 회로의 전압진리표이다.

〈표 4-7〉 개방 컬렉터 TTL NAND 게이트의 전압진리표

V_A[V]	V_B[V]	Q_1	V_C[V]	Q_2	V_D[V]	V_E[V]	Q_3	Y[V]
0	0	ON	0	OFF	0	+5	OFF	+3.6
0	+5	ON	0	OFF	0	+5	OFF	+3.6
+5	0	ON	0	OFF	0	+5	OFF	+3.6
+5	+5	ON (REVERSE)	1.4	ON	0.74	0.7	ON	≒0

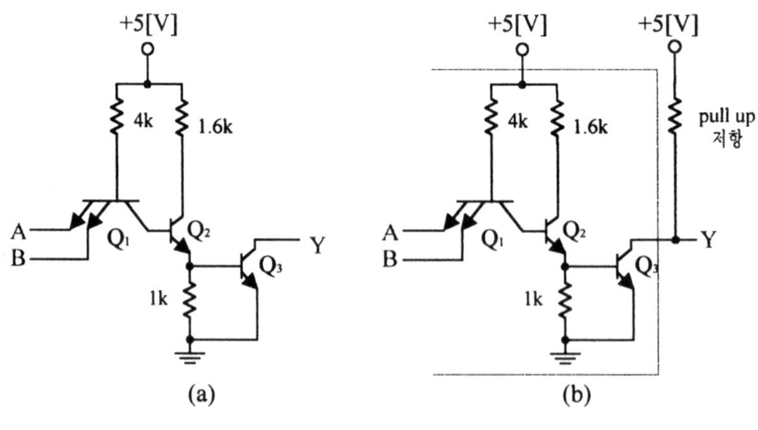

[그림 4-25] 개방 컬렉터 TTL NAND 게이트

[그림 4-25 (a)]는 개방 컬렉터 출력단을 갖는 2 입력 NAND 게이트를 나타낸다. Q_3의 컬렉터가 개방되어 있으므로 [그림 4-25 (b)]처럼 외부에서 풀업 저항(pullup resistor)을 연결해주어야 제대로 동작한다.

Q_3는 포화되었을 때에 능동 풀다운(pulldown) 기능을 가진다. 그러나 차단 상태에서는 출력전압을 올려주는 위쪽 트랜지스터가 없으니까 출력단의 기생 커패시턴스나 다른 부하 커패시턴스는 풀업 저항을 거쳐 충전하게 된다. 충전이 피동소자를 거쳐서 이루어져야 하므로, 낮은 전압상태로부터 높은 전압상태로 출력전압이 스위칭하는 것을 피동 풀업(passive pull-up)이라고 한다.

7400 TTL 소자에서 풀업 저항은 수백~수천[Ω]의 값을 가진다. 따라서 피동 풀업은 능동 풀업보다는 훨씬 속도가 느리다. 이것이 토템폴형 소자에 비해 개방 컬렉터형 소자가 지니는 주요 결점이다.

그런데 왜 개방 컬렉터형 소자에 대해 많은 언급을 하고 있는가? 그 까닭은 개방 컬렉터형에서는 출력단을 함께 모아 공통 풀업 저항에 연결해 쓸 수 있기 때문이다. 즉, 입력이 어느 하나라도 LOW이면 출력은 LOW가 되고 모든 입력이 HIGH일 때만 출력이 HIGH가 되는 특징을 나타내기 때문이다. 이러한 직결방식을 쓰면 AND 논리작용을 하므로 AND 게이트를 따로 쓰지 않아도 된다.

[그림 4-26]의 wired AND 회로를 보면, 개방 컬렉터 소자들의 출력들이 공통 풀업 저항(그림에는 점선으로 표시)에 연결되어 있다. wired AND 회로는 여러 TTL 출력의 논리곱(AND)을 구하는 데 편리하다.

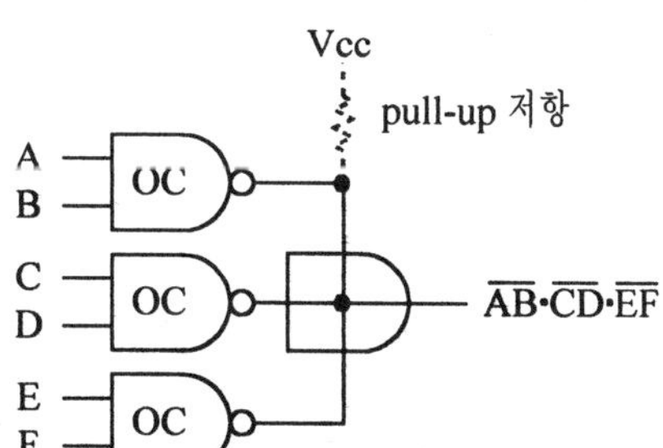

[그림 4-26] wired AND 회로

13개의 TTL 출력의 논리곱을 구해야 할 경우, 토템폴 소자를 사용한다면 13 입력 AND 게이트가 필요하지만 개방 컬렉터 소자를 쓴다면 출력단을 wired AND 할 수 있으므로 13 입력 AND 게이트는 필요 없게 된다. 또한, [그림 4-26]의 wired AND 회로의 출력은

$$Y = \overline{AB} \cdot \overline{CD} \cdot \overline{EF}$$

이며, 드 모르간의 제1정리를 적용하면 이것은 다음 식과 등가이다.

$$Y = \overline{AB + CD + EF}$$

이 때문에 wired AND 대신에 wired OR라는 말이 쓰이기도 하는데, 정확한 말이라고는 할 수 없다. 식으로부터 NAND 게이트를 가지고 AND-OR 회로를 구성하고자 할 때 wired AND 회로의 출력에 인버터(invertor)만 달면 됨을 알 수 있다. 또한, pull-up 저항을 이용하여 출력전압을 끌어올릴 수 있으므로 CMOS의 높은 입력전압에도 인터페이스(interface)가 가능하다. 이상과 같은 여러 가지 이점을 갖고 있으므로 해독기 및 기억장치 등의 출력단이 개방 컬렉터형으로 만들어지고 있다.

4 9 MOS 게이트

전계효과 트랜지스터(FET : Field-Effect Transistor)에는 접합형(junction type) FET(JFET)와 MOS형(Metal Oxide Semiconductor type) FET(MOSFET)의 두 가지가 있으며 MOSFET가 JFET에 비하여 구조가 간단하고 입력 임피던스가 크기 때문에 IC에는 MOSFET를 쓰고 있다. MOSFET는 흔히 약해서 MOS라 하며 다시 디플리션(depletion)형과 인한스먼트(enhancement)형으로 나누어진다. 증폭용으로는 디플리션 MOS가, 스위치로서는 주로 인한스먼트 MOS가 쓰이고 있기 때문에, 여기서는 인한스먼트 MOS에 대해서만 살펴보기로 한다.

[그림 4-27]은 n채널과 p채널 인한스먼트 MOS이다. 소스(source)와 드레인(drain) 사이가 끊긴 점선으로 표시된 것은, 평상시에는 이 두 전극 사이에 도전 채널이 존재하지 않는다는 것을 뜻하고 있다.

[그림 4-28]의 n채널 MOS의 스위칭 동작을 살펴보기로 하자. n채널 MOS에서 드레인은 소스에 대하여 정전위를 걸어주고 있으며, 대개의 경우, 기판(substrate)은 소스에 연결하고 있다. MOS는 전압제어소자로서 게이트와 소스 사이의 입력전압 V_{GS}로 드레인과 소스에 걸쳐 있는 채널 저항을 제어하여, ON, OFF 스위칭 소자로 이용된다.

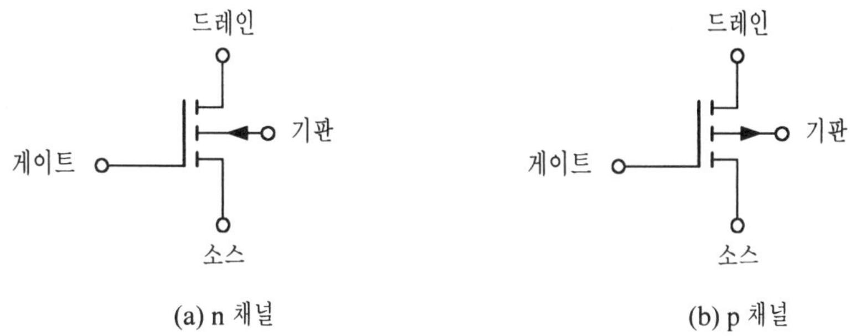

[그림 4-27] 인한스먼트 MOSFET

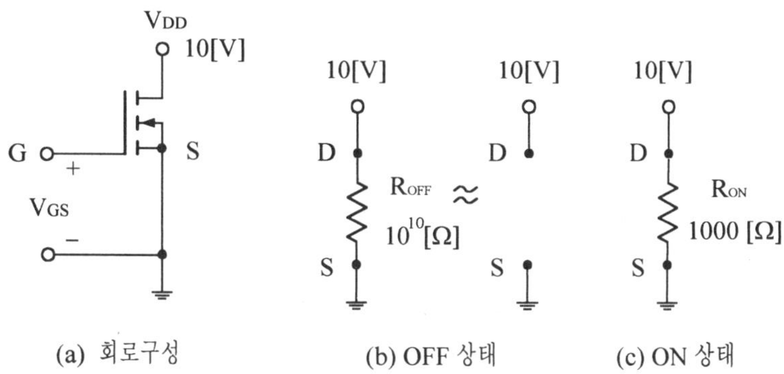

[그림 4-28] 인한스먼트 MOSFET

만일 $V_{GS} = 0[V]$이면 채널이 생기지 않아서 소자는 OFF 상태에 있게 되고, 이때의 채널 저항은 대개 $10^{10}[\Omega]$이 되므로 사실상 개방(open)회로로 볼 수 있다. V_{GS}의 전압을 증가시켜 3[V]의 V_{th}(threshold 전압)보다 크게 하면 MOS는 채널이 형성되어 ON 상태에 있게 된다. [그림 4-28 (c)]에서 보면, $V_{GS} = 12[V]$일 때 채널 저항 $R_{ON} = 1000[\Omega]$이다.

디지털 회로에 쓰이는 MOS는 p-MOS, n-MOS 및 CMOS의 세 가지로 나눌 수 있다. n-MOS와 p-MOS는 CMOS에 비하여 집적도가 높으며, 특히 n-MOS는 p-MOS에 비하여 집적도가 2배 높다. 스위칭 속도면에서 보면 n-MOS는 p-MOS의 2배이고, CMOS는 MOS보다 더 빠르다. 또, CMOS는 소비전력이 가장 적다는 것이 장점이다.

[그림 4-29]의 n-MOS 인버터는 부하 MOS Q_1과 스위칭 MOS Q_2로 구성되어 있다. 피동 저항소자를 부하로 쓰지 않고 MOSFET를 부하로 쓰는 것

은 현재의 IC 제조기술에 따르면 IC 칩에서 피동저항이 차지하는 면적이 MOS 저항의 약 20배에 달하기 때문이다.

Q_1은 게이트와 드레인이 10 [V]에 연결되어 항상 ON 상태에 있으므로 사실상 저항값 R_{ON}을 갖는 부하저항으로서 작용하고 있다. Q_2는 V_{IN}값의 변동에 따라 ON이나 OFF 상태를 취하게 된다. 또, Q_1은 Q_2보다 채널 길이를 더 길게 하여 Q_2보다도 큰 R_{ON} 값을 가지고 있다. Q_1의 R_{ON} 값은 대개 100 [kΩ], Q_2는 1 [kΩ]이다. $V_{IN} = 0[V]$일 때 Q_2의 R_{OFF}는 약 $10^{10}[\Omega]$이다.

인버터의 입출력 관계를 [그림 4-29 (b)]에 싣고 있다. 이 회로는 각 MOSFET를 하나의 저항으로 볼 때 2개의 저항으로 된 분압회로로 생각할 수 있으므로 출력을 쉽게 구할 수 있다. 즉, $V_{IN} = 0[V]$이면 Q_2가 OFF되어 저항은 $10^{10}[\Omega]$에 이르고, Q_1은 $R_{ON} = 100[k\Omega]$이므로 분압회로의 출력은 10[V]가 된다. 한편, $V_{IN} = 5[V]$이면 입력전압이 V_{th}보다 크므로 Q_2는 ON 되어 $R_{ON} = 1[k\Omega]$이 된다. 따라서 분압회로의 출력 $V_{OUT} = 1/(100+1) \times (10) \simeq 0.1[V]$가 된다.

위와 같은 사실에서 이 회로는 인버터로서 동작하고 있음을 확인할 수 있다.

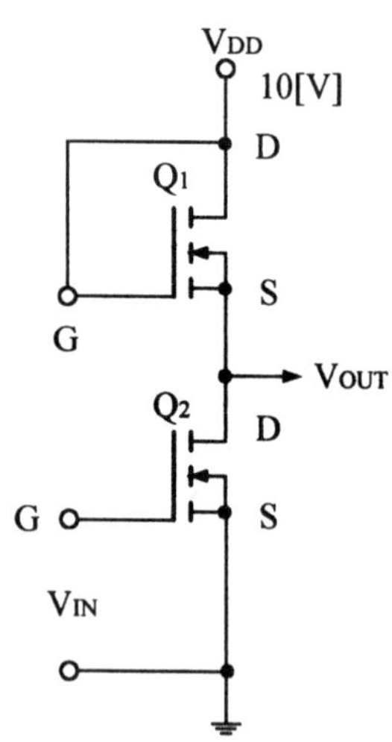

(a) 회로구성

V_{IN}[V]	Q_1	Q_2	V_{OUT}[V]
0	R_{ON}=100kΩ	$R_{OFF}=10^{10}\Omega$	10
5	R_{ON}=100kΩ	R_{ON}=1kΩ	0.1

(b) 각 상태 값

[그림 4-29] n-MOS 인버터

예제 4-19

다음의 nMOS 회로는 무슨 게이트라고 할 수 있는가?

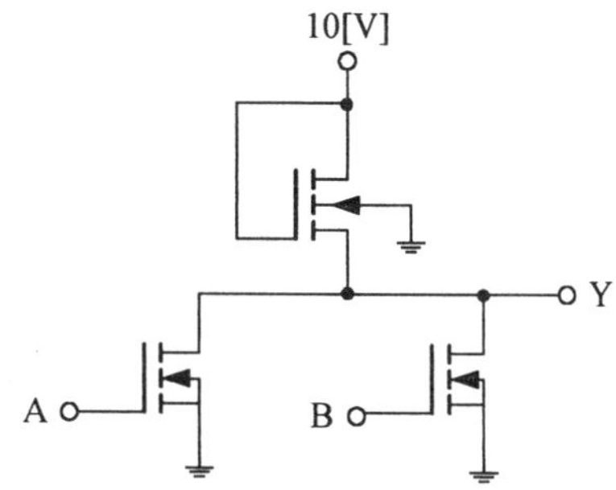

[그림 4-30]

해답 〈표 4-8〉의 진리표와 같이 동작하므로 nMOS 2 입력 NOR 게이트이다.

〈표 4-8〉 [그림 4-30]의 진리표

A[V]	B[V]	Y[V]
0	0	10
0	10	0
10	0	0
10	10	0

4-10 CMOS 게이트

상보형(complementary) MOS(CMOS) 회로는 같은 기판 위에 n채널과 p채널 소자를 함께 제작할 수 있다는 사실을 이용하고 있다. CMOS 회로는 두 형태의 MOS 소자를 상호연결하여 논리기능을 수행하도록 만드는 것이다. 기본적 회로는 [그림 4-31 (a)]에 보인 바와 같이 하나의 p채널 MOS와 또 하나의 n채널 MOS가 한 쌍으로 이용된다. V_{DD} 값은 $+3 \sim +18$ [V] 사이의 임의값을 사용할 수 있다. 2개 전압준위는 0 [V]는 낮은 준위, V_{DD}는 높은 준위이다.

MOS 트랜지스터의 동작을 살펴보면

① n채널 MOS는 소스에 대한 게이트 전압이 양(+)일 때 전도된다.
② p채널 MOS는 소스에 대한 게이트 전압이 음(−)일 때 전도된다.

[그림 4-31]의 (a)는 CMOS 인버터 회로이다.

이제 인버터의 동작을 살펴보자. 입력이 낮은 전압상태이면, 양쪽 게이트 모두 0전위이다. 이 입력은 p채널 소자의 소스에 대해서는 상대적으로 $-V_{DD}$에 있고, n채널 소자의 소스에 대해서는 상대적으로 0[V]에 있다. 이러한 상태에서는 p채널의 경우 V_{DD}로부터 출력까지의 낮은 임피던스의 경로가 있게 된다. 그러나 n채널의 경우에는 높은 임피던스의 경로를 갖게 된다.

따라서, 정규 부하상태에서는 출력전압이 높은(전압) 준위 V_{DD}에 접근된다. 그러나 입력이 높은 전압준위이면, 2개의 게이트는 양쪽 모두가 V_{DD}가 되어 상황은 반대로 된다. 즉, p채널 소자는 OFF되고, n채널 소자는 ON된다. 그 결과 출력전압은 0 [V]인 낮은 준위에 접근된다.

[그림 4-31 (b)]의 입출력 특성 그래프는 이와 같은 CMOS 인버터 회로의 동작특성을 잘 나타내고 있다. 입력전압 V_i가 문턱전압(threshold voltage) V_{th}보다 커지려 할 때 n채널은 ON이 되어 출력전압 V_o는 급격히 0 [V]인 낮은 준위에 접근하게 되는 것이다.

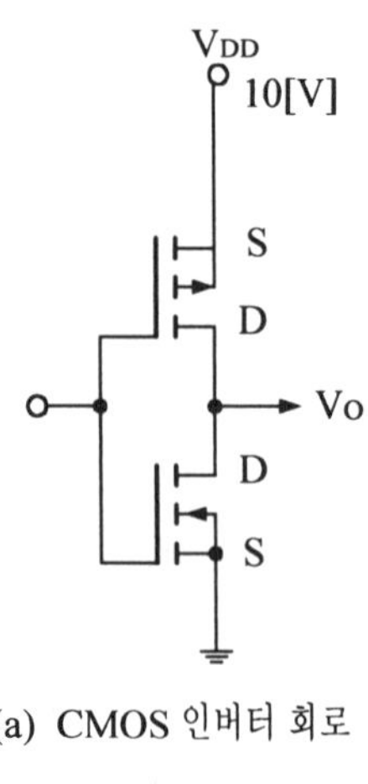

(a) CMOS 인버터 회로

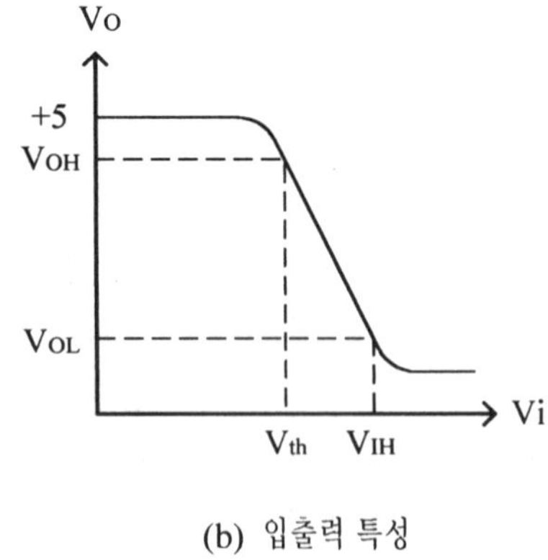

(b) 입출력 특성

[그림 4-31] CMOS 논리회로 및 입출력 특성

2 입력 CMOS NOR 게이트는 [그림 4-32]에 보인 바와 같이 병렬로 된 2개의 n형 소자와 직렬로 된 2개의 p형 소자로 구성된다. 특히 (a)의 회로도는 (b)의 블록도로 간단히 나타낼 수 있다. 두 입력(A, B)이 낮은 전압준위일 때는 양쪽 p채널 소자는 ON되고, 양쪽 n채널 소자는 OFF된다. 따라서, 출력단은 V_{DD}와 연결되어 있어서 높은 전압값을 출력한다. 어느 입력이든지 높은 전압상태이면, 높은 전압이 연결된 p채널 트랜지스터는 OFF되고, n채널 트랜지스터는 ON된다. 따라서 출력단을 접지와 연결시키게 되어 낮은 전압을 출력하게 된다.

CMOS 논리회로가 정적인 상태에 있을 때의 전력소모는 아주 적다. 그 이유는 회로의 상태가 변화하지 않을 때에는 전류가 흐르는 통로에 반드시 1개의 ON되지 않은 트랜지스터가 존재하기 때문이다. 따라서 전형적인 CMOS 게이트는 1 [μW] 정도의 전력을 소비한다.

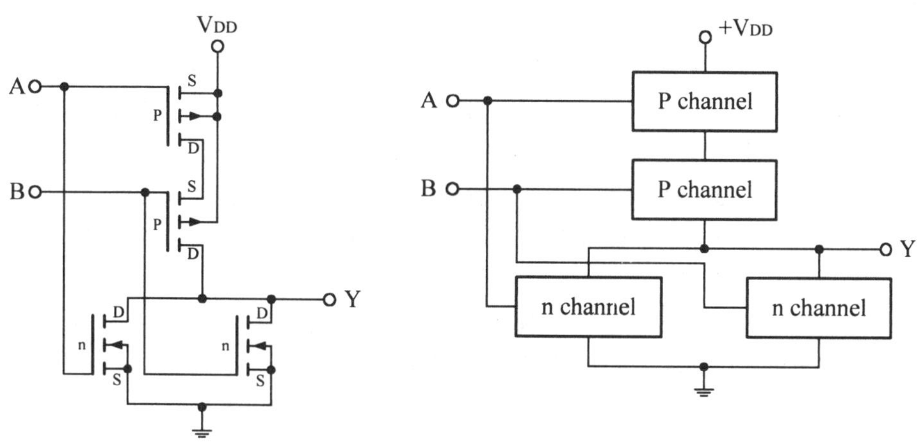

(a) 회로도 (b) 블록도

[그림 4-32] CMOS NOR 게이트

그러나 회로가 고주파에서 동작하면 전력이 증가되어 1 [MHz]의 주파수에서 동작하는 경우 전력소비는 1 [mW]로 증가한다. 그러나 CMOS의 생산공정은 TTL보다 간단하며 집적도를 더 높일 수 있다. 낮은 전력소비, 우수한 잡음여유도 등 장점을 많이 가지고 있으므로 디지털 논리군의 일반적인 표준으로 생각하게 한다. 일반적으로 V_{DD}의 45%에 달하는 전압잡음여유를 가지므로 잡음에 강하다.

특히, CMOS는 입출력이 명확하게 정의되어 있는 TTL과는 달리 양방향에서의 데이터 입력이 가능하므로 양방향 스위치로 사용할 수 있는 이점도 지니고 있다. 따라서 CMOS는 전송 게이트로도 많이 이용된다.

4-11 ECL

ECL(Emitter Coupled Logic) 회로에서는 트랜지스터가 포화되지 않는다. 따라서 스위칭 속도가 매우 빠르고 지연시간이 1 [ns] 이하인 것도 있다. 잡음 여유와 전력소비면에서는 다른 논리계열에 비하여 불리하지만 최고속도를 얻기 위해서는 ECL을 사용한다.

[그림 4-33]에서 트랜지스터 Q_1, Q_2 및 Q_3는 동일특성을 가지며, 차동증폭기(differential amplifier)를 형성한다. TTL 회로는 ON일 때 자신의 포화 모드에서 쌍극성 트랜지스터를 동작시킨다. 느린 스위칭 타임에서의 이런 결과는 베이스(base) 영역에 저장된 전하를 OFF시키는 원인이 된다. 트랜지스터가 OFF될 때 베이스에 충전된 전하는 트랜지스터가 OFF되기 시작하기 전에 제거되어야 한다. 트랜지스터의 OFF 속도가 증가하면 ECL 회로는 트랜지스터를 포화시키지 않고서도 동작시킬 수 있다. ECL 회로에서는 전류의 스위칭 방향에 의해 상태가 변환된다. 따라서 스위칭 속도가 매우 고속이다. [그림 4-33]의 회로의 동작은 (b)의 진리표와 같으므로 이 ECL 게이트는 2 입력 OR 게이트로 동작한다.

ECL 계열의 기본회로는 NOR 게이트이다. [그림 4-34]는 2 입력 ECL의 OR/NOR 게이트의 회로도, 진리표 및 논리기호이다.

V_{CC}를 접지시키고 $V_{EE} = -5.2\,[V]$로 한 것은 전원잡음의 영향을 덜 받게 하기 위한 것이다. Q_3의 베이스 바이어스 전압 $V_{BB} = -1.29\,[V]$를 얻기 위한 바이어스 회로와 이미터 플로워(EF) 출력단이 추가되고 있다. 외부에는 풀다운(pull-down) 저항 R_{L1}, R_{L2}를 달아서 사용한다.

앞의 설명으로부터 A, B 입력이 모두 LOW이면 OUT1이 HIGH, OUT2가 LOW가 되고, A, B 입력 중에 어느 것 하나라도 HIGH이면 OUT1이 LOW, OUT2가 HIGH가 되는 것을 쉽게 알 수 있다. 따라서 [그림 4-34 (b)]에 표시한 진리치표가 얻어진다. 즉 A, B와 OUT1 사이는 NOR로 동작하고 A, B와 OUT2 사이는 OR로 동작한다. 그래서 [그림 4-34 (c)]와 같은 논리기호를 사용한다. 두 출력 중 하나는 NOR 출력, 또 하나는 OR 출력이다.

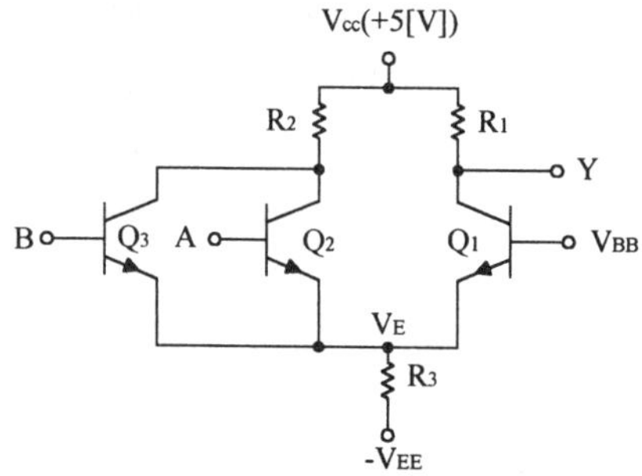

(a) 기본 ECL 게이트 회로

A	B	Y
0	0	0
0	1	1
1	0	1
1	1	1

(b) 진리표와 등가 게이트 기호

[그림 4-33] 기본 ECL 게이트 회로

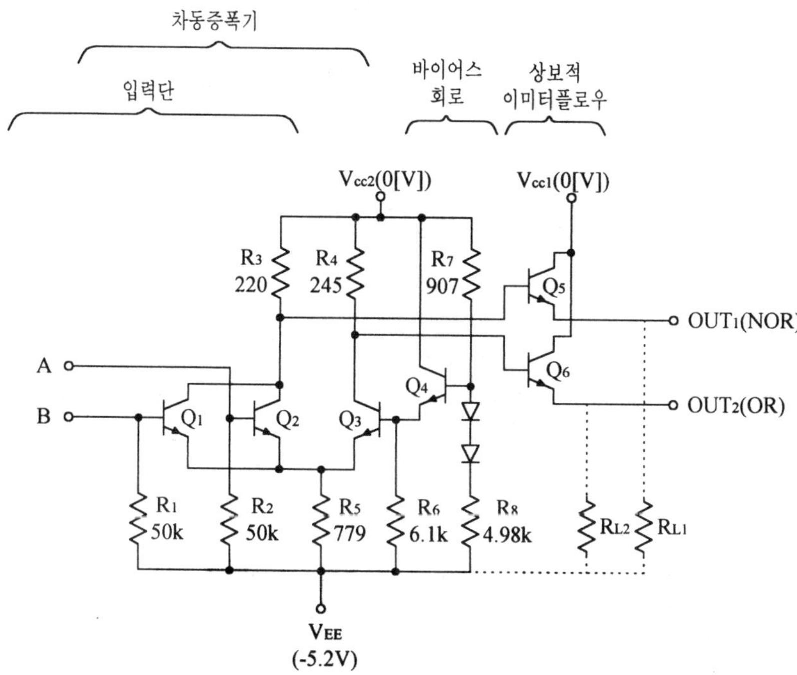

(a)

A	B	OUT_1	OUT_2
L	L	H	L
L	H	L	H
H	L	L	H
H	H	L	H

(b) 진리표

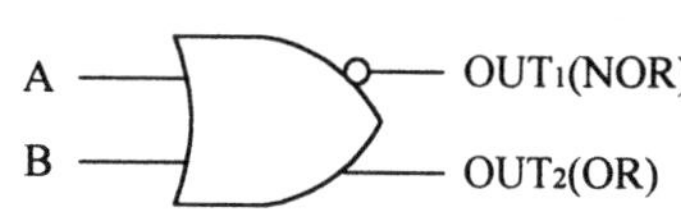

(c) 논리기호

[그림 4-34] 2입력 ECL OR/NOR 게이트

2개 또는 그 이상의 ECL 게이트의 출력을 함께 묶어서 입력이 모두 0일 때만 출력이 0이 되는 wired logic을 형성할 수 있다. [그림 4-35]에 보이는 바와 같이 두 NOR 출력을 외부에서 묶어서 wired-OR 기능을 얻을 수도 있고, 또 두 OR 출력을 내부에서 묶어서 입력이 모두 1일 때만 출력이 1이 되는 wired-AND 기능을 얻을 수도 있다. 이 성질은 ECL 게이트를 이용하여 OR-AND-INVERT와 OR-AND의 기능을 얻고자 할 때 유용하다.

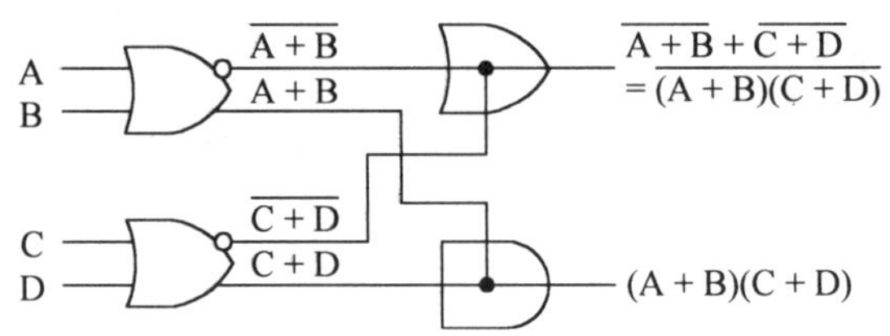

[그림 4-35] 두 ECL 게이트의 wired 논리동작

4-12 TTL과 CMOS 인터페이스

TTL과 CMOS의 논리 레벨(전압)은 [그림 4-36 (a)]와 같이 서로 다르게 정의된다. 이러한 전압 레벨의 차이 때문에 TTL과 CMOS IC를 연결할 때에는 이러한 차이점을 고려하여야 한다. 또 TTL과 CMOS IC는 전류특성도 서로 다르다. [그림 4-36 (a)]의 전압특성과 전류특성을 살펴보면, 표준 TTL의 출력 구동전류는 CMOS 입력을 구동하기 위한 전류보다 큰 값을 갖고 있지만 전압특성은 서로 맞지 않는다.

TTL IC의 LOW 출력은 CMOS IC의 LOW 입력범위 내에 포함되기 때문에 호환 가능하지만 TTL IC의 HIGH 출력의 범위는 CMOS IC의 HIGH 입력의 범위를 벗어나기 때문에 호환이 불가능하다. 이러한 전압 레벨의 차이는 회로동작에서 문제를 일으킬 수 있다. 이와 같은 문제는 [그림 4-36 (b)]와 같이 두 게이트 사이에 풀업 저항을 추가하여 표준 TTL의 HIGH 출력전압을 거의 +5[V]에 가까운 값으로 끌어올림으로써 해결할 수 있다.

반대로 CMOS의 출력을 TTL의 입력으로 사용하는 경우에는 전압은 문제가 없으나 전류가 부족하므로 CMOS와 TTL 사이에 버퍼를 두어 인터페이스 한다.

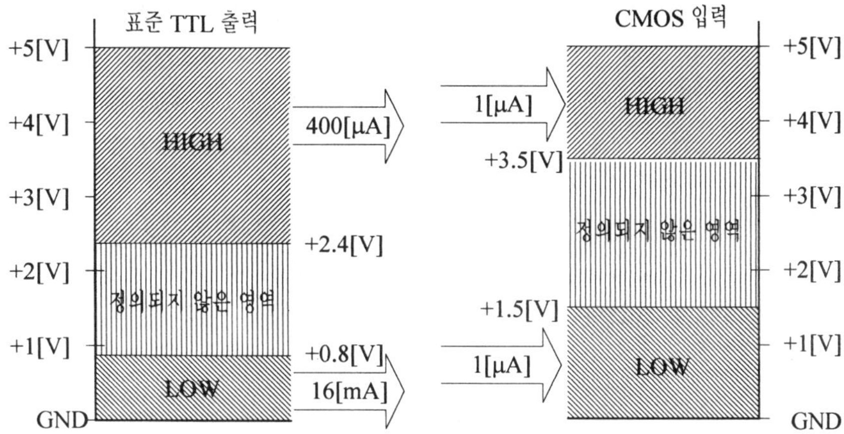

(a) 표준 TTL 출력과 CMOS 입력의 특성

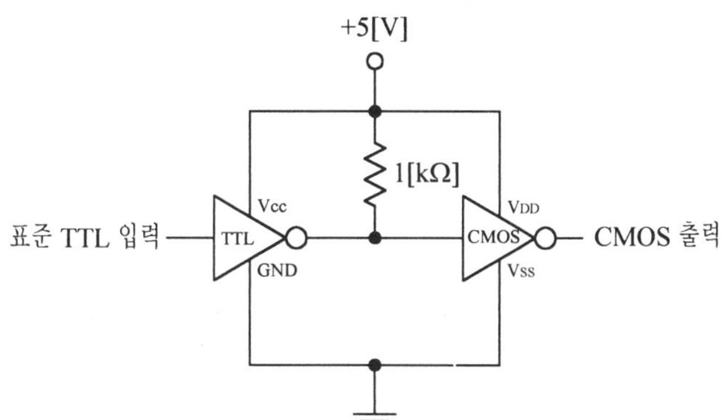

(b) 풀업 저항을 이용한 TTL과 CMOS의 인터페이스

[그림 4-36] TTL과 CMOS의 인터페이스

4-13 게이트의 전기특성

디지털 논리 게이트의 전기적 특성은 기본 게이트 회로를 비교 평가함으로써 파악할 수 있다.

(1) 전파지연

전파지연은 논리회로가 동작하는 속도를 제한하기 때문에 매우 중요한 특성이다. 전파지연(propagation delay) 시간이 짧으면 짧을수록 회로의 동작속도는 빠르게 된다. [그림 4-37]은 논리회로의 전파지연을 예시하고 있으며, 지연시간은 각 펄스 에지의 50% 점에서 정의된다. [그림 4-37]에서 게이트의 전파지연은 기본적으로 입력펄스와 출력펄스 사이의 시간차를 의미하며, 논리 게이트와 관련해 두 개의 전파지연이 있다. 즉, 입력 펄스의 positive going edge에서 출력 펄스의 negative going edge까지의 지연시간을 턴-온(turn-on) 지연이라 하고, 입력 펄스의 negative going edge에서 출력 펄스의 positive going edge까지의 지연시간을 턴-오프(turn-off) 지연이라 한다.

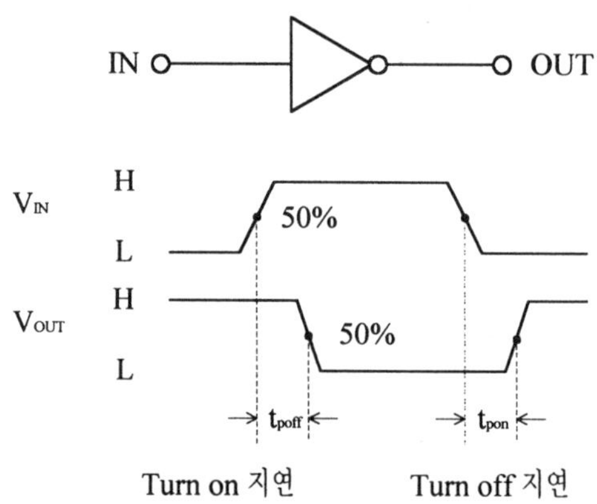

[그림 4-37] 논리 게이트의 전파지연

(2) 전력소비

전력소비(power dissipation)는 전원에서 공급되는 평균전류와 DC 전압과의 곱이다. 74 시리즈의 경우 게이트당 DC+5[V]에서 동작하고 LOW 상태에서 3[mA]의 전류가, HIGH 상태에서 1[mA]의 전류가 흐른다. 전력소비를 계산해보면

$$P_{LOW} = 5[V] \times 3[mA] = 15[mW]$$

$$P_{HIGH} = 5[V] \times 1[mA] = 5[mW]$$

$$P_{DISS} = P_{AVG} = P_{LOW} + P_{HIGH}/2 = 10[mW]$$

가 되고, IC 7400의 경우 게이트 4개가 있으므로 전체 소비전력은 아래와 같이 계산된다.

$$P_{TOT} = 4 \times 10[mW] = 40[mW]$$

(3) 잡음여유도

잡음여유도(noise margin)는 논리회로의 출력이 바뀌지 않으면서 입력에 첨가될 수 있는 최대 잡음전압을 말한다.

잡음은 디지털 시스템에서 여러 가지 원인에 의해 발생하며, 가장 일반적인 잡음은 DC 공급전압의 변화, 접지잡음, 다른 회선으로부터의 유도잡음 등이 있다.

논리 게이트의 최대 LOW 레벨 출력전압을 $V_{OL(max)}$라고 하고, 잡음에 견딜 수 있는 논리 게이트의 최대 LOW 레벨 입력전압을 $V_{IL(max)}$라고 하면 LOW 레벨 잡음여유도(V_{NL})는 다음과 같다.

$$V_{NL} = V_{IL(max)} - V_{OL(max)}$$

논리 게이트의 최소 HIGH 레벨 출력전압을 $V_{OH(min)}$라고 하고, 잡음에 견딜 수 있는 논리 게이트의 최소 HIGH 레벨 입력전압을 $V_{IH(min)}$라고 하면 HIGH 레벨 잡음여유도(V_{NH})는 다음과 같다.

$$V_{NH} = V_{OH(min)} - V_{IH(min)}$$

(4) 팬-아웃

논리회로의 팬-아웃(fan-out)은 제한된 범위 내에서 출력을 유지할 수 있는 유사 게이트의 최대 개수이다. 논리회로의 팬-아웃을 이해하기 위해 기본 RTL 인버터를 생각해보자. [그림 4-38]은 또 다른 RTL 인버터를 구동하는 RTL 인버터를 보여주고 있다.

드라이브(인버터 1)의 출력이 HIGH일 때 Q_1은 OFF이고 베이스 전류는 부하(인버터 2)에 공급된다. 인버터 2 입력저항은 인버터 1의 출력에 부하효과(loading effect)를 가진다. 즉, 인버터 1의 HIGH 출력전압 레벨은 무부하값 +5[V]를 감소시킨다. 만약 인버터 1이 [그림 4-39]와 같이 두 개의 인버터를 구동한다면 V_{OH}는 훨씬 줄어들 것이다. 두 인버터의 입력저항은 서로 병렬이며 이로 인해 인버터 1이 구동해야 하는 전체 부하저항은 적게 된다.

$$V_{OH} \cong \left(\frac{\frac{R_B}{2}}{\frac{R_B}{2} + R_{C1}} \right) Vcc$$

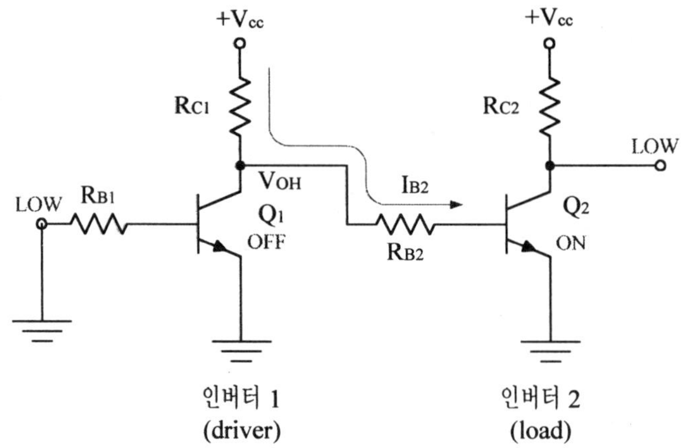

[그림 4-38] RTL 부하의 예

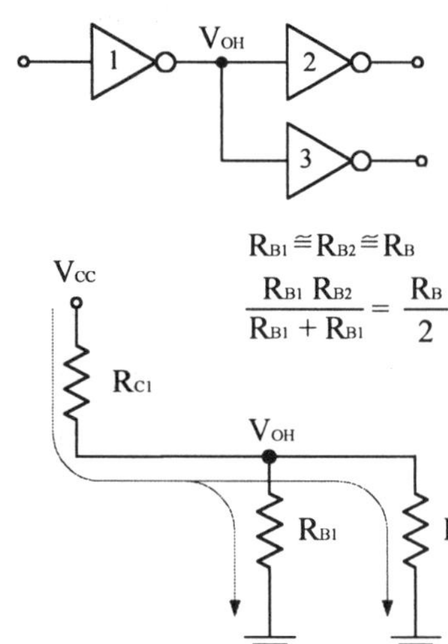

[그림 4-39] 두 개의 병렬부하를 구동하는 인버터

인버터 1의 출력에 또 다른 부하가 연결될 때 그것의 HIGH 레벨 출력전압은 계속해서 감소하게 된다. V_{OH}가 $V_{OH(min)}$보다 크거나 같을 때 논리회로가 구동할 수 있는 최대 부하수를 회로의 팬-아웃이라 한다.

〈표 4-9〉는 TTL 게이트의 팬-아웃을 보였다. 표준형 74 시리즈 회로는 LOW 레벨의 경우 팬-아웃의 크기는 10이 된다.

〈표 4-9〉 TTL 게이트 팬-아웃

family type	input load		output load	
	HIGH (U.L.)	LOW (U.L.)	HIGH (U.L.)	LOW (U.L.)
74	1	1	20	10
74H	1.25	1.25	25	12.5
74S	1.25	1.25	25	12.5
74LS	0.5	0.25	10	5

예제 4-20

표준형 74 시리즈 회로의 연결에서 LOW 레벨의 경우 팬-아웃을 구하여라.

해답 〈표 4-9〉로부터 74 표준형의 경우 Output Load Low Unit Load(단위부하) = 10, Input Load Low Unit Load(단위부하) = 1이 된다. 따라서,

$$\text{LOW 레벨 팬-아웃} = \frac{10\text{U.L.}}{1\text{U.L.}} = 10$$

예제 4-21

LOW 레벨에서 74 시리즈로 74LS를 구동시킨다면 이때의 팬-아웃은 얼마인가?

해답 〈표 4-9〉로부터 아래와 같이 계산할 수 있다.

$$\text{LOW 레벨 팬-아웃} = \frac{10\text{U.L.}}{0.25\text{U.L}} = 40$$

(5) current source와 current sink

[그림 4-40 (a)]에서 보는 바와 같이 NAND 게이트의 출력이 HIGH인 경우에는 다음 단 게이트의 입력을 구동하는 전류를 제공하게 되는데, 이때 게이트의 출력을 current source라 한다. TTL NAND 게이트의 최대 출력전류의 크기는 40 [μA]이다.

[그림 4-40 (b)]에서 보는 바와 같이 NAND 게이트의 출력이 LOW인 경우에는 다음 단 게이트로부터 전류를 제공받게 되므로 드라이버는 current sink

로 동작하게 된다. 따라서 팬-아웃 이상의 NAND 게이트를 부하로 사용하는 경우 드라이버는 파괴될 위험이 있으므로 조심하여야 한다.

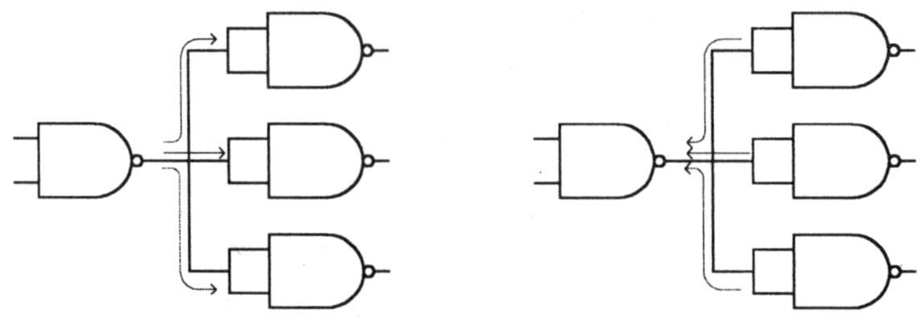

(a) current source (b) current sink

[그림 4-40] current source와 current sink

4 연습문제

1. 다음 식을 간단히 하여라.

a) $A \cdot B + A \cdot \overline{B} \cdot C$

b) $\overline{\overline{A \cdot B + C} + \overline{A} + \overline{B} + D}$

2. 다음 식을 진리표를 이용하여 증명하여라.

a) $\overline{A + B} = \overline{A} \cdot \overline{B}$ (드 모르간의 정리)

b) $(A + B)(\overline{A} + C) = AC + \overline{A} \cdot B$

3. 다음 논리식을 쌍대인 논리로 표시하여라.

a) $0 \cdot (A \cdot \overline{B} + C) = 0$

b) $A \cdot B + \overline{A} \cdot C = (A + C) \cdot (\overline{A} + B)$

4. $\overline{A + B} = \overline{A} \cdot \overline{B}$ 식의 쌍대를 구하여라.

5. $F = AB\overline{C}\,\overline{D} + \overline{A}\,\overline{B}CD + AB\overline{C}$에 대한 간략화된 논리식을 구하여라.

6. 함수 $F = A + BC$의 보수를 구하여라.

7. 다음 표현식을 곱의 합과 합의 곱으로 변환하여라.

a) $(AB + C)(B + \overline{C}D)$

b) $\overline{A} + A(A + \overline{B})(B + \overline{C})$

8. 다음 함수의 보수를 최소항의 합으로 표현하여라.

a) $F(A, B, C, D) = \Sigma(0, 26, 11, 13, 14)$

b) $F(A, B, C) = \Pi(0, 3, 6, 7)$

9. 다음을 다른 형식의 정규형으로 변환하여라.

a) $F(A, B, C) = \Sigma(1, 3, 7)$

b) $F(A, B, C, D) = \Pi(0, 1, 2, 3, 4, 6, 12)$

10. 〈표 4-10〉의 진리표를 이용하여 곱의 합으로 논리식을 전개하여라.

〈표 4-10〉

A	B	C	F
0	0	0	0
0	0	1	0
0	1	0	0
0	1	1	1
1	0	0	0
1	0	1	1
1	1	0	1
1	1	1	1

11. 정논리 AND 게이트와 부논리 OR 게이트는 서로 동일함을 나타내어라.

12. 논리 게이트에 DC+5[V]의 전압을 공급할 때, 논리 1의 전류가 2 [mA]이고, 논리 0의 전류가 8 [mA]이면 평균 전력소비는 얼마인가?

13. [그림 4-41]의 게이트에서 출력파형 Y를 도시하여라.

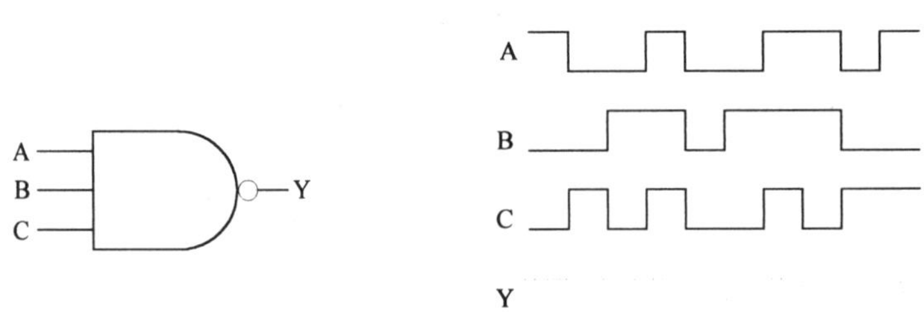

[그림 4-41]

14. 7400 NAND 게이트의 두 입력에 0.4 [V], 4 [V]를 인가하면 출력은 몇 [V]가 되는가?

15. 어떤 게이트의 논리 LOW의 최대 출력이 0.3 [V]이고, 다른 게이트의 논리 LOW의 최대 입력이 0.8 [V]일 때, LOW 레벨에서의 잡음여유도는 얼마인가?

16. 다음 IC 논리군에 대하여 전파지연시간, 전력소모, 잡음여유도, 팬-아웃을 표로 작성하여라. 그리고 대표적인 특징을 한 가지 이상씩 기술하여라.

a) TTL b) ECL c) MOS d) CMOS

제 5 장 ·········· 불 함수의 간략화

불 함수를 논리회로로 구현할 경우, 불 함수 표현이 최적화되어 있지 않으면 회로구성이 복잡해진다. 즉, 불 함수의 입력변수(literal)의 수와 곱셈(and) 또는 덧셈(or) 항의 수가 많아지면 논리회로의 게이트(gate)의 수가 많아지게 되어서 비용이 증가하게 된다. 이러한 문제를 해결하는 방법은 불 함수의 입력변수와 항의 개수를 최소화시켜야 하며, 이러한 과정을 불 함수의 간략화라 한다.

5-1 대수적인 간략화

불 함수를 응용하면 특정 식을 가장 간단한 형태로 줄이거나 사용하기 편리하도록 변환시킬 수 있다. 이를 위해 불 대수의 기본법칙과 이론을 사용한다.

예제 5-1

다음의 불 식을 간략화하여라.

a) $F_1 = \overline{A}BC + A\overline{B}C + ABC$

b) $F_2 = \overline{B}(A + C) + C(\overline{A} + B)$

해답 $\overline{A} + A = 1$ 을 이용한다.

a) $F_1 = \overline{A}BC + A\overline{B}C + ABC + ABC$

$= (\overline{A} + A)BC + AC(\overline{B} + B)$

$= BC + AC$

b) $F_2 = \overline{B}(A + C) + C(\overline{A} + B)$

$= A\overline{B} + \overline{B}C + \overline{A}C + BC$

$= A\overline{B} + C(\overline{B} + \overline{A} + B)$

$= A\overline{B} + C(1)$

$= A\overline{B} + C$

예제 5-2

[그림 5-1]의 논리회로로부터 구한 논리식을 간략화시키고, 간략화된 논리식을 이용하여 논리회로를 그려라.

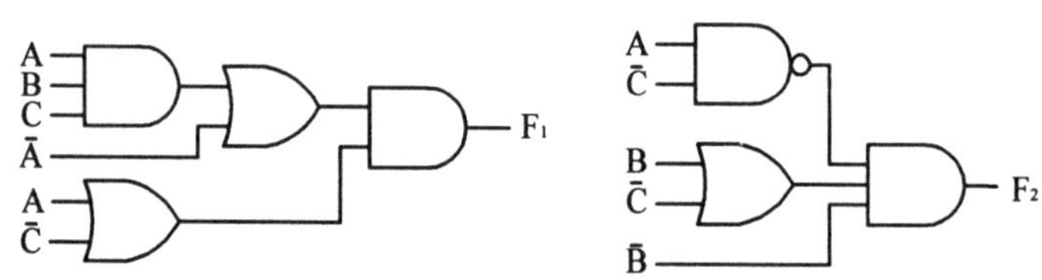

(a) (b)

[그림 5-1] 예제 5-2의 논리회로

해답 (a) $F_1 = (ABC + \overline{A})(A + \overline{C})$

$= AABC + ABC\overline{C} + A\overline{A} + \overline{A}\,\overline{C}$

$= ABC + 0 + 0 + \overline{A}\,\overline{C}$

$= ABC + \overline{A}\,\overline{C}$

(b) $F_2 = \overline{(A\overline{C})}(B + \overline{C})\overline{B}$

$= (\overline{A} + C)(B + \overline{C})\overline{B}$

$= (\overline{A} + C)(B\overline{B} + \overline{BC})$

$= (\overline{A} + C)\overline{BC}$

$= \overline{A}\,\overline{B}\,\overline{C} + \overline{B}C\overline{C}$

$= \overline{A}\,\overline{B}\,\overline{C}$

간략화된 논리식을 회로로 구성하면 [그림 5-2]와 같으며, (a), (b)의 논리회로에서 (1)과 (2)는 각각 2 입력 NOR 게이트와 3 입력 NOR 게이트이다.

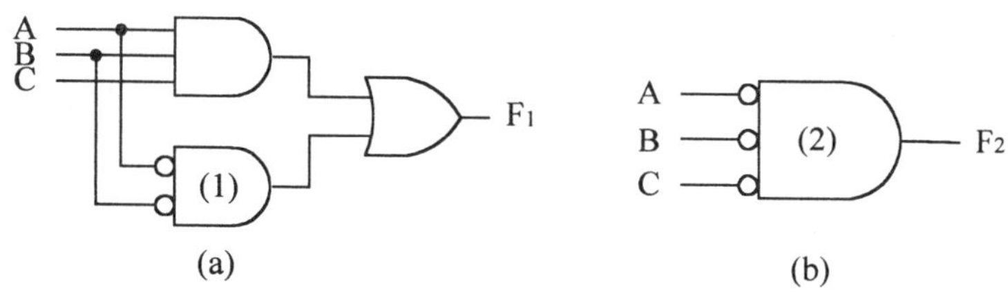

[그림 5-2] 예제 5-2의 간략화된 논리회로

5-2 정규형과 표준형

(1) 정규형

불 함수에서 하나의 2진 변수 A는 정상형인 A나 보수형인 $\overline{A}$(또는 A') 형태로 나타날 수 있다. 2개의 2진 변수 A, B가 있으면, 각 변수에 대한 정상형인 A, B와 보수형인 $\overline{A}$, $\overline{B}$가 있다. 따라서, 2 변수에 대한 AND 연산은 $\overline{A}\,\overline{B}$, $A\overline{B}$, $\overline{A}B$, AB가 가능하다.

이들 4개의 AND 항은 [그림 5-3]과 같이 Venn 도표상에서 각기 다른 영역을 가진다. 만약 n개의 변수가 있으면 각 변수의 정상형과 보수형을 이용하여 2^n개의 AND 항을 만들 수 있다.

이렇게 만들어진 AND 항을 최소항(minterm)이라 한다. 각 최소항은 변수의 값이 1일 때에는 정상형, 0일 때에는 보수형으로 나타낸 변수의 AND 연산으로 표현된다.

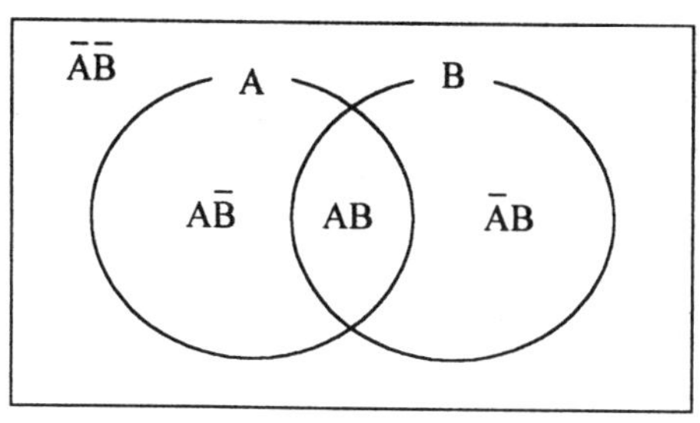

[그림 5-3] Venn 도표상의 AND 항

따라서 3 변수 A, B, C는 0부터 7(2^3-1)까지의 2진값 000, 001, 010, ……, 111을 가질 수 있으며, 이에 대응하는 최소항은 $\overline{A}\,\overline{B}\,\overline{C}$, $\overline{A}\,\overline{B}C$, $\overline{A}B\overline{C}$, ……, ABC이며 기호로는 m_0, m_1, m_2, ……, m_7이 된다.

비슷한 방법으로 2개의 2진 변수 A, B가 있으면, 각 변수에 대한 정상형인 A, B와 보수형인 $\overline{A}$, $\overline{B}$가 있으므로 2 변수에 대한 OR 연산은 $\overline{A}+\overline{B}$, $A+\overline{B}$, $\overline{A}+B$, A+B가 가능하다. 즉, n개의 변수에 대하여 각 변수의 정상형과 보수형으로 OR 항을 2^n개 만들 수 있다. 이렇게 만들어진 OR 항을 최대항(maxterm)이라 한다. 각 최대항은 각 변수의 값이 1일 때에는 보수형, 0일 때에는 정상형으로 나타낸 변수들의 OR 식으로 표현된다.

따라서, 3 변수 A, B, C에 대한 2진값 000, 001, 010, ……, 111에 대한 최대항은 A+B+C, $A+B+\overline{C}$, $A+\overline{B}+C$, ····, $\overline{A}+\overline{B}+\overline{C}$이며 기호로는 M_0, M_1, M_2, ……, M_7이 된다.

앞에서 설명한 3변수(A, B, C)에 대한 8개의 최소항과 최대항을 기호 표현과 함께 〈표 5-1〉에 나타내었다. 〈표 5-1〉로부터 m_0인 $\overline{A}\,\overline{B}\,\overline{C}$의 보수는 M_0인 A+B+C, m_7인 ABC의 보수는 M_7인 $\overline{A}+\overline{B}+\overline{C}$ 등의 관계가 성립하는 것을 알 수 있다. 따라서, 최소항과 최대항은 $m_j=\overline{M_j}$인 상호 보수 관계가 성립한다. 예를 들면, $m_3=\overline{M_3}$의 관계가 성립되며 이는 드 모르간의 정리에 의해 쉽게 증명될 수 있다.

〈표 5-1〉 3 변수에 대한 최소항과 최대항

A B C	최소항(minterm)		최대항(maxterm)	
	항	표시	항	표시
0 0 0	$\overline{A}\,\overline{B}\,\overline{C}$	m_0	A+B+C	M_0
0 0 1	$\overline{A}\,\overline{B}C$	m_1	$A+B+\overline{C}$	M_1
0 1 0	$\overline{A}B\overline{C}$	m_2	$A+\overline{B}+C$	M_2
0 1 1	$\overline{A}BC$	m_3	$A+\overline{B}+\overline{C}$	M_3
0 0 0	$A\overline{B}\,\overline{C}$	m_4	$\overline{A}+B+C$	M_4
0 0 1	$A\overline{B}C$	m_5	$\overline{A}+B+\overline{C}$	M_5
0 1 0	$AB\overline{C}$	m_6	$\overline{A}+\overline{B}+C$	M_6
0 1 1	ABC	m_7	$\overline{A}+\overline{B}+\overline{C}$	M_7

예제 5-3

$m_3=\overline{M_3}$가 됨을 증명하여라.

해답 $m_3 = \overline{A}BC$ 이며,

$\overline{M}_3 = \overline{A+\overline{B}+C} = \overline{A}\cdot\overline{\overline{B}}\cdot\overline{\overline{C}} = \overline{A}BC$

이므로 $m_3 = \overline{M}_3$ 가 성립한다.

불 함수를 진리표에 표현할 수 있으므로 진리표로부터 불 함수를 얻을 수도 있다. 즉, 진리표 내의 1이 표시된 최소항(minterm)들을 합(OR 연산)하거나 0이 표시된 최대항(maxterm)들을 곱(AND 연산)함으로써 불 함수가 얻어진다.

예를 들어, 〈표 5-2〉의 함수 F에 대한 진리표로부터 3변수 A, B, C가 001, 010, 100, 또는 111일 때 F=1이 되는 것을 알 수 있으며, 이는 최소항 1, 2, 4, 7(m_1, m_2, m_4, m_7)에 대하여 함수 F의 출력이 1의 값을 가진다는 뜻이다. 이들 최소항 m_1, m_2, m_4, m_7의 불 식은 $\overline{A}\,\overline{B}C$, $\overline{A}B\overline{C}$, $A\overline{B}\,\overline{C}$, ABC로 표현되므로

$$
\begin{aligned}
F(A, B, C) &= m_1 + m_2 + m_4 + m_7 \\
&= \overline{A}\,\overline{B}C + \overline{A}B\overline{C} + A\overline{B}\,\overline{C} + ABC \\
&= \Sigma(1, 2, 4, 7)
\end{aligned}
$$

이 된다. 위 식에서 합의 기호 Σ(시그마 : sigma)는 항들을 합(OR 연산)한 것을 나타내고, 괄호 속의 숫자(1, 2, 4, 7)는 함수 F의 값을 1로 해주는 최소항의 번호이다. 또한, 좌변에 있는 F 다음의 괄호 속에 순서로 나열한 문자 A, B, C는 불 함수 F의 변수들이다.

마찬가지로 함수 F는 3변수 A, B, C가 000, 011, 101, 또는 110일 때 F=0이 되는 것을 알 수 있으며, 이는 최대항 0, 3, 5, 6(M_0, M_3, M_5, M_6)에

〈표 5-2〉 함수 F에 대한 진리표

A B C	F
0 0 0	0
0 0 1	1
0 1 0	1
0 1 1	0
1 0 0	1
1 0 1	0
1 1 0	0
1 1 1	1

대하여 함수 F의 출력이 0의 값을 가진다는 뜻이다. 이들 최대항 M_0, M_3, M_5, M_6의 불 식은 $(A+B+C)$, $(A+\overline{B}+\overline{C})$, $(\overline{A}+B+\overline{C})$, $(\overline{A}+\overline{B}+C)$로 표현되므로

$$\begin{aligned}F(A, B, C) &= M_0 \cdot M_3 \cdot M_5 \cdot M_6 \\ &= (A+B+C)(A+\overline{B}+\overline{C})(\overline{A}+B+\overline{C})((\overline{A}+\overline{B}+C) \\ &= \Pi(0, 3, 5, 6)\end{aligned}$$

이 된다. 위 식에서 곱의 기호 Π(파이 : pi)는 항들을 곱(AND 연산)한 것을 나타내고, 괄호 속의 숫자(0, 3, 5, 6)는 함수 F의 값을 0으로 해주는 최대항의 번호이다. 또한, 좌변에 있는 F 다음의 괄호 속에 순서로 나열한 문자 A, B, C는 불 함수 F의 변수들이다.

최소항의 합으로 표시된 함수의 보수는 원래 함수에서 제외된 최소항들의 합이다. 따라서, 원래 함수를 표시하는 최소항들은 함수값을 1로 하는 데 비해, 그것의 보수를 표시하는 최대항들은 원래 함수를 0으로 한다.

예를 들어, 아래의 함수를 생각해보자.

$$F(A, B, C) = \Sigma(1, 2, 4, 7)$$

이 함수의 보수는 다음과 같이 나타낼 수 있다.

$$\overline{F(A, B, C)} = \Sigma(0, 3, 5, 6)$$

이제 $\overline{F}$를 드 모르간의 정리에 의해 보수를 취하면 다른 형태의 F를 얻을 수 있다. 즉,

$$\begin{aligned}F &= (\overline{m_0 + m_3 + m_5 + m_6}) \\ &= \overline{m_0}\,\overline{m_3}\,\overline{m_5}\,\overline{m_6} \\ &= M_0 M_3 M_5 M_6 \\ &= \Pi(0, 3, 5, 6)\end{aligned}$$

이다. 즉, 최소항의 합형의 불 함수를 최대항의 곱형의 불 함수로 변환하기 위해서는 Σ와 Π를 교환하고 원래 식에서 사용되지 않은 최소항의 번호를 열거하면 된다. 또한, 최대항의 곱형의 불 함수를 최소항의 합형의 불 함수로 변환하기 위해서는 Π와 Σ를 교환하고 원래 식에서 사용되지 않은 최대항의 번호를 열거하면 된다.

또, 최소항을 이용한 정규형 불 대수식은 최대항을 이용한 정규형의 불 함수를 보수화하여 구해도 된다. 최소항과 최대항은 $m_j = \overline{M_j}$인 상호 보수 관계가 성립하기 때문이다.

이 예들은 불 대수의 중요한 성질을 보여주고 있는데, 어떤 불 함수든지 최소항(minterm)의 합이나 최대항(maxterm)의 곱으로 표현할 수 있다는 것이다. 이와 같이 불 함수를 최소항의 합(sum of minterm)이나 최대항의 곱(product of maxterm)으로 표시할 때 '불 함수가 정규형(canonical form)으로 표시되었다'고 한다.

불 함수가 정규형으로 표현되면 진리표의 작성이 쉬워지게 되고, 함수의 간략화에 유용하게 사용될 수 있게 된다. 따라서, 정규형으로 표현되지 않은 불 함수를 정규형 함수로 변환이 필요하게 된다.

불 함수의 최소항을 이용한 정규형을 얻기 위해서는 먼저 불 식을 AND 항들의 합의 형태로 표현하고, 각 AND 항들에 모든 변수가 나타나도록 하여야 한다. 만약 어떤 변수가 나타나지 않으면 $A+\overline{A}$의 형태로 AND 항에 곱하여 준 후 다시 불 식을 AND 항들의 합의 형태로 만든다. 이러한 과정은 각 AND 항에 모든 변수가 나타날 때까지 반복 실시하며, 동일한 AND 항이 나타나면 하나만 사용한다.

예제 5-4

불 함수 $F=\overline{A}+B\overline{C}$ 를 최소항(minterm)의 합으로 표현하여라.

해답 3변수 A, B, C에 대한 최소항은 $m_0, m_1, m_2, \cdots, m_7$이 된다.

$$
\begin{aligned}
F &= \overline{A}+B\overline{C} \\
&= \overline{A}(B+\overline{B})+(A+\overline{A})B\overline{C} \\
&= \overline{A}B+\overline{A}\ \overline{B}+AB\overline{C}+\overline{A}B\overline{C} \\
&= \overline{A}B(C+\overline{C})+\overline{A}\ \overline{B}(C+\overline{C})+AB\overline{C}+\overline{A}B\overline{C} \\
&= \overline{A}BC+\overline{A}B\overline{C}+\overline{A}\ \overline{B}C+\overline{A}\ \overline{B}\ \overline{C}+AB\overline{C}+\overline{A}B\overline{C} \\
&= \overline{A}BC+\overline{A}B\overline{C}+\overline{A}\ \overline{B}C+\overline{A}\ \overline{B}\ \overline{C}+AB\overline{C} \\
&= m_0+m_1+m_2+m_3+m_6
\end{aligned}
$$

$\therefore F(A, B, C)=\Sigma(0, 1, 2, 3, 6)$

또한, 불 함수의 최대항을 이용한 정규형을 얻기 위해서는 먼저 불 식을 OR 항들의 곱의 형태로 표현하고, 각 OR 항들에 모든 변수가 나타나도록 하여야 한다. 만약 어떤 변수가 나타나지 않으면 $A\cdot\overline{A}$의 형태로 OR 항에 더해준 후 다시 불 식을 OR 항들의 곱의 형태로 만든다. 이러한 과정은 각 OR 항에 모든 변수가 나타날 때까지 반복 실시하며, 동일한 OR 항이 나타나면 하나만 사용한다.

예제 5-5

다음 함수 $F(A,B,C) = (\overline{A} + B)(\overline{A} + \overline{C})$를 최대항(maxterm)을 이용한 정규형으로 표현하여라.

해답 3변수 A, B, C에 대한 최대항은 $M_0, M_1, M_2, \cdots, M_7$이 된다.

$$
\begin{aligned}
F(A,B,C) &= (\overline{A} + B)(\overline{A} + \overline{C}) \\
&= (\overline{A} + B + C\overline{C})(\overline{A} + \overline{C} + B\overline{B}) \\
&\qquad a + bc = (a+b)(a+c) \text{를 이용하면} \\
&= (\overline{A} + B + C)(\overline{A} + B + \overline{C})(\overline{A} + B + \overline{C})(\overline{A} + \overline{B} + \overline{C}) \\
&= \Pi(4, 5, 7)
\end{aligned}
$$

예제 5-6

다음 함수를 최소항(minterm)의 합형의 정규형으로 표현하여라.

$$F(A, B, C, D) = C'D + ABC' + ABD' + A'B'D$$

해답

$$
\begin{aligned}
F(A, B, C, D) &= C'D + ABC' + ABD' + A'B'D \\
&= C'D(A + A') + ABC'(D + D') + ABD'(C + C') \\
&\quad + A'B'D(C + C') \\
&= AC'D + A'C'D + ABC'D + ABC'D' + ABCD' + ABC'D' + A'B'CD \\
&\quad + A'B'C'D \\
&= AC'D(B + B') + A'C'D(B + B') + ABC'D + ABC'D' + ABCD' \\
&\quad + ABC'D' + A'B'CD + A'B'C'D \\
&= ABC'D + AB'C'D + A'BC'D + A'B'C'D + ABC'D + ABC'D' \\
&\quad + ABCD' + ABC'D' + A'B'CD + A'B'C'D \\
&= A'B'C'D + A'B'CD + A'BC'D + AB'C'D + ABC'D' + ABC'D + ABCD'
\end{aligned}
$$

$$\therefore F(A, B, C, D) = \Sigma(1, 3, 5, 9, 12, 13, 14)$$

예제 5-7

〈표 5-3〉의 진리표로부터 함수 F에 대한 최소항을 이용한 정규형과 최대항을 이용한 정규형 불 대수식을 구하여라.

해답 (1) 최소항을 이용한 정규형 : 최소항을 이용한 정규형은 함수값이 1인 최소항을 OR 연산으로 결합하면 된다. 변수값이 1이면 정상형으로 표시하고, 0이면 보수형으로 표시한다.

$$
\begin{aligned}
F(A,B,C) &= A'B'C + A'BC' + AB'C + ABC' \\
&= m_1 + m_2 + m_5 + m_6 \\
&= \Sigma(1, 2, 5, 6)
\end{aligned}
$$

〈표 5-3〉 함수 F의 진리표

A	B	C	F
0	0	0	0
0	0	1	1
0	1	0	1
0	1	1	0
1	0	0	0
1	0	1	1
1	1	0	1
1	1	1	0

(2) 최대항을 이용한 정규형 : 최대항을 이용한 정규형은 함수값이 0인 최대항을 AND 연산으로 결합하면 된다. 변수값이 1이면 보수형, 0이면 정상형으로 표시한다.

$$F(A,B,C) = (A+B+C)(A+B'+C')(A'+B+C)(A'+B'+C)$$
$$= M_0 \cdot M_3 \cdot M_4 \cdot M_7 = \Pi(0, 3, 4, 7)$$

---

n 변수를 갖는 불 함수의 진리표에는 2^n 개의 최소항이나 최대항이 있고, 불 함수의 값은 각 항에 대하여 0이나 1의 값을 가질 수 있으므로 n 변수로 만들 수 있는 최대 불 함수는 2^{2^n}가지이다. 따라서, 2변수로는 16가지의 논리함수를 얻을 수 있다.

〈표 5-4〉 2 변수 논리연산의 종류

함수	변수(A, B)의 값				불 함수 식	연산부호	연산 이름	설 명
	00	01	10	11				
F0	0	0	0	0	F0=0		null	binary constant
F1	0	0	0	1	F1=AB	$A \cdot B$	AND	A and B
F2	0	0	1	0	$F2=A\overline{B}$	A/B	inhibition	A but not B
F3	0	0	1	1	F3=A		transfer	A
F4	0	1	0	0	$F4=\overline{A}B$	B/A	inhibition	B but not A
F5	0	1	0	1	F5=B		transfer	Y
F6	0	1	1	0	$F6=A\overline{B}+\overline{A}B$	$A\oplus B$	exclusive-OR	A or but not both
F7	0	1	1	1	F7=A+B	A+B	OR	A or B
F8	1	0	0	0	$F8=(\overline{A+B})$	$A\downarrow B$	NOR	Not OR
F9	1	0	0	1	$F9=AB+\overline{A}\,\overline{B}$	$A\odot B$	equivalence	A equals B
F10	1	0	1	0	$F10=\overline{B}$	$\overline{B}$	complement	Not B
F11	1	0	1	1	$F11=A+\overline{B}$	$A\subset B$	implication	If B then A
F12	1	1	0	0	$F12=\overline{A}$	$\overline{A}$	complement	Not A
F13	1	1	0	1	$F13=\overline{A}+B$	$A\supset B$	implication	If A then B
F14	1	1	1	0	$F14=(\overline{AB})$	$A\uparrow B$	NAND	Not AND
F15	1	1	1	1	F15=1		identity	binary constant

〈표 5-4〉는 2 변수로 만들 수 있는 16종류의 논리연산자와 이에 대한 설명이다. 〈표 5-4〉에서 16개의 논리함수는 논리 마이크로 동작으로 레지스터가 이용된다. 입력으로 A, B를 이용하고 출력함수 F에는 16개의 절환 스위치를 이용한다면 16가지의 논리연산 수행이 가능하다.

(2) 표준형

불 함수의 두 가지 정규형은 진리표로부터 얻을 수 있는 기본형(basic form)이다. 그러나 각 최소항이나 최대항에는 모든 변수가 나타나므로 불 함수를 간략하게 나타내는 데에는 정규형은 적합하지 않다.

불 함수를 표현하는 다른 방법으로 표준형(standard form)이 있다. 표준형의 각 항은 하나 이상의 문자로 구성되며, 표준형에는 곱의 합(SOP : Sum Of Product)과 합의 곱(POS : Product Of Sum) 두 가지가 존재한다. 즉, 정규형의 간략화된 형태를 표준형이라 할 수 있겠다.

곱의 합(SOP)이란 곱을 나타내는 AND 항을 합(OR 연산)으로 연결하는 것을 뜻한다(AND-OR형).

예를 들어,

① $F_1 = A + BC + ABC$

는 곱의 합 형태(SOP)로 표현된 표준형 불 함수이다.

합의 곱(POS)이란 합을 나타내는 OR 항을 곱(AND 연산)으로 연결하는 것이다(OR-AND형).

예를 들어,

② $F_2 = A \cdot (B+C) \cdot (A+B+C)$

는 합의 곱(POS) 형태로 표현된 표준형 불 함수이다. 그러나

③ $F_3 = A \cdot (B+C) \cdot (A+BC)$

와 같은 불 함수는 표준형이 아니다. 즉, 합의 곱이나 곱의 합 형태로 표시되지 않았다. 이러한 형태를 비표준형(nonstandard form)이라 하고, 이는 괄호를 없애는 분배법칙에 의하여 표준형으로 바꿀 수 있다. 즉,

$$F_3 = A \cdot (B+C) \cdot (A+B \cdot C)$$
$$= A \cdot (B+C) \cdot (A+B) \cdot (A+C)$$

와 같이 합의 곱(POS) 형태의 표준형으로 바꿀 수 있다.

예제 5-8 〈표 5-5〉의 진리표에서 함수 F의 ① SOP 논리식, ② POS논리식을 구하여라.

〈표 5-5〉

A B C	F
0 0 0	1
0 0 1	0
0 1 0	0
0 1 1	1
1 0 0	1
1 0 1	1
1 1 0	0
1 1 1	0

해답 ① SOP(Sum Of Product) 논리식은

$$F(A, B, C) = \Sigma(0, 3, 4, 5)$$

가 되는데 이것은 카르노 맵에 의하여 최종적으로 간략화된 SOP의 논리식을 얻을 수 있다. SOP 논리식은 일반적으로 NAND 게이트만으로 회로를 구현한다.

② POS(Product Of Sum) 논리식은

$$F(A, B, C) = \Pi\ (1, 2, 6, 7)$$

가 되는데 이것은 카르노맵에 의하여 최종적으로 간략화된 POS의 논리식을 얻을 수 있다. POS 논리식은 일반적으로 NOR 게이트만으로 회로를 구현한다.

(3) 불완전 정의함수

불 함수에 사용된 변수들의 일부 입력조합에 대한 출력은 정의되지 않은 함수를 불완전 정의함수(incompletely specified function)라 한다. 예를 들어, 〈표 5-6〉의 BCD 코드에서 2진수 0000~1001은 10진수의 0~9를 표시하기 위해 쓰이고 있으나 1010, 1011, 1110, 1101, 1110 및 1111은 BCD 코드에서 쓰이고 있지 않는 최소항이다. 이러한 최소항을 무의항(don't care term)이라 하며 해당 출력이 시스템에 어떠한 영향도 미치지 않는 논리조건으로서 논리회로의 간략화에 이용할 수 있다.

〈표 5-6〉 BCD 코드표

BCD 코드	10진수	BCD 코드	10진수
A B C D		A B C D	
0 0 0 0	0	1 0 0 0	8
0 0 0 1	1	1 0 0 1	9
0 0 1 0	2	1 0 1 0	X
0 0 1 1	3	1 0 1 1	X
0 1 0 0	4	1 1 0 0	X
0 1 0 1	5	1 1 0 1	X
0 1 1 0	6	1 1 1 0	X
0 1 1 1	7	1 1 1 1	X

입력조합에 대한 출력을 정의할 필요가 없는 '미사용' 부분은 진리표 표현에서 'x'로 표시하게 되고, 'x'로 표현된 최소항들을 무의항이라 한다.

위의 6개의 최소항은 101x, 11xx로 나타낼 수 있다. 101x에서 'x'의 의미는 'x 위치의 값이 무엇이든(0 또는 1) 상관없다'는 뜻이므로 입력에 이러한 조합이 나타나더라도 이에 해당하는 출력이 정의될 필요가 없다.

5 3 카르노 맵

카르노 맵(Karnaugh's map)은 진리표를 도식적으로 나타내어 불 함수를 간략화시키기 위하여 사용하는 도표이며, K-map이라고도 한다. 카르노 맵은 적은 수의 변수(2개에서 4개 또는 5개 정도)를 갖는 불 함수를 간략화시키는 데 편리하다.

카르노 맵은 n변수로 표현될 수 있는 최소항 또는 최대항을 나타내기 위한 2^n개의 사각형(셀 : cell)들로 구성된다. 상하 또는 좌우에 인접된 셀에는 하나의 변수값만이 다르게 표현된 최소항 또는 최대항이 배치되도록 한다. 따라서 카르노 맵의 인접된 두 개의 셀에는 XY와 $X\overline{Y}$ 형태의 최소항이 위치하게 되고 XY와 $X\overline{Y}$로 표현된 두 개의 셀은 '$XY+X\overline{Y}=X$'의 정리에 의해서 변수 Y가 제거되고 X만 남게 된다.

카르노 맵을 이용하기 위해서는 먼저 논리함수를 최소항의 합 또는 최대항의 곱 형태로 전개해야 한다. 카르노 맵에서 하나의 사각형은 최소항 또는 최대항을 나타내며, 맵에서 좌우 또는 상하에 인접한 사각형(최소항 또는 최대항)은 서로 한 비트값만 틀리도록 작성된다.

[그림 5-4]는 2변수 카르노 맵으로 $2^2 = 4$, 즉 4개의 최소항이나 최대항을 나타낼 수 있다. 최소항에 대한 곱의 합(SOP : Sum Of Products) 형태의 불 함수는 AND-OR형으로 표현된다. 즉, 불 함수 F는

$$F = AND_1 \text{ or } AND_2 \text{ or } \cdots\cdots \text{ or } AND_n$$

같이 표현할 수 있다. 위 식에서 F가 '1'이 되기 위해서는 각 AND항 중 하나 이상이 '1'이면 된다. 또한, 각 AND항은 최소항이므로 F에 포함된 각 최소항들이 '1'의 값을 가질 수 있다는 뜻이다. 따라서 최소항을 이용한 곱의 합 형태의 불 함수 F를 카르노 맵에 표현한다는 것은 "F에 포함된 각 최소항 위치에 '1'로 표시한다"는 것이다.

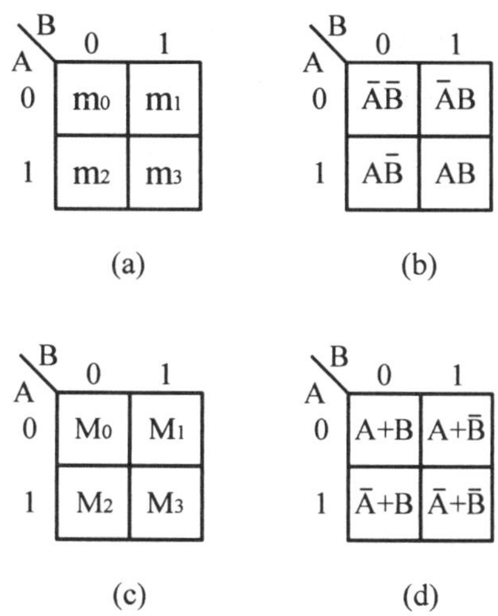

[그림 5-4] 2변수 카르노 맵

마찬가지로 최대항에 대한 합의 곱(POS : Product Of Sums) 형태의 불 함수는 OR-AND형으로 표현된다. 즉, 불 함수 F는

$$F = OR_1 \text{ and } OR_2 \text{ and } \cdots\cdots \text{ and } OR_n$$

같이 표현할 수 있다. 위 식에서 F가 '0'이 되기 위해서는 각 OR항 중 하나 이상이 '0'이면 된다. 또한, 각 OR항은 최대항이므로 F에 포함된 각 최대항들이 '0'의 값을 가질 수 있다는 뜻이다. 따라서 최대항을 이용한 합이 곱 형태의 불 함수 F를 카르노 맵에 표현한다는 것은 "F에 포함된 각 최대항 위치에 '0'으로 표시한다"는 것이다.

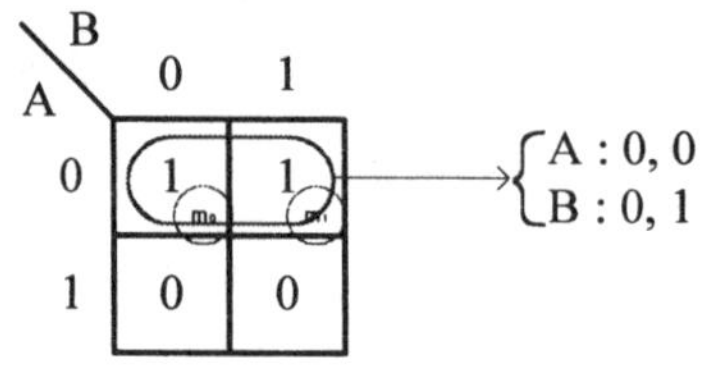

[그림 5-5] 함수 $F = m_0 + m_1$의 카르노 맵상의 표현

예를 들어, F가

$$F = m_0 + m_1$$

이라면 [그림 5-5]와 같이 최소항 0, 1의 위치(m_0, m_1) 에 1을 표기한다.

그리고 인접한 항끼리 2개, 4개 또는 8개와 같이 $2^n(n = 1, 2, 3, \cdots\cdots)$ 개 단위로 묶음을 만들 수 있다. [그림 5-5]에서 m_0, m_1 묶음에서 변수 A는 '0'의 값만을 가지며, 변수 B는 '0'과 '1'의 값을 가진다.

이와 같이 묶음 내에서 값이 변하는 변수는 $A+\overline{A}=1$이라는 불 대수 정리를 이용하여 소거할 수 있는 것이다. 따라서, 함수 F의 간소화된 식은

$$F = \overline{A}$$

가 된다. 이것을 불 식으로 계산해보면

$$\begin{aligned} F &= m_0 + m_1 \\ &= \overline{A}\,\overline{B} + \overline{A}B \\ &= \overline{A}(\overline{B}+B) \\ &= \overline{A}(1) \\ &= \overline{A} \end{aligned}$$

가 되어 카르노 맵을 이용한 간략화 결과와 일치한다.

[그림 5-6]은 2 변수 카르노 맵에서 논리함수를 간략화하는 방법을 나타낸 것이다. 그림에서 최소항 m_0, m_2의 묶음에서 A는 '0', '1'이고, B는 '0', '0' 이므로 이 묶음의 값은 A에는 무관하고 B가 '0'일 때 '1'이 된다는 뜻이다. 즉, 변수 A는 m_0, m_2의 묶음의 출력에 아무런 영향을 미치지 못한다는 뜻이므로 A는 필요 없는 변수가 되며, 또한 B가 '0'일 때 이 묶음이 '1'이므로 m_0, m_2의 묶음의 간략화된 불 식은 $\overline{B}$가 된다. 같은 방법으로 2변수 카르

노 맵에서 [그림 5-6]과 같이 최소항들을 2개씩 (m_0, m_1) (m_1, m_3) (m_0, m_2) (m_2, m_3)로 묶으면 각 묶음에 대한 간략화된 불 식은 $\overline{A}$, B, $\overline{B}$, A가 된다.

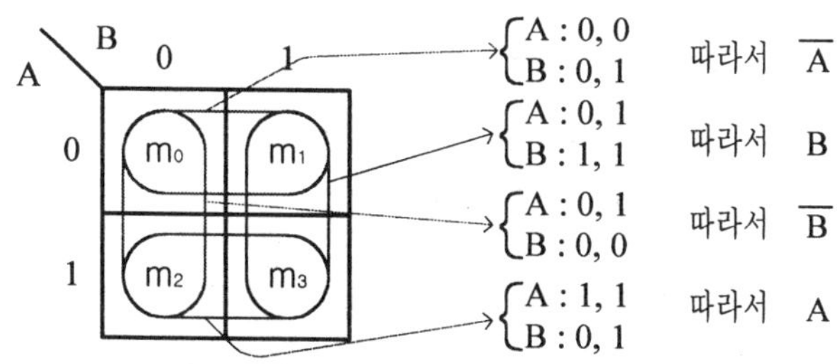

[그림 5-6] 2변수 카르노 맵의 논리함수 간략화

[그림 5-7]은 3 변수 카르노 맵으로 $2^3 = 8$개의 최소항(최대항)을 표현할 수 있다. 카르노 맵에서 변수 AB의 순서는 2진수의 순서 00 → 01 → 10 →11 이 아니고, 그레이 코드의 순서 00 → 01 → 11 → 10으로 배치되기 때문에 인접 최소항(최대항)들은 오직 한 비트씩만 다르게 되어서 인접 최소항끼리의 간략화가 가능해진다.

A \ BC	00	01	11	10
0	m_0	m_1	m_3	m_2
1	m_4	m_5	m_7	m_6

A \ BC	00	01	11	10
0	$\bar{A}\bar{B}\bar{C}$	$\bar{A}\bar{B}C$	$\bar{A}BC$	$\bar{A}B\bar{C}$
1	$A\bar{B}\bar{C}$	$A\bar{B}C$	ABC	$AB\bar{C}$

[그림 5-7] 3변수 카르노 맵

다음 함수 F_1을 간소화시켜보자.

먼저, 함수 $F_1 = m_1 + m_3$을 간소화시켜보자.

이때 함수 F_1을 카르노 맵에 나타내면 [그림 5-8 (a)]와 같이 묶음을 만들 수 있다. 묶음 내에서 A=0, 0, B=0, 1 또한 C=1, 1이므로 변수 A의 값은 '0'($\overline{A}$), 변수 C의 값은 '1'(C)로 정해지고, 변수 B의 값은 '0'과 '1'을 가질 수 있게 된다. 즉, 변수 B의 값은 출력 F_1에 영향을 미치지 못하게 된다. 따라서 함수 F_1은 다음과 같이 간소화된다.

$$F_1 = \overline{A}C$$

이것을 불 식으로 처리해도 결과는 같다.

$$\begin{aligned} F_1 &= \overline{A}\,\overline{B}C + \overline{A}BC \\ &= \overline{A}C(\overline{B} + B) \\ &= \overline{A}C \end{aligned}$$

함수 $F_2 = m_0 + m_4 + m_6$를 간소화시켜보자.

카르노 맵은 평면에 그려지지만 변수의 값을 할당하는 순서를 10, 00, 01, 11 등으로 바꾸게 되면 m_4와 m_6도 인접하게 된다. 그리고 각 최소항들은 새로운 최소항과 여러 번 묶음을 만들어도 된다. $A\overline{B}\,\overline{C}$(m_4)항은 $AB\overline{C}$ (m_6)항과 함께 묶을 때 변수 B값은 생략된다. 따라서 식 F_2는 [그림 5-8 (b)]와 같이 2개의 묶음이 만들어지고 다음과 같이 간소화된다.

$$F_2 = \overline{B}\,\overline{C} + A\overline{C}$$

함수 $F_3 = m_1 + m_3 + m_5 + m_6 + m_7$ 을 간소화시켜보자.

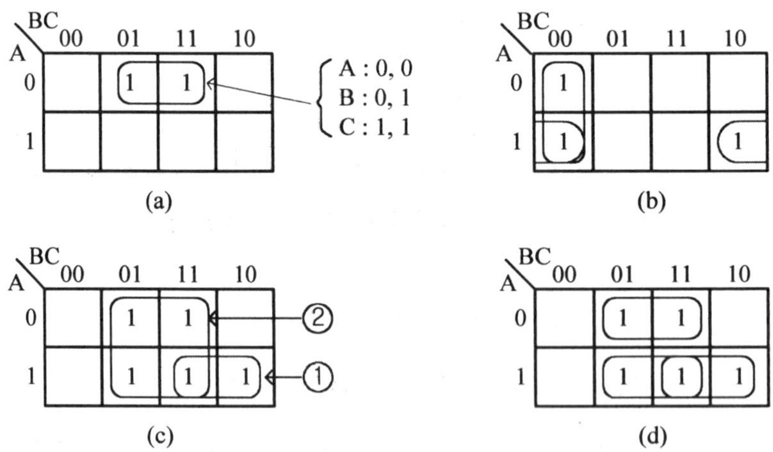

[그림 5-8] 3변수 카르노 맵에서의 논리함수 간략화

[그림 5-8 (c)]를 보면 ①번 묶음에서 변수 C가 제거되고 ②번 묶음에서 변수 A, B가 제거된다. 따라서

$$F_3 = C + AB$$

이 된다.

카르노 맵에서 논리함수를 최대한 간략화하기 위해서는 가능하면 묶음을 크게 해야 한다. 4개의 묶음이 가능한데도 2개의 묶음으로 분리한다면 소거 가능한 변수를 놓치게 되는 것이다. 만약 함수 F_3을 [그림 5-8 (d)]처럼 묶으면

$$\begin{aligned} F_3 &= m_1 + m_3 + m_5 + m_6 + m_7 \\ &= \overline{A}C + AC + AB \end{aligned}$$

가 되고, 이 식은

$$\begin{aligned} F_3 &= \overline{A}C + AC + AB \\ &= C(\overline{A} + A) + AB \\ &= C + AB \end{aligned}$$

과 같이 더 간략화시킬 수 있으므로 적절한 묶음이라 할 수 없다.

2개 묶음은 변수 하나를 제거하고, 4개의 묶음은 변수 2개를 제거하고, 8개의 묶음은 변수 3개를 제거할 수 있다. 따라서 카르노 맵의 묶음은 2^n개 단위로 묶을 때 n개의 변수를 제거할 수 있게 된다.

[그림 5-9 (a)]는 4변수 카르노 맵이며, (b)는 이를 이용한 논리함수 간략화를 도시한 것으로서 8개의 인접한 1들을 묶을 수 있는 경우이다.

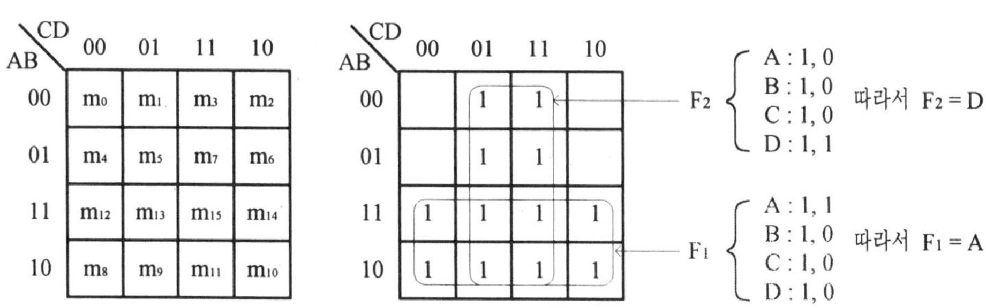

(a) 4변수 카르노 맵　　(b) 논리함수 간략화

[그림 5-9] 4변수 카르노 맵과 논리함수의 간략화

$$F(A, B, C, D) = \Sigma(1, 3, 5, 7, 8, 9, 10, 11, 12, 13, 14, 15)$$

이다. 그림에서 F_1, F_2는 각각 8개 묶음으로 변수 3개가 제거되어서 $F_1 = A$, $F_2 = D$가 된다. 따라서 [그림 5-9]와 같이 표현된 불 함수의 간략화 결과는

$$F = F_1 + F_2$$
$$= A + D$$

가 된다.

예제 5-9

[그림 5-10]의 카르노 맵의 가장 간단한 논리식을 구하여라.

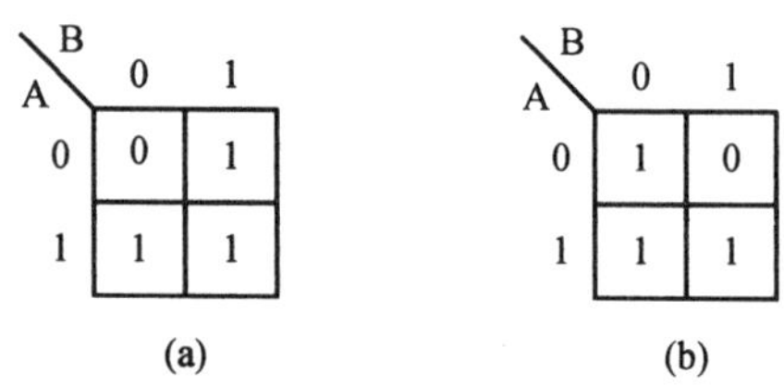

[그림 5-10]

해답 (a) $A + B$ (b) $A + \overline{B}$

예제 5-10

[그림 5-11]의 카르노 맵으로부터 가장 간단한 논리식을 구하여라.

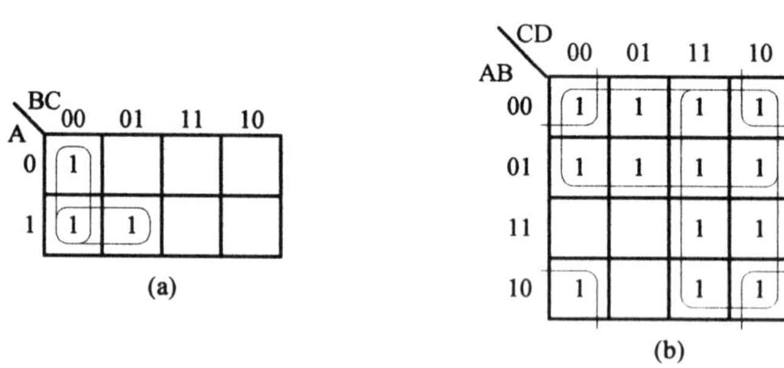

[그림 5-11]

해답 (a) $A\overline{B} + \overline{B}\,\overline{C}$ (b) $C + \overline{A} + \overline{B}\,\overline{D}$

---

5 4 카르노 맵에서의 불 함수 간략화

앞에서 살펴본 바와 같이 불 함수를 카르노 맵에 표현하였을 때 최소항 또는 최대항들을 묶는 방법은 각자의 취향에 따라 다양하게 되고, 간략화된 결과식도 각기 다르게 될 수 있다. 따라서 카르노 맵에서 최소항 또는 최대항들을 묶는 방법과 묶음들 중에서 간략화된 불 함수에 필수적으로 포함해야 하는지를 판단하는 것이 매우 중요한 절차이다.

아래의 설명은 정규형으로 표현된 불 함수를 카르노 맵에 표현시킨 후 맵에서 최소항들을 효과적으로 묶는 방법과 이들 묶음으로부터 간략화된 불 함수를 구하는 절차이다(최소항의 경우임).

① 불 함수를 먼저 최소항의 합의 형식으로 변환한 후, 불 함수의 표현에 포함되는 최소항 위치에 '1'을 표시한다. 카르노 맵에 표현된 하나의 '1'이나 인접된 '1'들을 묶는다. 이렇게 묶은 각 묶음을 함수 F의 항(implicant)이라 하며, 각각 '1'에 대하여 항의 크기가 2^n개가 되도록 최대한 크게 묶은 항을 주항(prime implicant)라 한다.

② 각 주항 내의 최소항들 중에서 하나의 주항에만 포함된 최소항을 필수항(essential term)이라 하며, 필수항을 포함하는 주항을 필수주항(essential prime implicant)이라 한다. 필수주항은 간략화된 불 식에 꼭 포함되어야 한다.

③ 필수주항이 아닌 나머지 주항들은 표현식이 가장 간단해지도록 불 식에 포함되어야 한다.

[그림 5-12]를 통하여 카르노 맵에서 어떻게 필수항과 필수주항이 결정되는지를 살펴보도록 하자.

[그림 5-12 (a)]에는 두 개의 주항 ㉠, ㉡이 있으며, m_0은 주항 ㉠, m_3은 주항 ㉡에 각각 1번씩만 포함되었으나, m_2는 ㉠, ㉡에 모두 포함되었다. 따라서 필수항은 2개(m_0, m_3)이며, 2개의 필수항 m_0, m_3을 포함하는 2개의 주항 ㉠, ㉡은 모두 필수주항이므로 간략화된 불 식은 ' $A+\overline{B}$ '가 된다.

[그림 5-12 (b)]에는 3개의 주항 ㉠, ㉡, ㉢이 있으며, 최소항 m_0, m_3, m_5는 한 번씩만 주항에 포함되므로 필수항은 3개(m_0, m_3, m_5)가 된다. 따라서 주항 ㉠, ㉡, ㉢은 모두 필수주항이 되고, 간략화된 불 식은 '$A + B + \overline{C}$'가 된다.

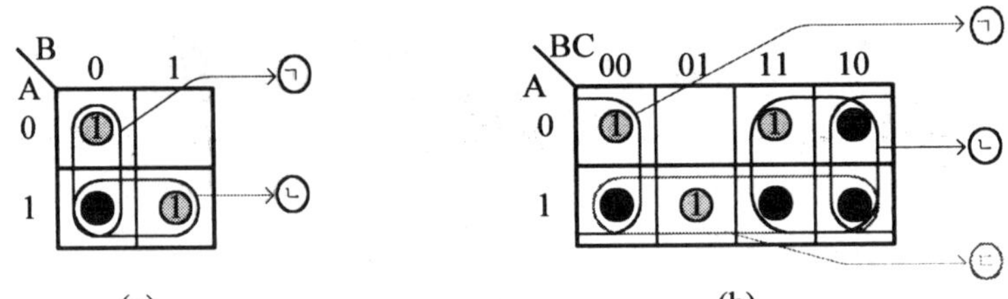

[그림 5-12] 카르노 맵에서 필수항과 필수주항의 결정

예제 5-11

[그림 5-13]으로부터 간략화된 불 식을 구하여라.

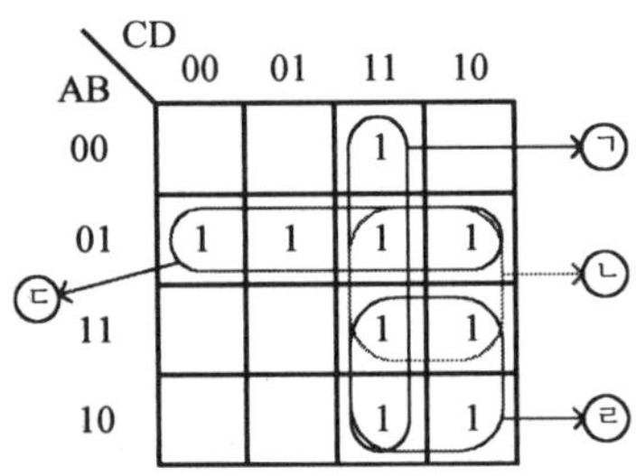

[그림 5-13]

해답 [그림 5-13]은 4변수 맵에서 필수항과 필수주항을 결정하는 과정을 나타내고 있다. [그림 5-13]에는 4개의 주항 ㉠, ㉡, ㉢, ㉣과 4개의 필수항 m_3, m_4, m_5, m_{10}이 있다. 따라서 m_4, m_5를 포함하는 주항 ㉢, m_{10}을 포함하는 주항 ㉣, m_3을 포함하는 주항 ㉠은 모두 필수항을 포함하므로 ㉠, ㉢, ㉣은 필수주항이 되고 결과식에 꼭 포함되어야 한다.

그러나 주항 ㉡에는 필수항이 하나도 없고 주항 ㉡ 내의 모든 최소항(m_6, m_7, m_{14}, m_{15})이 필수주항에 포함되기 때문에 결과식에 포함될 필요가 없다. 위의 예에서는 필수주항 ㉠, ㉢, ㉣에 모든 '1'들이 포함되므로 간략화된 불 식은 3개의 필수주항에 의해서 구해진다. 따라서 [그림 5-13]에서 구한 간략화된 불 식은

$$F = CD + A'B + AC$$

이 된다.

[그림 5-14]는 필수항과 필수주항이 없는 경우의 예이다. 즉, (a)의 각 최소항들은 모두 2개의 주항에 포함되어 필수항이 없게 되므로 필수주항도 없다. 이러한 경우의 간략화된 불 식은 (b) 또는 (c)의 방법으로 묶어서 구해야 한다.

(b)와 같이 묶을 경우 결과식은 ‘ $F_1 = \overline{B}\,\overline{C} + \overline{A}\,C + AB$ ’가 되며, (c)와 같이 묶을 경우 결과식은 ‘ $F_2 = \overline{A}\,\overline{B} + BC + A\overline{C}$ ’가 된다. 이러한 두 결과식의 표현은 다르지만 동일한 함수 기능을 수행하게 되므로 두 식 중에서 하나를 간략화된 불 식으로 사용하면 된다.

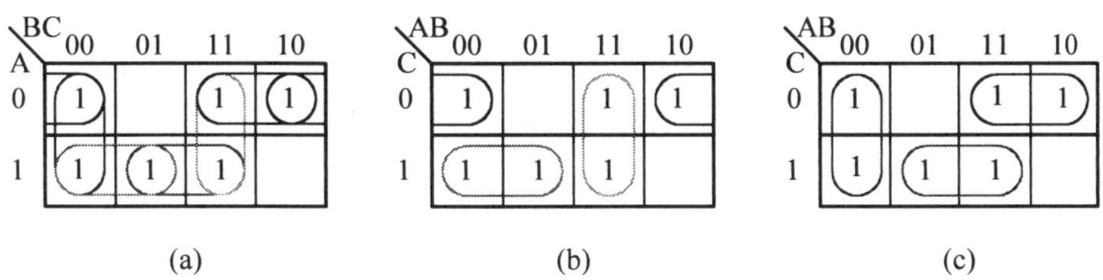

[그림 5-14] 필수항과 필수주항이 없는 경우

예제 5-12 [그림 5-15]로부터 간략화된 불 식을 구하여라.

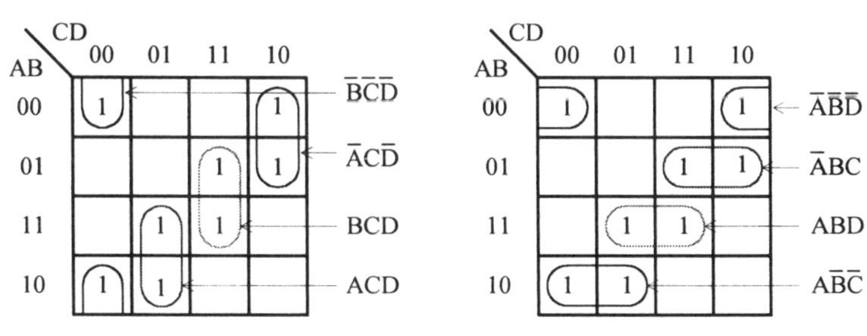

[그림 5-15] 인접한 최소항의 두 가지 선택 방법

해답 [그림 5-15]는 필수항과 필수주항이 없는 경우이다. (a)와 (b)는 인접한 ‘1’들을 모두 세로로 묶는 경우와 가로로 묶는 경우로서 각각에 대하여 간략화된 불 식을 구해보면 아래와 같이 F_1과 F_2로 되나 이들은 서로 동일한 함수 기능을 수행하므로 어느 식이나 간략화된 불 식으로 사용될 수 있다.

$$F_1 = \overline{A}\ \overline{B}\ \overline{D} + \overline{A}BC + ABD + A\overline{B}\,\overline{C}$$

$$F_2 = \overline{A}C\overline{D} + BCD + A\overline{C}D + \overline{B}\,\overline{C}\,\overline{D}$$

$$F_1 = F_2$$

예제 5-13

다음의 불 식을 간소화하여라.

$$F = (A + B' + C + D)(A + B' + C + D')(A + B' + C' + D)$$
$$(A + B' + C' + D')(A' + B' + C' + D')$$

해답 최대항의 곱(표준 POS) 형태의 표현이므로, 최대항을 이용하여 함수를 간략화하기 위하여 카르노 맵에 표현하면 아래와 같다.

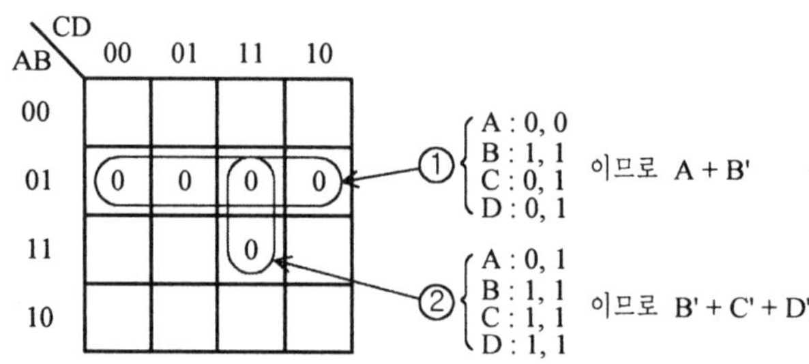

[그림 5-16] F= ∏ (4, 5, 6, 7, 15)의 카르노 맵

[그림 5-16]의 맵으로부터 간략화된 불 식을 구해보면

$$F = M_4 \cdot M_5 \cdot M_6 \cdot M_7 \cdot M_{15}$$
$$= \prod(4, 5, 6, 7, 15)$$
$$= ① \cdot ②$$
$$= (A + B')(B' + C' + D')$$

가 된다.

카르노 맵에 최대항을 표현하여 함수간략화를 하는 방법은 최소항을 사용하는 경우와 동일하게 처리하면 된다. 단, 주항이나 필수주항으로부터 논리식을 얻을 때 변수값이 0, 0일 때는 정형으로, 변수값이 1, 1일 때는 보수형으로 표기하고, 변수값이 0, 1이거나 1, 0일 때는 논리표현에서 해당 변수는 생략되므로 제외시키면 된다.

5 5 무의항의 처리

BCD 수가 0000부터 증가하다가 1001이 되면 표시등이 점등되는 디지털 시스템 동작의 진리표를 〈표 5-7〉에 나타내었다. 이 진리치표에 대응하는 대수식은 $F = A \cdot \overline{B} \cdot \overline{C} \cdot D$ 이다. 즉, 입력 ABCD = 1001일 때 출력 F = 1이 되며, 입력이 0000～1000 구간의 값이면 출력 F = 0이 된다. 그러나 나머지 6개의 입력(1010～1111)에 대해서는 출력이 정의되지 않는다.

진리표의 '쓰이지 않는' 조합인 6개의 무의항(don't care term)은 카르노 맵에 'x'로 기입하여 [그림 5-17]에 표시하였다. 카르노 맵의 'x'는, 논리치 '1' 또는 '0'의 어느 값으로도 될 수 있다는 것을 의미하고 있다.

〈표 5-7〉 F의 진리표

A B C D	F	A B C D	F
0 0 0 0	0	1 0 0 0	0
0 0 0 1	0	1 0 0 1	1
0 0 1 0	0	1 0 1 0	x
0 0 1 1	0	1 0 1 1	x
0 1 0 0	0	1 1 0 0	x
0 1 0 1	0	1 1 0 1	x
0 1 1 0	0	1 1 1 0	x
0 1 1 1	0	1 1 1 1	x

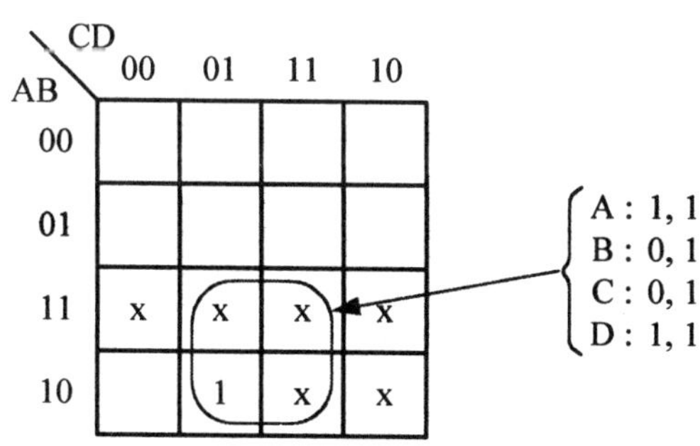

[그림 5-17] 함수 F의 카르노 맵

[그림 5-17]의 BCD수 1001일 때 '1'을 출력하는 불 식 F를 구하기 위하여 카르노 맵에서 m_9를 포함하도록 주항을 그린다. 이때 'x'를 포함하는 최대의 주항을 그린다. 주항에 포함되지 않은 'x'는 '0'으로, 주항에 포함된 'x'는 '1'로 간주한다. 따라서 하나의 '1'과 3개의 'x'를 포함하는 주항이 그려지게 된다. 4개의 최소항으로 구성된 주항에서는 2개의 논리변수를 삭제할 수 있으므로 간략화된 대수식은

$$F = AD$$

가 구해진다. 이와 같이 무의항을 이용하면 불 함수는 더욱 간략화될 수 있다.

예제 5-14

2개의 '1'과 6개의 'x'(don't care에 대응)를 갖는 [그림 5-18]의 카르노 맵으로부터 간략화된 불 식 F를 구하여라.

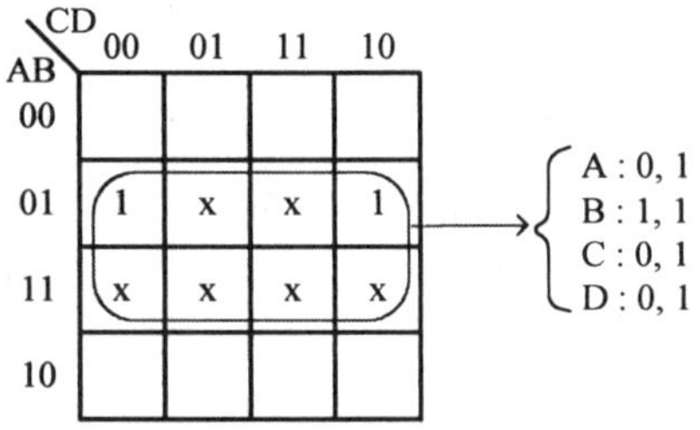

[그림 5-18] 예제 5-14의 카르노 맵

해답 [그림 5-18]의 카르노 맵에서 2개의 '1'과 6개의 'x'를 묶는 주항이 있으며, 주항 내의 2개의 '1'은 각각 필수항이다. 따라서 8개 묶음은 필수주항이 된다. 8개 묶음에서는 3개의 변수가 제거될 수 있다. 필수주항 내의 A, C, D는 각각 '0', '1'의 값을 가지므로 불 식의 결과에 영향이 없으므로 무시하고, 변수 B의 값은 필수주항 내에서 항상 '1'의 값을 가지므로 간략화 불 식 F는 다음과 같이 된다.

$$F = B$$

예제 5-15

BCD 코드에서 3으로 나누어지는 수에 대해서만 1을 출력하는 불 식을 구하여라.

해답 3의 배수에 대하여 출력 1을 갖는 불 함수는 아래와 같이 동작한다.

① 0000, 0011, 0110, 1001일 때 F = 1, 나머지 BCD 코드일 때는 F = 0
② 1010 ~ 1111은 무의항

①, ②와 같은 동작을 진리표에 나타내면 〈표 5-8〉과 같으며, 이 진리표를 카르노 맵에 나타내면 [그림 5-19]와 같다.

[그림 5-19]의 카르노 맵에는 4개의 '1'과 6개의 'x'가 표시되어 있으며, 1개 묶음 ⓐ, 2개 묶음 ⓑ, ⓒ, 4개 묶음 ⓓ 총 4개의 주항이 가능하다. 이들 주항에 포함된 각 '1'들은 하나의 주항에만 포함되므로 모두 필수항이다. 따라서 4개의 주항은 모두 필수주항이므로 결과식에 꼭 포함되어야 한다. 이들 필수주항으로부터 간략화된 불 식 F를 구하면

$$F = A'B'C'D' + BCD' + B'CD + AD$$

가 된다.

〈표 5-8〉 예제 5-15의 진리표

A B C D	F	A B C D	F
0 0 0 0	1	1 0 0 0	0
0 0 0 1	0	1 0 0 1	1
0 0 1 0	0	1 0 1 0	x
0 0 1 1	1	1 0 1 1	x
0 1 0 0	0	1 1 0 0	x
0 1 0 1	0	1 1 0 1	x
0 1 1 0	1	1 1 1 0	x
0 1 1 1	0	1 1 1 1	x

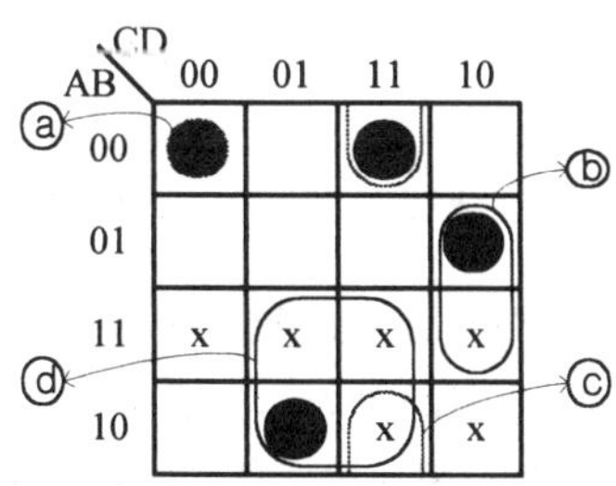

[그림 5-19] 예제 5-14의 카르노 맵

5 6 불 함수의 카르노 맵 표현

불 함수의 간략화에 카르노 맵이 편리하게 사용되는 것을 확인하였다. 즉, 앞에서 배운 방법은 불 함수가 정규형으로 표현된 경우, 각 최소항이나 최대항을 카르노 맵에 표현하고 주항, 필수항, 필수주항의 결정과정에 따라 간략화된 불 식을 얻을 수 있다.

최소항의 합(SOP)이나 최대항의 곱(POS)으로 나타내는 정규형이 아닌 불 식을 간략화하려면 불 식을 먼저 정규형으로 변환한 후 카르노 맵에 최소항 또는 최대항을 나타내야 하는 불편이 따르게 된다. 그러나 정규형이 아닌 표준형 불 식을 카르노 맵에 직접 표현할 수 있으면 정규형으로 변환하는 과정은 필요 없게 된다.

곱셈항의 덧셈으로 표현된 표준형 불 식을 카르노 맵에 표현하는 절차는 아래와 같다.

① 하나의 곱셈항에 사용된 변수가 정형일 때는 카르노 맵의 해당 변수가 '1'인 모든 최소항들에 빗금을 표시한다.
② 하나의 곱셈항에 사용된 변수가 보수형일 때는 카르노 맵의 해당 변수가 '0'인 모든 최소항들에 빗금을 표시한다.
③ 하나의 곱셈항에 나타나지 않은 변수에 대해서는 카르노 맵의 해당 변수가 '0'과 '1'인 모든 최소항에 빗금을 표시한다.
④ 하나의 곱셈항에 포함된 모든 변수에 대하여 ①, ②, ③의 과정을 실시한다.
⑤ 과정 ④의 결과에서 빗금이 공통적으로 표시된 최소항들에 '1'을 기록한다.
⑥ 나머지 곱셈항에 대해서도 ①~⑤의 과정을 반복 실시한다.

또한, 덧셈항의 곱형으로 표현된 표준형 불 식을 카르노 맵에 표현하는 방법도 위의 과정과 동일하지만 각 변수에 대한 표현이 정형일 때는 카르노 맵의 해당 변수가 '0'인 최대항, 각 변수에 대한 표현이 보수형일 때는 카르노 맵의 해당 변수가 '1'인 최대항들에 빗금을 표시하며, 덧셈항에 나타나지 않은 변수에 대해서는 카르노 맵의 해당 변수가 '0'과 '1'인 최대항에 빗금을 표시한다. 마지막으로 ⑤의 과정에서 빗금이 공통적으로 표시된 최대항들에 '0'을 기록한다.

위의 절차를 통하여 얻어진 카르노 맵에 대하여 앞 절에서 배운 방법으로 논리식을 구하면 표준형 불 식으로부터 카르노 맵을 이용한 불 식의 간략화가 이루어진 것이다.

함수 F가 아래와 같을 때 함수 F를 카르노 맵에 표현하고 정규형 표현과 간략화된 불 식을 구해보면,

$$F = ABC + A\overline{C} + \overline{B}C$$

는 곱셈항의 합으로 표현된 표준형 불 식이다. 이 식을 카르노 맵에 나타내기 위해서는 먼저 정규형 불 식을 계산해야 하지만 앞에서 살펴본 방법을 사용해보면,

① 곱셈항 ABC에는 세 변수 모두 정형이므로 카르노 맵의 ABC = 111 인 최소항에 '1'을 표시한다([그림 5-20 (a)] 참조).

② 곱셈항 $A\overline{C}$에는 A는 정형, C는 보수형, B는 don't care이므로 카르노 맵의 ABC = 100, 110 인 최소항에 '1'을 표시한다([그림 5-20 (b)] 참조).

③ 곱셈항 $\overline{B}C$에는 B는 보수형, C는 정형, A는 don't care이므로 카르노 맵의 ABC = 001, 101 인 최소항에 '1'을 표시한다([그림 5-20 (c)] 참조).

(d)로부터 최소항을 이용하여 정규형 불 식을 구해보면

$$F(A, B, C) = \Sigma(1, 4, 5, 6, 7)$$

가 되며, 최대항을 이용하여 정규형 불 식을 구해보면

$$F(A, B, C) = \Pi(0, 2, 3)$$

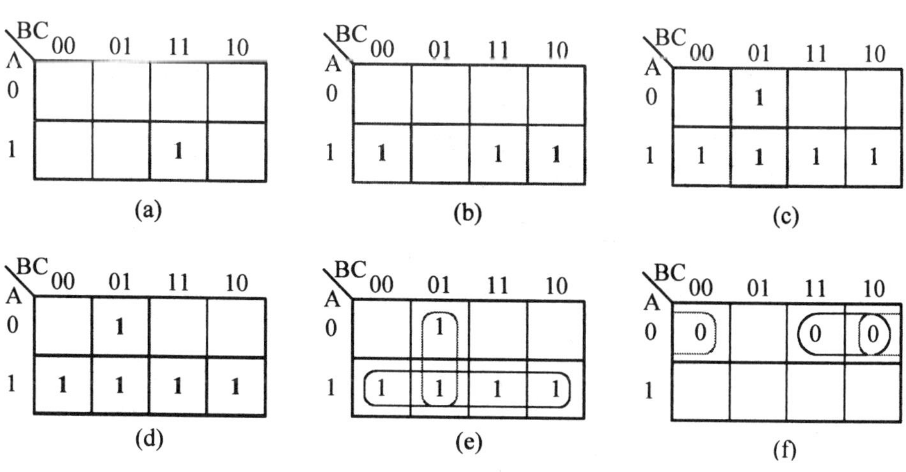

[그림 5-20] 카르노 맵 표현을 이용한 간략화

가 된다. 카르노 맵의 최소항들을 (e)와 같이 묶으면 간략화된 불 식 F는

$$F = A + \overline{B}C$$

가 된다. 또한, 카르노 맵의 최대항들을 (f)와 같이 묶으면 간략화된 불 식 F는

$$F = (A + C)(A + \overline{B})$$

가 된다.

예제 5-16

아래의 덧셈의 곱형(POS)으로 표현된 불 식 F를 카르노 맵에 표시하고, 정규형 표현식과 간략화된 불 식을 구하여라.

$$F = (A + B + C)(A + \overline{C})(\overline{B} + C)$$

해답 함수 F는 덧셈의 곱형이므로 0을 중심으로 함수를 표현한 방식이다.

① 덧셈항 $(A+B+C)$는 세 변수 모두 정형이므로 카르노 맵의 ABC = 000인 최대항에 '0'을 표시한다([그림 5-21 (a)] 참조).

② 덧셈항 $(A+\overline{C})$는 A는 정형, C는 보수형, B는 don't care이므로 카르노 맵의 ABC = 001, 011인 최대항에 '0'을 표시한다([그림 5-21 (b)] 참조).

③ 덧셈항 $(\overline{B}+C)$는 B는 보수형, C는 정형, A는 don't care이므로 카르노 맵의 ABC = 010, 110인 최대항에 '0'을 표시한다([그림 5-21 (c)] 참조).

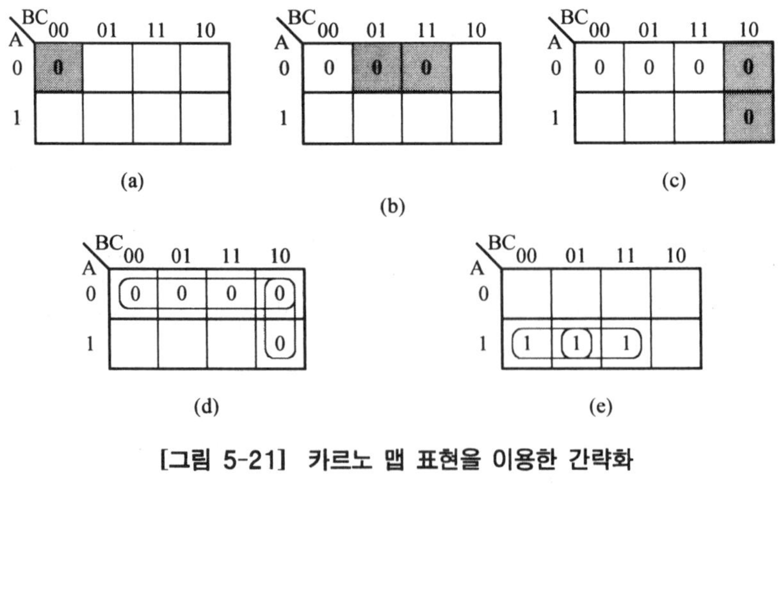

[그림 5-21] 카르노 맵 표현을 이용한 간략화

(d)로부터 정규형 불 식을 구해보면

$F(A, B, C) = \Pi(0, 1, 2, 3, 6)$

이 되고 (e)로부터 정규형 불 식을 구해보면

$F(A, B, C) = \Sigma(4, 5, 7)$

가 된다. (d)의 카르노 맵으로부터 간략화된 불 식을 구해보면,

$F = A(\overline{B}+C)$

가 되고, (e)의 카르노 맵으로부터 간략화된 불 식을 구해보면,

$F = A\overline{B} + AC$

가 된다. 따라서 (d)와 (e)의 카르노 맵의 결과는 동일함을 알 수 있다.

예제 5-17

함수 $F = ABCD + AB'C'D' + AB'C + AB$를 간소화하여라.

해답 최소항의 합 형태의 정규형을 구해보면

$$\begin{aligned} F &= ABCD + AB'C'D' + AB'C(D' + D) + AB(C' + C)(D' + D) \\ &= ABCD + AB'C'D' + AB'CD' + AB'CD + ABC'D' + ABC'D \\ &\quad + ABCD' + ABCD \\ &= ABCD + AB'C'D' + AB'CD' + AB'CD + ABC'D' + ABC'D + ABCD' \end{aligned}$$

이므로,

$F = \Sigma(8, 10, 11, 12, 13, 14, 15)$

가 되며 이것을 카르노 맵에 표현하면 [그림 5-22]와 같다. 카르노 맵으로부터 간략화된 불 식을 구하면 다음과 같이 된다.

$F = AB + AC + A\overline{D}$

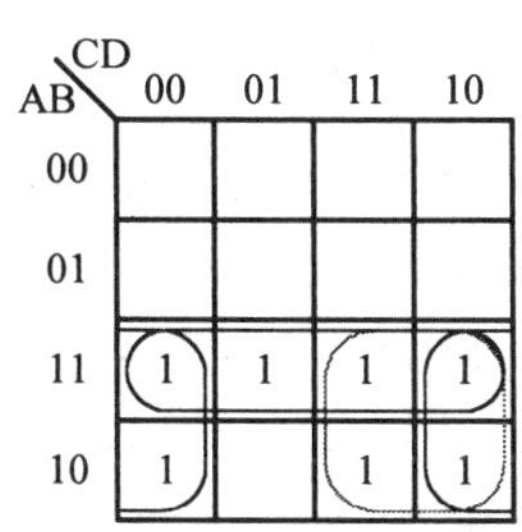

[그림 5-22] 예제 5-17의 카르노 맵

5 7 퀸-맥클러스키 방법에 의한 불 함수 간략화

앞에서는 불 함수를 카르노 맵에 의하여 간략화하는 방법에 대하여 알아보았다. 카르노 맵에 의한 불 함수의 간략화는 맵을 도식적으로 그려야 한다. 불 함수의 변수가 2, 3, 4개이면 최소항의 수가 4, 8, 16개이기 때문에 맵을 쉽게 다룰 수가 있다. 그러나 변수가 5 이상이 되면 최소항의 수가 32, 64, 128 등으로 급속하게 증가하게 된다. 따라서 5변수 이상의 불 함수를 위한 맵의 구조는 매우 복잡해지기 때문에 불 함수를 직접 맵에 표시하여 간략화하는 것은 어려운 일이 된다. 이와 같은 이유로 5변수 이상의 불 함수의 간략화는 컴퓨터를 이용한 프로그래밍(programing) 처리하는 것이 바람직하다.

따라서 이 절에서는 퀸-맥클러스키 방법(Quine-McClaskey method : QM법) 또는 테이블 방법(tabular method)이라고 하는 새로운 방식에 대하여 알아본다. QM법은 5변수 이상의 불 식을 처리하여도 복잡도가 대체로 균일하기 때문에 다변수 불 식의 처리에 쉽게 사용할 수 있으며, 처리절차를 프로그램함으로써 컴퓨터에 의해서 처리할 수 있게 된다.

QM법에서는 정규형으로 표현된 불 식 내의 최소항들을 단계적으로 줄여 나가 최적의 곱의 합 형식의 간략화된 불 식을 얻는 것을 목표로 한다. 다음은 QM법의 처리절차이다.

① **정리** $AB + A\overline{B} = A$ 를 반복적으로 적용하여 각 항의 변수(literal)를 최대한 줄인 **주항**(prime implicant)을 결정한다.

② **주항표**(prime implicant table)를 이용하여 **필수항**(essential term)과 **필수주항**(essential prime implicant)을 결정한다.

③ 필수주항과 나머지 주항을 이용하여 결과식의 변수 수가 최소가 되도록 간략화된 불 식을 결정한다.

불 함수에 위의 절차를 적용하기 위해서는 먼저 불 함수를 곱의 합 형태의 정규형(canonical form)으로 나타내어야 한다. 정규형 불 식의 각 최소항(minterm)들은 하나의 항(implicant)이 되며, 이들 최소항으로 이루어진 항으로부터 주항을 결정해야 한다. 최소항에 대하여 $AB + A\overline{B} = A$ 의 정리를 적용하기 위해서 최소항을 2진수로 표시하고 아래의 [그림 5-23]과 같이 처리한다.

$$\overbrace{A\overline{B}C\overline{D}}^{m_{10}}+\overbrace{A\overline{B}CD}^{m_{11}}=A\overline{B}C \qquad \overbrace{A\overline{B}\,\overline{C}\,\overline{D}}^{m_8}+\overbrace{A\overline{B}\,\overline{C}D}^{m_9}=A\overline{B}\,\overline{C}$$

$$\underbrace{101}_{X}\underbrace{0}_{\overline{Y}}+\underbrace{101}_{X}\underbrace{1}_{Y}=\underbrace{101}_{X}- \qquad \underbrace{100}_{X}\underbrace{0}_{\overline{Y}}+\underbrace{100}_{X}\underbrace{1}_{Y}=\underbrace{100}_{X}-$$

(a) (b)

[그림 5-23] 1단계 변수소거

[그림 5-23 (a)]는 두 개의 최소항 m_{10}, m_{11} (b)는 m_8, m_9에 대한 변수소거 방법을 보여준다. 두 개의 최소항이 결합하여 하나의 변수가 소거되면 두 최소항이 결합된 2진수 표현에서는 ' - ' 기호로 소거된 변수를 표시한다. (a)에서는 변수 D가 제거되어서 새로운 항 ' $A\overline{B}C$ '가 얻어지고, 2진수 표현은 '101 - '로 나타낸다. (b)에서는 변수 D가 제거되어서 새로운 항 ' $A\overline{B}\,\overline{C}$ '가 얻어지고, 2진수 표현은 '100 - '로 나타낸다.

$$A\overline{B}C + A\overline{B}\,\overline{C} = A\overline{B}$$
$$\underbrace{1}_{X}\underbrace{01}_{Y}- + \underbrace{1}_{X}\underbrace{00}_{\overline{Y}}- = \underbrace{10}_{X}--$$
$$XY + X\overline{Y} = X$$

[그림 5-24] 2단계 변수소거

[그림 5-24]는 1단계 변수소거의 결과로 얻어진 두 항에 대한 2단계 변수소기 방법을 보여준다. 즉, 1단계의 결과에 대하여 반복하면 4개의 최소항들이 결합되어서 또 하나의 변수 C가 제거되어서 새로운 항 ' $A\overline{B}$ '가 얻어지고, 2진수 표현은 '10 - -'로 나타낸다. 이러한 비교과정은 새롭게 얻어진 모든 항에 대하여 최대 n단계 실시하며, 결합되지 않고 남아 있는 모든 항이 주항이 된다.

이러한 처리단계를 줄이기 위해서는 최소항에 대한 2진수 표현에서 하나의 비트값만 다른 최소항들을 비교하도록 해야 한다. 따라서 최소항에 대한 2진수 표현에서 '1'의 개수에 따라 여러 그룹으로 나누면 인접된 두 그룹 내에서만 하나의 비트값이 다른 최소항들이 나타나게 된다. 즉, '1' 개수가 2개 이상 다른 두 그룹 내의 각 최소항들은 최소한 두 개 이상의 비트가 다르게 된다.

함수 F의 모든 주항을 결정하기 위해서는 다음과 같은 처리절차를 수행한다.

① 함수에 포함되는 모든 최소항들은 변수가 정형일 때는 '1'로, 보수형일 때는 '0'으로 표된 2진수로 표시한 후, 2진수 내의 '1'의 개수에 따라 그룹으로 분류한다(〈표 5-9〉 참조).

② 각 그룹들은 '주항을 결정하기 위한 표'의 Ⅰ열에 그룹 0, 1, 2, …순으로 배열하고, 각 그룹은 수평선으로 구분한다. 각 그룹 내의 최소항의 표시 방법은 최소항 번호와 2진수로 표시한다(예 : **0 0000, 1 0001, 2 0010** 등).

③ 인접된 두 그룹(그룹 0과 그룹 1) 내의 각 최소항을 두 개씩 비교하여 한 개의 비트값만 서로 다른 두 최소항을 찾고, 선택된 두 최소항에는 각각 'v'표를 표시한다. 이때 하나의 최소항은 여러 차례의 비교에 사용될 수 있다. 이 과정에서 선택되지 못한 최소항에는 '*'를 표시한다.

④ 선택된 두 최소항은 변수소거 방법에 따라 값이 다른 하나의 비트를 '-'로 대치한 새로운 항을 Ⅱ열에 기록한다. Ⅱ열에 기록하는 방법은 결합된 두 항의 번호를 ( ) 안에 표시하고, 새롭게 생성된 항과 같이 기록한다(예 : **(0, 1) 000 -, (0, 2) 00 - 1** 등). 이 과정에서 인접된 그룹을 바꿀 때마다 Ⅱ열에도 수평선으로 구분한다. 따라서 Ⅰ열의 그룹 0과 그룹 1을 비교한 Ⅱ열의 그룹 0, Ⅰ열의 그룹 1과 그룹 2를 비교한 Ⅱ열의 그룹 1 등으로 재배치한다.

⑤ Ⅱ열에 새롭게 만들어진 인접 그룹 내의 각 항에 대하여 '-'의 위치가 동일한 항의 2진값을 비교하여 한 개의 비트값만 서로 다른 두 항을 찾고, 선택된 두 항에는 각각 'v'를 표시한다. 선택된 두 항은 변수소거 방법([그림 5-23] 참조)에 따라 값이 다른 하나의 비트를 '-'로 대치한 새로운 항을 Ⅲ열에 기록한다. Ⅲ열에 기록하는 방법은 결합된 항들의 번호를 ( ) 안에 표시하고, 새롭게 생성된 항과 같이 기록한다. 이 과정에서 선택되지 못한 항에는 '*'를 표시한다(예 : **(0, 1) 000** - 와 **(4, 5) 010** - 의 결합에 의한 **(0, 1, 4, 5) 0** - **0** -).

⑥ 더 이상 새로운 그룹이 생성되지 않을 때까지 ⑤의 과정을 반복한다. 각 과정에서는 ( ) 안의 최소항 번호가 배열순서만 다르지만 동일하여 2진 표현이 동일한 항들이 있을 수 있다. 이러한 경우에는 결합순서의 차이로 인한 것이므로 이들 중 하나는 '×'로 표시하여 제거한다(예 : **(0, 1, 8, 9)** - **00** - 와 **(0, 8, 1, 9)** - **00** -).

⑦ 최종적으로 얻어진 표의 모든 항에는 'v' 또는 '*'가 표시되어 있게 된

다. 표에서 '*'가 표시된 항들은 더 이상 상호결합이 불가능한 주항 (implicant)이다.

예를 들어 다음과 같은 함수 F에 대하여 주항을 결정하는 절차는 다음과 같다.

$$F(A, B, C, D) = \Sigma(0, 1, 2, 5, 6, 7, 8, 9, 10, 12, 15)$$

함수 F의 각 최소항 번호를 2진수로 나타내면 0000, 0001, 0010, 0101, 0110, 0111, 1000, 1001, 1010, 1100, 1111이므로 이들을 '1'이 0개, 1개, 2개, 3개, 4개인 그룹으로 분류될 수 있다. 즉, 함수 F를 '1'의 개수에 따라 그룹으로 분류하면 〈표 5-9〉의 Ⅰ열과 같이 된다. Ⅰ열의 그룹의 번호는 2진수로 표현된 최소항들이 갖고 있는 '1'의 개수와 같다. 따라서 n변수 불 식에 대해서는 최대 (n + 1)개의 그룹이 가능해진다. 위의 예에서 F는 4변수 불 식이므로 최대 5개의 그룹으로 나누어질 수 있다. 또한 〈표 5-9〉의 Ⅰ열에서 인접된 그룹간에만 오직 하나의 변수값이 다른 최소항이 있는 것을 확인할 수 있다.

〈표 5-9〉의 Ⅰ열에 대하여 ③, ④의 과정을 수행하면 Ⅱ열이 얻어진다. 다시 Ⅱ열에 대하여 ⑤의 과정을 수행하면 Ⅲ열이 얻어진다. Ⅲ열에는 그룹이 하나만 있으므로 주항의 결정과정이 완료된다.

〈표 5-9〉 함수 F의 주항 결정

Ⅰ열			Ⅱ열		Ⅲ열	
그룹 0	0 0000	v	(0, 1) 000 -	v	(0, 1, 8, 9) -00-	*
그룹 1	1 0001	v	(0, 2) 00 - 0	v	(0, 2, 8, 10) -0-0	*
	2 0010	v	(0, 8) - 000	v	(0, 8, 1, 9) -00-	×
	8 1000	v	(1, 5) 0 - 01	*	(0, 8, 2, 10) -0-0	×
그룹 2	5 0101	v	(1, 9) - 001	v		
	6 0110	v	(2, 6) 0 - 10	*		
	9 1001	v	(2, 10) - 010	v		
	10 1010	v	(8, 9) 100 -	v		
	12 1100	v	(8, 10) 10 - 0	v		
			(8, 12) 1 - 00	*		
그룹 3	7 0111	v	(5, 7) 01 - 1	*		
			(6, 7) 011 -	*		
그룹 4	15 1111	v	(7, 15) - 111	*		

앞의 결과로부터 (0, 1, 8, 9) -00-와 (0, 8, 1, 9) -00-, (0, 2, 8, 10) -0-0와 (0, 8, 2, 10) -0-0은 중복된 항이므로 각각 하나의 항만 사용하고 나머지 항에는 '×'를 표시한다.

〈표 5-9〉에서 '*'가 표시된 8개의 항은 더 이상 다른 항과의 상호결합이 이루어지지 않기 때문에 주항이 된다.

QM 방법의 다음 단계는 이미 결정된 주항(implicant)들로부터 필수항(essential term)과 필수주항(essential prime implicant)을 정하는 것이다.

필수항과 필수주항을 결정하기 위해서는 앞 단계에서 결정된 주항들에 대하여 다음과 같은 처리절차를 수행한다.

① 각 주항에 포함된 모든 최소항들의 번호를 주항표(prime implicant chart)의 제1행에 기록한다.

② 각 주항은 ( ) 안에 나타낸 결합에 사용된 각 최소항들의 번호와 2진 표현으로부터 얻은 불 식을 기록한다(예 : **(0, 1, 8, 9)** -**00**-로부터 **(0, 1, 8, 9) B′C′** 등).

③ 제1행의 최소항 번호와 각 주항의 ( ) 안의 번호가 일치하면 주항의 행과 최소항 번호의 열이 교차하는 위치에 '×'를 기록한다.

④ 모든 주항에 대하여 ②, ③의 과정을 수행한다.

⑤ 모든 주항의 처리가 완료된 주항표의 최소항 열에서 '×'가 한 번만 나타난 최소항에는 '⊗'을 표시하며, 이들은 하나의 주항에만 포함된 것이므로 필수항이 된다. 또한 필수항이 나타난 행의 주항은 필수항을 포함하므로 필수주항이 되며 간략화된 결과식에 꼭 포함되어야 한다.

⑥ 마지막 행에는 필수주항에 포함된 모든 최소항들에 대하여 'v'를 표시한다.

〈표 5-10〉 주항표

주항 \ 최소항	0	1	2	5	6	7	8	9	10	12	15
(0, 1, 8, 9) B′C′	×	×					×	⊗			
(0, 2, 8, 10) B′D′	×		×				×		⊗		
(1, 5) A′C′D		×		×							
(2, 6) A′CD′			×		×						
(8, 12) AC′D′							×			⊗	
(5, 7) A′BD				×		×					
(6, 7) A′BC					×	×					
(7, 15) BCD						×					⊗
	v	v	v				v	v	v	v	v

〈표 5-10〉의 결과로부터 '⊗'가 표시된 4개의 필수항과 4개의 필수주항이 결정된 것을 알 수 있다. 즉, m_9, m_{10}, m_{12}, m_{15}는 필수항이며, 이들을 포함하는 B′C′, B′D′, AC′D′ 및 BCD는 필수주항이므로 간략화된 결과식에 필수적으로 포함되어야 한다.

따라서 결과식 F는

$$F = B'C' + B'D' + AC'D' + BCD + (\text{나머지 주항의 처리결과})$$

가 된다. 따라서 나머지 주항을 처리하기 위하여 다음과 같이 간략화된 주항표를 작성한다.

간략화된 주항표에는 주항표의 마지막 행에 'v'가 표시되지 않은 최소항들과 이들을 포함하는 주항으로 〈표 5-11〉과 같이 작성한다. 작성하는 방법은 주항표와 같으나 'v'가 표시된 최소항들은 생략해야 한다.

〈표 5-11〉 간략화된 주항표

주항 \ 최소항		5	6
(1, 5)	A′C′D	×	
(2, 6)	A′CD′		×
(5, 7)	A′BD	×	
(6, 7)	A′BC		×

〈표 5-11〉의 나머지 4개의 주항에는 2개의 최소항 m_5, m_6이 포함되어 있으나 두 개의 주항 (1, 5)와 (2, 6) 또는 (1, 5)와 (6, 7) 또는 (2, 6)과 (5, 7) 또는 (5, 7)과 (6, 7)의 선택에 의해서 2개의 최소항이 모두 선택되어지므로 최종적으로 결정된 불 식은 아래의 4식과 같이 구해지며, 이들 4식은 모두 불 함수 $F(A, B, C, D) = \Sigma(0, 1, 2, 5, 6, 7, 8, 9, 10, 12, 15)$의 최적표현이 된다.

$F = B'C' + B'D' + AC'D' + BCD + A'C'D + A'CD'$; (1, 5)와 (2, 6) 선택
$F = B'C' + B'D' + AC'D' + BCD + A'C'D + A'BC$; (1, 5)와 (6, 7) 선택
$F = B'C' + B'D' + AC'D' + BCD + A'CD' + A'BD$; (2, 6)과 (5, 7) 선택
$F = B'C' + B'D' + AC'D' + BCD + A'BD + A'BC$; (5, 7)과 (6, 7) 선택

예 제 5-18

함수 $F(A, B, C, D) = \Sigma m(1, 2, 3, 5, 14, 15)$를 간소화하여라.

해답 카르노 맵의 필수주항을 이용하거나 퀸-맥클러스키 방법을 이용한다.

$$F(A, B, C, D) = \overline{A}\,\overline{C}D + \overline{A}\,\overline{B}C + ABC$$

5 연습문제

1. 불 대수 공식을 이용하여 아래의 불 식을 간략화시켜라.

a) $F = \overline{A}B + \overline{B}C + ABC + B\overline{C}D$

b) $F = \overline{C}(A+B) + C(\overline{A}+B) + AC$

2. 다음의 불 식을 공식을 이용하여 간략화시키고, 간략화된 논리식을 이용하여 논리회로를 그려라.

a) $F = (A\overline{B} + \overline{A}C)(A+\overline{C})$ b) $F = A\overline{B}(\overline{A}+C) + B(A+\overline{C})$

3. 불 함수 $F = AB + B\overline{C} + CD$를 최소항으로 나타낸 정규형과 최대항으로 나타낸 정규형을 구하여라.

4. 2변수 불 함수의 종류에서 연산이름 equivalence인 함수 F를 논리식으로 표현하여라.

5. 불 함수 $F(A, B, C) = \Sigma(2, 3, 5, 6, 7)$의 보수를 두 가지 형식의 정규형으로 나타내어라.

6. 불 함수 $F = A \cdot (B+C) \cdot (A\overline{D} + BC)$를 표준형 불 식으로 변환하여라.

7. 불 함수 $F(A, B, C) = \Sigma(2, 3, 5, 7)$을 카르노 맵에 표시하여 주항, 필수항, 필수주항을 결정하고, 간략화된 불 식을 구하여라.

8. AND-OR형 함수 $F_1 = A + BC$가 OR-AND형 함수 $F_1 = (A+B)(A+C)$가 됨을 증명하여라.

AB \ CD	00	01	11	10
00	1			1
01		1	1	
11	1	1	1	1
10	1			1

(a)

AB \ CD	00	01	11	10
00	1			1
01		1		
11	1	1	1	1
10	1	1		1

(b)

[그림 5-25]

9. 다음의 카르노 맵으로부터 간략화된 불 식을 구하여라.

10. OR-AND형 함수 $F_2 = (A+B)(\overline{A}+C)$가 AND-OR형 함수 $F_2 = AC + \overline{A}B$가 됨을 증명하여라.

11. 카르노 맵 방법을 이용하여 다음의 논리식을 간략화시켜라.

a) $F = \overline{A}B\overline{C} + AB\overline{C}$

b) $F = \overline{A}\,\overline{B}\,\overline{C} + \overline{B}C + \overline{A}B$

12. 다음의 함수를 카르노 맵에 표시하고, 두 가지 형식(SOP와 POS)의 간략화식을 구하여라.

a) $F = \overline{A}\,\overline{B}\,\overline{C} + \overline{A}BC + ABC + A\overline{B}\,\overline{C} + ABC$

b) $F = \overline{(C+D)} + \overline{A}C\overline{D} + A\overline{B}\,\overline{C} + \overline{A}\,\overline{B}CD + ACD$

13. 불 함수 $F(A,B,C,D,E) = \Sigma m(1,2,3,16,17,18,26,32,39,48,63) + \Pi d(15,28,29,30)$에 대하여

1) 함수 F를 5변수 카르노 맵에 표시하여라.
2) 1)의 결과를 이용하여 주항, 필수항, 필수주항을 결정하고, 간략화된 불 식을 구하여라.
3) 함수 F를 QM법으로 처리하여 주항, 필수항, 필수주항을 결정하고, 간략화된 불 식을 구하여라.
4) 2)의 결과와 3)의 결과를 비교하여라.

14. 다음 진리표를 보고 논리회로를 설계하여라.

〈표 5-12〉 함수 F의 진리표

입 력			출 력
A	B	C	F
0	0	0	0
0	0	1	1
0	1	0	0
0	1	1	1
1	0	0	0
1	0	1	0
1	1	0	1
1	1	1	0

제 6 장 조합 논리회로

6-1 조합 논리회로

디지털 시스템을 구성하는 논리회로는 크게 나누어 조합 논리회로(combinational logic circuits)와 순차 논리회로(sequential logic circuits)로 구분할 수 있다.

조합 논리회로는 과거의 입력조합에 관계없이 현재의 입력조합에 의해서만 출력이 직접 결정되는 논리 게이트로 구성된다. 또한 조합 논리회로는 현재의 입력에 의해 불 대수로 표현된 출력함수를 논리적(진리표상)으로 정해진 특별한 기능 그대로 명확하게 처리되도록 회로가 동작하므로 궤환(feedback)요소와 기억소자를 갖고 있지 않다. 반면에 순차 논리회로는 기억소자와 그의 주변요소들의 상태 및 입력함수로서, 기억소자들의 상태는 과거의 입력과 현재의 입력에 의해 결정되므로 궤환요소를 갖고 있거나 기억소자를 갖고 있으며, 회로의 동작은 내부적인 상태와 입력들에 대한 시간순서(time sequence)에 의해 동작된다.

조합 논리회로의 개요도(block diagram)를 [그림 6-1]에 나타냈다. n개의 입력변수가 외부로부터 오며, m개의 출력(변수)이 외부로 보내어진다. 조합 논리회로에는 비교기, 산술연산장치(가산기 · 감산기 · 승산기 · 제산기), 패리티 발생기, 코드 변환기, 인코더, 디코더, 멀티플렉서, 디멀티플렉서 등이 있다.

어떤 특수한 용도를 갖는 조합 논리회로를 설계하는 순서는 다음과 같다.

① 입력변수의 수와 출력변수의 수를 정하고 각각에 적당한 변수를 할당하여 블록도를 그린다.

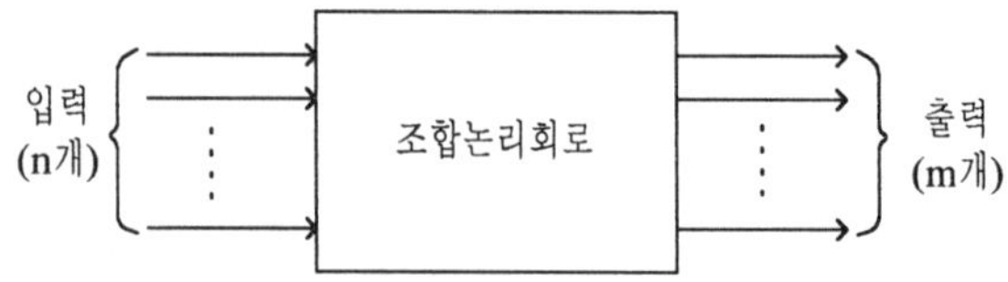

[그림 6-1] 조합 논리회로의 개요

② 입력이 n개이면 $0 \sim 2^n-1$까지 2진수를 나열한 후 입·출력 변수간의 진리표를 작성한다.

③ 입력변수의 간략화된 함수로 표시되는 출력함수를 구한다. 4변수 이내일 때는 카르노 맵을 이용하고, 5변수 이상일 때는 QM법을 사용하면 편리하다.

④ 출력함수를 만족하는 논리회로도를 그린다.

예제 6-1

3비트 2진수 중 10진수로서 홀수인 것은 그대로 출력에 통과시키고 짝수인 것은 통과시키지 않는 논리회로를 조합 논리회로 설계순서에 따라 구현하여라.

해답 ① 3비트 2진수이므로 입력, 출력이 각각 3개가 요구된다. 입력 2진수는 $X_2X_1X_0$으로 표시하고 출력 2진수는 $Y_2Y_1Y_0$으로 표시하고 블록도를 그리면 [그림 6-2 (a)]와 같다.

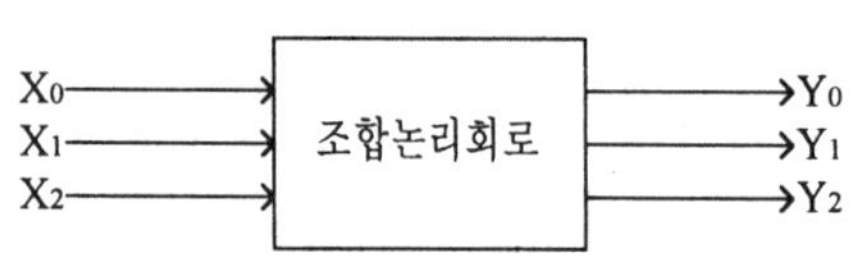

(a)

X_2	X_1	X_0	Y_2	Y_1	Y_0
0	0	0	0	0	0
0	0	1	0	0	1
0	1	0	0	0	0
0	1	1	0	1	1
1	0	0	0	0	0
1	0	1	1	0	1
1	1	0	0	0	0
1	1	1	1	1	1

(b)

[그림 6-2] 예제 6-1의 블록도와 진리표

② 3비트로 표시될 수 있는 8개의 2진수 중에서 홀수는 1, 3, 5, 7 즉, $X_2X_1X_0 = 001, 011, 101, 111$의 4가지 경우이므로 동도 (b)와 같은 진리표를 얻는다.

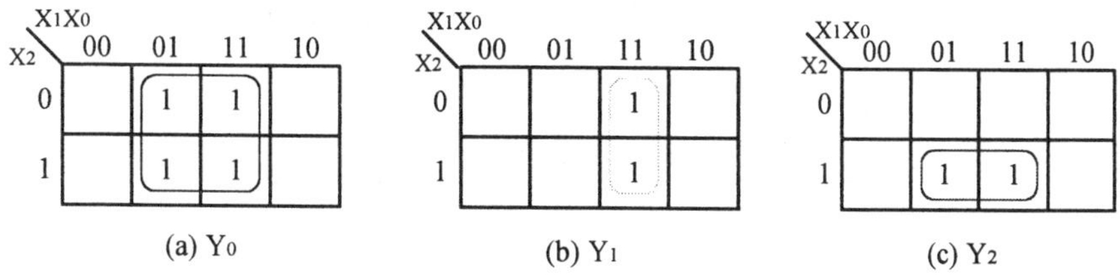

[그림 6-3] 3 출력 Y_0, Y_1, Y_2에 대한 카르노 맵

③ [그림 6-3]과 같이 $Y_0Y_1Y_2$의 각각에 대한 카르노 맵을 이용하여 간략화된 출력함수를 구하면 [그림 6-3]과 같고, 이들로부터 간략화된 불식을 구하면 아래 식과 같다.

$Y_0 = X_0$ $\qquad$ $Y_1 = X_1X_0$ $\qquad$ $Y_2 = X_2X_0$

④ 출력함수를 만족하는 회로를 그리면 [그림 6-4]와 같다.

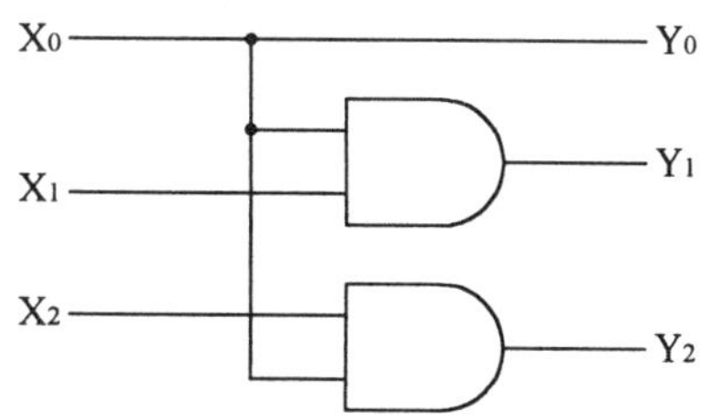

[그림 6-4] 3출력 Y_0, Y_1, Y_2에 대한 회로도

---

6 2 크기 비교기

크기 비교기(magnitude comparator)는 두 개의 2진수의 크기 비교는 한 수가 다른 수보다 크거나 작거나 또는 같음을 결정하는 조합 논리회로이다. 두 개의 n비트 2진수 A와 B의 크기 비교기는 두 수의 크기를 비교하여

$A = B$, $\qquad$ $A > B$, $\qquad$ $A < B$

의 세 경우를 판별할 수 있는 조합회로로서, 2진 비교기(binary comparator)라고도 한다.

〈표 6-1〉 크기 비교기의 진리표

입력	출력		
A B	L : A<B	E : A=B	G : A>B
0 0	0	1	0
0 1	1	0	0
1 0	0	0	1
1 1	0	1	0

〈표 6-1〉의 진리표로부터 아래의 세 식을 얻을 수 있다. 즉,

A〉B인 경우 : $G = A\overline{B}$는 '1'을 출력하여 A가 B보다 큰 수임을 나타낸다.

A=B인 경우 : $E = (A \odot B)$는 '1'을 출력하여 A와 B가 같은 수임을 나타낸다.

A〈B인 경우 : $L = \overline{A}B$는 '1'을 출력하여 A가 B보다 작은 수임을 나타낸다.

[그림 6-5]는 위의 세 경우를 모두 판별할 수 있는 1비트 2진 비교기 회로이다. 따라서 G, E, L을 이용하여 2진수 A와 B의 크기가 같은지 여부를 판별할 수 있게 된다.

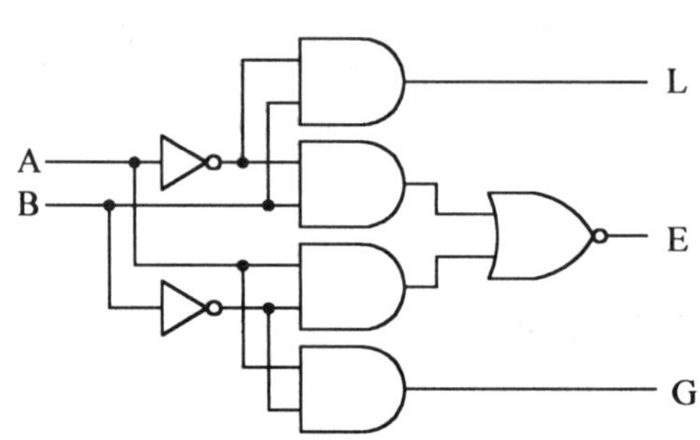

[그림 6-5] 1비트 2진 비교기

6 3 가산기

(1) 반가산기

〈표 6-2〉와 같이 1비트의 2진수 A, B를 합하여 결과(sum) S와 올림수(carry) C를 출력하는 회로를 반가산기(HA : Half Adder)라고 하며, [그림 6-6]의 (a)와 (b)는 반가산기의 진리표를 카르노 맵에 나타낸 것이다.

〈표 6-2〉 반가산기의 진리표

입 력		출 력	
A	B	S	C
0	0	0	0
0	1	1	0
1	0	1	0
1	1	0	1

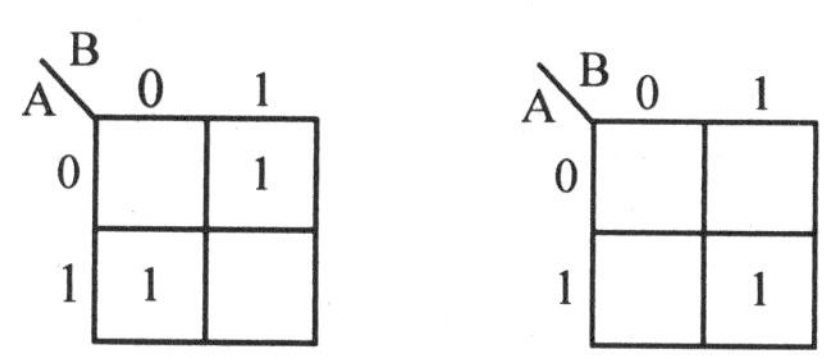

(a) sum (b) carry

[그림 6-6] 반가산기의 카르노 맵 표현

[그림 6-6]의 카르노 맵으로부터 S와 C의 불 식을 구하면 아래와 같다.

$$S = A \oplus B$$
$$C = AB$$

[그림 6-7]의 (a)는 위의 두 식을 2입력 AND 게이트와 2입력 XOR 게이트로 구성시킨 반가산기의 논리회로도이고, (b)는 반가산기의 블록도이다. 이러한 반가산기는 1비트의 2진수나 LSB의 덧셈연산만을 수행할 수 있다.

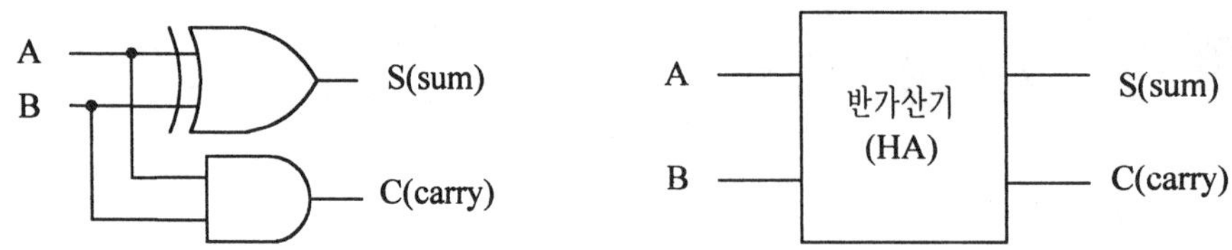

(a) 반가산기의 회로도　　　　(b) 반가산기의 블록도

[그림 6-7] 반가산기의 회로와 블록도

(2) 전가산기

전가산기(FA : Full Adder)는 1 비트의 2진수 2개와 낮은 자리에서 발생하는 올림수(입력 올림수: C_i)를 덧셈하여 합 S와 올림수 C_0(출력 올림수)를 계산하는 조합 논리회로이다. 〈표 6-3〉은 전가산기의 진리표이며, [그림 6-8]은 전가산기의 진리표를 3 변수 카르노 맵에 나타낸 것이다.

〈표 6-3〉 전가산기의 진리표

입 력			출 력	
A	**B**	**C_i**	**S**	**C_o**
0	0	0	0	0
0	0	1	1	0
0	1	0	1	0
0	1	1	0	1
1	0	0	1	0
1	0	1	0	1
1	1	0	0	1
1	1	1	1	1

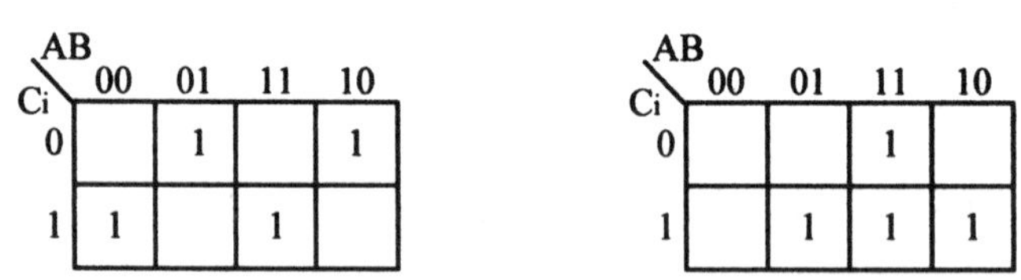

(a) sum　　　　(b) carry

[그림 6-8] 전가산기의 카르노 맵 표현

〈표 6-3〉에서 A와 B는 각각 합하는 수의 비트를 나타내고 있으며, C_i는 A와 B보다 낮은 자리에서 올라온 올림수 비트를 나타낸다. 출력 S와 C_o는 각각 합한 결과와 다음 자리로 올라가는 올림수 비트를 나타낸다. [그림 6-8]의 카르노 맵으로부터 S와 C_o의 논리함수를 곱의 합 형식으로 구하면,

$$
\begin{aligned}
S &= \overline{A}\,\overline{B}C_i + \overline{A}B\overline{C_I} + A\overline{B}\,\overline{C_I} + ABC_i \\
&= (\overline{A}B + A\overline{B})\overline{C_I} + (\overline{A}\,\overline{B} + AB)C_i \\
&= (A \oplus B)\overline{C_I} + (\overline{A \oplus B})C_i \\
&= (A \oplus B) \oplus C_i
\end{aligned}
$$

$$
\begin{aligned}
C_o &= \overline{A}BC_i + A\overline{B}C_i + AB\overline{C_I} + ABC_i \\
&= (\overline{A}B + A\overline{B})C_i + AB(\overline{C_i} + C_i) \\
&= (A \oplus B)C_i + AB
\end{aligned}
$$

이 된다. [그림 6-9]의 (a)는 전가산기의 회로도이며, (b)는 전가산기의 블록도이다. [그림 6-9 (c)]와 같이 전가산기 회로는 2개의 반가산기와 1개의 OR 게이트로 구성할 수도 있다.

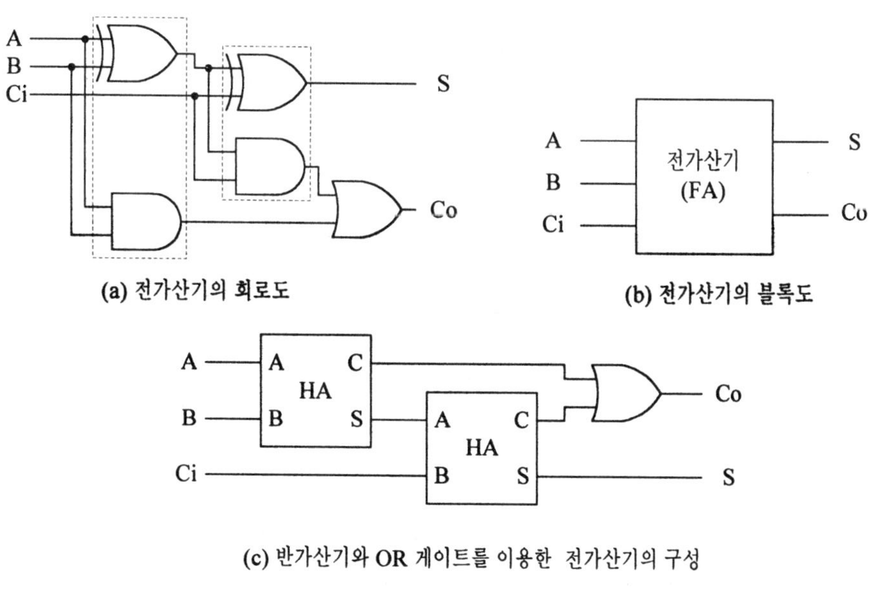

(a) 전가산기의 회로도

(b) 전가산기의 블록도

(c) 반가산기와 OR 게이트를 이용한 전가산기의 구성

[그림 6-9] 전가산기의 회로와 블록도

6 4 감산기

(1) 반감산기

〈표 6-4〉와 같이 1비트의 2진수 A, B를 감산하여 차(difference, D)와 빌림수(borrow, b)를 출력하는 회로를 반감산기(HS : half subtracter)라고 하며, [그림 6-10]의 (a), (b)는 반감산기의 진리표를 카르노 맵에 나타낸 것이다.

〈표 6-4〉 반감산기의 진리표

입력		출력	
A	B	D	b
0	0	0	0
0	1	1	1
1	0	1	0
1	1	0	0

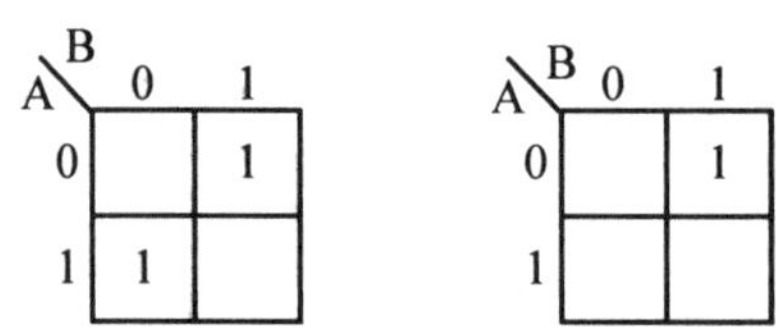

(a) differrence (b) borrow

[그림 6-10] 반감산기의 카르노 맵 표현

[그림 6-10]의 카르노 맵으로부터 차 D와 빌림수 b의 불 식을 구하면 다음과 같다.

$$D = A \oplus B$$

$$b = \overline{A}B$$

[그림 6-11]의 (a)는 위의 두 식을 2입력 AND, NOT 및 2입력 XOR 게이트로 구성시킨 반감산기의 논리회로도이고, (b)는 반감산기의 블록도이다. 이러한 반감산기는 1비트의 2진수나 MSB의 감산연산만을 수행할 수 있다.

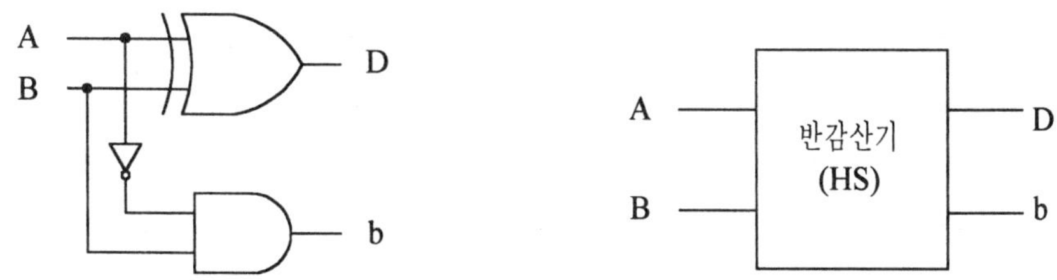

(a) 반감산기의 회로도 (b) 반감산기의 블록도

[그림 6-11] 반감산기의 회로와 블록도

(2) 전감산기

반감산기는 한 번에 2비트씩만 다룰 수 있으므로, 최하위 비트끼리의 뺄셈이나 1비트의 뺄셈에만 쓸 수 있다. 높은 자리에 있는 비트들의 뺄셈을 하려면 낮은 자리로 빌려주어야 할 빌림수까지 연산해주는 전감산기(FS : Full Subtracter)가 필요하다. 〈표 6-5〉는 전감산기의 진리표이며, [그림 6-12]는 전감산기의 진리표를 3변수 카르노 맵에 나타낸 것이다.

〈표 6-5〉 전감산기의 진리표

입 력			출 력	
A	B	b_i	D	b_o
0	0	0	0	0
0	0	1	1	1
0	1	0	1	1
0	1	1	0	1
1	0	0	1	0
1	0	1	0	0
1	1	0	0	0
1	1	1	1	1

A \ Bbi	00	01	11	10
0		1		1
1	1		1	

(a) difference

A \ Bbi	00	01	11	10
0		1	1	1
1			1	

(b) borrow

[그림 6-12] 전감산기의 카르노 맵 표현

〈표 6-5〉에서 A와 B는 각각 합하는 수의 비트를 나타내고 있으며, b_i는 A와 B보다 낮은 자리에 빌려준 빌림수 비트를 나타낸다. 출력 D와 b_o는 각각 뺄셈한 결과와 다음 자리로부터 빌려올 빌림수 비트를 나타낸다.

[그림 6-12]의 카르노 맵으로부터 D와 b_o의 논리함수를 곱의 합 형식으로 구하면,

$$
\begin{aligned}
D &= \overline{A}\,\overline{B}b_i + \overline{A}B\overline{b_i} + A\overline{B}\,\overline{b_i} + ABb_i \\
&= (\overline{A}B + A\overline{B})\overline{b_i} + (\overline{A}\,\overline{B} + AB)b_i \\
&= (A \oplus B)\overline{b_i} + (\overline{A \oplus B})b_i \\
&= (A \oplus B) \oplus b_i
\end{aligned}
$$

$$
\begin{aligned}
b_o &= \overline{A}\,\overline{B}b_i + \overline{A}B\overline{b_i} + \overline{A}Bb_i + ABb_i \\
&= b_i(\overline{A}\,\overline{B} + AB) + \overline{A}B = b_i(\overline{A \oplus B}) + \overline{A}B \\
&= b_i(A \odot B) + \overline{A}B
\end{aligned}
$$

가 된다.

[그림 6-13]의 (a)는 전감산기의 회로도이고, (b)는 전가산기의 블록도이며, (c)는 2개의 반감산기와 1개의 NOT, 1개의 OR 게이트로 구성된 전감산기이다.

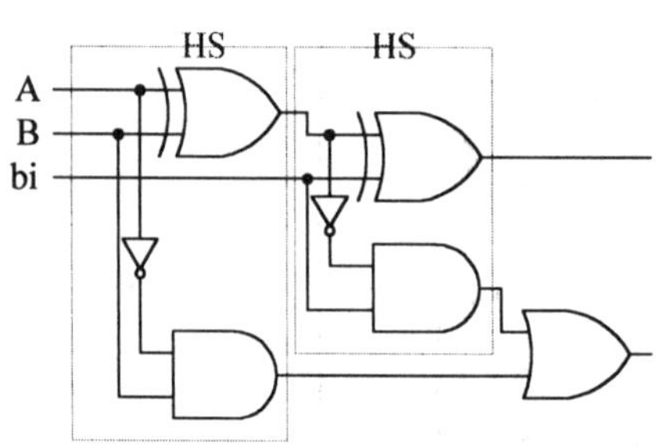

(a) 전감산기의 회로도

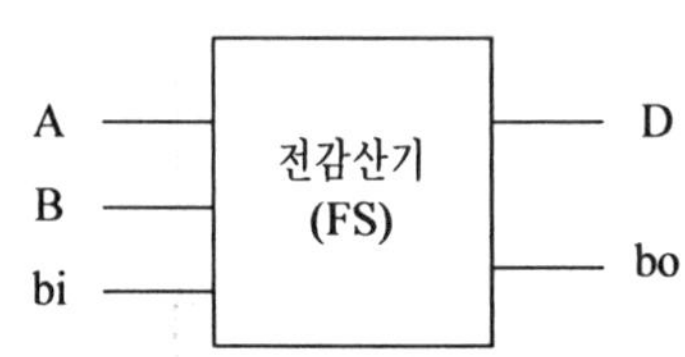

(b) 전감산기의 블록도

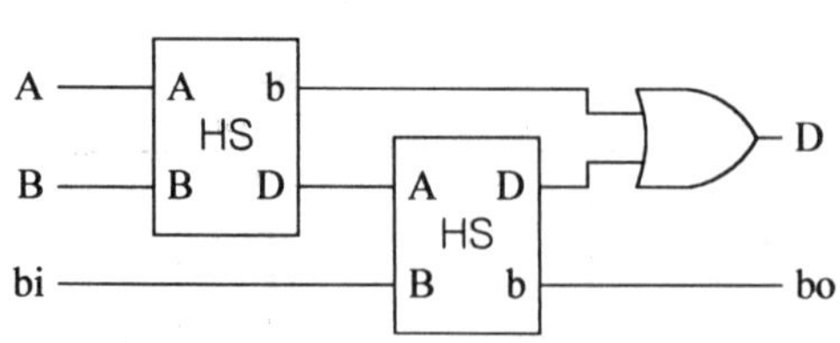

(c) 반감산기와 OR 게이트로 구성한 전감산기

[그림 6-13] 전감산기의 회로와 블록도

6-5 가/감산기

(1) 직렬가산기

[그림 6-14]는 직렬가산기(parallel adder)의 동작상태를 간단하게 표시한 것이다. (a) 초기상태에서는 어떤 시프트 펄스도 인가되기 전이므로 A와 B 레지스터의 LSB가 가산기로 입력되며 CARRY 비트는 0으로 클리어되어 있다. 이때 FA는 A=0, B=1, C_{in}=0의 가산을 수행하여 SUM=1, CARRY=0을 출력으로 제공하지만 시프트 펄스가 발생되기 전이므로 C 레지스터의 내용은 변화가 없다.

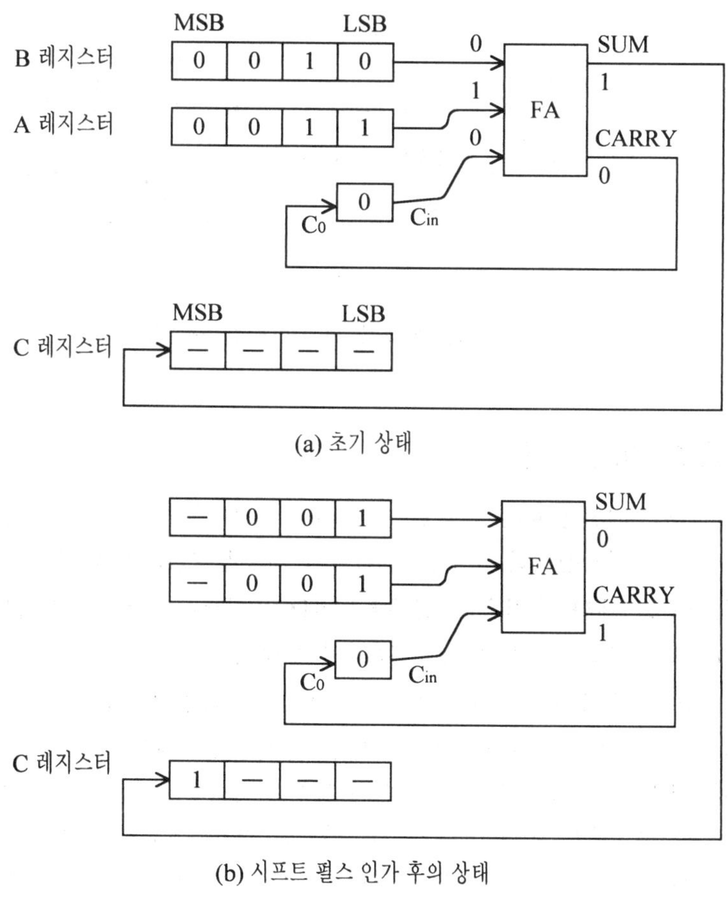

[그림 6-14] 직렬가산기의 동작상태

그러나 한 개의 시프트 펄스 발생 후에는 그림 (b)와 같이 C 레지스터는 MSB에 1을 기억하게 되고 A와 B 레지스터의 데이터는 우측으로 한 비트 시프트되어 FA는 A=1, B=1, C_{in}=0의 덧셈을 수행하여 SUM=0, CARRY=1을 출력하게 된다. C_0=1이 되고 이것은 다음 번 시프트 펄스가 발생될 때 상위 비트 덧셈에서 C_{in}으로 사용된다. 따라서 4개의 시프트 펄스 인가 후 C←A+B의 최종 가산결과를 얻을 수 있게 된다.

(2) 병렬가산기

4비트 병렬 2진 가산기의 경우 반가산기와 전가산기 4개를 [그림 6-15]처럼 종속접속(cascade connection)하여 쓰면 $A_4A_3A_2A_1$과 $B_4B_3B_2B_1$을 직접 덧셈할 수 있는 병렬가산기(parallel adder)가 만들어진다.

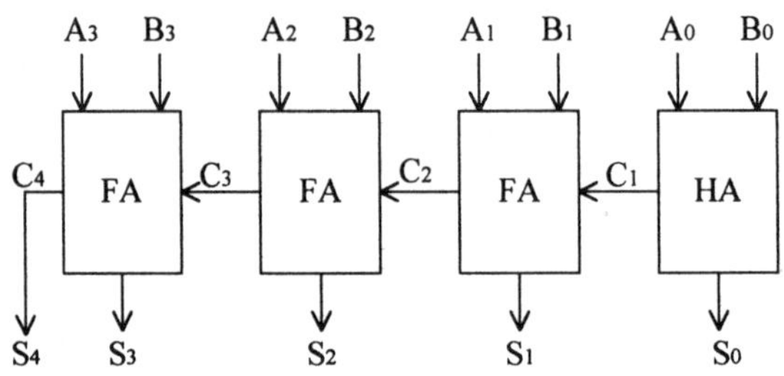

[그림 6-15] 4비트 병렬 2진 가산기

(3) 병렬 가/감산기

[그림 6-16]은 4 비트 병렬 덧셈/뺄셈기의 구성도이다. 제어입력 T는 덧셈 또는 뺄셈을 선택하는 신호이다. T가 0이면 $B_3B_2B_1B_0$가 그대로 가산기에 입력되고 궤환 올림수 연결선은 AND 게이트에 의해 회로에서 제거되므로 $A_3A_2A_1A_0 + B_3B_2B_1B_0$의 덧셈이 수행된다.

제어입력 T가 '1'이면 XOR 게이트는 $B_3B_2B_1B_0$을 반전시켜 '1'의 보수를 가산기에 입력시키게 되고, AND 게이트에 의해 순환 자리올림수 연결선이 연결되어 MSB에서 발생한 올림수가 LSB 덧셈기의 올림수 입력단자에 연결되어 '1'의 보수 방식을 이용한 감산에서 필요한 순환 자리올림수(end-around-carry)의 처리과정을 수행하게 된다. 따라서 위의 회로에서 T='1'이면 뺄셈인 ' $A_3A_2A_1A_0 - B_3B_2B_1B_0$ '가 수행된다. 즉, 뺄셈을 할 때만 XOR

게이트와 AND 게이트가 동작하여 '1'의 보수와 순환 자리올림수 연산이 수행된다.

[그림 6-16]의 $A_3A_2A_1A_0 + B_3B_2B_1B_0$의 4 비트 병렬덧셈에서 캐리의 전파지연이 문제가 된다. 즉 C_3의 경우에는 C_1과 C_2가 결정되어야만이 결정될 수 있다. 이러한 지연시간을 줄이기 위해서는 4 비트의 병렬입력과 입력 캐리 C_0만을 이용하여 C_3를 표현할 수만 있다면 캐리를 미리 찾을 수 있는데 이를 look-ahead carry라 한다.

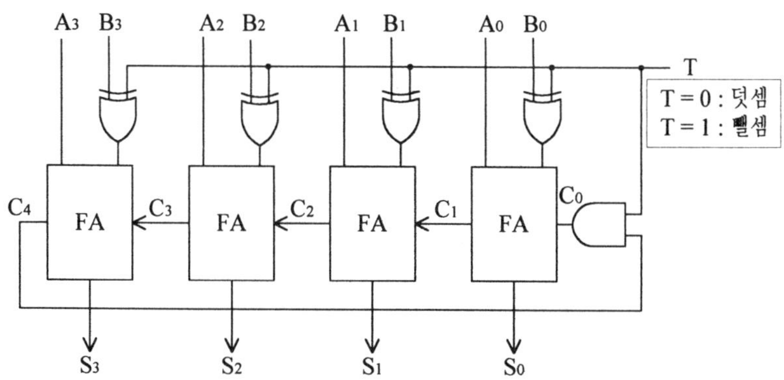

[그림 6-16] 4비트 병렬 덧셈/뺄셈기

예제 6-2

[그림 6-16]의 4 비트 병렬덧셈에서 look-ahead carry C_2를 구하여라.

해답

$$S_0 = (A_0 \oplus B_0) \oplus C_0$$
$$C_1 = A_0B_0 + C_0(A_0 \oplus B_0)$$

가 된다. $A_0B_0 = n_0$, $A_0 \oplus B_0 = e_0$라 하면 $C_1 = n_0 + e_0C_0$가 된다. 따라서

$$\begin{aligned} C_2 &= A_1B_1 + (A_1 \oplus B_1)C_1 \\ &= n_1 + e_1C_1 \\ &= n_1 + e_1(n_0 + e_0C_0) \\ &= A_1B_1 + (A_1 \oplus B_1)A_0B_0 + (A_1 \oplus B_1)(A_0 \oplus B_0)C_0 \end{aligned}$$

따라서 look-ahead carry C_2는 우리가 이미 알고 있는 값이므로 전파지연은 발생하지 않는다.

6 6 코드 변환기

디지털 시스템에서 사용하는 코드 체계는 BCD, 3 초과 코드, 그레이 코드 등 매우 다양하므로 이들 코드간의 변환이 이루어져야 할 경우가 종종 있게 된다. 따라서 이 절에서는 이들 코드간의 변환기에 대한 원리에 대하여 학습한다.

(1) BCD-to-3 초과 코드 변환

BCD 코드는 인간이 비교적 쉽게 알아볼 수 있는 반면 가산이나 감산에서는 처리절차가 어려워진다. 반면 3 초과 코드는 자기보수 코드이므로 덧셈과 뺄셈 알고리즘이 간편하여 연산에 쉽게 이용될 수 있다. BCD-to-3 초과 코드로의 변환에 대한 진리표를 작성하면 〈표 6-6〉과 같다.

〈표 6-6〉의 진리표로부터 W, X, Y, Z의 불 함수를 구해보면 다음과 같다.

$$W = \Sigma(5,6,7,8,9)$$
$$X = \Sigma(1,2,3,4,9)$$
$$Y = \Sigma(0,3,4,7,8)$$
$$Z = \Sigma(0,2,4,6,8)$$

위의 각 식을 4변수 카르노 맵이 표시한 것이 [그림 6-17]이다. 이들 맵에는 6개의 무의항(don't care)이 있다. 즉, 1010부터 1111까지는 BCD 코드에서 사용하지 않으므로 이들을 무의항으로 처리한다.

카르노 맵으로부터 간략화된 출력함수의 논리식을 구하면 다음과 같다.

$$W = A + B(C + D)$$
$$X = B\overline{C}\,\overline{D} + \overline{B}(C + D)$$
$$Y = CD + \overline{C}\,\overline{D}$$
$$Z = \overline{D}$$

각 출력함수를 이용하여 논리회로를 구성하면 [그림 6-18]과 같다.

〈표 6-6〉 BCD-to-3 초과 코드의 진리표

10진수	BCD				3 초과 코드			
	A	B	C	D	W	X	Y	Z
0	0	0	0	0	0	0	1	1
1	0	0	0	1	0	1	0	0
2	0	0	1	0	0	1	0	1
3	0	0	1	1	0	1	1	0
4	0	1	0	0	0	1	1	1
5	0	1	0	1	1	0	0	0
6	0	1	1	0	1	0	0	1
7	0	1	1	1	1	0	1	0
8	1	0	0	0	1	0	1	1
9	1	0	0	1	1	1	0	0

AB \ CD	00	01	11	10
00	0	0	0	0
01	0	1	1	1
11	x	x	x	x
10	1	1	x	x

(a) W

AB \ CD	00	01	11	10
00	0	1	1	1
01	1	0	0	0
11	x	x	x	x
10	0	1	x	x

(b) X

AB \ CD	00	01	11	10
00	1	0	1	0
01	1	0	1	0
11	x	x	x	x
10	1	0	x	x

(c) Y

AB \ CD	00	01	11	10
00	1	0	0	1
01	1	0	0	1
11	x	x	x	x
10	1	0	x	x

(d) Z

[그림 6-17] BCD-to-3 초과 코드 변환기의 카르노 맵

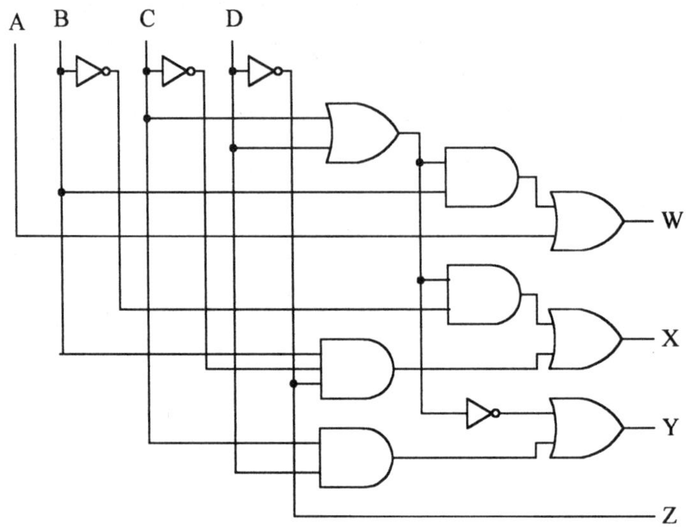

[그림 6-18] BCD-to-3 초과 코드 변환기

(2) binary to gray 코드 변환

그레이 코드(gray code)는 광학이나 축 위치 인코더에 널리 사용되는 코드로서 연속된 두 코드는 오직 한 비트만 변화한다. 따라서 연속적인 변화량을 디지털 정보로 변환하는 경우에 발생하는 에러를 쉽게 확인할 수 있게 된다. 2진 코드를 그레이 코드로 변환하기 위해서 두 코드간의 변환표를 그려보면 〈표 6-7〉과 같이 된다.

〈표 6-7〉의 진리표로부터 W, X, Y, Z의 불 함수를 구해보면 다음과 같다.

$$W = \Sigma(8,9,10,11,12,13,14,15)$$
$$X = \Sigma(4,5,6,7,8,9,10,11)$$
$$Y = \Sigma(2,3,4,5,10,11,12,13)$$
$$Z = \Sigma(1,2,5,6,9,10,13,14)$$

〈표 6-7〉의 진리표를 카르노 맵에 나타내면 [그림 6-19]와 같다.

〈표 6-7〉 binary to gray 코드의 진리표

10진수	binary 코드				gray 코드			
	A	B	C	D	W	X	Y	Z
0	0	0	0	0	0	0	0	0
1	0	0	0	1	0	0	0	1
2	0	0	1	0	0	0	1	1
3	0	0	1	1	0	0	1	0
4	0	1	0	0	0	1	1	0
5	0	1	0	1	0	1	1	1
6	0	1	1	0	0	1	0	1
7	0	1	1	1	0	1	0	0
8	1	0	0	0	1	1	0	0
9	1	0	0	1	1	1	0	1
10	1	0	1	0	1	1	1	1
11	1	0	1	1	1	1	1	0
12	1	1	0	0	1	0	1	0
13	1	1	0	1	1	0	1	1
14	1	1	1	0	1	0	0	1
15	1	1	1	1	1	0	0	0

AB \ CD	00	01	11	10
00				
01				
11	1	1	1	1
10	1	1	1	1

(a) W

AB \ CD	00	01	11	10
00				
01	1	1	1	1
11				
10	1	1	1	1

(b) X

AB \ CD	00	01	11	10
00	0	0	1	1
01	1	1	0	0
11	1	1	0	0
10	0	0	1	1

(c) Y

AB \ CD	00	01	11	10
00		1		1
01		1		1
11		1		1
10		1		1

(d) Z

[그림 6-19] binary to gray 코드 변환기의 카르노 맵

[그림 6-19]의 카르노 맵으로부터 간략화된 출력함수의 논리식을 구하면 다음과 같다.

$$W = A$$

$$X = A \oplus B$$

$$Y = B\overline{C} + \overline{B}C = B \oplus C$$

$$Z = C\overline{D} + \overline{C}D = C \oplus D$$

각 출력함수를 이용하여 논리회로를 구성하면 [그림 6-20]과 같다.

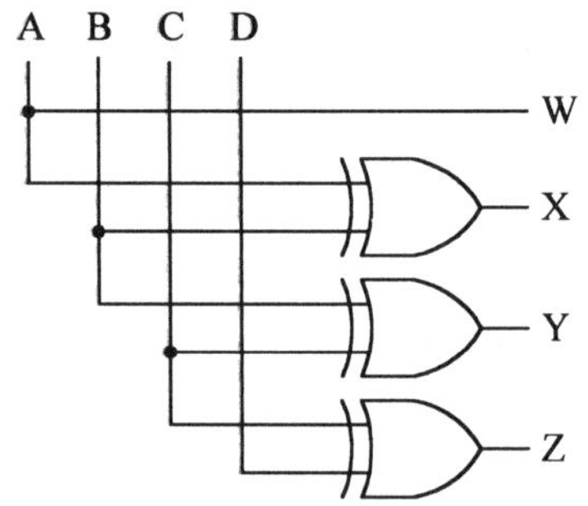

[그림 6-20] binary to gray 코드 변환기

(3) gray to binary 코드 변환

그레이 코드를 2진 코드로 변환하기 위해서 두 코드간의 변환표를 그려보면 〈표 6-8〉과 같이 된다.

〈표 6-8〉의 진리표로부터 A, B, C, D의 불 함수를 구해보면 다음과 같다.

$$A = \Sigma(8,9,10,11,12,13,14,15)$$

$$B = \Sigma(4,5,6,7,8,9,10,11)$$

$$C = \Sigma(2,3,4,5,8,9,14,15)$$

$$D = \Sigma(1,2,4,7,8,11,13,14)$$

위의 각 함수를 카르노 맵에 나타낸 [그림 6-21]로부터 간략화된 출력함수의 논리식을 구하면 다음과 같다.

〈표 6-8〉 gray to binary 코드의 진리표

10진수	gray 코드				binary 코드			
	W	X	Y	Z	A	B	C	D
0	0	0	0	0	0	0	0	0
1	0	0	0	1	0	0	0	1
2	0	0	1	1	0	0	1	0
3	0	0	1	0	0	0	1	1
4	0	1	1	0	0	1	0	0
5	0	1	1	1	0	1	0	1
6	0	1	0	1	0	1	1	0
7	0	1	0	0	0	1	1	1
8	1	1	0	0	1	0	0	0
9	1	1	0	1	1	0	0	1
10	1	1	1	1	1	0	1	0
11	1	1	1	0	1	0	1	1
12	1	0	1	0	1	1	0	0
13	1	0	1	1	1	1	0	1
14	1	0	0	1	1	1	1	0
15	1	0	0	0	1	1	1	1

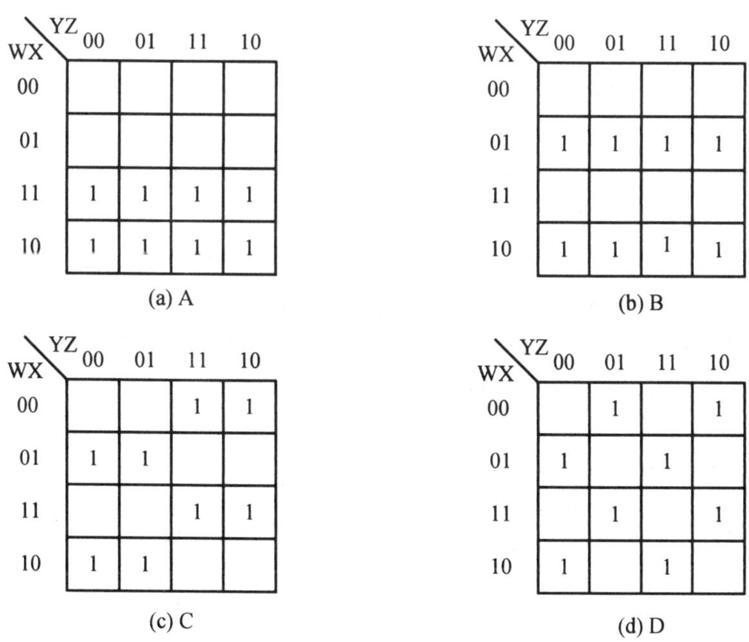

[그림 6-21] binary to gray 코드 변환기의 카르노 맵

$$A = W$$
$$B = W \oplus X$$
$$C = W \oplus X \oplus Y$$
$$D = W \oplus X \oplus Y \oplus Z$$

각 출력함수를 이용하여 논리회로를 구성하면 [그림 6-22]와 같다.

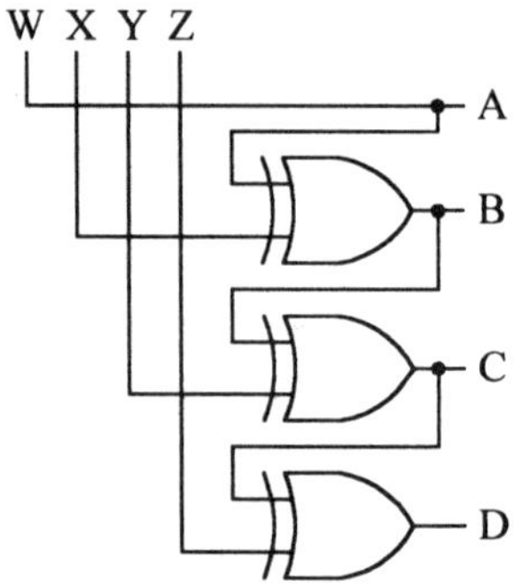

[그림 6-22] gray to binary 코드 변환기

6 7 패리티 회로

두 2진수 A, B가 서로 같으면 '1'을 출력하는 일치회로와 두 입력이 서로 다르면 '1'을 출력하는 반일치회로가 있다.

반일치회로는 배타적 OR(exclusive OR, XOR)이라 하며, 2진 비교기, 패리티(parity) 발생기, 패리티 검사기, 코드 변환기 등에 사용되고 있다. ⊕로 표현하는 XOR는 다음과 같은 함수를 수행하며, 〈표 6-9〉는 XOR 회로의 진리표이고, [그림 6-23]은 XOR 회로이다.

〈표 6-9〉 XOR 회로의 진리표

A	B	Y
0	0	0
0	1	1
1	0	1
1	1	0

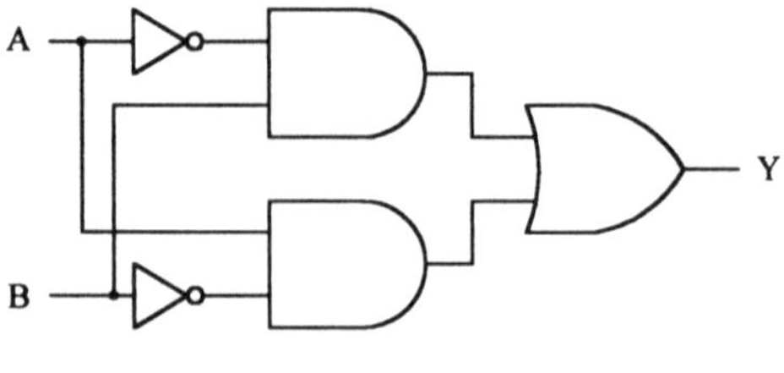

[그림 6-23] XOR 회로

$$A \oplus B = A\overline{B} + \overline{A}B$$

XOR 회로는 A와 B의 '1'의 개수가 홀수일 때 '1'을 출력하므로 홀수함수의 특성을 가진다.

A와 B 모두 '1'이거나 '0'인 경우에 '1'을 출력하는 일치회로는 exclusive-NOR(XNOR)라고도 하며, XOR에 대하여 보수를 취한 것이다. ⊙로 표현되는 XNOR는 다음과 같은 함수를 수행한다.

$$\overline{A \oplus B} = A \odot B$$

〈표 6-10〉은 XNOR 회로의 진리표이고, [그림 6-24]는 XNOR 회로이다.

$$\overline{A \oplus B} = \overline{\overline{A}B + A\overline{B}} = (A + \overline{B})(\overline{A} + B) = AB + \overline{A}\,\overline{B}$$

〈표 6-10〉 XNOR의 진리표

A	B	Y
0	0	1
0	1	0
1	0	0
1	1	1

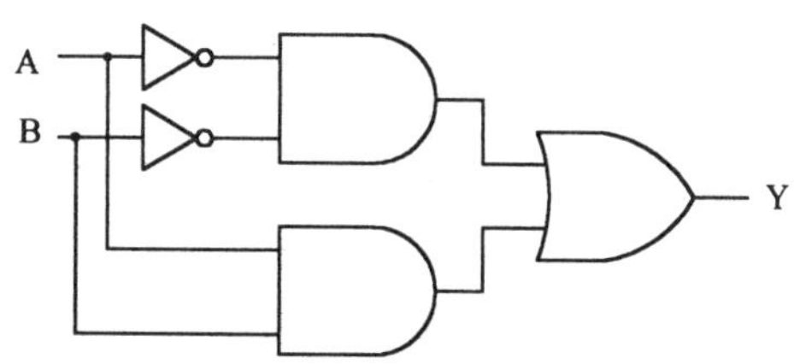

[그림 6-24] XNOR 회로

XOR 게이트와 XNOR 게이트의 표현은 [그림 6-25]의 (a), (b)와 같다.

(a) XOR (b) XNOR

[그림 6-25] XOR와 XNOR 게이트

데이터 전송시 송신측에서 패리티 비트를 발생시키는 회로를 패리티 발생기(parity generator)라고 하고, 수신측에서는 패리티 비트를 포함한 데이터를 전송받아 수신된 데이터의 오류여부를 검사하게 되는데 이를 패리티 검사기(parity checker)라 한다. 이러한 패리티 발생기 및 패리티 검사기는 exclusive OR를 이용하여 구현시킬 수 있다.

(1) 3비트 짝수 패리티 발생기

3비트 짝수 패리티 발생기(parity generator)는 X, Y, Z의 입력값에 따라 패리티 비트 P를 만들어낸다. 짝수 패리티를 사용하므로 P를 포함한 4비트 전체의 '1'의 개수를 짝수로 만든다. 3비트 데이터에 대하여 짝수 패리티를 발생시키는 짝수 패리티 발생기에 대한 진리표는 〈표 6-11〉과 같다.

$$P(X,Y,Z) = \Sigma(1,2,4,7)$$

〈표 6-11〉 짝수 패리티 발생기의 진리표

3 비트 데이터			패리티 비트
X	Y	Z	P
0	0	0	0
0	0	1	1
0	1	0	1
0	1	1	0
1	0	0	1
1	0	1	0
1	1	0	0
1	1	1	1

함수 P를 카르노 맵에 나타낸 [그림 6-26]으로부터 간략화된 출력함수의 논리식을 구하면 다음과 같다.

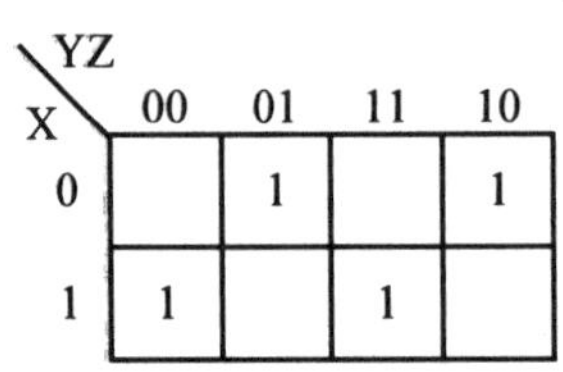

[그림 6-26] 3비트 짝수 패리티 발생기의 카르노 맵

$$P = X \oplus Y \oplus Z$$

3비트 짝수 패리티 발생기에 대한 논리도는 [그림 6-27]에 표시되어 있다.

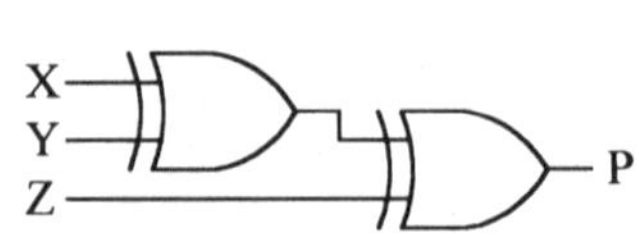

[그림 6-27] 3비트 짝수 패리티 발생기

(2) 4비트 패리티 검사기

패리티 비트를 포함하는 4비트의 오류를 검사하기 위해서는 패리티 검사기(parity checker)를 이용하여 4비트 내의 '1'의 개수가 짝수인가를 확인하여야 한다. 4비트 데이터의 패리티가 이상 없으면(짝수라면) 패리티 검사기의 출력 C는 오류가 발생하지 않았으므로 '0'이 되고, 반대로 이상이 있으면(홀수이면) 오류가 발생하였으므로 C는 '1'이 된다. 〈표 6-12〉은 4비트 짝수 패리티 검사기의 진리표이다.

〈표 6-12〉 4비트 짝수 패리티 검사기의 진리표

3 비트 데이터				검사 비트
X	Y	Z	P	C
0	0	0	0	0
0	0	0	1	1
0	0	1	0	1
0	0	1	1	0
0	1	0	0	1
0	1	0	1	0
0	1	1	0	0
0	1	1	1	1
1	0	0	0	1
1	0	0	1	0
1	0	1	0	0
1	0	1	1	1
1	1	0	0	0
1	1	0	1	1
1	1	1	0	1
1	1	1	1	0

표로부터 검사 비트 C를 정규형 함수로 나타내면 아래와 같다.

$$C(X, Y, Z, P) = \Sigma(1, 2, 4, 7, 8, 11, 13, 14)$$

[그림 6-28 (a)]는 불 함수 C를 4변수 카르노 맵에 표현한 것이고, 이 맵으로부터 짝수 패리티 검사기의 출력 C를 구하면 역시 다음과 같은 식이 된다.

$$C = X \oplus Y \oplus Z \oplus P$$

함수 C를 회로로 구성하면 [그림 6-28 (b)]와 같다.

XY \ ZP	00	01	11	10
00		1		1
01	1		1	
11		1		1
10	1		1	

(a)

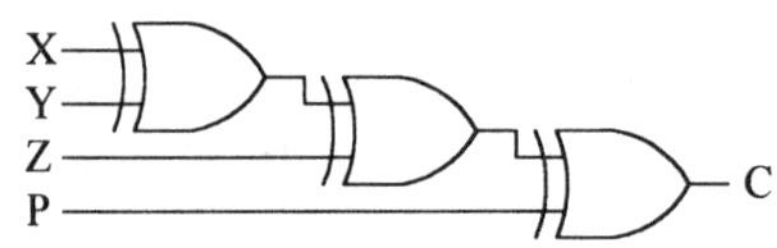

(b)

[그림 6-28] 4 비트 짝수 패리티 검사기의 카르노 맵과 회로도

예 제 6-3

4 비트 홀수 패리티 검사기를 구성하여라.

해답

$C(X,Y,Z,P) = \Sigma(0,3,5,6,9,10,12,15)$

따라서, 검사 비트 $C = \overline{X \oplus Y \oplus Z \oplus P}$

---

6 8 인코더

(1) 8진-2진 인코더

인코더(encoder)는 입력단자에 나타난 정보를 코드(일반적으로 2진 코드) 형태로 변환하여 출력으로 내보내는 장치이다. 인코더는 [그림 6-29]에서 보는 바와 같이 m개 입력의 각각에 대하여 n비트의 2진 코드를 출력하는 조합회로이다. m과 n은 $m \leq 2^n$의 관계를 만족시키는 자연수이다. 인코더의 m 입력 중에서 한 입력에 '1'이 인가되면 인코더 회로는 '1'로 나타난 입력정보에 부여된 2진 코드값을 출력한다.

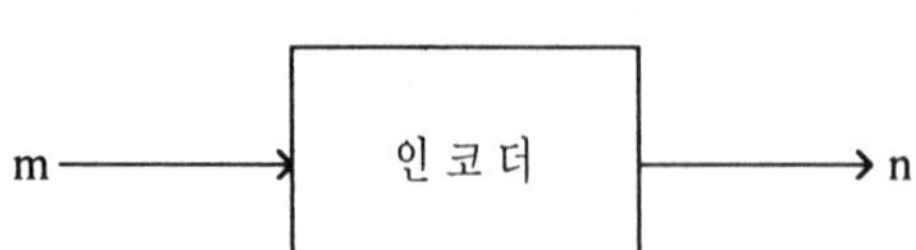

단, $m \leq 2^n$

[그림 6-29] 인코더

8진-to-2진의 인코더의 경우 입력은 8개를 가지며, 출력은 3개로서 3비트의 2진수를 만들어낸다. 〈표 6-13〉의 진리표를 만족하는 조합 논리회로를 구현하면 [그림 6-30]과 같다. [그림 6-30]에서 D_0은 아무 곳에도 연결되어 있지 않아서 D_0에 해당되는 출력은 모두 '0'이다. 그러나 모든 입력이 '0'인 경우에도 출력은 모두 '0'이므로, 위의 두 경우 즉 D_0가 0인 경우와 1인 경우에 대한 구분을 위해서 하나의 출력을 더 추가하여 모든 입력이 '0'일 때 '1'을 출력하는 방법도 생각할 수 있다.

[그림 6-30]의 회로에서 8개의 입력들 중 어떤 시점에서 어느 하나만 '1'일 때에는 정상적으로 동작하지만 그렇지 않은 경우 이 회로의 출력은 의미가 없어지게 된다. 8개의 입력변수가 있으므로 총 $2^8 = 256$개의 입력조합이 존재하고, 그 중 8개의 입력조합만 사용하고 나머지는 무의항(don't care)으로 처리되는 회로가 된다.

〈표 6-13〉 8진-to-2진 인코더의 진리표

입 력								출 력		
D_0	D_1	D_2	D_3	D_4	D_5	D_6	D_7	Q_2	Q_1	Q_0
1	0	0	0	0	0	0	0	0	0	0
0	1	0	0	0	0	0	0	0	0	1
0	0	1	0	0	0	0	0	0	1	0
0	0	0	1	0	0	0	0	0	1	1
0	0	0	0	1	0	0	0	1	0	0
0	0	0	0	0	1	0	0	1	0	1
0	0	0	0	0	0	1	0	1	1	0
0	0	0	0	0	0	0	1	1	1	1

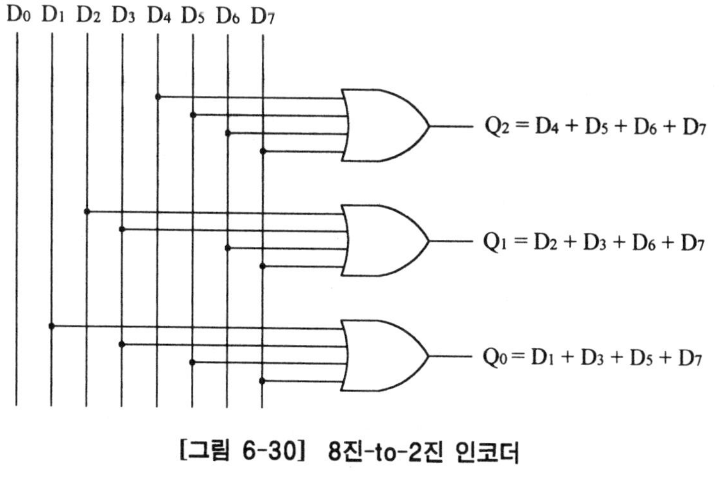

[그림 6-30] 8진-to-2진 인코더

예제 6-4

10진-to-2진 인코더를 설계하여라

해답 10진-to-2진 인코더의 진리표는 〈표 6-14〉와 같다.

〈표 6-14〉 10진-to-2진 인코더의 진리표

입력										출력			
D_0	D_1	D_2	D_3	D_4	D_5	D_6	D_7	D_8	D_9	W	X	Y	Z
1	0	0	0	0	0	0	0	0	0	0	0	0	0
0	1	0	0	0	0	0	0	0	0	0	0	0	1
0	0	1	0	0	0	0	0	0	0	0	0	1	0
0	0	0	1	0	0	0	0	0	0	0	0	1	1
0	0	0	0	1	0	0	0	0	0	0	1	0	0
0	0	0	0	0	1	0	0	0	0	0	1	0	1
0	0	0	0	0	0	1	0	0	0	0	1	1	0
0	0	0	0	0	0	0	1	0	0	0	1	1	1
0	0	0	0	0	0	0	0	1	0	1	0	0	0
0	0	0	0	0	0	0	0	0	1	1	0	0	1

위의 진리표로부터 출력함수 W, X, Y, Z를 계산할 수 있다. 즉, 각 출력함수는

$$W = D_8 + D_9$$
$$X = D_4 + D_5 + D_6 + D_7$$
$$Y = D_2 + D_3 + D_6 + D_7$$
$$Z = D_1 + D_3 + D_5 + D_7 + D_9$$

으로 계산되며, 이들 출력함수를 이용하여 10진-to-2진 인코더를 구성하면 아래 [그림 6-31]과 같이 된다.

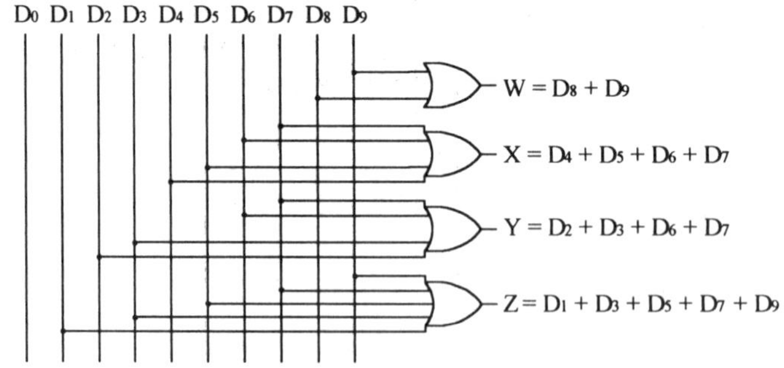

[그림 6-31] 10진-to-2진 인코더

(2) 우선순위 인코더

우선순위 인코더(priority encoder)란 우선순위가 할당된 복수개의 입력 중 두 개 이상의 입력이 동시에 활성화되었을 때, 가장 우선순위가 높은 입력에 할당된 2진 코드를 출력하는 회로이다.

〈표 6-15〉 8비트 우선순위 인코더의 진리표

입력									출력				
E_{in}	D_0	D_1	D_2	D_3	D_4	D_5	D_6	D_7	G_s	Q_2	Q_1	Q_0	E_{out}
0	x	x	x	x	x	x	x	x	0	0	0	0	0
1	0	0	0	0	0	0	0	0	0	0	0	0	1
1	1	0	0	0	0	0	0	0	1	0	0	0	0
1	x	1	0	0	0	0	0	0	1	0	0	1	0
1	x	x	1	0	0	0	0	0	1	0	1	0	0
1	x	x	x	1	0	0	0	0	1	0	1	1	0
1	x	x	x	x	1	0	0	0	1	1	0	0	0
1	x	x	x	x	x	1	0	0	1	1	0	1	0
1	x	x	x	x	x	x	1	0	1	1	1	0	0
1	x	x	x	x	x	x	x	1	1	1	1	1	0
1	0	0	0	0	0	0	0	0	0	0	0	0	1

〈표 6-15〉는 8비트 우선순위 인코더의 진리표이고, [그림 6-32]는 8비트 우선순위 인코더의 블록도이다. 이 회로의 입력은 번호가 커지는 순서로 높은 우선순위가 할당되어 있다. E_{in}은 chip selector의 역할을 하는데 E_{in}이 1이면 여러 개의 입력이 동시에 활성화되고 이때 가장 우선순위가 높은 입력에 해당하는 2진 출력 $Q_2Q_1Q_0$을 출력한다.

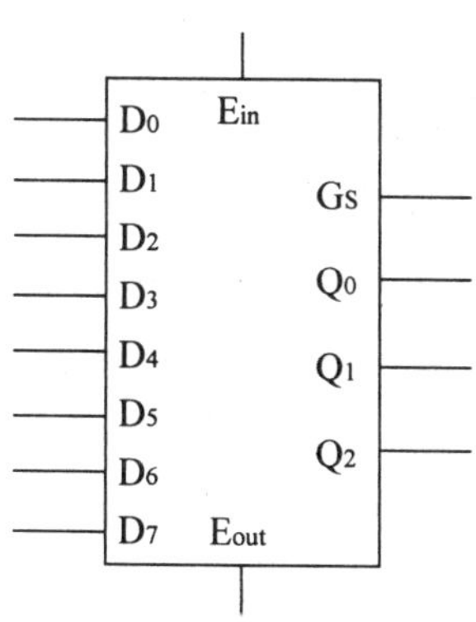

[그림 6-32] 8-to-3 우선순위 인코더

출력 G_s는 E_{in}이 '1'일 때 여러 입력 중 적어도 하나 이상 활성화되면 '1'을 출력하며, 모든 입력이 비활성화되면 '0'을 출력한다. 따라서 입력 E_{in}이 '1'일 때 G_S가 '0' 또는 '1'에 따라 입력 D_0가 '0'인지 '1'인지가 명확히 구분된다. 출력 E_{out}은 E_{in}이 '1'이면서 모든 입력이 비활성화되어 있으면 '1'을 출력하여 모든 입력이 비활성화되어 있는 것을 알려준다. 입력 E_{in}이 '1'이고 모든 입력을 비활성화시키면 $E_{out}=1$이 되므로 직렬연결시 이용된다.

예제 6-5

〈표 6-15〉 8비트 우선순위 인코더에서 D_3와 D_7이 동시에 1인 경우 출력 Q_2, Q_1, Q_0의 값은 어떻게 되겠는가?

해답 D_3보다는 D_7이 우선순위가 높으므로 출력 Q_2, Q_1, Q_0는 111이 된다.

예제 6-6

8비트 우선순위 인코더의 출력함수를 구하여라.

해답 일반적인 8진-to-2진 인코더의 출력함수는

$$Q_2 = D_4 + D_5 + D_6 + D_7$$
$$Q_1 = D_2 + D_3 + D_6 + D_7$$
$$Q_0 = D_1 + D_3 + D_5 + D_7$$

가 된다. 그러나 우선순위 인코더의 경우 D_0부터 D_7의 입력이 동시에 1이 될 때 우선순위가 높은 것이 동작하기 위하여 AND 게이트를 이용한 억제 게이트를 사용한다.

〈표 6-13〉으로부터 함수 Q_0는

D_1이 1인 경우 D_2, D_4, D_6가 0이면 $Q_0=1$이다.
D_3가 1인 경우 D_4, D_6가 0이면 $Q_0=1$이다.
D_5가 1인 경우 D_6가 0이면 $Q_0=1$이다.
D_7이 1인 경우 $Q_0=1$이다.

이를 함수로 표현하면 $Q_0 = D_1\overline{D_2}\,\overline{D_4}\,\overline{D_6} + D_3\overline{D_4}\,\overline{D_6} + D_5\overline{D_6} + D_7$

같은 방법으로

$$Q_1 = D_2\overline{D_4}\,\overline{D_5} + D_3\overline{D_4}\,\overline{D_5} + D_6 + D_7$$
$$Q_2 = D_4 + D_5 + D_6 + D_7$$

이 된다.

따라서 D_6과 D_7이 동시에 1인 경우를 살펴보면 $Q_2Q_1Q_0 = 110$가 안 되고 $Q_2Q_1Q_0 = 111$이 됨을 알 수 있다. Q_0에서 $D_6 = 1$인 경우 $\overline{D_6} = 0$가 되어 $\overline{D_6}$를 포함하는 1, 2, 3항은 모두 억제 게이트로 작용하게 되어 0이 되고 D_7만 남게 됨에 유념하여라.

6-9 디코더

디지털 시스템에서의 정보는 2진 코드로 표현되며, n비트의 2진 코드는 2^n개의 코드화된 정보를 나타낼 수 있다. 디코더(decoder)는 [그림 6-33]에서 보는 바와 같이 n개의 입력으로부터 코드화된 2진 정보를 최대 m개의 고유출력으로 만들어주는 조합 논리회로로서 해독기라 한다. 이 경우 n비트의 정보 중에서 사용되지 않거나 무의(don't care) 조건이 있으면 이 디코더의 출력 수는 2^n보다 적게 된다.

n*m 디코더란 n개의 입력과 m개의 출력을 갖는 디코더를 말하며 이때 $m \le 2^n$이다.

단, $m \le 2^n$

[그림 6-33] 디코더

(1) 2-to-4 디코더

2-to-4의 디코더의 동작을 생각하여 진리표를 구해보면 〈표 6-16〉과 같다. 이 진리표를 2변수 카르노 맵에 표현하면 [그림 6-34]와 같다.

〈표 6-16〉 2-to-4 디코더의 진리표

A	B	D_0	D_1	D_2	D_3
0	0	1	0	0	0
0	1	0	1	0	0
1	0	0	0	1	0
1	1	0	0	0	1

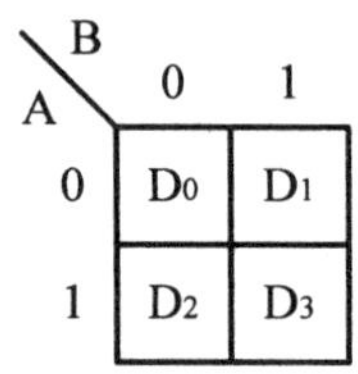

[그림 6-34] 2-to-4 디코더

[그림 6-34]의 카르노 맵에는 4개의 출력을 하나의 카르노 맵에 나타낸 것이다. 즉, 각 출력변수는 배타적으로 동작하므로 D_0, D_1, D_2, D_3는 오직 한 번씩만 1의 값을 가질 수 있다. 따라서, 위의 카르노 맵으로부터 각 출력의 불 식을 구해보면

$$D_0 = \overline{A}\,\overline{B} \qquad D_1 = \overline{A}B$$

$$D_2 = A\overline{B} \qquad D_3 = AB$$

로서 모두 최소항(minterm)으로 표시된다. 이러한 최소항을 이용하면 불 함수의 구현이 가능하며 이를 회로로 그리면 [그림 6-35]와 같다.

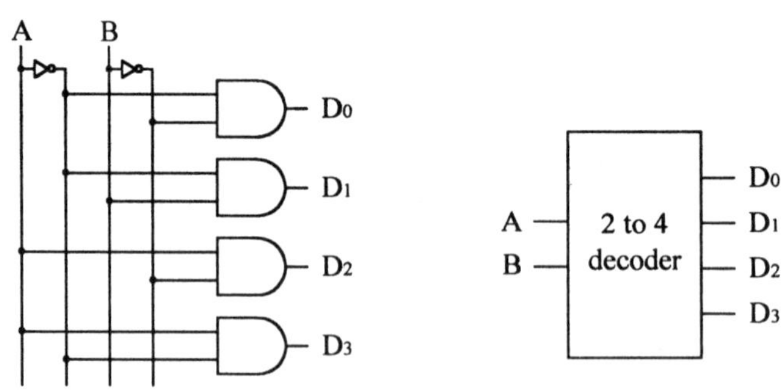

(a) 2 to 4 decoder (b) block diagram

[그림 6-35] 2-to-4 디코더의 회로도와 블록도(1)

여기에 나타낸 디코더는 흔히 n-to-m 디코더 또는 n×m 디코더라 하며 $n=2$, $m=4$인 경우에 해당한다. 여기에서 $m \leq 2^n$이고, n개의 입력변수에 대해 2^n개 또는 그보다 적은 수의 최소항(minterm)을 만들어내는 것이다.

이와는 반대로 신호가 '0'일 때 활성화되는 'active low'의 디코더는 〈표 6-16〉의 진리표와 반대의 출력을 구성해주는 회로이다. 즉, n 비트의 2진 입력에 해당하는 최대항(maxterm)에만 '0'을 출력하고, 기타의 모든 최대항에는 '1'을 출력한다.

〈표 6-17〉 2-to-4 디코더의 진리표

A	B	D_0	D_1	D_2	D_3
0	0	0	1	1	1
0	1	1	0	1	1
1	0	1	1	0	1
1	1	1	1	1	0

〈표 6-17〉은 최대항을 만드는 2-to-4 디코더의 진리표이며, [그림 6-35] 회로의 AND 게이트를 모두 NAND 게이트로 교체하면 [그림 6-36]이 되며, 이 회로로부터 진리표를 구해보면 〈표 6-17〉이 된다. 즉, NAND 게이트로 구성된 디코더 회로는 2진 입력조합에 대한 최대항(maxterm)을 만들게 된다.

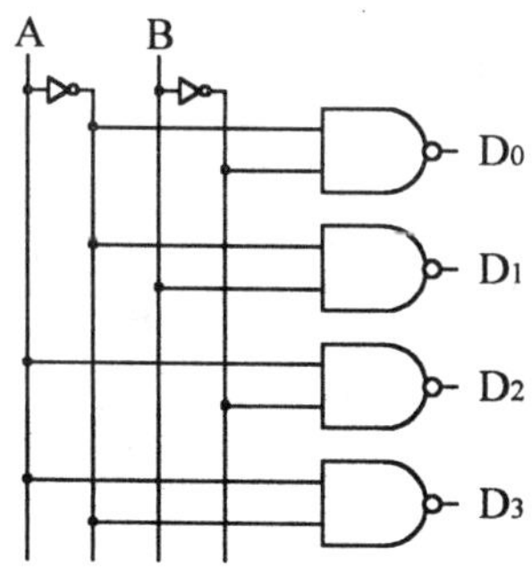

(a) 2 to 4 decoder

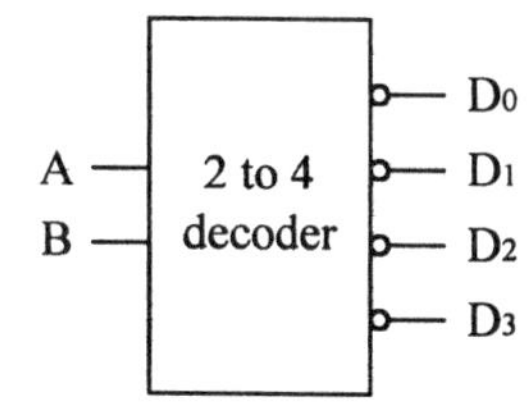

(b) block diagram

[그림 6-36] 2-to-4 디코더의 회로도와 블록도(2)

앞에서 살펴본 2-to-4 디코더는 AND 게이트나 NAND 게이트로 회로를 구성할 수 있으며, 두 회로의 출력은 서로 보수관계이다. NAND 게이트로 구성된 디코더는 각종 하드웨어 장치의 제어용으로 많이 사용되고 있으며 출력에 LED가 사용된다면 common anode형이 된다.

예제 6-7 [그림 6-35 (b)]의 블록도와 같은 2-to-4 디코더와 OR 게이트를 이용하여 반가산기를 구성하여라.

해답 반가산기는 두 개의 입력 A, B와 2개의 출력 S, C가 있다.

합 $S(A, B) = \sum(1, 2)$이고

올림수 $C(A, B) = \sum(3)$이다.

디코더는 최소항(minterm)을 출력하므로 이들을 [그림 6-37]과 같이 연결하면 된다.

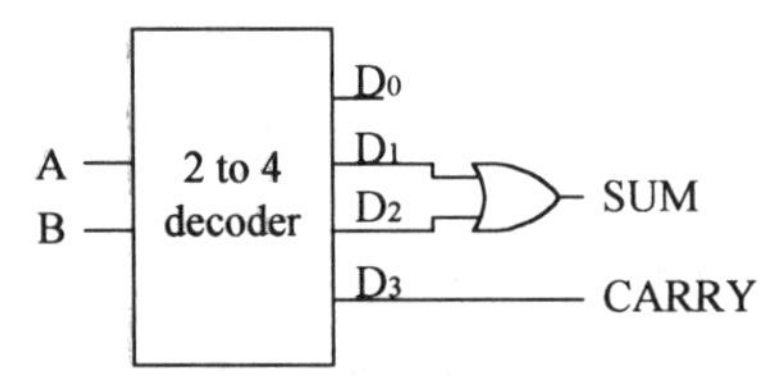

[그림 6-37] 2-to-4 디코더를 이용한 반가산기 구성

(2) enable 입력을 가진 2-to-4 디코더

디코더는 일반적으로 회로 자체를 제어하기 위한 제어신호인 enable 단자를 하나 이상 갖는 경우가 많이 있다. 아래의 〈표 6-18〉은 low active enable 입력을 가진 2-to-4 디코더의 진리표이며, enable 제어입력 E가 '0'일 때는 일반적인 2-to-4 디코더의 기능을 수행하지만 E가 '1'이면 모든 출력이 '1'의 값을 갖게 된다.

〈표 6-18〉 enable 입력을 갖는 2-to-4 디코더의 진리표

E	A	B	D_0	D_1	D_2	D_3
1	×	×	1	1	1	1
0	0	0	0	1	1	1
0	0	1	1	0	1	1
0	1	0	1	1	0	1
0	1	1	1	1	1	0

E \ AB	00	01	11	10
0	D_0	D_1	D_3	D_2
1	1	1	1	1

[그림 6-38] 〈표 6-18〉의 카르노 맵

[그림 6-38]의 카르노 맵의 $D_0 \sim D_3$은 최대항이므로 출력 D_0을 계산하기 위해서는 D_0에는 '0'을, D_1, D_2, D_3에는 '1'을 대치한 후 출력식을 계산해야 한다. 이러한 방법으로 각 출력 $D_0 \sim D_3$의 불 식을 구해보면,

$$D_0 = E + A + B = (E'A'B')'$$
$$D_1 = E + A + B' = (E'A'B)'$$
$$D_2 = E + A' + B = (E'AB')'$$
$$D_3 = E + A' + B' = (E'AB)'$$

이 되며, 이 불 식을 이용하여 조합 논리회로를 그리면 [그림 6-39 (a)]와 같으며 블록도는 (b)와 같이 표현한다.

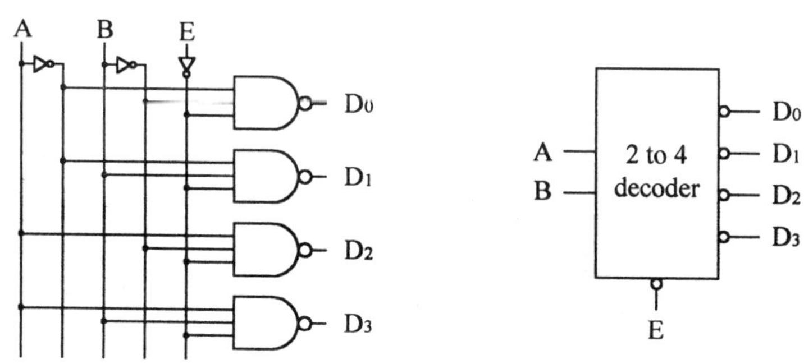

(a) 2 to 4 decoder (b) block diagram

[그림 6-39] enable 입력을 갖는 2-to-4 디코더

회로도의 각 출력함수는 OR 게이트를 이용하여 최대항을 직접 구성하지 않고 NAND 게이트를 이용하여 최소항의 보수의 형태로 구성되어 있는 것을 확인할 수 있다. 블록도에서 제어입력 E와 출력단의 버블 표시 '○'는 해당 신호가 '0'일 때 활성화되는 'active low'임을 나타낸다. 따라서 E가 '0'일 때 디코더의 동작이 정상적으로 이루어지며, A, B에 따른 출력 $D_0 \sim D_3$은 최소항의 보수인 최대항이 출력되는 것을 나타내고 있다.

예제 6-8

[그림 6-39 (b)]의 블록도와 같은 2-to-4 디코더 2개를 이용하여 3-to-8 디코더를 구성하여라.

해답 [그림 6-40]과 같이 enable 단자 E에 MSB 입력인 W와 $\overline{W}$를 각각 연결하고, B 단자에 LSB 입력인 Y, A 단자에 X를 연결하면 2-to-4 디코더를 3-to-8 디코더로 확장시킬 수 있다. 즉, W가 0이면 위쪽 디코더가 동작하고, 아래쪽 디코더는 disable 상태가 된다. 또한, W가 1이면 위쪽 디코더는 disable 상태가 되고, 아래쪽 디코더는 enable 상태가 된다. 따라서 [그림 6-40 (b)]의 WXY가 순차적으로 000, 001, 010, 011, 100, 101, 110, 111의 값을 가지면 출력단에는 D_0, D_1, D_2, ···, D_7의 순서로 0이 출력된다. 이처럼 enable 단자를 적절히 이용하면 2-to-4 디코더 2개를 이용하여 3-to-8 디코더의 확장이 가능하다. 같은 방법으로 3-to-8 디코더 2개로 4-to-16 디코더의 확장이 가능하고, 4-to-16 디코더 2개면 5-to-32 디코더의 확장이 가능하다.

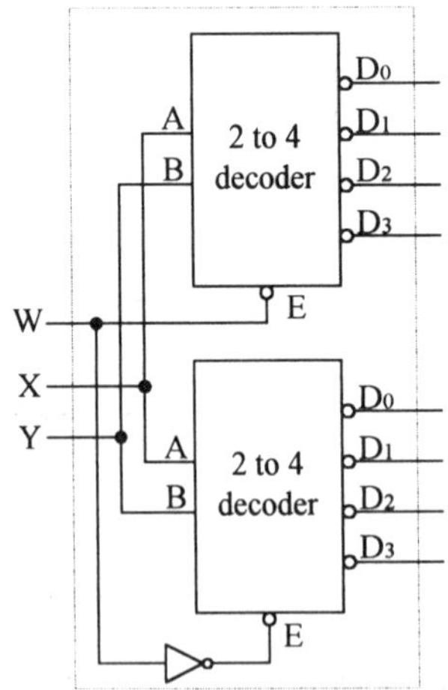

(a) 회로도

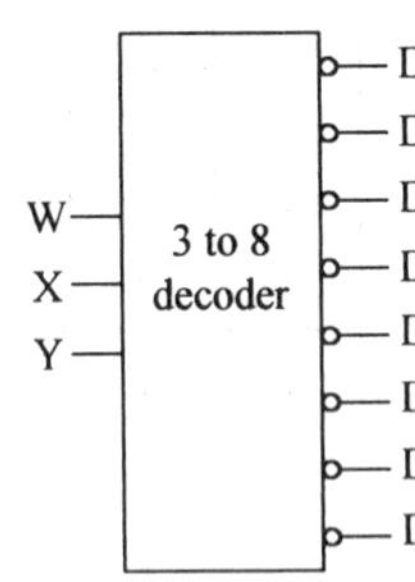

(b) block diagram

[그림 6-40] enable 입력을 갖는 2-to-4 디코더

(3) BCD-to-10진 디코더

BCD 코드는 컴퓨터 내부에서 주로 사용되는 10진수를 나타내기 위한 표현 방법이다. 따라서 디지털 시스템에 의해서 처리된 BCD로 표현된 정보를 인간이 쉽게 알아볼 수 있도록 외부 표시장치에 나타내는 과정이 필요하게 된다. BCD 코드로부터 변환된 10진 정보를 표시하는 장치로는 닉시튜브(nixy tube), FND, LCD, DOT MATRIX 등 여러 종류가 있다.

이들 장치에 원하는 정보를 출력하기 위해서는 BCD 정보에 대응하는 각 장치의 적절한 제어신호가 필요하게 된다. 이러한 목적으로 구성되는 BCD-to-10진 디코더는 BCD에 대응하는 10진 표시장치인 닉시튜브의 제어신호를 구성하는 회로이며, 아래의 〈표 6-19〉와 같이 동작한다. 표에는 BCD 숫자 영역이 아닌 6개의 2진 입력에 대해서는 출력이 정의되지 않으므로 무의항으로 처리한다.

〈표 6-19〉 BCD-to-10진 디코더의 진리표

A	B	C	D	D_0	D_1	D_2	D_3	D_4	D_5	D_6	D_7	D_8	D_9
0	0	0	0	1	0	0	0	0	0	0	0	0	0
0	0	0	1	0	1	0	0	0	0	0	0	0	0
0	0	1	0	0	0	1	0	0	0	0	0	0	0
0	0	1	1	0	0	0	1	0	0	0	0	0	0
0	1	0	0	0	0	0	0	1	0	0	0	0	0
0	1	0	1	0	0	0	0	0	1	0	0	0	0
0	1	1	0	0	0	0	0	0	0	1	0	0	0
0	1	1	1	0	0	0	0	0	0	0	1	0	0
1	0	0	0	0	0	0	0	0	0	0	0	1	0
1	0	0	1	0	0	0	0	0	0	0	0	0	1
1	0	1	0						x				
1	0	1	1						x				
1	1	0	0						x				
1	1	0	1						x				
1	1	1	0						x				
1	1	1	1						x				

〈표 6-19〉의 BCD-to-10진 디코더의 진리표를 카르노 맵에 나타내면 [그림 6-41]과 같으며, 10개의 카르노 맵 대신에 6개의 무의항과 10개의 출력을 하나의 카르노 맵에 나타낸 것이다.

AB \ CD	00	01	11	10
00	D_0	D_1	D_3	D_2
01	D_4	D_5	D_7	D_6
11	x	x	x	x
10	D_8	D_9	x	x

[그림 6-41] BCD-to-10진 디코더의 카르노 맵

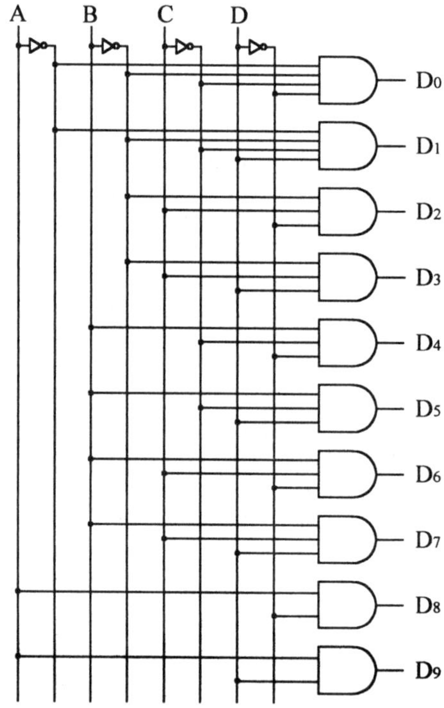

[그림 6-42] BCD-to-10진 디코더의 회로도

모든 출력 $D_0 \sim D_9$는 동시에 '1'의 값을 가질 수 없으며, 6개의 무의항은 4비트 BCD에서는 사용하지 않으므로 출력값이 정의되지 않기 때문에 'x'로 표시하였다. 10개의 출력 위치에 한 번씩의 '1'을 대치한 후 6개의 무의항을 적절히 이용하여 $D_0 \sim D_9$의 불 식을 구해보면 다음과 같다.

$D_0 = A'B'C'D'$ $D_1 = A'B'C'D$ $D_2 = B'CD'$ $D_3 = B'CD$

$D_4 = BC'D'$ $D_5 = BC'D$ $D_6 = BCD'$ $D_7 = BCD$

$D_8 = AD'$ $D_9 = AD$

이들 불 식을 이용하여 회로를 그리면 [그림 6-42]와 같이 된다.

(4) BCD-to-7 세그먼트 디코더

BCD-to-7 세그먼트 디코더는 4비트 BCD를 입력받아서 7 세그먼트에 BCD에 해당하는 10진수를 표시하는 데 필요한 7 비트 제어신호를 만들어주는 조합 논리회로이다. [그림 6-43]은 10진수 0~9를 표현하는 방법을 나타낸 것이다.

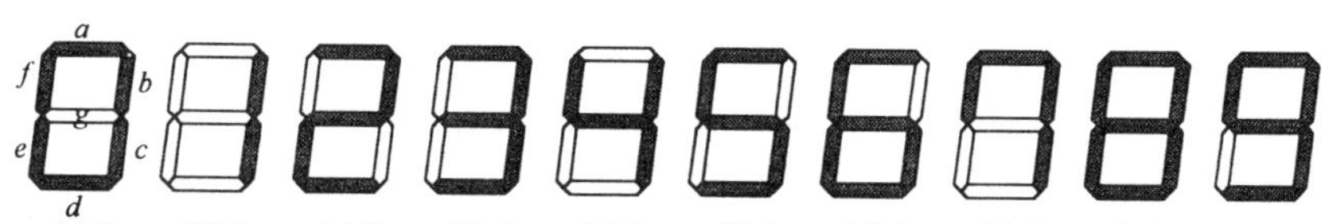

(a) 0 (b) 1 (c) 2 (d) 3 (e) 4 (f) 5 (g) 6 (h) 7 (i) 8 (j) 9

[그림 6-43] 7 세그먼트의 10진수 표현

〈표 6-20〉은 10진 숫자를 표시하는 7 세그먼트의 각 세그먼트에 기호 a~g를 할당하고 숫자 0~9를 표시하기 위하여 활성화되어야 할 조건을 표로 나타낸 BCD-to-7 세그먼트 디코더의 진리표이다.

4비트 BCD 입력은 조합회로에 의해서 7 세그먼트의 제어신호로 변환되어 진리치표와 같은 출력을 낸다. 진리표의 제1행을 살펴보면 7 세그먼트에 10진수의 0을 점등하기 위한 조건으로 BCD 입력이 '0000'일 때 a, b, c, d, e 및 f에 '0111111'을 출력하여 10진수의 '0'을 표시하게 된다.

〈표 6-20〉 BCD-to-7 세그먼트 디코더의 진리표

7 세그먼트	BCD	제어입력	BCD	제어입력
	A B C D	g f e d c b a	A B C D	g f e d c b a
	0 0 0 0	0111111	0 1 0 1	1101101
	0 0 0 1	0000110	0 1 1 0	1111101
	0 0 1 0	1011011	0 1 1 1	0100111
	0 0 1 1	1001111	1 0 0 0	1111111
	0 1 0 0	1100110	1 0 0 1	1101111

〈표 6-20〉으로부터 각 제어입력을 정규형으로 표현하면 아래와 같다.

$$a = \Sigma m(0,2,3,5,6,7,8,9) + \Sigma d(10,11,12,13,14,15)$$
$$b = \Sigma m(0,1,2,3,4,7,8,9) + \Sigma d(10,11,12,13,14,15)$$
$$c = \Sigma m(0,1,3,4,5,6,7,8,9) + \Sigma d(10,11,12,13,14,15)$$
$$d = \Sigma m(0,2,3,5,6,8,9) + \Sigma d(10,11,12,13,14,15)$$
$$e = \Sigma m(0,2,6,8) + \Sigma d(10,11,12,13,14,15)$$
$$f = \Sigma m(0,4,5,6,7,8,9) + \Sigma d(10,11,12,13,14,15)$$
$$g = \Sigma m(2,3,4,5,6,8,9) + \Sigma d(10,11,12,13,14,15)$$

〈표 6-20〉의 BCD-to-7 세그먼트 디코더의 진리표를 7개의 4 비트 카르노 맵에 나타내면 [그림 6-44]와 같다.

AB \ CD	00	01	11	10
00	1	0	1	1
01	0	1	1	1
11	x	x	x	x
10	1	1	x	x

(a) a

AB \ CD	00	01	11	10
00	1	1	1	1
01	1	0	1	0
11	x	x	x	x
10	1	1	x	x

(b) b

AB \ CD	00	01	11	10
00	1	1	1	0
01	1	1	1	1
11	x	x	x	x
10	1	1	x	x

(c) c

AB \ CD	00	01	11	10
00	1	0	1	1
01	0	1	0	1
11	x	x	x	x
10	1	1	x	x

(d) d

AB \ CD	00	01	11	10
00	1	0	0	1
01	0	0	0	1
11	x	x	x	x
10	1	0	x	x

(e) e

AB \ CD	00	01	11	10
00	1	0	0	0
01	1	1	1	1
11	x	x	x	x
10	1	1	x	x

(f) f

AB \ CD	00	01	11	10
00	0	0	1	1
01	1	1	0	1
11	x	x	x	x
10	1	1	x	x

(g) g

[그림 6-44] BCD-to-10진 디코더의 카르노 맵

[그림 6-44]로부터 7 세그먼트의 각 제어 입력함수를 구하면 다음과 같다.

$$a(A,B,C,D) = A + CD + BD + B'D'$$
$$b(A,B,C,D) = B' + CD + C'D'$$
$$c(A,B,C,D) = B + C' + D$$
$$d(A,B,C,D) = B + B'D' + BD + CD$$
$$e(A,B,C,D) = B'D' + CD'$$
$$f(A,B,C,D) = B + C'D' + BC' + BD'$$
$$g(A,B,C,D) = B + CD' + B'C + BC'$$

위에서 구한 7개의 각 불 함수를 회로로 구성하면 BCD-to-7 세그먼트 디코더용 조합 논리회로가 된다.

6-10 디멀티플렉서

디멀티플렉서(demultiplexer, DMUX)는 하나의 입력선으로부터 데이터를 입력하여 2^n개의 출력선 중에서 n 비트의 선택신호에 의하여 선택된 하나의 출력선으로 데이터를 내보내는 논리회로를 말하며, 단일 입력 데이터를 다중출력 중 하나로 분배하여주므로 데이터 분배기(data distributor)라고도 한다. 디멀티플렉서에서 2^n개의 출력 중에서 하나의 출력을 선택하기 위해서는 최소 n 개의 선택선이 필요하게 된다.

디코더를 이용하면 디멀티플렉서를 쉽게 만들 수 있다. [그림 6-45]의 (a)와 (b)는 각각 enable 입력을 가진 2-to-4 디코더와 1×4 디멀티플렉서의 블록도이다.

[그림 6-45]의 (a)와 (b) 두 회로를 살펴보면 회로내부 구성은 완전히 동일하다. 각 입력단자와 출력단자의 기호표시만 새롭게 할당한 것을 확인할 수 있으며, 따라서 'enable 입력을 가진 디코더'와 '디멀티플렉서'는 완전히 동일한 것이다. 즉, 디코더의 AB 입력을 디멀티플렉서의 선택입력으로 이용하고 제어입력 E 단자를 입력 데이터로 이용한 것이다. 따라서 (b) 1×4 디멀티플렉서를 구현한 회로도는 (c)와 같다.

[그림 6-46]은 1×4 디멀티플렉서 2개를 이용하여 2 비트 병렬 1×4 디멀티플렉서를 구성한 것이다. 2 비트의 2진 데이터가 I_0, I_1로 입력될 때 출력 선택입력 S_1, S_0이 '00'이면 I_0, I_1은 각각 Y_{00}, Y_{10}으로 출력되고, S_1, S_0이 '01'이면 I_0, I_1은 각각 Y_{01}, Y_{11}로 출력되고, S_1, S_0이 '10'이면

I_0, I_1은 각각 Y_{02}, Y_{12}로 출력되고, S_1, S_0이 '11'이면 I_0, I_1은 각각 Y_{03}, Y_{13}으로 출력된다.

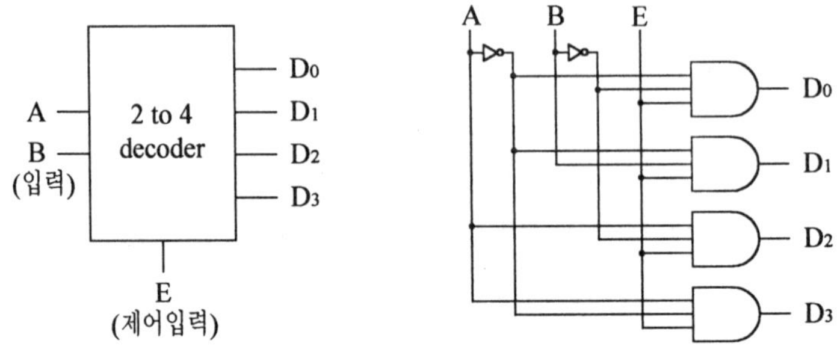

(a) enable입력을 가진 2 to 4 decoder

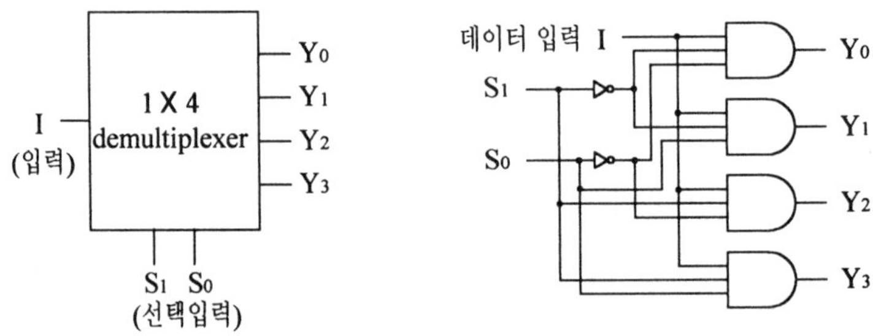

(b) 1 x 4 디멀티플렉서 (c) 1 x 4 디멀티플렉서 회로도

[그림 6-45] enable 입력을 갖는 디코더와 디멀티플렉서

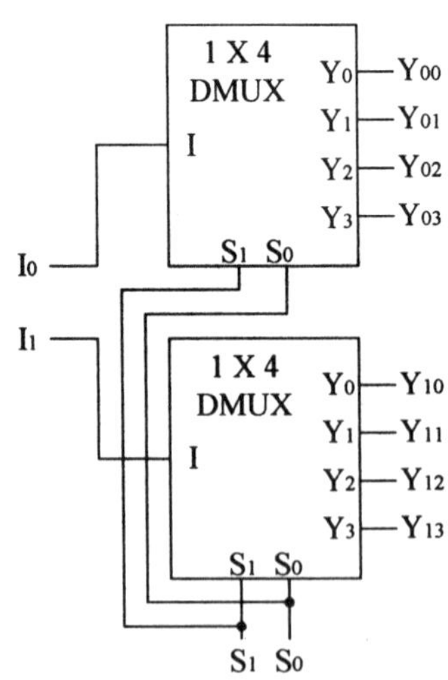

[그림 6-46] 디멀티플렉서의 확장(2비트 병렬 DMUX)

6-11 멀티플렉서

멀티플렉서(multiplexer, MUX)는 디멀티플렉서의 역기능을 수행하는 조합 회로이며, 여러 개의 입력선 중에서 하나를 선택하여 하나의 출력선으로 내보내는 기능을 수행한다. 즉, 다중입력 데이터를 단일 출력하므로 데이터 셀렉터(data selector)라고도 한다. 이때 데이터의 전송은 시분할(time sharing) 방식이 이용되며 여러 개의 입력 중에서 하나를 선택하기 위해서는 몇 개의 선택변수가 이용된다. 즉, 2^n개의 입력 중에서 하나를 선택하여 하나의 출력선을 내보내기 위해서는 최소 n개의 선택변수가 필요하며, 이 n개의 선택변수의 조합에 의해 입력을 선택하게 된다.

일반적으로 $2^n \times 1$ 멀티플렉서는 $n \times 2^n$ 디코더에 2^n개의 제어선(enable)을 추가한 후 이들 제어선을 데이터 입력선으로 사용하고, 디코더의 모든 출력을 OR 게이트로 묶은 회로와 동일한 기능을 수행하게 된다. 즉, 각 AND 게이트에 공동으로 사용되는 enable 입력 E를 각각 나누어서 2^n개의 입력신호를 I_0, I_1, …로 할당한 것이다. 멀티플렉서의 크기는 데이터 입력선에 따라 결정되며, 데이터 입력선의 수가 2^n이라면 데이터 선택입력은 최소 n비트가 필요하다. 결국, 멀티플렉서란 디코더에 데이터 입력을 추가하여 구성된 단일출력 조합 논리회로라고 말할 수 있다.

2×4 디코더에서 4×1 멀티플렉서를 만드는 과정을 살펴보도록 하자.

[그림 6-47]의 (a)는 4×1 멀티플렉서회로이고, (b)는 블록도이다. (a)의 4×1 멀티플렉서에는 데이터 입력선이 4개, 선택신호 입력선이 2개 있어서 2비트의 선택신호를 사용하여 4개의 입력 중 하나를 신대할 수 있세 된나.

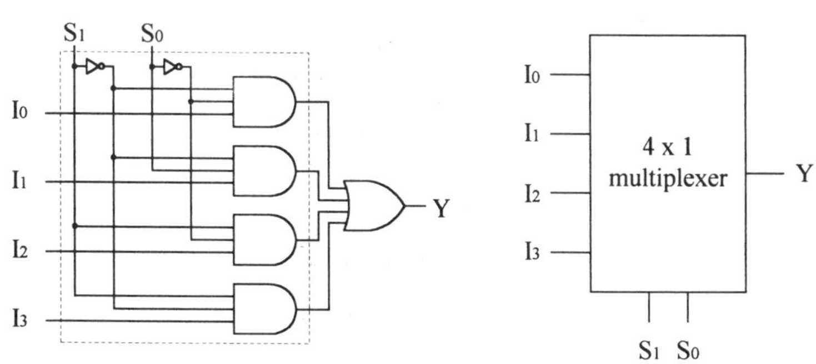

(a) 4 x 1 multiplexer (b) block diagram

[그림 6-47] 4×1 멀티플렉서

(a)의 점선 내부의 선택신호와 AND 게이트로 구성된 회로는 보통의 2-to-4 디코더 회로와 동일하며, 이 부분은 S_1, S_0에 의해서 선택된 최소항(NAND 게이트로 구성된 디코더에서는 최대항)에 해당하는 AND 게이트만 활성화시키고 나머지 AND 게이트들의 출력은 모두 '0'으로 만들어준다. 따라서 OR 게이트의 출력 Y는 S_1, S_0에 의해서 선택된 최소항을 구성하는 AND 게이트에 연결된 입력 I_x가 나타나게 된다. 만일 선택신호 S_1, S_0에 '01'이 입력되면 입력 I_1이 출력 Y에 나타난다(〈표 6-21〉 참조).

이상에서 알 수 있는 바와 같이 4×1 멀티플렉서는 2×4 디코더를 포함한다. 같은 이치로 8×1 멀티플렉서는 3×8 디코더를, $2^n \times 1$ 멀티플렉서는 $n \times 2^n$ 디코더를 포함한다.

〈표 6-21〉 4×1 멀티플렉서의 진리표

선택입력		출력
S_1	S_0	Y
0	0	I_0
0	1	I_1
1	0	I_2
1	1	I_3

예제 6-9

[그림 6-47 (b)]의 4×1 MUX 2개를 이용하여 2비트 병렬 출력회로를 구성하여라.

해답

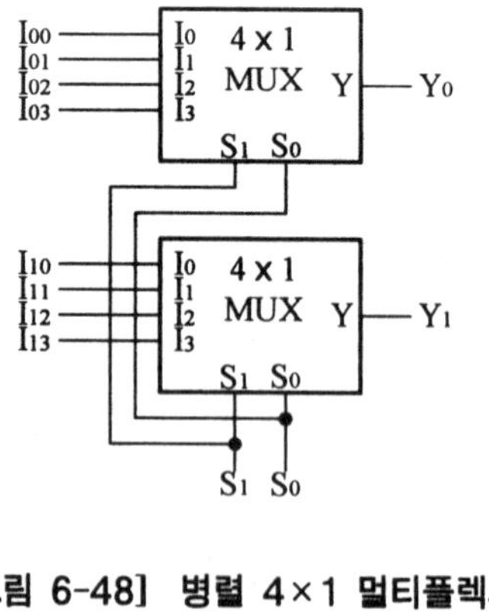

[그림 6-48] 병렬 4×1 멀티플렉서

[그림 6-48]에서 선택입력 S_1S_0가 00이면 I_{00}, I_{01}가 Y_0, Y_1으로 출력되고 선택입력 S_1S_0가 01이면 I_{01}, I_{11}가 Y_0, Y_1으로 출력된다. 선택입력 S_1S_0가 10이면 I_{02}, I_{12}가 Y_0, Y_1으로 출력되고 선택입력 S_1S_0가 11이면 I_{03}, I_{13}가 Y_0, Y_1으로 출력된다.

위의 문제는 표준 그래픽 기호로 나타내면 [그림 6-49]와 같다. 그림에서 상부는 제어부를 나타내며 하부는 데이터부로서 좌측은 입력, 우측은 출력을 표시한다.

제어부의 S_0, S_1은 AND 의존도에 의해 G_0, G_1, G_2, G_3가 선택된다.

G_0 선택시 A_0, A_1가 Y_0, Y_1으로 출력되고, G_1 선택시 B_0, B_1가 Y_0, Y_1으로 출력되며, G_2 선택시 C_0, C_1가 Y_0, Y_1으로 출력되고, G_3 선택시 D_0, D_1가 Y_0, Y_1으로 출력된다.

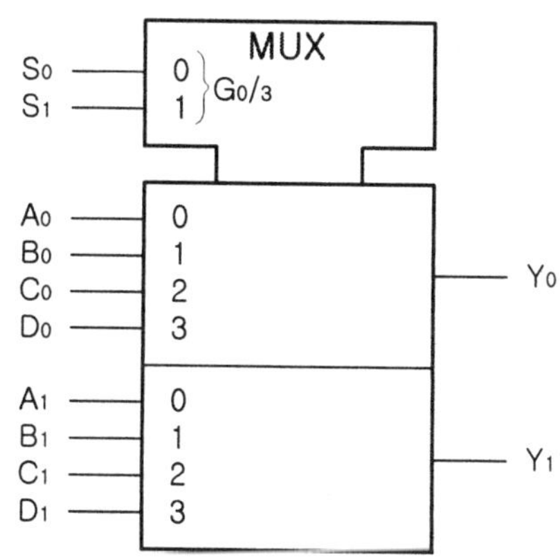

[그림 6-49] 표준 그래픽 기호로 나타낸 2비트 병렬 출력회로

멀티플렉서는 디코더를 포함하므로 불 함수의 조합 논리회로 구현에도 이용할 수 있다. 멀티플렉서의 응용 예로 아래와 같은 3변수 불 함수의 구현을 살펴보자.

$$F(A,B,C) = \Sigma m(1,3,4,7)$$

3변수 불 함수를 구현하고자 할 때는 2개의 선택입력을 가진 4×1 멀티플렉서를 이용한다. 이 불 함수를 구현하는 과정은 [그림 6-50]과 같다. 여기시 2입력 B, C는 각각 4×1 멀티플렉서의 선택입력 S_1, S_0에 접속되도록 변수 B는 S_1, C는 S_0에 연결해야 한다. 그렇다면 변수 A는 어떻게 되어야 할까? 선택입력 BC가 00이면 입력 I_0가 선택되는데 이때 출력 F는 진리표에서 알 수 있는 바와 같이 A가 0일 때는 0이고 1일 때는 1이 되고 있으므로 F=A가 된다. 따라서 I_0는 A를 연결하면 된다. 같은 방법으로 선택입력 BC=01이면 $F=\overline{A}$, BC=10이면 F=0, BC=11이면 F=1이 된다. 따라서 $I_1=\overline{A}$, $I_2=0$, $I_3=1$을 연결하면 된다.

일반적으로 변수 A에 해당하는 데이터 입력값을 쉽게 결정하는 방법으로 (b)의 실현표를 이용한다. 선택입력으로 BC를 할당하면 (b) 실현표에 나타난 순서로 최소항이 표현된다. 함수를 실현표에 나타내는 방법은 함수 F의 출력이 1인 최소항의 번호에 '○'를 표시하고, 출력이 0인 최소항의 번호는 그대로 둔다. 실현표의 마지막 행의 이력을 결정하는 방법은 세로의 두 최소항이 상태를 관찰하여 모두 '○' 표시가 없으면 0으로, 모두 '○' 표시가 있으면 1로, 위에 '○'표시이고 아래에는 없으면 $\overline{A}$, 위에 없고 아래 '○' 표시면 A로 기록한다. 따라서 데이터 입력 I_0, I_1, I_2, I_3에는 각각 A, $\overline{A}$, 0, 1을 연결해야 함을 알 수 있다.

minterm	A B C	F
0	0 0 0	0
1	0 0 1	1
2	0 1 0	0
3	0 1 1	1
4	1 0 0	1
5	1 0 1	0
6	1 1 0	0
7	1 1 1	1

(a) 진리표

	I_0	I_1	I_2	I_3
$\overline{A}$	0	①	2	③
A	④	5	6	⑦
	A	$\overline{A}$	0	1

(b) 실현표

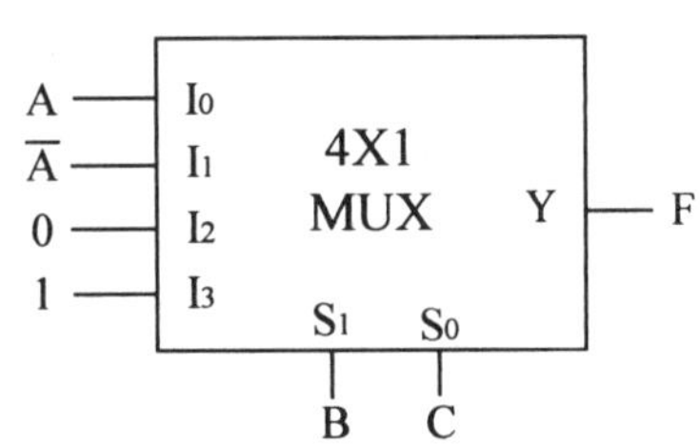

(c) 멀티플렉서에 의한 구현

[그림 6-50] 멀티플렉서에 의한 3변수 불 함수 구현

예제 6-10 멀티플렉서를 이용하여 아래의 4변수 불 함수를 구현하여라.

$F(A,B,C,D)=\Sigma(1,3,4,11,12,13,14,15)$

해답 4변수 A, B, C, D에 관한 불 함수이므로 최소항이 16개 나올 수 있다. 변수 A를 입력으로 하면 3개의 변수 B, C, D는 선택입력으로 하여야 하므로 8×1 멀티플렉서가 있어야 한다.

(a)의 실현표에서 각 입력을 구하여 8×1 멀티플렉서에 표현하면 (b)와 같이 된다.

	I_0	I_1	I_2	I_3	I_4	I_5	I_6	I_7
$\overline{A}$	0	①	2	③	④	5	6	7
A	8	9	10	⑪	⑫	⑬	⑭	⑮
	0	$\overline{A}$	0	1	1	A	A	A

(a) 실현표

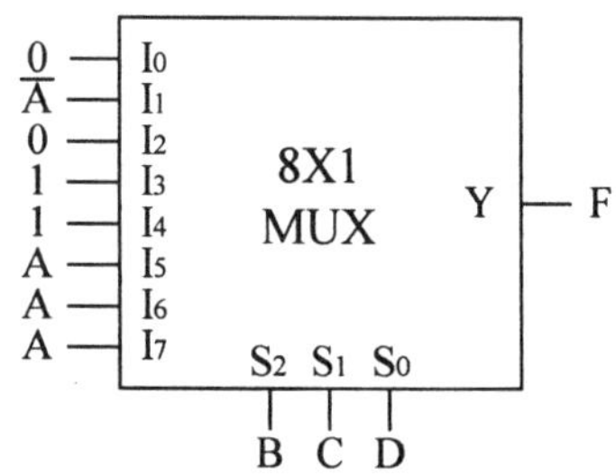

(b) 멀티플렉서에 의한 구현

[그림 6-51] 멀티플렉서에 의한 4변수 불 함수 구현

6 연습문제

1. BCD 무효 부호검출기를 조합 논리회로 설계순서에 따라 구현하여라.

2. [그림 6-52]의 회로가 XNOR 게이트로서 동작함을 증명하여라.

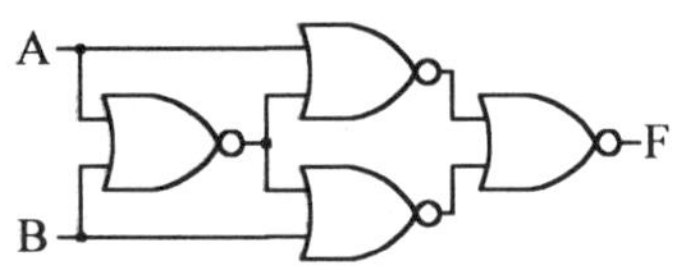

[그림 6-52]

3. 입력 A, B와 출력 S, C를 갖는 반가산기의 논리회로를 설계하여라.

4. 4진-to-2진 인코더를 설계하여라.

5. 4진-to-2진 우선순위 인코더를 설계하여라.

6. A, B, C_i로 표현되는 입력과 S, C_o로 표현되는 출력을 가진 전가산기의 블록도를 그려라.

7. 전가산기의 진리표를 그려라. 그리고 반가산기를 이용하여 전가산기를 구성하여라.

8. 입력 A, B와 출력 S, C를 갖는 반감산기의 논리회로를 설계하여라.

9. 8비트로 된 두 입력을 다룰 수 있는 병렬 2진 가산기를 만들려면 몇 개의 반가산기와 전가산기를 써야 되는가?

10. [표 6-11]과 같은 3비트 데이터 입력이 가해진 경우에서의 기수 패리티 비트 발생기를 설계하여라.

11. XOR 게이트를 써서 8비트 워드의 패리티를 검사하려면 몇 개의 XOR 게이트를 써야 하는가?

12. XOR 게이트를 사용하여 10 비트 2진수를 그레이 코드로 변환하는 어떤 논리회로를 설계해보아라.

13. [그림 6-15]의 4 비트 병렬덧셈에서 look-ahead carry C_3를 논리회로로 구현하여라.

14. 3개의 전가산기와 3개의 NOT 게이트로 구성된 3 비트 병렬감산기의 블록도를 그려라.

15. XOR, AND, OR 게이트를 사용하여 2 비트 병렬감산기의 논리회로도를 그려라.

16. 다음 〈표 6-22〉의 진리표에 대하여 아래의 물음에 답하여라.

a) 곱의 합 형태 불 함수 F와 논리회로를 나타내어라.

b) 합의 곱 형태 불 함수 F와 논리회로를 나타내어라.

〈표 6-22〉

A	B	C	F
0	0	0	1
0	0	1	0
0	1	0	0
0	1	1	1
1	0	0	1
1	0	1	1
1	1	0	1
1	1	1	1

17. [그림 6-53]의 (a), (b)를 이용하여 NAND 또는 NOR 게이트만으로 구성된 2진 비교기(1 비트)를 만들어라.

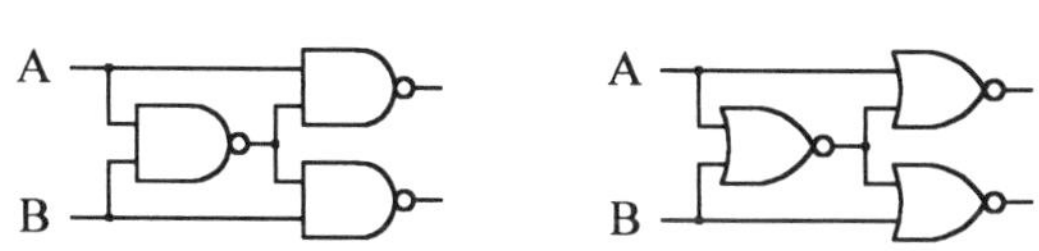

(a) (b)

[그림 6-53]

18. 1×4 디멀티플렉서 회로를 설계하여라.

19. NOR 게이트들만 사용하여 2×4 디코더를 설계하여라.

a) 진리표를 작성하여라.

b) 카르노 맵을 작성하여라.

c) 불 식을 구하고 논리회로를 그려라.

20. 8진-2진 우선순위 인코더의 진리표를 구하여라. 그리고 적어도 하나의 입력이 논리 '1'이라는 것을 나타내는 출력이 하나 있도록 하여라.

21. 2개의 4×1 멀티플렉서를 사용하여 전가산기를 구현하여라.

22. 다음 불 함수를 멀티플렉서를 사용한 조합 논리회로를 두 가지 방법의 구현표에 의하여 설계하여라.

$$F(A,B,C,D) = \Sigma m(1,3,5,7,9)$$

23. 인에이블 입력이 있는 2개의 8×1 멀티플렉서와 1개의 2×1 멀티플렉서를 사용하여 16×1 멀티플렉서를 구현하여라.

제 7 장 순서 논리회로

7-1 순서 논리회로

순서 논리회로란 그 출력상대('1'이냐 '0'이냐)가 현재의 입력상태뿐만이 아니고 과거에 주어졌던 입력상태에 의한 현재의 출력상태의 영향도 함께 받아서 다음의 출력상태가 정해지는 회로이다. 간단히 말하면 현재의 입력상태가 동일하더라도 궤환(feedback)되는 현재의 출력상태에 따라서 다음 출력상태가 다를 수도 있는 회로이다. 순서 논리회로는 조합 논리회로에 궤환루프(feedback loop)를 추가하여 만들어진다.

순서회로의 간단한 예로는, "버튼 A, B, C를 누르는 순서가 A, B, C이면 출력 램프가 켜지지만 순서가 A, C, B라든지 B, A, C라든지일 때는 켜지지 않는 회로"를 들 수 있다.

[그림 7-1]은 순서 논리회로의 블록도로서, 조합 논리회로와 궤환 시스템(feedback system)을 형성하는 저장요소로 구성되어 있다. 저장요소는 2진 정보를 저장할 수 있는 장치이며, 주로 flip flop 소자로 이루어지며, 이 소자의 2진 정보는 주어진 시간의 순서회로 상태(state)를 저장한다. 즉, 위의 예에서 A, B, C라든지 B, A, C를 저장하면 출력은 램프가 켜지든지 또는 켜지지 않게 된다.

순서 논리회로는 타이밍 신호의 인가 방법에 따라서 동기(synchronous) 방식과 비동기(asynchronous) 방식으로 대별한다. 동기 순서회로는 클록 신호와 순서회로의 출력변화가 동기되는 시스템이며, 비동기 순서회로는 클록 신호의 상태와 무관하게 순서회로의 출력이 정해지는 시스템으로 어느 순간에서도 입력값의 변화에 따라서 출력이 변할 수 있다. 즉, 비동기 순서회로의 출

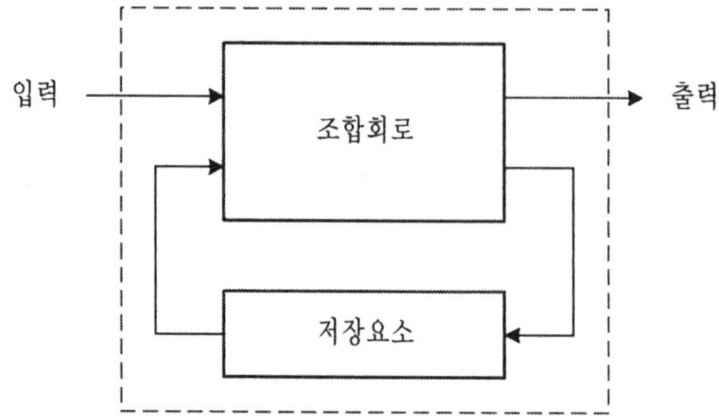

[그림 7-1] 순서 논리회로 블록도

력은 현재의 입력과 현재의 출력상태에 따라 정해지며, 동기 순서회로의 출력은 클록에 의하여 정해진 순간의 입력과 출력상태에 의해서 정해진다.

비동기 순서회로의 저장요소는 시간지연(time-delay) 장치로서, 이 장치가 저장능력을 갖는 것은 신호가 장치를 통과하는 데 시간이 걸리기 때문이다. 실제의 논리 게이트에서 내부 지연시간은 그 자체만으로 실제적인 지연장치가 필요 없어도 될 만큼 충분한 시간이다. 게이트형 비동기 시스템에서 저장요소는 충분한 전파지연 시간(propagation delay time)을 가진 회로라고 할 수 있다. 논리 게이트간의 궤환(feedback) 때문에, 시스템은 예측하지 않았던 상태로 작동하기도 하고, 때로는 불안정한 상태가 되기도 한다. 이러한 이유 때문에 비동기 시스템은 좀처럼 쓰지 않는다.

동기 순서회로는 이산시간(discrete time)에만 저장요소의 내용을 변화시킬 수 있는 특수한 신호를 사용한다. 즉, 일정한 시간간격으로 반복되는 클록 펄스를 사용하며, 클록 펄스는 클록 생성기(clock generator)라는 장치로부터 만들어진다. 실제로 클록 펄스는 저장요소에 원하는 변화를 줄 수 있는 입력과 함께 제공되기 때문에 출력은 클록 펄스가 존재할 때에만 변화한다. 이처럼 저장요소에 클록 펄스를 제공하는 동기 순서회로를 클록을 가진 순서회로(clocked sequential circuits)라 하며, 가장 많이 접하게 되는 순서회로이다.

7-2 RS 플립플롭

(1) 비동기식 RS 래치

[그림 7-2]는 출력이 입력단으로 교차 연결된 2개의 NOR 게이트로 구성

된 비동기식 RS 래치(latch)이며, 두 개의 입력 S(set)와 R(reset)을 가지며, 두 개의 보수출력 Q와 $\overline{Q}$를 가진다. 이와 같이 2진 정보를 저장할 수 있는 기본 궤환회로를 래치라 한다.

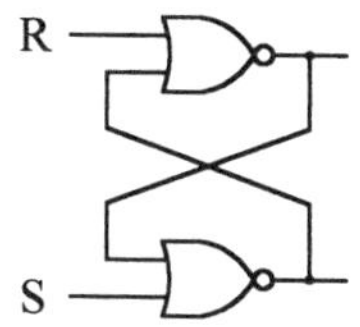

(a) 회로도

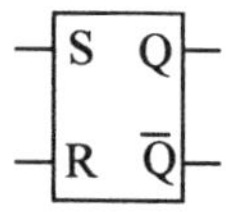

(b) 논리기호

[그림 7-2] NOR형 RS 래치

〈표 7-1〉 NOR형 RS 래치의 진리표

입력		출력
R	**S**	**Q**
0	0	불변
0	1	세트(Q=1)
1	0	리셋(Q=0)
1	1	부정

두 입력 R, S는 〈표 7-1〉의 진리표와 같이 4가지의 입력조합이 가능하다.

① R=0, S=0인 경우에는 회로의 출력은 변화하지 않고 현재의 값을 유지한다. 즉, R=S=0이면 1비트의 데이터를 기억하는 기능을 갖게 된다.

② R=0, S=1인 경우에는 아래쪽 NOR 게이트의 한 입력이 '1'이므로 그 출력 $\overline{Q}$는 '0'이 되고, 이 출력이 위쪽 NOR 게이트의 입력으로 들어가므로 위쪽 NOR 게이트의 두 입력이 모두 '0'이 되므로 출력 Q는 '1'이 된다. 즉 S가 '1'이고 R이 '0'일 때의 출력은 '1'로 세트(set)된다.

③ R=1, S=0인 경우에는 위쪽, 아래쪽 NOR의 입력상태가 바뀌므로 출력 Q는 '0'이 되므로 리셋(reset)된다.

④ R=1, S=1인 경우에는 출력상태 Q, $\overline{Q}$ 모두 '1'이 되어서 플립플롭의 두 출력이 보수관계가 아니므로 이런 입력조합을 사용하지 말아야 한다. 따라서 이러한 조합의 입력을 금지입력이라고 말한다. 이를 종합한 것이 〈표 7-1〉로서 NOR형 RS 래치는 입력이 'H' 레벨에서 동작한다.

[그림 7-3]은 RS 래치의 타이밍도이다. $t_1 \sim t_2$에서 출력 Q는 '1'로 세트되고, $t_2 \sim t_3$ 동안은 S=0, R=0인 조건이므로 t_2 이전의 출력상태를 유지한다. t_3에 R=1, S=0이 되어서 출력 Q는 '0'으로 리셋된다. 리셋된 출력은 R=0, S=0인 $t_4 \sim t_5$ 동안 유지된다. 다시 t_7에 S=1, R=0이 되어서 출력은 세트 상태로 되고, t_8 이후에 S=0, R=0이 되어도 이전의 상태인 Q=1을 유지한다.

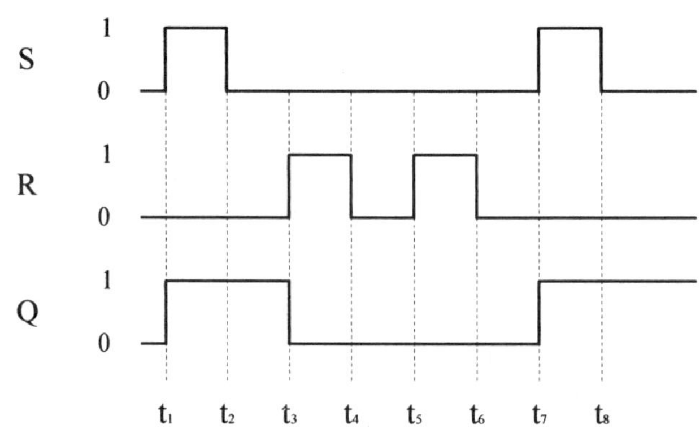

[그림 7-3] NOR형 RS 래치의 타이밍도

[그림 7-4]는 NAND 게이트로 구성한 RS 래치이고, 이 회로의 동작을 분석해보면 <표 7-2>와 같은 진리표를 얻을 수 있다. 따라서 NAND형 RS 래치는 입력이 'L' 레벨에서 동작한다.

〈표 7-2〉 NAND형 RS 래치의 진리표

입력		출력
R	**S**	**Q**
0	0	부정
0	1	리셋(Q=0)
1	0	세트(Q=1)
1	1	불변

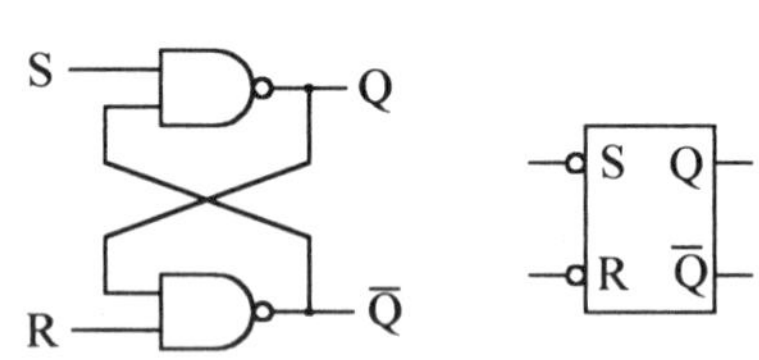

(a) 회로도 (b) 논리기호

[그림 7-4] NAND형 RS 래치

(2) 동기식 RS 플립플롭

제어입력을 갖는 RS 래치를 RS 플립플롭(Flip Flop, F/F)이라 한다. 실제로는 제어입력을 클록 신호(clock signal)로 이용하는 동기식 RS 플립플롭을 많이 사용한다. 클록 신호는 클록 펄스(clock pulse)라고 말하기도 하며, CP 또는 CK로 표시한다. 일반적으로 클록의 유무는 플립플롭과 래치의 구분요소가 된다. 동기식 RS 플립플롭의 논리회로 구성은 [그림 7-5]의 (a)와 같으며, 기호는 (b)와 같다.

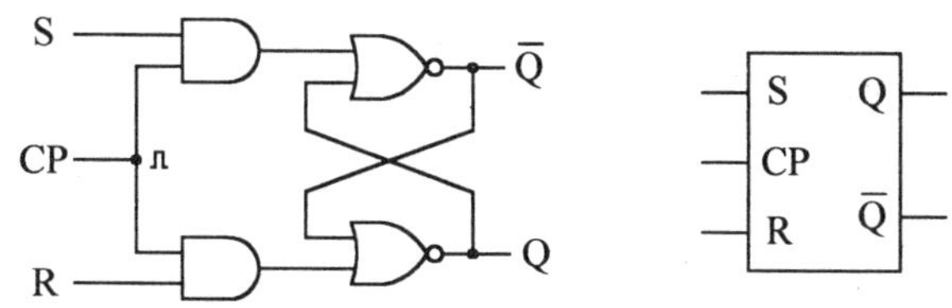

(a) 논리회로 (b) 심벌

[그림 7-5] 동기식 RS 플립플롭

[그림 7-5]의 (a)는 NOR와 AND 게이트로 구성된 동기식 RS 플립플롭으로 R, S 입력이 인가되는 2 입력 AND 게이트의 나머지 입력단은 공통으로 묶여서 클록 펄스(CP)에 연결되어 있다. 따라서 R과 S의 값이 입력되고, CP가 '0'에서 '1'로 변한 후에 R과 S의 값은 다음 단의 NOR 게이트에 영향을 미칠 수 있게 된다. 즉, 클록 펄스가 '0'의 상태일 때는 입력 R과 S의 값이 변하여도 출력에 영향을 미치지 못한다. 이처럼 클록 펄스에 동기되어 출력의 상태가 변하게 된다. 그런데 클록 펄스 입력을 갖는 순서 논리회로는 출력이 정해지는 순간이 클록 펄스의 어느 곳이냐에 따라 다음과 같이 4가지의 트리거(trigger) 방식으로 분류할 수 있다.

① 클록 펄스의 'HIGH' 레벨에서 동작하는 방식
② 클록 펄스의 'LOW' 레벨에서 동작하는 방식
③ 클록 펄스의 'LOW'에서 'HIGH' 레벨로 변화하는 순간인 '정에지(positive edge)'에 동작하는 방식
④ 클록 펄스의 'HIGH'에서 'LOW' 레벨로 변화하는 순간인 '부에지(negative edge)'에 동작하는 방식

이 있다. 위의 4방식 중에서 ①과 ②는 각각 HIGH 레벨 트리거(level trigger)

및 LOW 레벨 트리거 방식이라 하며, ③과 ④는 POSITIVE 에지 트리거(edge trigger) 및 NEGATIVE 트리거 방식이라 한다.

[그림 7-6]의 (a)는 4가지 트리거 방식의 동적 표시(dynamic indicator)이며, (b)는 각 트리거 방식과 클록 펄스와의 관계를 나타낸 것이다.

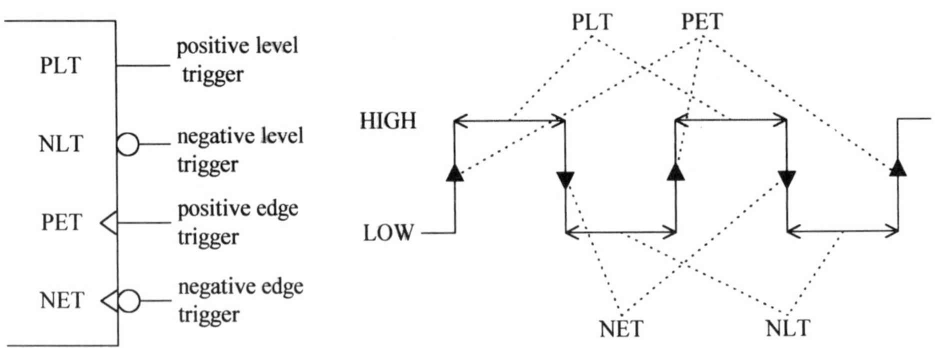

(a) 동적 표시 (b) 동적 표시와 클록과의 관계

[그림 7-6] 동적 표시와 클록 펄스와의 관계

클록 펄스에는 정에지(positive edge)와 부에지(negative edge)가 있다. [그림 7-7]의 (a)와 같이 '0'에서 '1'로 올라가는 것을 정에지, (b)와 같이 '1'에서 '0'으로 떨어지는 것을 부에지라 한다.

(a) 정에지(positive edge) (b) 부에지(negative edge)

[그림 7-7] 정에지와 부에지

[그림 7-8]은 동기식 RS 플립플롭의 타이밍도이다. [그림 7-8]의 RS 플립플롭은 정에지에서 동작하는 순서 논리회로이므로 클록 펄스의 화살표로 표시된 순간의 입력조합에 의하여 출력이 정해지는 것을 확인할 수 있다. 즉, 클록 펄스가 '0'에서 '1'로 변하는 순간의 R, S 입력과 그 순간의 출력상태에 의하여 출력이 결정된다. 초기에 Q의 상태가 0이라고 가정하면 첫 번째

클록에서는 R=0, S=1이므로 출력은 '1'로 SET, 두 번째 클록에서는 R=0, S=0이므로 출력은 '1'로 불변, 세 번째 클록에서는 R=1, S=0이므로 '0'으로 RESET, 네 번째 클록에서는 R=0, S=1이므로 '1'로 SET, 다섯 번째 클록에서는 R=1, S=0이므로 '0'으로 RESET된다.

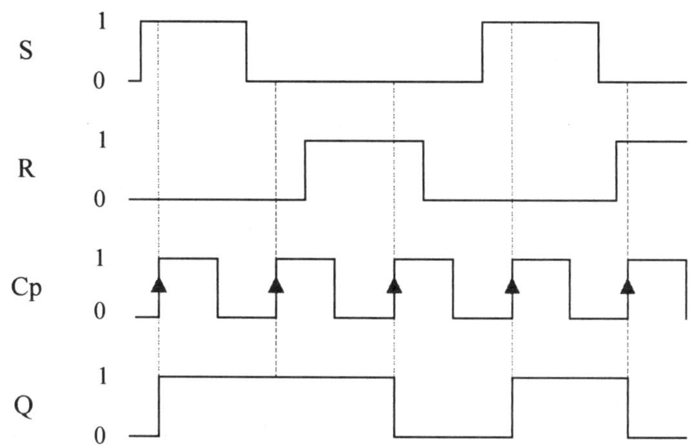

[그림 7-8] 동기식 RS 플립플롭의 타이밍도

이상과 같은 정에지의 트리거 펄스는 폭이 매우 좁아야 한다. 폭이 긴 경우에는 정레벨 트리거(positive level trigger)가 되기 때문에 [그림 7-9]와 같은 방법으로 정펄스의 게이트 지연시간을 이용하면 간단하게 폭이 매우 좁은 정에지의 트리거 펄스를 얻을 수 있다.

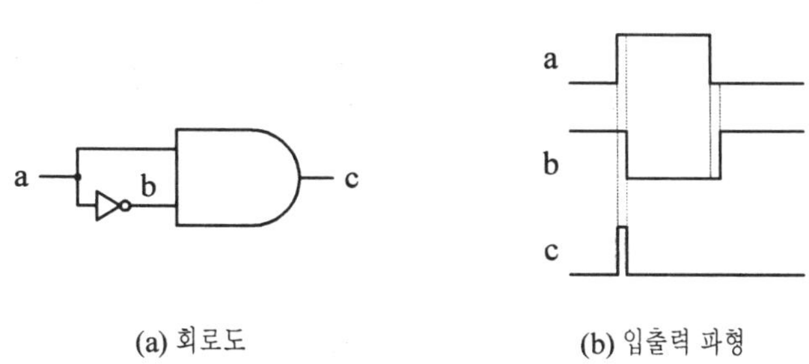

[그림 7-9] 정에지 트리거 펄스 회로 및 파형도

다음으로 RS F/F의 특성식에 관하여 살펴보도록 하자.

동기식 RS 플립플롭의 동작을 진리표에 나타내면 〈표 7-3〉과 같다. 표에서 Q_n은 클록 펄스의 에지 신호가 인가되기 직전의 출력값으로 '현재 상태'에 해당되며, Q_{n+1}은 클록 펄스의 에지 신호가 인가된 후 새로이 정해진 출력값으로 '다음 상태'에 해당된다.

〈표 7-3〉 동기식 RS 플립플롭의 진리표

입	력	출 력
R	S	Q_{n+1}
0	0	Q_n
0	1	1
1	0	0
1	1	부정

논리회로에서 단순한 진리표는 클록 신호의 인가 전, 후의 출력관계를 나타내기 어렵다. 즉, 현재의 출력은 다음 출력을 결정하는 데 영향을 미치므로 입력과 같이 취급되어야 할 것이다. 이와 같이 현재의 출력과 현재의 입력에 대한 출력을 도표에 나타낸 것을 특성표(characteristic table)라 하며, 특성표로부터 출력 Q_{n+1}을 입력 R, S, Q_n의 함수로 나타낸 것을 특성식이라 한다. 즉, RS F/F에 입력이 주어지면 CK 인가 후 출력의 다음 상태가 어떻게 나타날 것인가 하는 RS F/F의 특성을 함수로 나타낸 것이다.

〈표 7-4〉는 동기식 RS 플립플롭의 특성표이며, 카르노 맵을 이용하여 특성표를 나타내고 동기식 RS 플립플롭의 특성식을 구하면 [그림 7-10]과 같다.

〈표 7-4〉 동기식 RS 플립플롭의 특성표

입		력	출 력
Q_n	S	R	Q_{n+1}
0	0	0	0(불변)
0	0	1	0(리셋)
0	1	0	1(세트)
0	1	1	부정
1	0	0	1(불변)
1	0	1	0(리셋)
1	1	0	1(세트)
1	1	1	부정

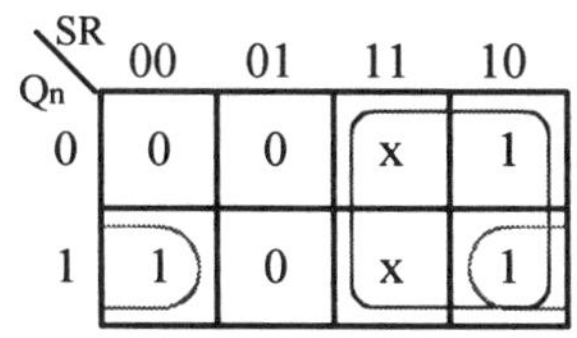

$$Q_{n+1} = S + \bar{R}Q_n$$
$$SR = 0$$

[그림 7-10] RS 플립플롭 특성식

[그림 7-10]에서 ‘ SR＝0’의 의미는 “S와 R이 동시에 ‘1’이 될 수 없다.”는 조건이며, 동기식 RS 플립플롭의 출력은 외부로부터의 R, S 입력과 플립플롭, 자신의 현재 출력에 의해서 결정되는 것을 확인할 수 있다.

7-3 D 플립플롭

D 플립플롭은 [그림 7-11]의 (a)처럼 RS 플립플롭의 두 입력을 S와 R이 언제나 보수값을 갖도록 NOT으로 연결하고 데이터 입력을 D로 한 것이다. (b)는 D 플립플롭의 심벌이다.

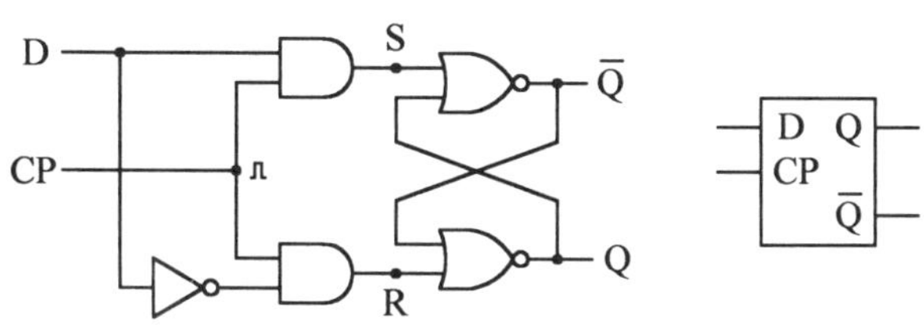

(a) 논리회로 (b) 심벌

[그림 7-11] D 플립플롭

펄스가 ‘1’일 때 D 입력이 ‘1’이면 D 플립플롭의 출력 Q는 ‘1’로 SET되고, D 입력이 ‘0’이면 플립플롭의 출력 Q는 ‘0’으로 RESET된다. 따라서 D에 입력되는 데이터 값을 그대로 출력으로 내보내므로 데이터(data) 플립플롭이라 한다. 또한 D 플립플롭은 D에 입력된 값이 클록이 인가될 때까지 지연시켰다가 클록이 ‘H’로 된 다음에 그대로 출력에 전달시키므로 지연(delay) 플립플롭이라고도 한다.

〈표 7-5〉는 D 플립플롭의 특성표이며, 카르노 맵에 특성표를 나타내고 D 플립플롭의 특성식을 구하면 [그림 7-12]와 같다.

〈표 7-5〉 D 플립플롭의 특성표 클록

입력		출력
Q_n	D	Q_{n+1}
0	0	0
0	1	1
1	0	0
1	1	1

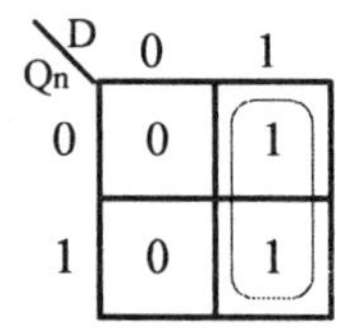

$Q_{n+1} = D$

[그림 7-12] D F/F 특성식

특성식으로부터 D 플립플롭의 다음 출력 Q_{n+1}은 현재의 입력 D와 같음을 확인할 수 있다.

예제 7-1

클록 펄스의 리딩 에지에서 동작하는 D 플립플롭의 입력파형이 [그림 7-13 (a)]와 같다. 플립플롭의 초기값이 '0'으로 시작하는 것으로 하고 출력파형을 그려라.

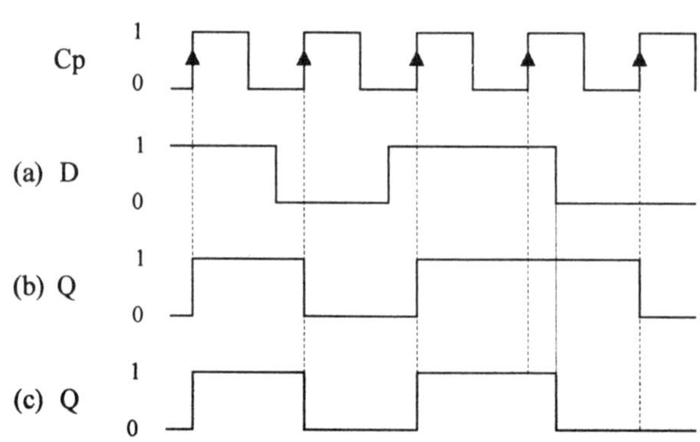

[그림 7-13]

해답 클록 펄스의 리딩 에지에서 D 입력의 상태가 Q 출력으로 나타나는 것으로 하면 그 출력파형은 [그림 7-13 (b)]와 같다.

[참고] (c)의 파형은 D 래치의 출력파형으로 HIGH 레벨 동안의 변화를 출력으로 반영한다.

예 제 7-2

[그림 7-14]와 같이 3개의 RS 래치로 구성된 positive edge triggered D F/F의 동작을 설명하여라. 단 출력단의 RS 래치는 NAND 게이트로 구성되어 있으므로 RS 입력이 'L' 레벨에서 동작한다.

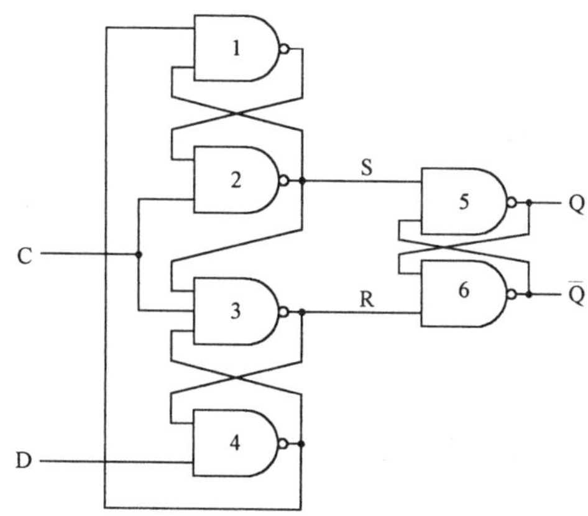

[그림 7-14]

해답

① 제어입력 C = 0인 경우 SR이 11이므로 출력상태는 불변이다.

② 제어입력 C가 상승할 때 D가 0이라면 게이트 4의 출력은 1이고 게이트 3의 출력 R = 0이 된다. 따라서 게이트 1의 출력은 0이고 게이트 2의 출력 S = 1이 된다. 그러므로 출력 Q는 리셋되어 0이 된다. 다음으로 펄스가 1상태를 유지하는 경우 D가 변하여도 게이트 4의 출력은 1이고 게이트 3의 출력 R = 0가 된다. 또 S = 1이 되어 리셋되어 출력은 불변이다.

③ 제어입력 C가 상승할 때 D가 1이라면 게이트 4의 출력은 0이고 게이트 3의 출력 R = 1이 된다. 따라서 게이트 1의 출력은 1이고 게이트 2의 출력 S = 0이 된다. 그러므로 출력 Q는 세트되어 1이 출력된다. 다음으로 펄스가 1상태를 유지하는 경우 D가 변하여도 게이트 3의 출력 R = 1이 되고 게이트 1의 출력은 1이 되어 게이트 2의 출력 S = 0이 되어 세트되므로 출력은 불변이다.

④ 제어입력 C가 하강하는 경우에는 SR이 11이므로 출력상태는 불변이다. 결국 플립플롭은 정에지에서만 입력값의 변화가 출력에 영향을 미친다.

7-4 JK 플립플롭

JK 플립플롭은 SR 플립플롭의 금지 입력조건인 $S=R=1$일 때의 출력을 개선한 것으로 $J=K=1$의 조건에서 클록이 인가되면 출력 Q는 반전($Q_{n+1}=\overline{Q_n}$)되고, 그 이외의 입력조건에서는 SR 플립플롭과 같이 동작한다.

SR F/F에 지연(delay) 회로를 추가한 JK 플립플롭의 논리회로는 [그림 7-15]의 (a)와 같으며, (b)는 JK 플립플롭의 심벌이다. (a)에서 알 수 있는 바와 같이 $J=K=1$ 일 때 클록 펄스가 1이면 $S=\overline{Q}$, $R=Q$ 가 되어 출력은 반전된다. 출력이 입력으로 궤환되었는데도 불구하고 클록 펄스가 계속 '1'을 유지하면 출력 Q가 계속 반전하여 문제가 된다. 따라서 클록 펄스의 폭이 출력의 변화가 입력측으로 궤환되는 시간보다 짧아야 1 클록마다 출력이 한 번씩 반전하게 된다.

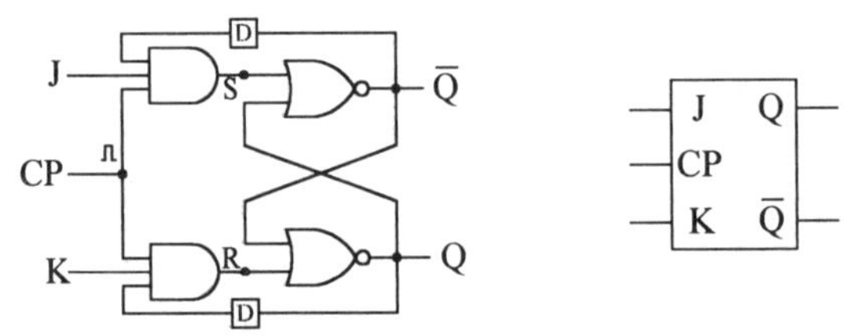

(a) 논리회로　　　　(b) 심벌

[그림 7-15] JK 플립플롭

그러나, 궤환시간은 일반적으로 30 [ns] 이하이므로 클록 펄스의 정의 펄스폭(positive pulse width)을 30 [ns] 이내로 하기 어려우므로 [그림 7-15 (a)]와 같이 D로 표시된 시간지연 회로를 삽입해야 1클록마다 출력이 한 번씩 반전하게 되어 정상적인 동작을 하게 된다.

〈표 7-6〉은 JK 플립플롭의 진리표이며, 〈표 7-7〉은 JK 플립플롭의 특성표이다.

〈표 7-6〉 JK F/F의 진리표

J	K	Q_{n+1}
0	0	Q_n
0	1	0
1	0	1
1	1	$\overline{Q_n}$

〈표 7-7〉 JK F/F의 특성표

입 력			출 력
Q_n	J	K	Q_{n+1}
0	0	0	0
0	0	1	0
0	1	0	1
0	1	1	1
1	0	0	1
1	0	1	0
1	1	0	1
1	1	1	0

[그림 7-16]은 진리표로부터 구한 **JK** 플립플롭의 특성식이다.

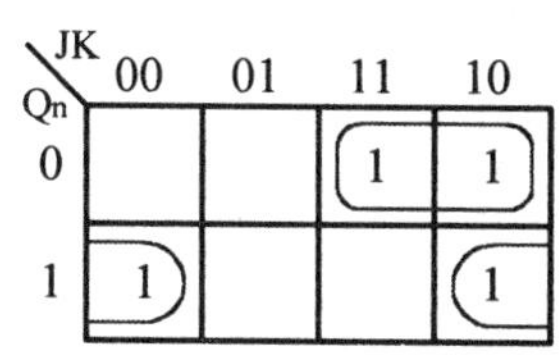

$$Q_{n+1} = J\bar{Q}_n + \bar{K}Q_n$$

[그림 7-16] JK F/F의 특성식

7-5 T 플립플롭

T 플립플롭은 [그림 7-17]의 (a)와 같이 **JK** 플립플롭의 두 입력을 하나로 묶어서 입력 T로 한 플립플롭이다. 따라서 T 플립플롭은 **JK** 플립플롭의 동작에서 두 입력이 모두 '0'이거나 '1'인 경우에만 이용하는 플립플롭이다. (b)는 T 플립플롭의 심벌이며, 클록 펄스가 들어올 때마다 출력 Q는 반전(toggle)된다.

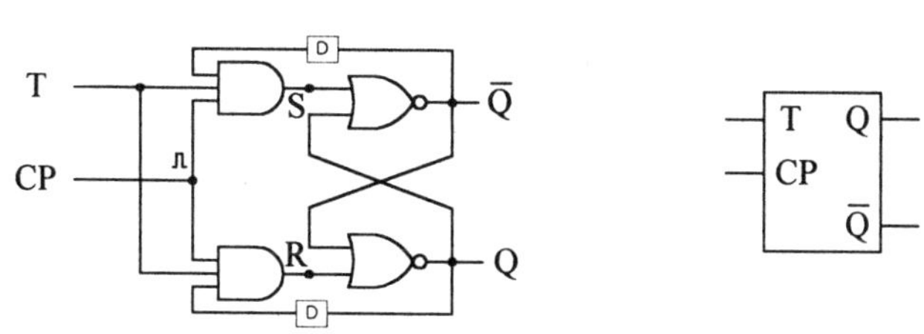

(a) 논리회로 (b) 심벌

[그림 7-17] T 플립플롭

〈표 7-8〉은 T 플립플롭의 진리표이며, 〈표 7-9〉는 T F/F의 특성표이다.

〈표 7-8〉 T F/F의 진리표

T	Q_{n+1}
0	Q_n (불변)
1	$\overline{Q}_n$ (반전)

〈표 7-9〉 T F/F의 특성표

입 력		출 력
Q_n	T	Q_{n+1}
0	0	0
0	1	1
1	0	1
1	1	0

[그림 7-18]은 T 플립플롭의 특성표로부터 구한 특성식이다.

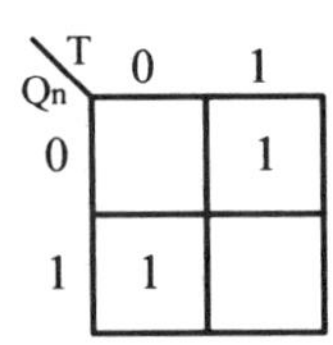

$$Q_{n+1} = T\overline{Q}_n + \overline{T}Q_n$$

[그림 7-18] T F/F의 특성식

예제 7-3

[그림 7-19]와 같이 T F/F을 2단 연결하고 CP에 20 [kHz]를 인가하였을 때 출력 Q_1의 주파수는 얼마가 되겠는가?

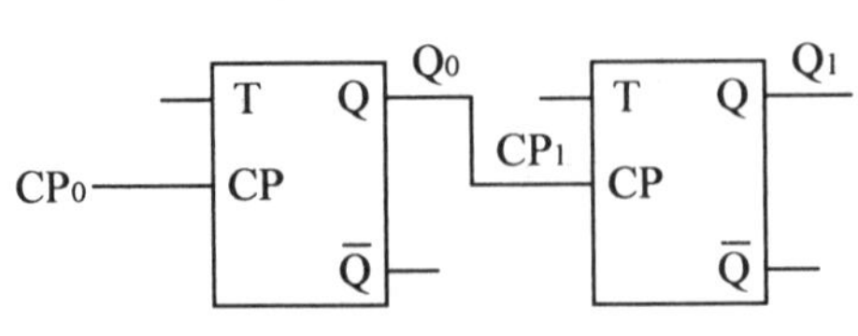

[그림 7-19]

해답 T F/F의 토글(반전)현상으로 주파수는 ½씩 분주된다. 따라서 Q_0의 주파수는 입력 주파수의 ½인 10 [kHz]가 된다. 같은 이치로 Q_1의 주파수는 입력 주파수의 ¼인 5 [kHz]가 된다.

7-6 마스터-슬레이브형 플립플롭

플립플롭의 출력은 입력신호의 순간적인 변화에 의해서 결정된다. 이러한 순간적인 변화를 트리거(trigger)라고 한다. 마스터-슬레이브 플립플롭은 에지 트리거를 하기 위한 방식 중의 하나로 2개의 플립플롭이 한 쌍을 이루어 동작한다.

앞서 살펴본 JK F/F의 경우 지연회로를 추가해야 하는 불편함이 있으므로 이러한 결점을 제거하기 위하여 지연회로 대신에 두 개의 래치를 두어 클록 펄스의 폭을 짧게 해주는 효과를 나타내도록 하였다. 하나의 래치는 마스터(master)로서 펄스의 정에지에서 트리거하고 다른 래치는 슬레이브(slave)로서 부에지에서 트리거하도록 하였다. 그러면 JK가 모두 1인 경우 0과 1이 계속적으로 반복되는 레이스(race) 현상을 막을 수 있어 안정된 동작을 수행할 수 있게 된다.

먼저 마스터-슬레이브 RS 플립플롭을 살펴보자. [그림 7-20]은 마스터-슬레이브 RS 플립플롭으로 왼쪽의 마스터와 오른쪽의 슬레이브용 플립플롭 2개와 하나의 NOT 게이트로 구성된다.

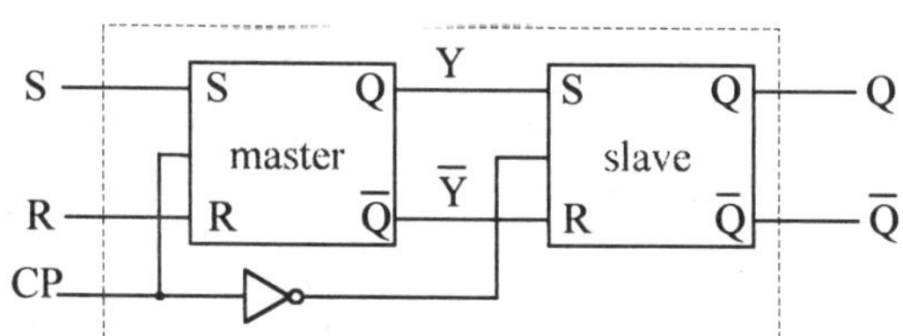

[그림 7-20] 마스터-슬레이브 RS 플립플롭

[그림 7-21]은 마스터-슬레이브 RS 플립플롭의 타이밍도이다. 플립플롭의 동작을 살펴보면 마스터 플립플롭은 클록 펄스가 상승하는 상승 에지(rising edge)시의 $S = 1$, $R = 0$ 이므로 Δt 후에 출력 Y는 '1'이 되며, 이때 슬레이

브는 동작하지 않는다. 클록 펄스가 하강하는 하강 에지(falling edge) 이후부터 마스터는 동작하지 않으며 슬레이브가 동작하게 된다. 슬레이브는 마스터에 의해서 이미 만들어진 안정된 Y를 읽어 클록 펄스의 하강 에지로부터 Δt 후에 Q에 '1'을 출력한다.

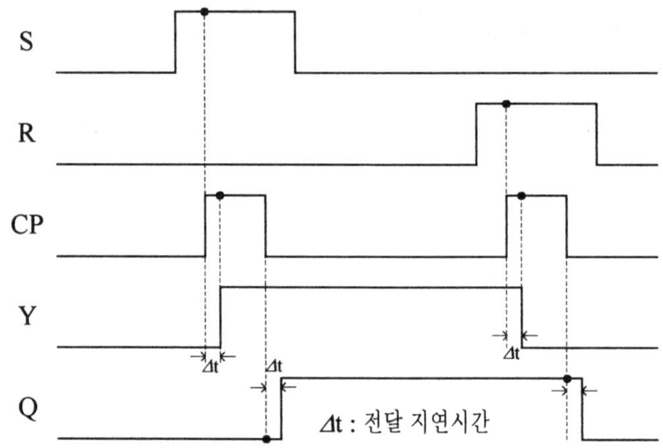

[그림 7-21] 마스터-슬레이브 RS 플립플롭의 타이밍도

다음으로 마스터-슬레이브 JK 플립플롭을 살펴보자.

마스터-슬레이브 JK 플립플롭은 RS 플립플롭, 2 입력 AND 게이트, 3 입력 AND 게이트 각각 2개씩과 하나의 NOT 게이트를 이용하여 [그림 7-22]와 같이 구성할 수 있다.

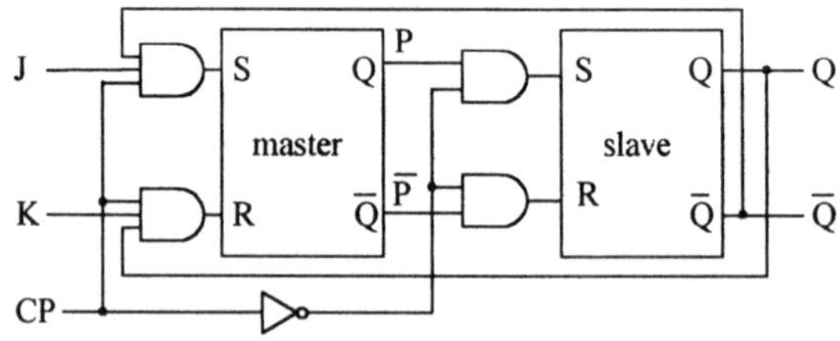

[그림 7-22] 마스터-슬레이브 JK 플립플롭

[그림 7-23]은 마스터-슬레이브 JK 플립플롭의 타이밍도이다. 플립플롭의 동작을 살펴보면

① 첫 번째 클록 펄스의 상승 에지 순간에는 J = 1, K = 0, Q = 0 이므로 마스터의 출력 P는 클록 펄스의 상승 에지로부터 Δt 후에 '1'이 된다(세트). 이때 슬레이브에는 CP가 반전되어 입력되므로 출력의 변화는 없다.

② 첫 번째 클록 펄스의 하강 에지 순간에는 J = 1, K = 0, Q = 0 이므로 마스터의 출력 P는 '1'을 그대로 유지하고, 이때 슬레이브는 P = 1이므로 S = 1, R = 0 이 되어 Q는 클록 펄스의 하강 에지로부터 Δt 후에 '1'이 된다(세트).

③ 두 번째 클록 펄스의 상승 에지 순간에는 J = 0, K = 1, Q = 1 이므로 마스터의 출력 P는 클록 펄스의 상승 에지로부터 Δt 후에 '0'이 된다(리셋). 이때 슬레이브에는 CP가 반전되어 입력되므로 출력의 변화는 없다.

④ 두 번째 클록 펄스의 하강 에지 순간에는 J = 0, K = 1, Q = 1 이므로 마스터의 출력 P는 '0'을 그대로 유지하고, 이때 슬레이브는 P = 0이므로 S = 0, R = 1이 되어 Q는 클록 펄스의 하강 에지로부터 Δt 후에 '0'이 된다(리셋).

⑤ 세 번째 클록 펄스의 상승 에지 순간에는 J = 1, K = 1, Q = 0 이므로 마스터의 출력 P는 클록 펄스의 상승 에지로부터 Δt 후에 '1'이 된다(toggle, 반전). 이때 슬레이브에는 CP가 반전되어 입력되므로 출력의 변화는 없다.

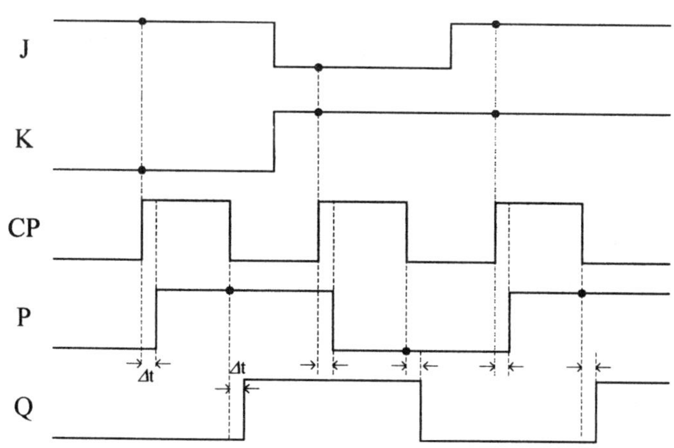

Δt : 전달 지연시간

[그림 7-23] 마스터-슬레이브 JK 플립플롭의 타이밍도

⑥ 세 번째 클록 펄스의 하강 에지 순간에는 J=1, K=1, Q=0이므로 마스터의 출력 P는 '1'을 그대로 유지하고, 이때 슬레이브는 P=1이므로 S=1, R=0이 되어 Q는 클록 펄스의 하강 에지로부터 Δt 후에 '1'이 된다(toggle).

이와 같이 [그림 7-22]의 마스터-슬레이브 JK 플립플롭은 총체적으로 클록 펄스의 부에지 트리거 방식으로 동작한다. 마스터는 클록 펄스 상승시 입력을 슬레이브로 주고([그림 7-23]의 출력 P), 슬레이브는 이를 받아 클록 펄스 하강시 출력에 반영한다([그림 7-23]의 출력 Q).

한편, 에지 트리거 방식으로 동작하는 플립플롭의 외부 입력신호는 클록 펄스가 변화하기 일정한 시간 전에 안정되어 있어야 하는데, 이러한 시간을 'set up time'이라 한다. 또한, 클록 펄스가 변화한 후에도 어느 정도 안정된 상태에 있어야 하는데, 이 시간을 'hold time'이라 한다.

[그림 7-24]는 마스터-슬레이브 JK F/F 레벨트리거형(a)과 마스터 슬레이브 JK F/F 에지 트리거형(b)의 심벌을 보였다.

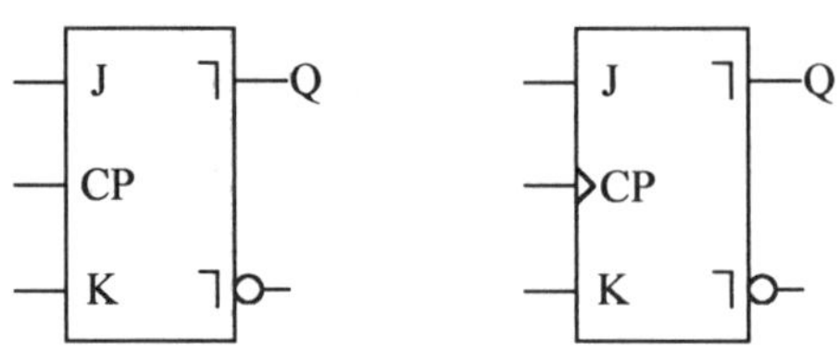

(a) 레벨 트리거형　　(b) 에지 트리거형

[그림 7-24] 마스터-슬레이브 JK 플립플롭

예제 7-4

[그림 7-24]의 (a) 마스터-슬레이브 JK F/F 레벨 트리거형과 (b) 에지 트리거형에 [그림 7-25]와 같은 파형이 각각 인가되었을 때 출력파형을 각각 구하여라.

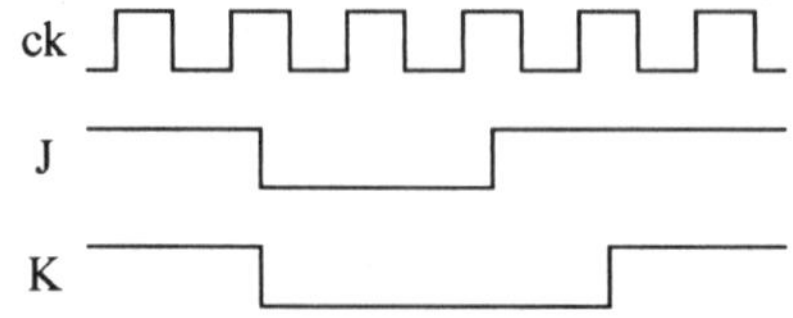

[그림 7-25]

해답 아래의 [그림 7-26]과 같이 동작한다.

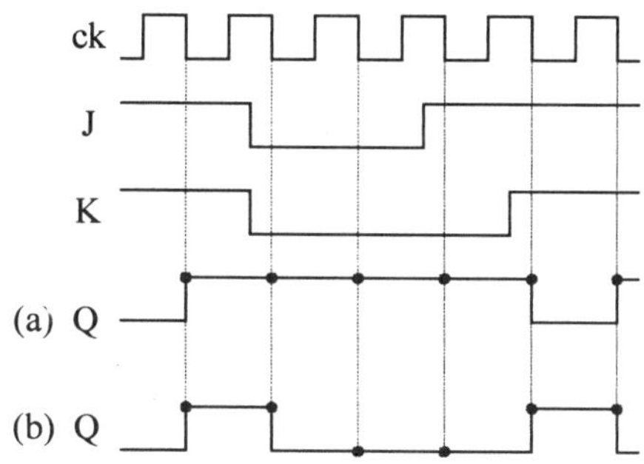

[그림 7-26]

(a)는 마스터 슬레이브 JK F/F 레벨 트리거형이다.

마스터 F/F은 클록 펄스가 HIGH 상태인 동안의 최종입력을 슬레이브로 주고(특별히 펄스 트리거 방식이라 한다) 슬레이브 F/F은 이를 클록 펄스 하강시에 출력에 반영한다. IC 7476이 이에 속한다.

(b)는 마스터 슬레이브 JK F/F 에지 트리거형이다.

마스터 F/F은 클록 펄스가 상승시의 입력을 슬레이브로 주고, 슬레이브 F/F은 이를 클록 펄스 하강시에 출력에 반영한다. IC 74111이 이에 속한다.
(a), (b) 어떤 경우든 마스터 슬레이브 F/F은 클록 펄스 하강시에만 출력이 변한다.

7-7 비동기 입력

대부분의 플립플롭은 클록 펄스에 동기되어 출력이 정해진다. 그러나, 클록 펄스의 상태에 관계없이 비동기적으로 출력을 변화시켜야 할 필요도 있다. 이러한 목적으로 플립플롭은 출력을 '1'로 해주는 preset 입력과 '0'으로 해주는 리셋 또는 clear 입력을 가진다. 이들 두 입력은 클록 펄스와 무관하게 동작하여 출력을 정해주는 비동기 입력이며, 플립플롭의 초기조건을 결정하거나 기타 순서 논리회로 설계에 유용하게 사용된다.

[그림 7-27]의 (a)는 비동기 입력을 가진 JK 플립플롭의 심벌이며, (b)는 이 블록도의 신리표이다. (a)의 비동기 입력 $\overline{PR}$과 $\overline{CLR}$ 입력에 표시되어 있는

원(◯)은 해당 입력이 '0'일 때 활성되는 LOW 레벨 트리거 방식으로 동작하는 것을 나타내며, $\overline{PR}$과 $\overline{CLR}$은 동시에 '0'이 되지 않아야 한다. 또한, 클록 CP 입력에 표시되어 있는 원(◯)과 삼각형(▷)은 해당 입력이 '1'에서 '0'으로 변화할 때 활성화되는 부에지 트리거 방식으로 동작하는 것을 나타낸다.

[그림 7-17 (b)]의 진리표에서 CP 열의 화살표(↓)도 클록 펄스의 부에지에 출력이 정해진다는 것을 나타낸다. (b)의 진리표로부터 $\overline{PR}$=0이고 $\overline{CLR}$='1'이면 출력 Q는 CP나, J, K에 무관하게 '1'로 preset되고, $\overline{PR}$='1'이고 $\overline{CLR}$='0'이면 출력 Q는 CP나, J, K에 무관하게 '0'으로 clear되는 것을 알 수 있다. 또한, 플립플롭이 정상적으로 동작하기 위해서는 $\overline{PR}$='1', $\overline{CLR}$='1'의 조건을 만족시켜야 한다.

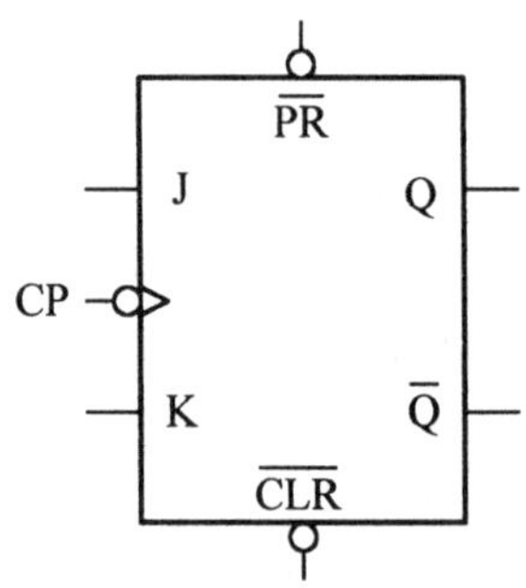

(a) 심벌

입 력					출 력	
$\overline{PR}$	$\overline{CLR}$	CP	J	K	Q	$\overline{Q}$
0	1	x	x	x	1	0
1	0	x	x	x	0	1
1	1	↓	0	0	불변	
1	1	↓	0	1	0	1
1	1	↓	1	0	1	0
1	1	↓	1	1	toggle	

(b) 진리표

[그림 7-27] 비동기 입력을 가진 JK 플립플롭

[그림 7-28]은 JK 플립플롭을 이용한 2의 보수회로로서 동기입력과 비동기입력을 모두 이용하고 있다. [그림 7-28 (a)]의 논리도를 통하여 동작원리를 살펴보자.

처음에 JK 플립플롭의 출력 Q는 비동기 입력단자 $\overline{PR}$에 의해 1로 세트된다. 따라서 입력 데이터 A가 0인 동안에는 클록 펄스가 JK 플립플롭을 트리거시키지 못하므로 G_1만이 동작되어 입력 데이터 A는 그대로 F로 출력된다. 입력 데이터 A에 첫 번째 1이 수신되면 이때 비로소 클록 펄스가 JK 플립플롭을 트리거시키는 입력동기 방식에 의해 출력 Q는 0으로 리셋된다. 따라서 이제는 G_2만이 동작되므로 입력 데이터 A는 인버터를 통과하여 $\overline{A}$가 되어 F로 출력된다.

[그림 7-28 (b)]의 타이밍도는 $A=(01100)_2$ 라는 입력 데이터가 LSB부터 순차적으로 입력되었을 때 $F=(10100)_2$ 라는 데이터가 출력되는 과정을 보인 것이다. 결국 2의 보수회로의 알고리즘은 첫 번째 1이 나타날 때까지만 수신입력 데이터를 그대로 통과시키고 그 이후부터는 입력 데이터를 보수로 만들어 출력시키는 것이라 할 수 있다.

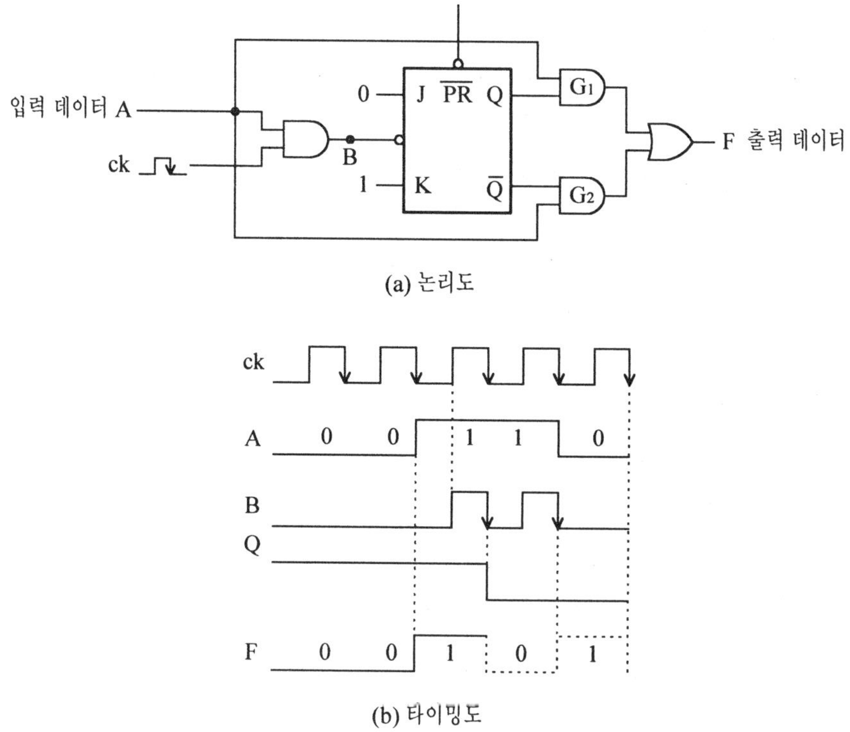

[그림 7-28] 2의 보수회로

7-8 순서 논리회로 설계

순서 논리회로가 조합 논리회로보다 설계하기 어려운 근본적인 이유는 신호의 상태를 시간적 순서관계로서 고려해야 하기 때문이다.

이 절에서는 순서 논리회로의 설계순서를 고찰하고 실질적인 예를 들어 문제를 풀어보기로 한다.

■ **동기 순서회로의 설계순서**

① **회로동작의 기술**
모든 입력 및 출력의 관계를 기술한다. 이때 상태도나 타이밍도를 이용한다.

② **상태표(state table)의 결정**
첫 단계의 입·출력 관계로부터 초기상태 및 상태표를 작성한다.

③ **상태표의 최소화**
모든 동작상태를 포함하는 상태표에서 여분의 상태를 제거하여 최소화한다.

④ **여기표(excitation table)의 작성**
상태표로부터 어떤 기억소자를 쓸 것인가 결정하여 여기표를 작성한다.

⑤ **플립플롭의 입력함수 및 출력함수 결정**
여기표로부터 카르노 맵 등을 이용하여 플립플롭의 입력함수 및 출력함수를 결정한다.

⑥ **회로도 작성**
플립플롭의 입력함수와 출력함수가 결정되면 이들을 이용하여 순서 논리회로를 작성한다.

[그림 7-29]의 순서 논리회로를 이용하여 순서 논리회로를 분석하는 방법을 예제를 포함하여 자세하게 알아보자.

(1) 회로동작의 기술

이 회로에는 하나의 입력변수 X와 하나의 출력변수 Y가 있다. 또한, 두 개의 RS 플립플롭 A와 B로 구성되어 있으며, 각 플립플롭은 부에지 트리거 방식으로 동작한다.

(2) 상태표

이 순서 논리회로의 입·출력 및 플립플롭의 상태의 시간적 순서관계는 상태표(state table)에 나타낼 수 있다.

상태표에는 클록 펄스의 트리거가 입력되기 전의 플립플롭의 상태인 현재 상태와 트리거가 입력된 후의 플립플롭의 상태인 다음 상태를 표시하며, 플립플롭의 상태와 외부 제어입력으로 정해지는 출력도 표시한다.

[그림 7-29]의 순서 논리회로에는 하나의 외부 제어입력 X와 두 개의 플립플롭의 상태변수 A, B가 있으므로 상태표에는 총 8개(2^3)의 현재 상태에 대한 다음 상태와 이때의 조합 논리회로 출력 Y를 나타내게 된다.

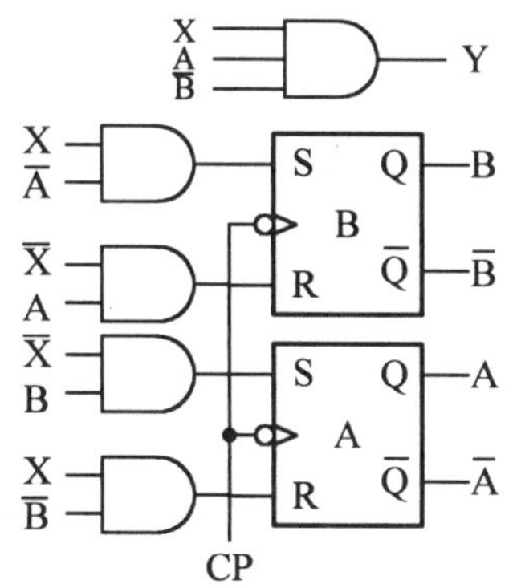

[그림 7-29] 순서 논리회로의 예

현재 상태 XAB가 000인 경우 A 플립플롭의 $S=B\overline{X}=0$, $R=X\overline{B}=0$이고, B 플립플롭의 $S=X\overline{A}=0$, $R=\overline{X}A=0$이므로 A, B 플립플롭의 다음 상태는 00이 되고 출력 $Y=XA\overline{B}=0$가 된다. 같은 방법으로 〈표 7-10〉의 상태표를 얻을 수 있다.

〈표 7-10〉 [그림 7-29] 회로의 상태표

현재 상태	다음 상태	출 력
X A B	A B	Y
0 0 0	0 0	0
0 0 1	1 1	0
0 1 0	1 0	0
0 1 1	1 0	0
1 0 0	0 1	0
1 0 1	0 1	0
1 1 0	0 0	1
1 1 1	1 1	0

(3) 상태도

순서 논리회로의 각 플립플롭의 상태는 상태도(state diagram)에 도식적으로 나타낼 수 있다.

상태도의 원은 독립적인 상태를 나타내고, 원 안의 이진수 표시는 플립플롭의 상태변수값을 나타낸다. 두 상태를 이어주는 화살표는 클록에 의한 트리거 입력 전후의 상태변화를 나타낸다. 단, 트리거 입력 전후의 상태값의 변화가 없을 경우에는 화살표는 자산으로 되돌아오게 된다. 또한, 화살표 좌우측의 2진 표기는 제어입력값과 출력값을 나타낸다. 즉, 1/0의 의미는 제어입력 X가 '1'이면 출력값 Y는 '0'이 되는 것을 나타낸다.

따라서 〈표 7-10〉의 상태표로부터 [그림 7-30]의 상태도를 작성할 수 있다.

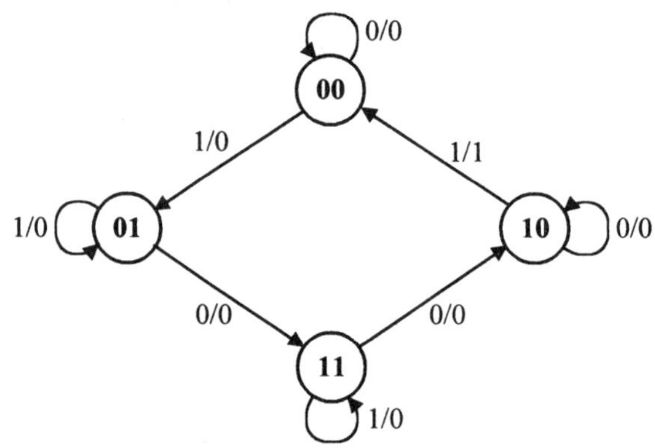

[그림 7-30] [그림 7-29] 회로의 상태도

예를 들어, 현재 상태 AB가 '00'일 때 외부입력 X가 '1'이면 출력 Y는 '0'이고, 클록 펄스에 의하여 플립플롭이 트리거된 후의 다음 상태는 '01'이 된다. 또한, 현재 상태 AB가 '00'일 때 외부입력 X가 '0'이면 출력 Y는 '0'이고, 클록 펄스에 의하여 플립플롭이 트리거된 후의 다음 상태는 변화 없이 '00'이 된다.

(4) 상태식

플립플롭에서 외부 제어입력과 현재 상태를 이용하여 클록 펄스가 인가된 후 플립플롭의 다음 상태를 볼 식으로 나타낸 식을 상태식(state equations)이라 한다. 즉, 순서 논리회로에서 상태식은 각 플립플롭의 상태가 변화하는 조건을 나타내게 된다. 따라서 플립플롭의 상태식은 입력변수 X, A, B로 표현되며 상태표로부터 [그림 7-31]과 같이 카르노 맵을 이용하여 간략화된 함수를 얻을 수 있다.

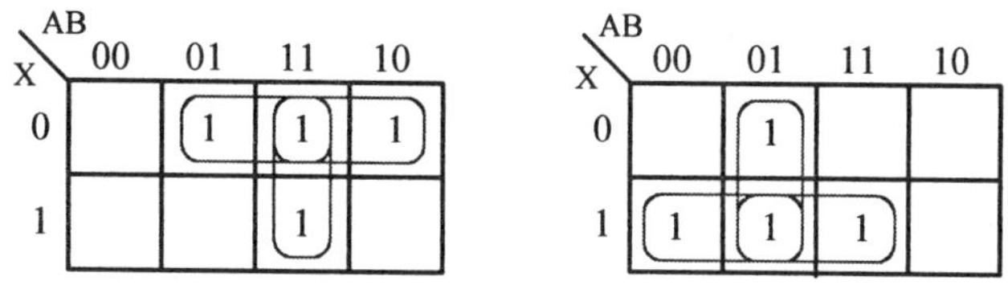

$A_{t+1} = B\overline{X} + AB + A\overline{X}$
$= B\overline{X} + A(\overline{\overline{B}\cdot X})$
(a)

$B_{t+1} = \overline{A}X + \overline{A}B + BX$
$= \overline{A}X + (\overline{A\overline{X}})\cdot B$
(b)

[그림 7-31] 플립플롭 A, B의 상태식

(5) 플립플롭의 입력함수

플립플롭의 상태식과 해당 플립플롭의 특성식을 비교하면 각 플립플롭의 입력함수를 쉽게 구할 수 있다. 위의 순서 논리회로에는 RS 플립플롭이 사용되므로 RS 플립플롭의 특성식

$$Q_{t+1} = S + \overline{R}Q$$

으로부터 플립플롭 A, B의 특성식은

$$A_{t+1} = S_A + \overline{R}_A \cdot A$$
$$B_{t+1} = S_B + \overline{R}_B \cdot B$$

이 된다. 또한, 〈표 7-10〉의 상태표로부터 [그림 7-31]을 이용하여 구한 상태식은

$$A_{t+1} = B\overline{X} + (\overline{\overline{B}X})A$$
$$B_{t+1} = \overline{A}X + (\overline{A\overline{X}}) \cdot B$$

이다. 플립플롭의 상태식은 당연히 특성식을 만족해야 하므로 이들 두 쌍의 식을 비교하면 플립플롭의 입력함수는 아래와 같이 구해진다.

$$S_A = B\overline{X}, \quad R_A = \overline{B}X$$
$$S_B = \overline{A}X, \quad R_B = A\overline{X}$$

이러한 결과는 [그림 7-29]의 두 RS 플립플롭의 입력과 동일한 결과임을 확인할 수 있다. 즉, 순서 논리회로에서 플립플롭의 입력함수를 알면 특성식에 의해서 순서 논리회로의 상태식을 쉽게 구할 수 있다. 지금은 상태식을 알고 있을 때 특성식을 이용하여 입력함수를 구한 경우이다. 즉, 플립플롭에서 입력을 알면 출력을 구할 수 있고 역으로 출력을 알면 입력을 구할 수 있는 것이다.

예제 7-5

[그림 7-32]의 회로로부터 플립플롭의 입력함수를 결정하고, 이를 이용하여 상태식을 계산하여라. 또한, 상태식을 이용하여 상태표와 상태도를 작성하여라.

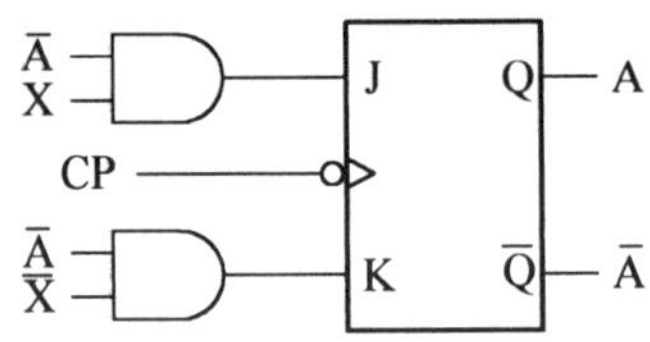

[그림 7-32] 순서 논리회로

해답 [그림 7-32]의 순서 논리회로로부터 외부입력 X와 궤환 요소 A가 F/F의 입력이 되고 있음을 알 수 있다.

① 입력함수를 구하면 아래 식과 같다.

$$J_A = \overline{A}X$$

$$K_A = \overline{A}\,\overline{X}$$

② JK 플립플롭의 특성식을 이용한 순서 논리회로의 상태식의 계산은 아래와 같다.

JK 플립플롭의 특성식 : $Q_{t+1} = J\overline{Q} + \overline{K}Q$

따라서 순서 논리회로의 상태식은

$$A_{t+1} = J_A \cdot \overline{A} + \overline{K}_A \cdot A$$

가 되므로 1)의 결과를 대입하면

$$A_{t+1} = \overline{A}X \cdot \overline{A} + (\overline{\overline{A}\,\overline{X}}) \cdot A = X + A$$

별해 [그림 7-32]에서 플립플롭의 입력 XA는 현재 상태에 해당하므로 4가지 경우 즉, XA가 00, 01, 10, 11인 경우를 윗식에 대입하여 〈표 7-11〉과 같은 상태표를 얻을 수 있다. 상태표로부터 [그림 7-33] 카르노 맵의 최대항(maxterm)을 이용하여 상태식을 계산하면

$$A_{t+1} = X + A$$

가 된다. 또, 상태표를 이용하여 상태도를 그리면 [그림 7-34]와 같이 된다.

〈표 7-11〉 상태표

현재 상태		다음 상태
X	A	A
0	0	0
0	1	1
1	0	1
1	1	1

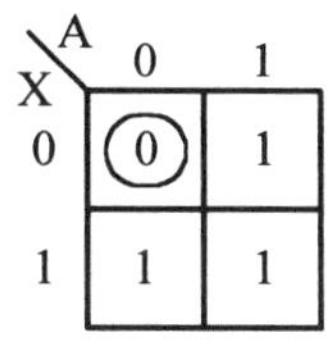

[그림 7-33] 카르노 맵

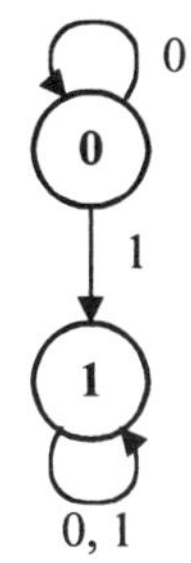

[그림 7-34] 상태도

예제 7-6

[그림 7-35]의 회로로부터 플립플롭의 입력함수를 결정하고, 이를 이용하여 상태식을 계산하여라. 또한, 상태식을 이용하여 상태표와 상태도를 작성하여라.

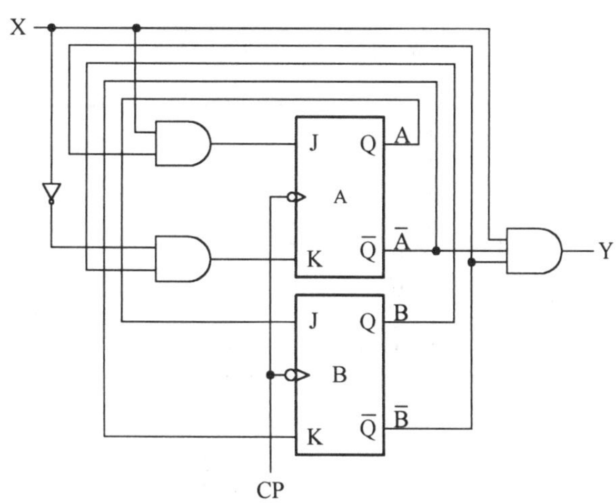

[그림 7-35] 순서 논리회로

해답 입력함수를 알면 F/F의 특성함수로부터 상태식을 구할 수 있다. 그러면 상태표와 상태도를 작성할 수 있게 된다. 회로도로부터 플립플롭의 입력함수와 출력 불 함수를 구하면

플립플롭의 입력함수 $J_A = X\overline{B}$ $K_A = \overline{X}B$

$J_B = A$ $K_B = \overline{A}$ 가 되고

출력함수 $Y = X\overline{A}\,\overline{B}$ 가 된다.

JK 플립플롭의 특성식은 $Q_{t+1}=J\overline{Q}+\overline{K}Q$이므로 각 플립플롭의 상태식은

$$A_{t+1}=J_A \cdot \overline{A} + \overline{K}_A \cdot A$$
$$B_{t+1}=J_B \cdot \overline{B} + \overline{K}_B \cdot B$$

이므로, 각 상태식에 플립플롭의 입력함수를 대입하면

$$\begin{aligned}A_{t+1}&=X\overline{B}\cdot\overline{A}+(\overline{\overline{X}B})\cdot A\\&=X\overline{B}\cdot\overline{A}+XA+\overline{B}A\\&=\overline{B}(A+\overline{A}X)+XA\\&=\overline{B}(A+X)+AX\\&=A\overline{B}+AX+\overline{B}X\\B_{t+1}&=A\cdot\overline{B}+A\cdot B\\&=A\end{aligned}$$

가 된다. 이 상태식을 이용하여 상태표를 작성하면 〈표 7-12〉와 같이 된다. 이 상태표를 이용하여 상태도를 그리면 [그림 7-36]과 같이 그려진다.

〈표 7-12〉 상태표

현재 상태	다음 상태	출 력
X A B	A B	Y
0 0 0	0 0	0
0 0 1	0 0	0
0 1 0	1 1	0
0 1 1	0 1	0
1 0 0	1 0	1
1 0 1	0 0	0
1 1 0	1 1	0
1 1 1	1 1	0

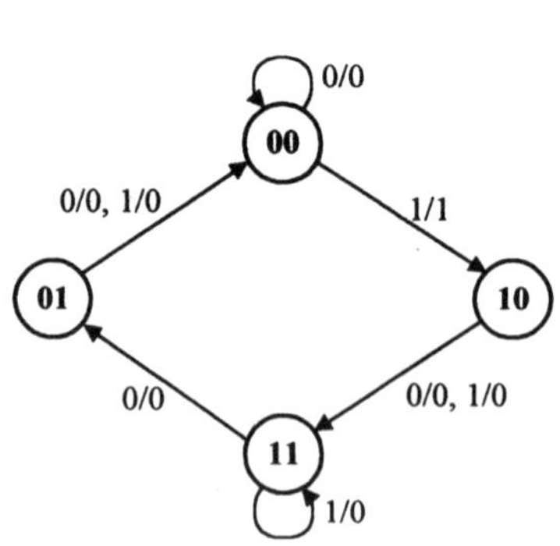

[그림 7-36] 상태표

(6) 플립플롭의 여기표

플립플롭의 입출력 특성은 입력값에 따른 출력값의 변화를 표시한 특성표(characteristic table)를 이용하여 나타낼 수 있다. 아래의 〈표 7-13〉은 앞에서 배운 각 플립플롭의 특성표를 모아서 정리한 것이다. 각 플립플롭의 특성표에서 Q_t와 Q_{t+1}은 플립플롭이 트리거(trigger)되기 전의 현재 상태(present state)와 트리거 후의 다음 상태(next state)이며, (a)의 '×' 표시는 RS 플립플롭의 경우 두 입력이 모두 '1'이면($S=R=1$) 두 출력이 $Q=\overline{Q}=0$이 되므로 $S=R=1$은 금지입력조합으로 사용할 수 없음을 나타낸다. 이상은 우리가 이미 잘 알고 있는 내용이다.

〈표 7-13〉 플립플롭의 특성표

S	R	Q_{t+1}
0	0	Q_t
0	1	0
1	0	1
1	1	×

(a) RS 플립플롭

J	K	Q_{t+1}
0	0	Q_t
0	1	0
1	0	1
1	1	$\overline{Q_t}$

(b) JK 플립플롭

D	Q_{t+1}
0	0
1	1

(c) D 플립플롭

T	Q_{t+1}
0	Q_t
1	$\overline{Q_t}$

(d) T 플립플롭

이와는 다르게 각 플립플롭이 Q_t에서 Q_{t+1}로 출력이 변하기 위해서 필요한 입력을 표로 나타낸 것이 여기표(excitation table)이다.

〈표 7-14〉는 JK 플립플롭의 여기표가 작성되는 과정을 보여주고 있다. (a)는 플립플롭의 출력이 Q_t에서 Q_{t+1}로 변하기 위한 입력 J, K의 값을 나타낸 표이다.

JK 플립플롭에서 $Q_t=0$에서 $Q_{t+1}=0$으로 변화하기 위해서는 $J=0$, $K=0$(불변) 또는 $J=0$, $K=1$(리셋)이 입력되어야 한다. 따라서 J는 '0'으로 정해지고, K는 '0' 또는 '1'의 값을 가질 수 있으므로 don't care 입력이 된다. 즉, JK 플립플롭에서 $Q_t=0$에서 $Q_{t+1}=0$으로 변하기 위한 입력은 $J=0$, $K=X$로 정해지며, 이 표로부터 각 출력변화에 대하여 두 가지씩의 입력조합이 있음을 알 수 있다.

〈표 7-14〉 JK 플립플롭의 여기표

Q_t	Q_{t+1}	J	K
0	0	0 0	0 1
0	1	1 1	0 1
1	0	0 1	1 1
1	1	0 1	0 0

(a)

Q_t	Q_{t+1}	J	K
0	0	0	X
0	1	1	X
1	0	X	1
1	1	X	0

(b) 최종 여기표

(a)의 입력조건을 간단히 정리하면 (b)와 같이 최종 여기표가 구해진다. 여기표에서 'X' 표시는 해당 입력값에 무관하게 출력이 정해진다는 의미이다.

RS, D, T 플립플롭의 여기표도 동일한 방법으로 구할 수 있다. 〈표 7-15〉는 각 플립플롭의 여기표를 정리해놓은 것이다.

〈표 7-15〉 플립플롭의 여기표

Q_t	Q_{t+1}	S	R
0	0	0	X
0	1	1	0
1	0	0	1
1	1	X	0

(a) RS 플립플롭

Q_t	Q_{t+1}	J	K
0	0	0	X
0	1	1	X
1	0	X	1
1	1	X	0

(b) JK 플립플롭

Q_t	Q_{t+1}	D
0	0	0
0	1	1
1	0	0
1	1	1

(c) D 플립플롭

Q_t	Q_{t+1}	T
0	0	0
0	1	1
1	0	1
1	1	0

(d) T 플립플롭

(7) 상태 간략화

순서 논리회로를 설계할 경우 상태의 수에 의해서 플립플롭의 수가 정해진다. 즉, 상태의 수가 n개이면 필요한 플립플롭의 수는 다음의 조건을 만족하는 정수 m이 된다.

$$2^m \geq n$$

즉, 상태의 수가 6, 7 또는 8인 경우에는 3개의 플립플롭이 필요하지만 상태의 수가 9인 경우에는 4개의 플립플롭이 필요하다. 따라서, 순서 논리회로를 최적으로 설계하기 위해서는 상태의 수를 최소화시키는 작업이 필요하게 된다.

순서 논리회로에서 상태의 수를 줄이는 방법은 모든 입력조합에 대하여 동일한 출력이 나오는 등가상태(equivalent state)를 찾아서 삭제하는 것이다.

실제로 상태 간략화(state reduction)를 위해서는 상태도나 상태표를 분석하여 동일한 방식으로 동작하는 등가상태를 확인하여야 한다.

1) 상태도에서의 등가상태 확인 방법

상태도에서 등가상태는 외부 제어입력의 모든 조합에 대한 다음 상태와 출력이 동일한 상태들은 등가이므로 삭제가 가능해진다.

[그림 7-37]의 상태도에서 상태 e와 g의 경우를 살펴보면 외부입력이 '0'일 때는 출력이 '0'이고, 다음 상태는 a가 된다. 또한 외부입력이 '1'일 때는 출력이 '1'이고, 다음 상태는 d가 된다. 따라서, 두 상태 e와 g는 등가상태이므로 하나의 상태 g는 삭제하여도 된다. 상태 g를 삭제한 상태도는 [그림 7-38]과 같다.

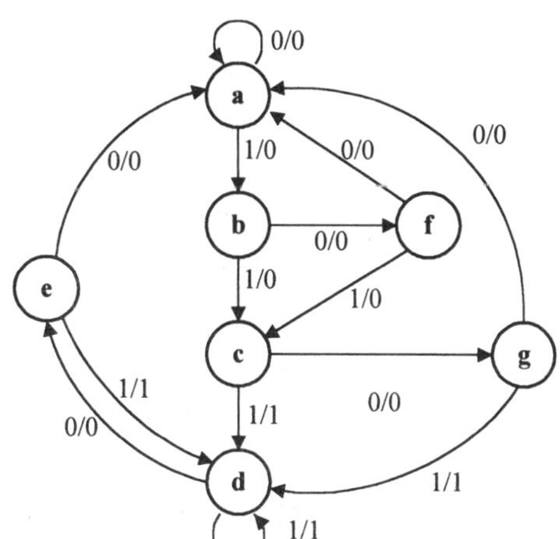

[그림 7-37] 상태도

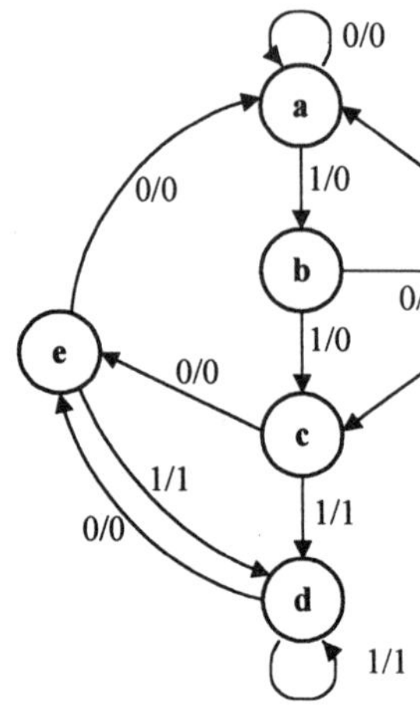

[그림 7-38] 상태도(g 삭제 후)

[그림 7-38]의 상태도에서 상태 c와 d의 경우를 살펴보면 외부입력이 '0' 일 때는 출력이 '0'이고, 다음 상태는 e가 된다. 또한 외부입력이 '1'일 때는 출력이 '1'이고, 다음 상태는 d가 된다. 따라서 두 상태 c와 d는 등가상태이므로 하나의 상태 d는 삭제하여도 된다. 상태 d를 삭제한 상태도는 [그림 7-39]와 같다.

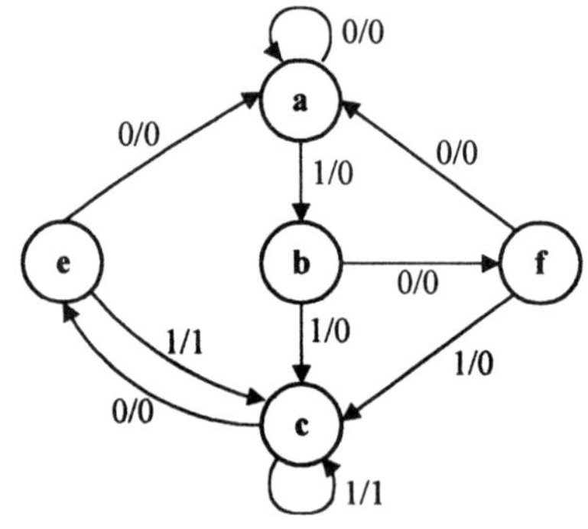

[그림 7-39] 상태도(d 삭제 후)

[그림 7-39]의 상태도는 원래의 상태도에 비해서 상태 d와 g가 등가상태로 확인되어서 삭제된 결과이다. 초기의 상태도에는 7개의 상태가 있었으나 상태 감소화 이후에는 5개의 상태만 필요하게 된다.

2) 상태표에서의 등가상태 확인 방법

상태표에서 등가상태는 외부 제어입력의 모든 조합에 대한 다음 상태와 출력이 동일한 경우를 확인하여 삭제하는 것이다.

〈표 7-16〉 상태표

현재 상태	다음 상태		출 력	
	X=0	X=1	X=0	X=1
a	a	b	0	0
b	f	c	0	0
c	~~g~~ e	d	0	1
d	e	d	0	1
e	a	d	0	1
f	a	c	0	0
g	a	d	0	1

〈표 7-16〉은 [그림 7-37]의 상태도에 대한 상태표이다. 상태표에서 상태 e와 g는 외부입력 X에 대한 다음 상태와 출력이 동일하므로 등가상태이다. 등가상태가 여러 개인 경우 그 중에서 하나만 남겨놓고 나머지는 제거하여도 입출력 관계에는 영향을 미치지 않는다. 따라서 위의 상태표에서 g를 제거하고, 상태표 다음 상태열의 상태 g는 모두 상태 e로 치환한다. 상태 g를 제거하고, 상태 g를 e로 치환한 후의 상태표는 〈표 7-17〉이 된다.

〈표 7-17〉 상태표(상태 g 치환 후)

현재 상태	다음 상태		출 력	
	X=0	X=1	X=0	X=1
a	a	b	0	0
b	f	c	0	0
c	e	~~d~~ c	0	1
d	e	~~d~~ c	0	1
e	a	~~d~~ c	0	1
f	a	c	0	0

〈표 7-17〉에서 상태 c와 d도 등가상태이므로 상태 d를 삭제하고, 상태 d를 상태 c로 치환하면 〈표 7-18〉의 상태표가 만들어진다.

〈표 7-18〉 상태표(상태 d 치환 후)

현재 상태	다음 상태		출 력	
	X=0	X=1	X=0	X=1
a	a	b	0	0
b	f	c	0	0
c	e	c	0	1
e	a	c	0	1
f	a	c	0	0

〈표 7-18〉은 두 개의 등가상태를 상태표에서 제거한 후의 간략화된 상태표이다. 간략화된 상태표에는 5개의 상태만 있으며, [그림 7-39] 상태도를 이용한 결과와 동일하다.

이와 같이 순서 논리회로를 설계하기 위해서는 먼저 상태의 수를 간략화하여 필요한 플립플롭의 수나, 게이트의 수를 감소시켜주어야 한다.

(8) 상태할당

상태할당(state assignment)은 최소의 플립플롭이 사용되도록 기호로 표시된 각 상태에 이진수를 부여하는 것이다. 상태를 나타내는 데 필요한 이진수의 비트 수가 플립플롭의 수가 되므로 상태수가 n일 경우 필요한 이진수의 비트 수 m은 아래의 조건을 만족하는 최소의 정수를 선택한다.

$2^m \geq n$인 정수 m

앞의 예에서 상태의 수가 5이므로 3 비트의 이진수가 필요하게 된다. 3 비트의 이진수에는 8개의 이진수가 있으며, 이들 중에서 5개를 선택하여 각 상태에 이진수를 할당하는 방법은 $_8P_5$, 즉 6,750개가 있다. 이 중에서 4가지를 나타낸 것이 〈표 7-19〉이다.

〈표 7-19〉 상태할당의 예

상 태	방법 1	방법 2	방법 3	방법 4
a	000	000	111	000
b	001	010	100	001
c	010	100	101	011
e	011	110	010	111
f	100	111	001	110

상태할당 방법이 다르게 되면 상태표 내의 이진수가 다르게 되어서 순서 논리회로의 구성이 다르게 된다. 따라서 최적의 상태할당은 매우 어려운 과정이다.

〈표 7-20〉은 상태할당 방법 1을 이용했을 경우의 상태표이다. 〈표 7-18〉에서 a=000, b=001, c=010, e=011, f=100로 가정하여 상태를 할당한 경우이다.

〈표 7-20〉 상태표(상태 d 치환 후)

현재 상태	다음 상태		출 력	
	X=0	X=1	X=0	X=1
000	000	001	0	0
001	100	010	0	0
010	011	010	0	1
011	000	010	0	1
100	000	010	0	0

(9) 설 계

다음의 설계과정은 최종 상태표대로 순서 논리회로의 플립플롭의 출력이 변해지는 데 필요한 입력조건을 표시하는 여기표(excitation table)를 작성한다. 여기표를 작성하기 위해서는 상태 기억소자로 사용할 플립플롭을 선정하고, 해당 플립플롭의 여기표를 참조하여 순서 논리회로의 여기표를 작성한다. JK 플립플롭을 사용하여 설계하면 〈표 7-21〉의 여기표가 작성된다.

플립플롭의 입력은 외부입력 X=0과 X=1의 경우에 대하여 해당 플립플롭의 값이 상태표와 같이 변화하는 데 필요한 JK 플립플롭의 입력조건을 나타낸 것이다. 표에는 16개의 상태 중에서 상태할당에 사용된 5개의 이진수에 대한 외부입력 X와 조합하여 10개가 사용되고 있으며, 나머지 6개는 무의항으로 취급한다.

(10) 플립플롭의 입력함수 및 출력함수 결정

순서 논리회로의 여기표로부터 플립플롭의 입력함수와 출력함수를 결정하기 위해서는 4변수 카르노 맵을 이용한다. J_A의 출력함수를 구하고자 하는 경우 입력변수는 ABCX가 된다. 위의 예에서는 16개의 최소항(minterm) 중에서 10개만 사용하므로 6개의 최소항은 무의항(don't care term)으로 한다.

〈표 7-21〉 여기표(JK 플립플롭 사용의 경우)

현재 상태 ABC	다음 상태		플립플롭의 입력												출력 Y	
	X=0	X=1	X=0						X=1						X=0	X=1
			J_A	K_A	J_B	K_B	J_C	K_C	J_A	K_A	J_B	K_B	J_C	K_C		
000	000	001	0	X	0	X	0	X	0	X	0	X	1	X	0	0
001	100	010	1	X	0	X	X	1	0	X	1	X	X	1	0	0
010	011	010	0	X	X	0	1	X	0	X	X	0	0	X	0	1
011	000	010	0	X	X	1	X	1	0	X	X	0	X	1	0	1
100	000	010	X	1	0	X	0	X	X	1	1	X	0	X	0	0

AB \ CX	00	01	11	10
00	0	0	0	1
01	0	0	0	0
11	x	x	x	x
10	x	x	x	x

(a) J_A

AB \ CX	00	01	11	10
00	x	x	x	x
01	x	x	x	x
11	x	x	x	x
10	1	1	x	x

(b) K_A

AB \ CX	00	01	11	10
00	0	0	1	0
01	x	x	x	x
11	x	x	x	x
10	0	1	x	x

(c) J_B

AB \ CX	00	01	11	10
00	x	x	x	x
01	0	0	0	1
11	x	x	x	x
10	x	x	x	x

(d) K_B

AB \ CX	00	01	11	10
00	0	1	x	x
01	1	0	x	x
11	x	x	x	x
10	0	0	x	x

(e) J_C

AB \ CX	00	01	11	10
00	x	x	1	1
01	x	x	1	1
11	x	x	x	x
10	x	x	x	x

(f) K_C

AB \ CX	00	01	11	10
00	0	0	0	0
01	0	1	1	0
11	x	x	x	x
10	0	0	x	x

(g) Y

[그림 7-40] 〈표 7-21〉의 여기표에 대한 카르노 맵

[그림 7-40]의 카르노 맵으로부터 각 플립플롭의 입력함수와 출력 Y의 불식은 다음과 같이 구해진다.

$$J_A = B'CX' \qquad K_A = 1$$
$$J_B = AX + CX \qquad K_B = CX'$$
$$J_C = BX' + A'B'X \qquad K_C = 1$$
$$Y = BX$$

(11) 순서 논리회로 작성

앞에서 구한 각 플립플롭의 입력함수와 출력함수를 이용하여 논리회로를 작성한다.

제일 먼저 [그림 7-41]과 같이 3개의 JK 플립플롭에 클록 펄스를 동시에 인가시킨다. 다음에 조합논리에 해당하는 각 플립플롭의 입력함수와 출력함수를 논리회로로 구성하면 된다. 이때 외부제어 입력은 X이고 외부출력은 Y이다. 각자 구성해보아라.

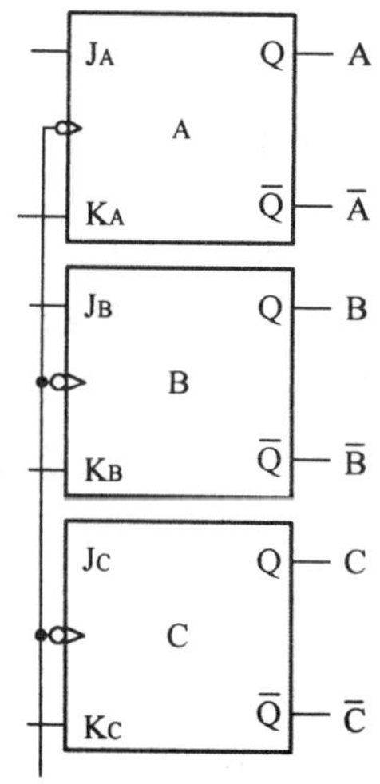

[그림 7-41] 순서 논리회로

예제 7-7 [그림 7-42]에 있는 상태도와 같이 동작하는 순서 논리회로를 RS 플립플롭을 이용하여 설계하여라.

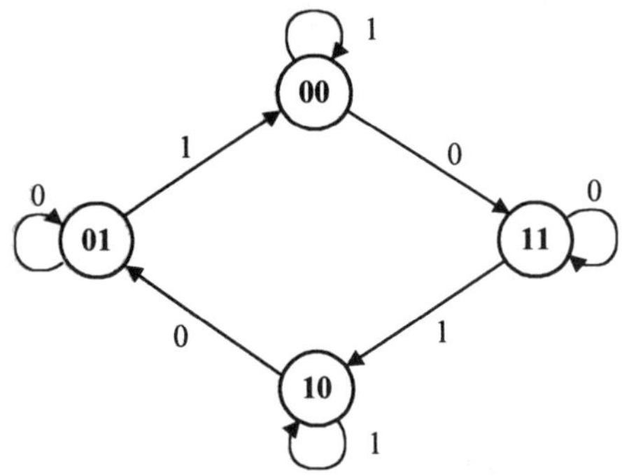

[그림 7-42] 상태도

해답 위의 상태도에는 하나의 외부 제어입력 X가 있으며, 외부출력은 없다. 또한 4개의 상태가 있으므로 2개의 플립플롭이 필요하며, 상태할당은 이미 이루어져 있다.

① 상태도로부터 상태표를 작성하면 〈표 7-22〉가 된다. 이 표에는 다음 상태가 같은 등가상태가 없으므로 더 이상의 간략화는 불필요하다.

〈표 7-22〉 [그림 7-43]의 상태표

현재 상태	다음 상태	
	X=0	X=1
A B	A B	A B
0 0	1 1	0 0
0 1	0 1	0 0
1 0	0 1	1 0
1 1	1 1	1 0

② RS 플립플롭의 여기표를 이용하여 〈표 7-22〉에 대한 여기표를 작성하면 〈표 7-23〉이 된다.

〈표 7-23〉 여기표(RS 플립플롭 사용의 경우)

현재 상태	다음 상태		플립플롭의 입력							
	X=0	X=1	X=0				X=1			
A B	A B	A B	S_A	R_A	S_B	R_B	S_A	R_A	S_B	R_B
0 0	1 1	0 0	1	0	1	0	0	X	0	X
0 1	0 1	0 0	0	X	X	0	0	X	0	1
1 0	0 1	1 0	0	1	1	0	X	0	0	X
1 1	1 1	1 0	X	0	X	0	X	0	0	1

③ 〈표 7-23〉의 여기표를 [그림 7-43]과 같이 3 변수 카르노 맵에 표현하여 각 플립플롭의 입력함수를 구하면 아래와 같다.

$S_A = A'B'X'$ $\qquad$ $R_A = AB'X'$

$S_B = X'$ $\qquad$ $R_B = X$

A \ BX	00	01	11	10
0	1	0	0	0
1	0	X	X	X

(a) S_A

A \ BX	00	01	11	10
0	0	X	X	X
1	1	0	0	0

(b) R_A

A \ BX	00	01	11	10
0	1	0	0	X
1	1	0	0	X

(c) S_B

A \ BX	00	01	11	10
0	0	X	1	0
1	0	X	1	0

(d) R_B

[그림 7-43] RS 플립플롭 A, B의 입력함수

④ [그림 7-43]의 카르노 맵으로부터 구한 각 플립플롭의 입력함수를 이용하여 회로를 작성하면 [그림 7-44]와 같다.

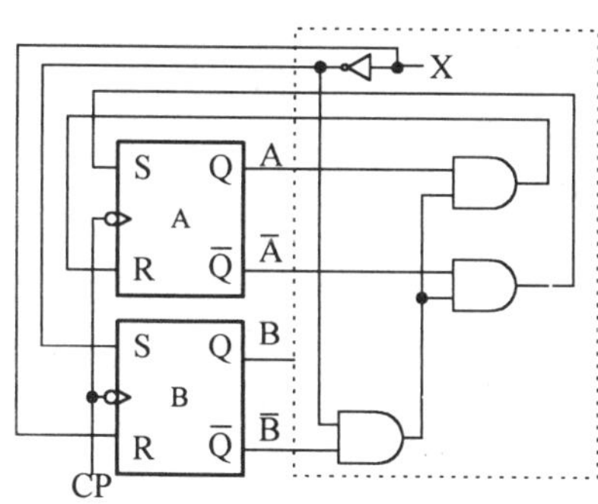

[그림 7-44] 순서 논리회로

예제 7-8

다음 〈표 7-24〉의 상태표로 주어진 순서 논리회로를 JK 플립플롭을 사용하여 회로를 설계하여라. 단 $q_0=00$, $q_1=01$, $q_2=10$, $q_3=11$로 상태가 할당된 것으로 한다.

〈표 7-24〉 상태표

현재 상태	다음 상태		출 력	
	입력 X		입력 X	
	0	1	0	1
q_0	q_2	q_1	0	0
q_1	q_2	q_2	0	0
q_2	q_0	q_3	0	1
q_3	q_0	q_2	0	0

해답 상태가 모두 4개이므로 JK 플립플롭 2개가 필요하다. JK 플립플롭을 이용한 여기표를 작성하면 〈표 7-25〉가 된다.

〈표 7-25〉 상태 여기표

입 력	현재 상태	다음 상태	출 력	플립플롭 입력	
X	A B	A B	Y	J_A K_A	J_B K_B
0	0 0	1 0	0	1 x	0 x
0	0 1	1 0	0	1 x	x 1
0	1 0	0 0	0	x 1	0 x
0	1 1	0 0	0	x 1	x 1
1	0 0	0 1	0	0 x	1 x
1	0 1	1 0	0	1 x	x 1
1	1 0	1 1	1	x 0	1 x
1	1 1	1 0	0	x 0	x 1

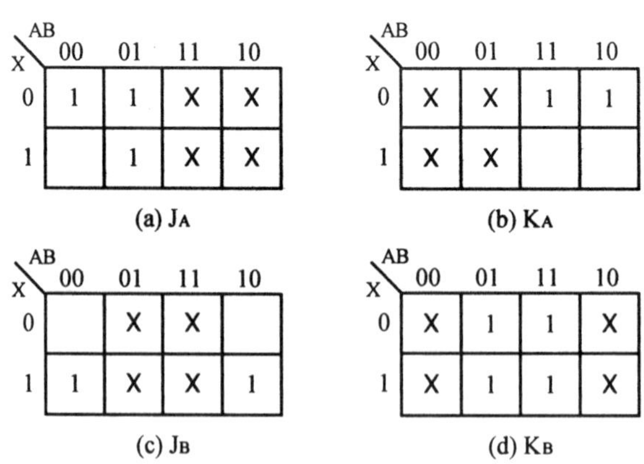

[그림 7-45] 플립플롭 A, B의 입력함수

② 상태 여기표를 카르노 맵에 표시하여 각 플립플롭의 입력함수와 출력함수를 구한다. 이때 F/F의 입력변수는 X, A, B가 된다.

$J_A = X' + B$ $\qquad K_A = X'$

$J_B = X$ $\qquad K_B = 1$

$Y = XAB'$

③ 각 플립플롭의 입력함수와 출력함수를 이용하여 회로를 구성한다.

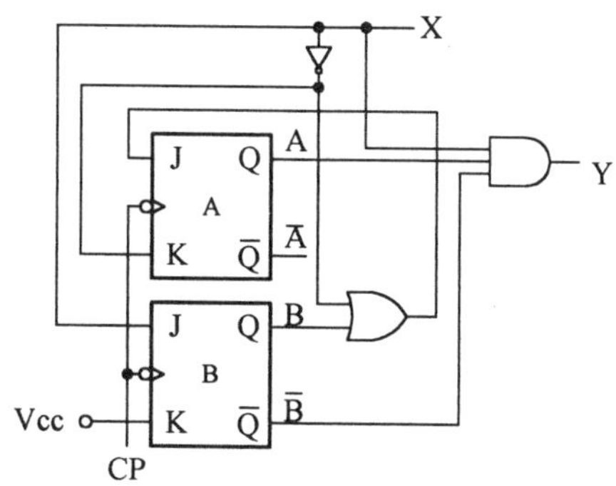

[그림 7-46] 순서 논리회로

예제 7-9

제어입력 x의 값이 연속적으로 100인 경우에 Y의 출력값으로 제어용 펄스 1을 갖는 순서 논리회로의 상태도를 그려라.

해답 [그림 7-47]은 순서 논리회로 상태도의 작성과정을 잘 보여주고 있다.

(a) q_0, q_1, q_2라는 임의의 3가지 상태에서 출발한다.

(b) q_0의 상태에서 입력이 1이면 q_1의 상태로 변하고, 입력이 0이면 q_0의 상태를 그대로 유지한다.

(c) 계속되는 1은 q_1의 상태를 그대로 유지하며, 1의 입력 뒤에 0이 오는 경우만 상태는 q_2로 변한다.

(d) q_2의 상태에서 1의 입력은 q_2의 상태를 q_1으로 되돌리는 한편 또다른 0의 입력은 출력에 1을 내보내고 q_0의 상태로 돌아간다.

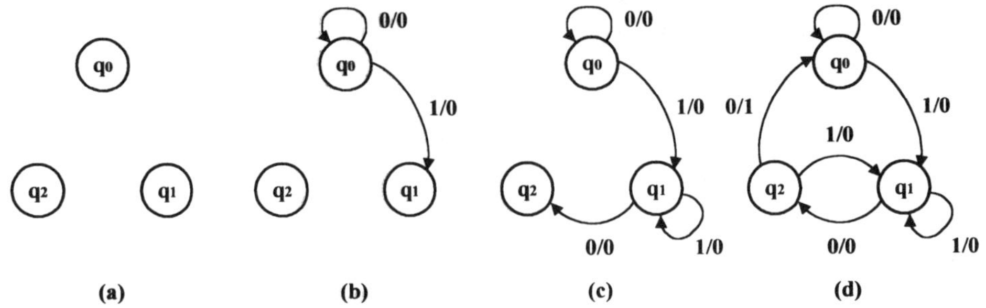

[그림 7-47] 순서 논리회로 상태도

7 연습문제

1. [그림 7-9]를 참고하여 부에지 트리거 펄스를 얻는 방법을 제안하여라.

2. RS 플립플롭과 RS 래치의 차이점에 대해 논하여라.

3. 입력 클록 주파수 64 [kHz]로부터 1 [kHz]의 주파수를 얻기 위해서는 T F/F 몇 개가 필요한가?

4. [그림 7-48]의 (a) 회로에 (b)와 같은 신호가 가해졌을 때 출력 Y의 파형을 (c)에 그려보아라.

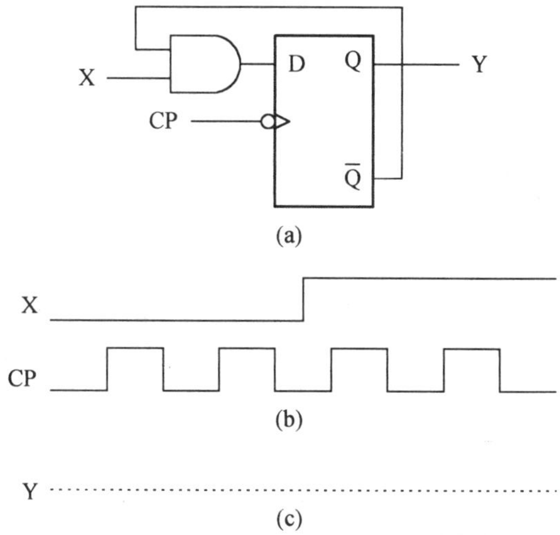

[그림 7-48]

5. [그림 7-49]와 같은 전가산기(full-adder)가 있다. 이 논리회로의 상태표와 상태도를 작성하여라.

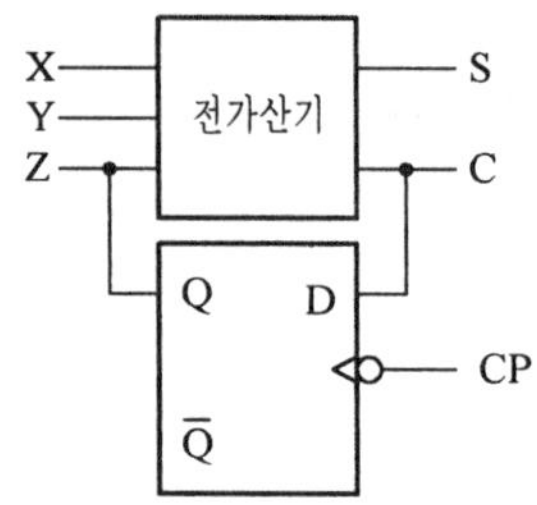

[그림 7-49]

6. 다음의 〈표 7-26〉의 상태표를 간소화하여 상태의 수를 줄이고 간소화된 상태표를 작성하여라.

〈표 7-26〉 상태표

현재 상태	다음 상태		출 력	
	X=0	X=1	X=0	X=1
a	f	b	0	0
b	d	c	0	0
c	f	e	0	0
d	g	a	1	0
e	d	c	0	0
f	f	b	1	1
g	g	h	0	1
h	g	a	1	0

7. 〈표 7-26〉에 있는 상태표에 의해서 상태가 변화될 때 초기상태가 a이고 입력이 1110010011로 가해졌을 때 출력의 변화를 보여라.

8. 다음과 같은 상태표를 사용하여 순차 논리회로를 설계하여라.

〈표 7-27〉 상태표

현재 상태		입 력	다음 상태		출 력
A	B	X	A	B	Y
0	0	0	0	0	0
0	0	1	0	1	0
0	1	0	0	1	0
0	1	1	0	0	1
1	0	0	1	0	0
1	0	1	0	1	0
1	1	0	1	1	0
1	1	1	0	0	1

9. [그림 7-50]에서 (a)는 T 플립플롭, (b)는 D 플립플롭, (c)는 JK 플립플롭이 됨을 증명하여라.

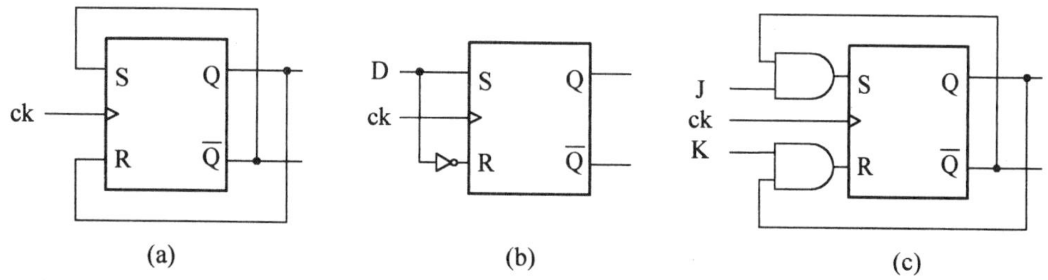

[그림 7-50]

10. [그림 7-51]과 같이 동작하는 순서 논리회로를 JK 플립플롭으로 설계하여라.

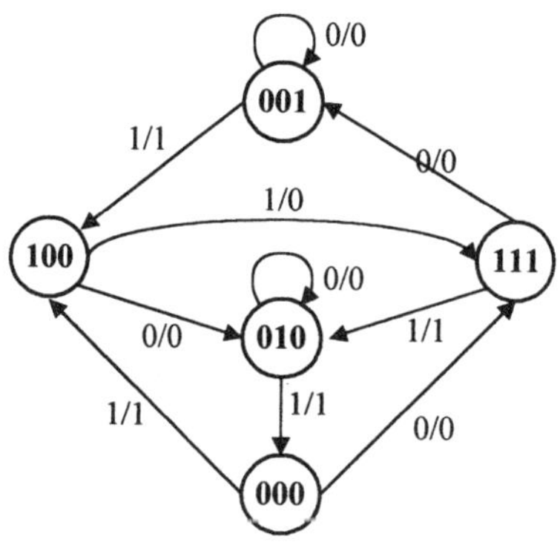

[그림 7-51] 상태도

11. JK 플립플롭을 D, T 플립플롭으로 동작하기 위한 회로도를 그려보아라.

제 8 장 레지스터

8-1 레지스터

디지털 시스템에서 수치나 명령(instruction) 등의 정보를 일시 기억해두는 일종의 고속 기억장치로서 일련의 플립플롭(flip-flop)들을 레지스터(register)라 하며, 여러 종류의 레지스터가 디지털 시스템에 사용되고 있다.

[그림 8-1]은 4개의 D 플립플롭과 클록 펄스로 구성된 4비트 레지스터이다. 클록 펄스가 가해지면 4개의 플립플롭이 동시에 작용하여 입력에 가해진 정보($I_0 \sim I_3$)가 출력($O_0 \sim O_3$)에 전달된다. 따라서 4개의 플립플롭 입력단자에 각각 1010을 입력하고 클록 펄스를 가해주면 4비트 레지스터는 입력에 가해진 정보 1010을 기억하게 된다.

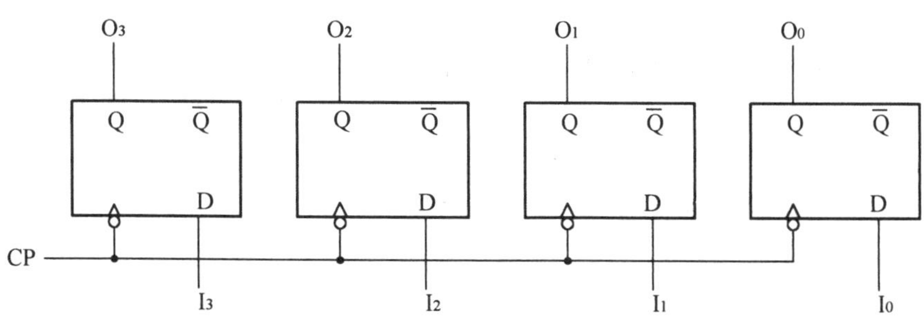

[그림 8-1] 4비트 레지스터

8-2 직렬 시프트 레지스터

직렬 시프트 레지스터(serial shift register)는 2진수를 기억할 수 있도록 여러 개의 플립플롭을 직렬로 연결하여 만들며, 직렬 시프트 레지스터는 시프트된 데이터를 한 비트씩 이동시킨다. 직렬 시프트 레지스터에서 시프트되는 데이터가 좌향이면 shift left 레지스터, 우향이면 shift right 레지스터, 순회(circulation)하면 순회형(shift-around) 레지스터라 한다.

(1) shift left 레지스터

[그림 8-2]의 (a)는 4단의 D 플립플롭으로 구성된 좌향 시프트 레지스터(left shift register)이다. 데이터는 LSB인 Q_0단에서 MSB인 Q_3단으로 좌향 이동된다.

[그림 8-2]의 (b)와 같은 데이터 입력이 주어지는 경우에 시프트 펄스가 차례로 가해짐에 따라 데이터가 Q_0단, Q_1단, Q_2단, Q_3단으로 좌향 이동된다. 이와 같이 4단 시프트 레지스터에서는 직렬입력 데이터가 출력에 나타나는 데 4개의 시프트 펄스가 필요하다. 이때 입·출력동작은 직렬입력-직렬출력 형식이다. 그러나 [그림 8-2]에서 Q_0, Q_1, Q_2, Q_3에서 병렬로 출력하면 직렬입력-병렬출력 형식이 될 수도 있다. 따라서 4단 shift left 레지스터의 동작표는 〈표 8-1〉과 같다.

〈표 8-1〉에서 알 수 있는 바와 같이 어떤 수의 2진수를 왼쪽으로 시프트하면 그 수에 2를 곱한 것과 같으므로 shift left 레지스터는 곱셈 연산회로에 이용될 수 있다.

[그림 8-3]은 레지스터의 초기값이 '1111'일 때 직렬입력 D에 '0'을 입력하는 경우, 시프트 펄스가 차례로 가해짐에 따라 데이터가 직렬로 좌향 이동되고 있는 shift left 레지스터의 타이밍도를 보인 것이다. 타이밍도에서 출력파형은 한 주기씩 지연되어 나타나고 있음을 알 수 있고 이러한 동작을 표로 나타내면 shift left 레지스터의 동작표는 〈표 8-2〉와 같다.

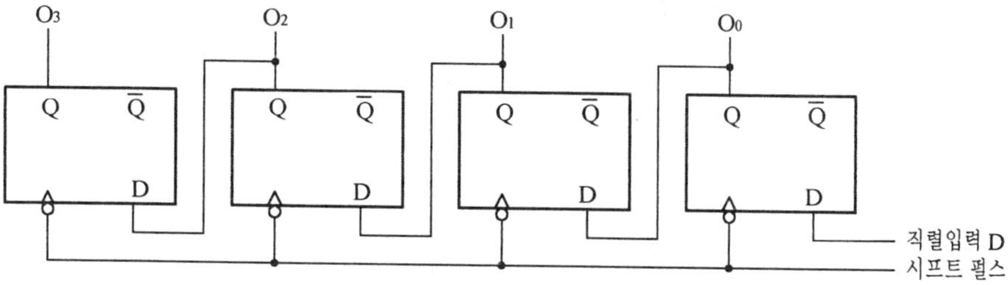

(a) 논리회로

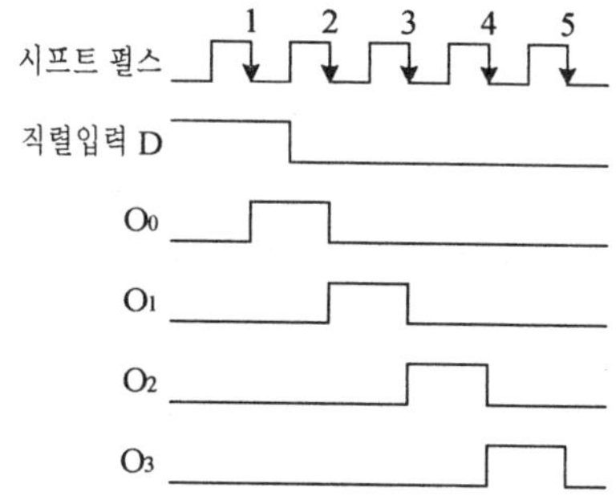

(b) 타이밍도

[그림 8-2] shift left 레지스터

〈표 8-1〉 shifft left 레지스터의 동작표(1)

시프트 펄스	Q_3	Q_2	Q_1	Q_0
초기값	0	0	0	0
1	0	0	0	1
2	0	0	1	0
3	0	1	0	0
4	1	0	0	0

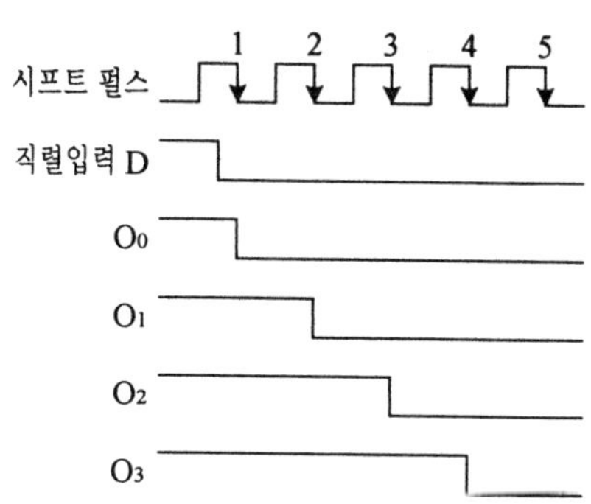

[그림 8-3] shift left 레지스터의 타이밍도

〈표 8-2〉 shift left 레지스터의 동작표(2)

시프트 펄스	Q_3	Q_2	Q_1	Q_0
초기값	1	1	1	1
1	1	1	1	0
2	1	1	0	0
3	1	0	0	0
4	0	0	0	0

(2) shift right 레지스터

직렬가산기에서는 LSB부터 자리수를 이동시켜가면서 차례로 입력을 가해야 하는데 이 경우 [그림 8-4 (a)]와 같은 shift right 레지스터를 사용한다. 초기에 모든 레지스터 단이 리셋되어 있고, 직렬입력 D가 [그림 8-4]의 (b)와 같다면 shift right 레지스터의 동작표는 〈표 8-3〉과 같다.

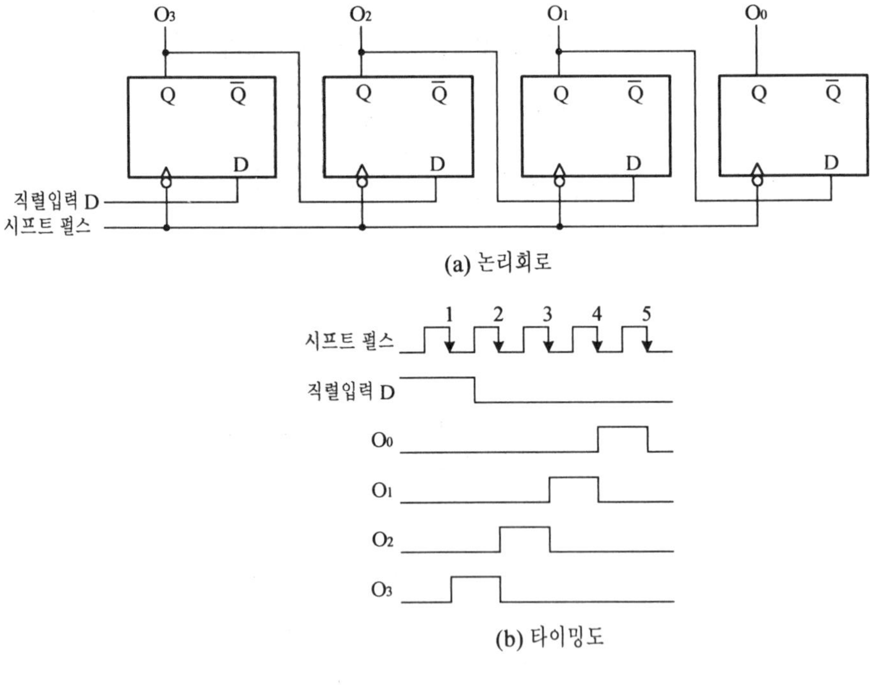

[그림 8-4] shift right 레지스터

shift right 레지스터는 〈표 8-3〉의 동작표에서 알 수 있는 바와 같이 어떤 2진수를 오른쪽으로 1비트 시프트하면 그 수를 2로 나눈 것과 같으므로 나눗셈 연산회로에 이용될 수 있다. [그림 8-4]의 타이밍도는 입력 데이터가 직렬입력 D에 가해지며 가해진 입력 데이터는 시프트 펄스가 가해질 때마다 우측으로 이동되고 있는 동작상태를 명확하게 보여주고 있다.

〈표 8-3〉 shift right 레지스터의 동작표

시프트 펄스	Q_3	Q_2	Q_1	Q_0
초기값	0	0	0	0
1	1	0	0	0
2	0	1	0	0
3	0	0	1	0
4	0	0	0	1

(3) 순회형 시프트 레지스터

시프트 레지스터는 데이터를 집어넣는(shift-in) 동작뿐 아니라 데이터를 끌어내는(shift-out) 동작도 할 수 있다. [그림 8-5]와 같이 shift right 레지스터에서 출력 Q_0를 Q_3단의 입력으로 결선한 방식을 순회형(shift-around) 시프트 레지스터라고 한다.

이와 같은 순회형 시프트 레지스터에서는 〈표 8-4〉에서 보는 바와 같이 초기값 '0111'이 4개의 시프트 펄스에 의해 1비트씩 우측으로 순회되어 초기값과 같게 된다.

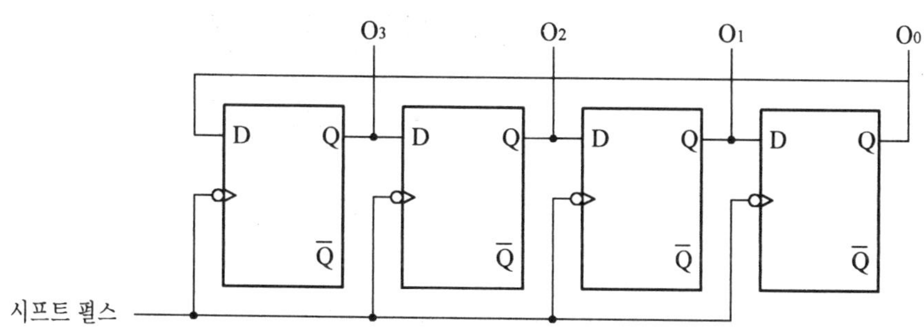

[그림 8-5] 순회형 시프트 레지스터

〈표 8-4〉 순회형 시프트 레지스터의 동작표

시프트 펄스	Q_3	Q_2	Q_1	Q_0
초기값	0	1	1	1
1	1	0	1	1
2	1	1	0	1
3	1	1	1	0
4	0	1	1	1

8-3 병렬 시프트 레지스터

[그림 8-6]은 RS 플립플롭으로 구성한 4비트 병렬 시프트 레지스터로서 동기화된 클록 펄스를 모든 플립플롭에 직접 입력시키고, 레지스터의 초기화를 위하여 clear 입력단을 가진 구조이다.

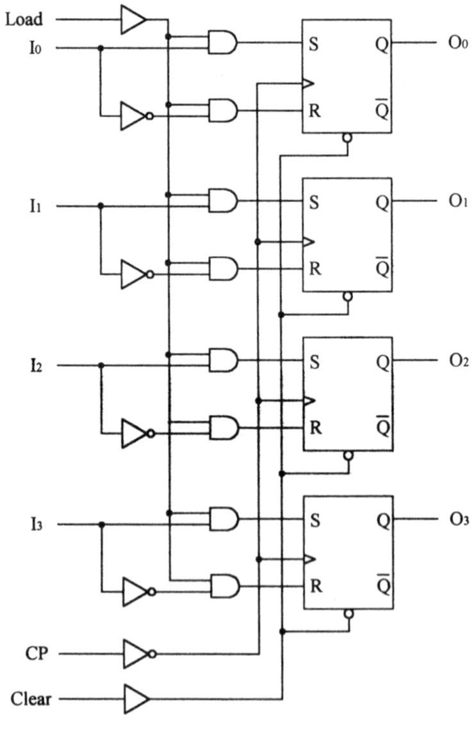

[그림 8-6] 4비트 병렬 시프트 레지스터

이 레지스터의 클록 입력은 인버터(inverter)를 통하여 플립플롭에 입력되며 각 플립플롭은 클록 입력에 동기되어 하강 에지(falling edge)에서 트리거된다. 한편, clear 입력은 버퍼(buffer)를 통하여 모든 플립플롭에 입력시키는데, 이것은 레지스터를 동작시키기 전에 모든 플립플롭을 리셋시키기 위한 것이다. clear 입력은 비동기 입력으로서 클록 펄스에 의한 트리거와 무관하게 clear 단자에 LOW를 가하면 출력은 리셋된다.

레지스터에 새로운 데이터를 시프트시켜 원하는 데이터로 바꾸어주는 동작을 로드(load)라고 한다. 로드 입력은 버퍼와 일련의 AND 게이트를 통과하여 각 플립플롭의 R, S 입력으로 들어가기 때문에 클록 펄스에 의해서 레지스터의 동작을 제어하게 된다.

[그림 8-6]의 레지스터의 동작을 살펴보면 load 입력과 clear 입력이 모두 '1'일 때 클록 펄스의 하강 에지에 의해서 트리거되는 순간 입력 데이터 (I_0, I_1, I_2, I_3)는 동시에 병렬로 레지스터에 적재(load)된다. 이와 같이 레지스터의 모든 비트를 클록 펄스에 의해 동시에 새로운 데이터로 바꾸어주는 것을 병렬 시프트 레지스터(parallel shift register)라 한다. 다음으로 [그림 8-7] 8비트 병렬전송 레지스터 74LS574의 동작을 살펴보도록 하자.

(a)

(b)

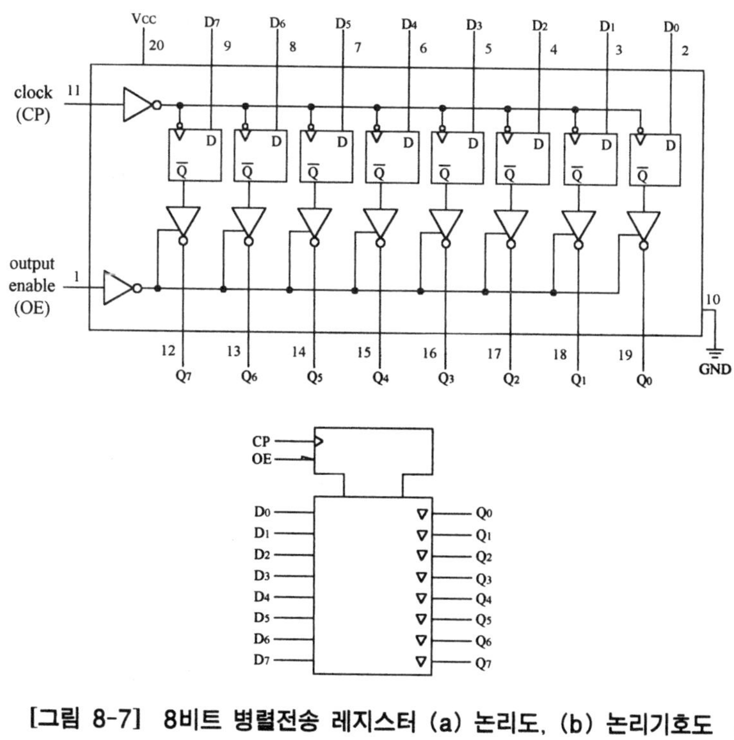

[그림 8-7] 8비트 병렬전송 레지스터 (a) 논리도, (b) 논리기호도

[그림 8-7 (a)]의 논리도는 3상태 출력을 갖는 8개의 D F/F으로 구성되어 있음을 알 수가 있다. 8개의 입력 데이터는 CP의 상승 에지에서 D F/F에 각각 기억되고 기억된 입력정보($D_0 \sim D_7$)는 출력 허용신호(OE)가 LOW일 때 출력($Q_0 \sim Q_7$)으로 전송된다. 이러한 동작은 그림 (b)의 논리기호도로 표시된다. 이때 출력의 ▽ 표시는 3상태를 의미한다.

8-4 만능 시프트 레지스터

[그림 8-8]은 4비트 만능 시프트 레지스터(74194)의 논리 블록도이다. 74194의 입력을 살펴보면, 상부의 4 입력은 병렬입력(A, B, C, D)이며, 2개의 직렬입력(D_{SL}, D_{SR})은 데이터를 레지스터에 직렬로(1비트씩) 입력하기 위한 것이다. 우향 시프트 직렬입력(D_{SR})은 레지스터가 우시프트할 때 사용하며, 좌향 시프트 직렬입력(D_{SL})은 레지스터가 좌시프트할 때 사용한다.

클록 입력(CK)은 클록 펄스의 'L'→'H' 변화(↑)에 의해 4개의 플립플롭을 동작시키며, 클리어 입력(CLR)은 'L' 레벨에서 각 플립플롭을 '0'으로 리셋한다. 모드 제어입력(S_0, S_1)은 레지스터의 동작을 제어한다. 즉, 우시프트, 좌시프트, 병렬 로드, 유지 모드(hold) 중 하나의 동작을 지시한다.

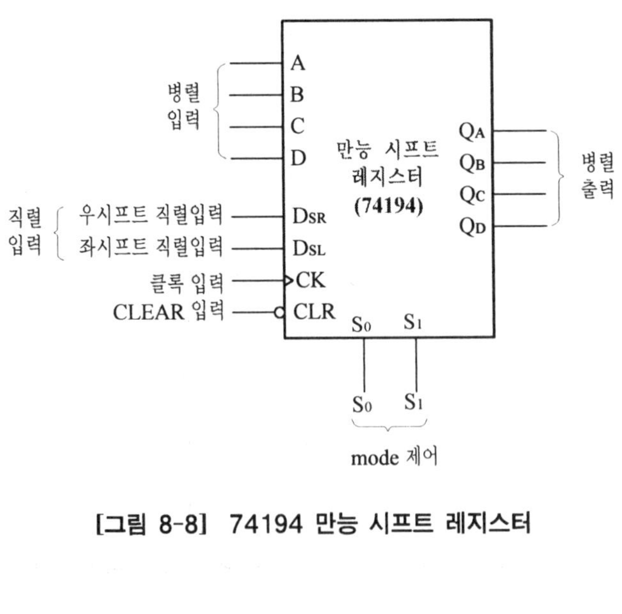

[그림 8-8] 74194 만능 시프트 레지스터

〈표 8-5〉에 74194 만능 시프트 레지스터의 모드 선택 기능표를 나타냈다. 〈표 8-5〉에서 시프트 레지스터를 '0000'으로 리셋하는 경우를 생각해보자. CLR 입력이 'L'이면 이 입력은 다른 모든 입력에 우선하고, 출력을 '0000'(표에서는 'LLLL')으로 초기화시키며, 출력은 Q_A, Q_B, Q_C, Q_D로 표시되어 있다.

〈표 8-5〉의 나머지 4개의 동작 모드는 모드 제어(S_0, S_1)에 의해 제어된다. 모드 제어가 양쪽 모두 'L'($S_0=0$, $S_1=0$)인 때에는 시프트 레지스터는 유지 모드가 되어서 아무런 변화가 없다. 따라서, 출력($Q_A \sim Q_D$)은 이전 상태값을 그대로 표시한다.

모드 제어가 $S_0=0$, $S_1=1$인 때에는 좌시프트 동작으로 데이터를 좌시프트 직렬입력(D_{SL})에 넣는다. 좌시프트 입력은 레지스터에서 1비트의 좌시프트할 때 Q_D에 전송된다. 시프트 동작은 클록 펄스의 'L'→'H' 변화(↑) 순간에 이루어지고, 이것은 표에 상향 화살표에 의해 표시되어 있다.

모드 제어를 $S_0=1$, $S_1=0$으로 하면 우시프트 동작이 선택된다. 이 동작 모드에서는 데이터를 D_{SR}에 입력한다. 클록 펄스의 'L'→'H' 변화(↑)로 레지스터가 1비트 우시프트할 때 입력 D_{SR}에 있는 데이터가 출력 Q_A에 전송된다.

〈표 8-5〉 74194 만능 시프트 레지스터의 모드 선택 기능표

동작 모드	입력						출력			
	CK	CLR	S_1	S_0	D_{SR}	D_{SL}	Q_A	Q_B	Q_C	Q_D
리셋(클리어)	X	L	X	X	X	X	L	L	L	L
유지(상태불변)	X	H	l	l	X	X	q_A	q_D	q_C	q_D
좌시프트	↑	H	h	l	X	L	q_B	q_C	q_D	L
	↑	H	h	l	X	H	q_B	q_C	q_D	H
우시프트	↑	H	l	h	L	X	L	q_A	q_B	q_C
	↑	H	l	h	H	X	H	q_A	q_B	q_C
병렬 로드	↑	H	h	h	X	X	d_A	d_B	d_C	d_D

H : HIGH 전압 레벨
L : LOW 전압 레벨
h : 클록의 H→L 변화 전의 HIGH 전압 레벨
l : 클록의 L→H 변화 전의 LOW 전압 레벨
$d_n(q_n)$: 입력(출력)의 상태가 클록의 L→H 변화 전의 상태값
X : don't care 조건
↑ : 클록의 L→H 변화

만능 시프트 레지스터의 마지막 동작 모드는 〈표 8-5〉의 제일 아래 행이다. 74194 레지스터에 병렬로 데이터를 로드하기 위해서는 모드 제어를 $S_0=1$, $S_1=1$로 한다. 클록 펄스의 'L'→'H' 변화로 병렬입력단(A, B, C, D)의 데이터는 대응하는 출력단으로 전송된다. 병렬입력은 클록 펄스에 동기되어 출력으로 병렬전송된다. 이상과 같은 모드 제어는 2 to 4 디코더가 이용된다. 이 밖에 8비트 만능 시프트 레지스터로 IC74LS299가 있는데 이 IC는 3상태 구조로 공통의 병력 I/O 라인을 가진다.

8 5 8비트 CMOS 시프트 레지스터

[그림 8-9]는 Signetics사에서 제조한 74HC164 IC로서 8비트 직렬입력-병렬출력 시프트 레지스터이다. 74HC164 CMOS IC는 클록 펄스의 에지에서 동작하는 8비트 레지스터로서, 병렬출력(Q_0 ~ Q_7)은 8개의 D 플립플롭의 Q 출력단에 연결되어 있다. 8개의 D F/F이 직렬 연결되어 있으므로 8개의 데이터 비트는 CP에 의해서 shift right됨을 알 수 있다.

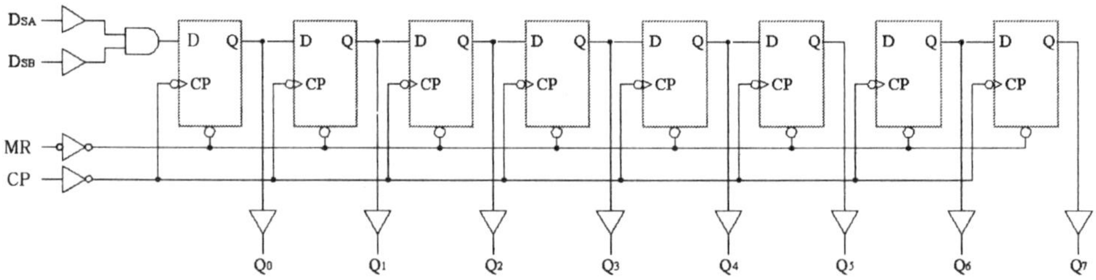

[그림 8-9] 8비트 직렬입력-병렬출력 CMOS 시프트 레지스터(74HC164)

[그림 8-9]와 같이 AND 게이트에 연결된 2개의 입력단자(D_{SA}, D_{SB})로부터 직렬입력을 받게 되므로 입력을 하나만 사용할 때는 두 입력단자를 묶어서 사용하거나, 사용하지 않는 입력단자를 'H'에 연결해야 한다.

왼쪽 아래에 있는 마스터 리셋 입력($\overline{MR}$)은 'L'일 때 동작하며, 비동기 동작으로 모든 입력신호에 우선하여 플립플롭의 출력을 '0'으로 클리어한다. 74HC164는 클록 입력(CP)이 'L'에서 'H'로 변할 때 데이터를 오른쪽으로 이동(시프트)시키며 D_{SA}와 D_{SB}의 AND 연산된 결과가 첫 번째 플립플롭의 출력 Q_0에 전달된다.

계속되는 시프트 펄스는 입력 데이터를 직렬전송시키지만 출력은 병렬로 나타난다. 참고로 직렬입력-병렬출력 레지스터 IC 74LS164의 논리기호는 [그림 8-10]과 같다.

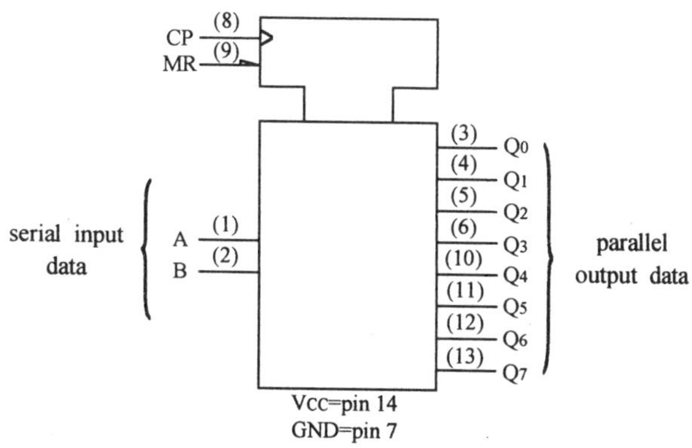

[그림 8-10]

8-6 레지스터 응용

먼저 병렬 레지스터는 레지스터간의 데이터 전송에 많이 사용된다. 여기서는 공통 I/O 버스에서 병렬입력-병렬출력 레지스터로 사용되는 2개의 74LS299 IC를 [그림 8-11]과 같이 연결한 경우 어떻게 데이터 전송이 이루어지는가를 살펴본다.

버스는 양방향이기 때문에 데이터는 레지스터에서 버스로 전송되기도 하고 버스로부터 레지스터로 전송되기도 한다. 모드 선택신호는 병렬 부하신호로 연결된다.

load-A의 신호가 HIGH이면 데이터 버스에서의 데이터는 레지스터 A 속으로 병렬전송되고 load-B의 신호가 HIGH로 되면 레지스터 B 속으로 결과가 병렬전송되는데 이런 전송은 output-A가 LOW일 때 레지스터 A로부터 데이터는 데이터 버스로 연결되며 output-B가 LOW일 때 레지스터 B의 데이터가 데이터 버스로 연결된다.

분명한 것은 오직 한 개의 레지스터의 데이터가 항상 데이터 버스로 연결될 수 있다는 것이다. [그림 8-11]에 표시된 버스 연결의 당연성을 확인하기 위해서는 다음과 같은 발생 가능한 동작을 고찰해야 한다.

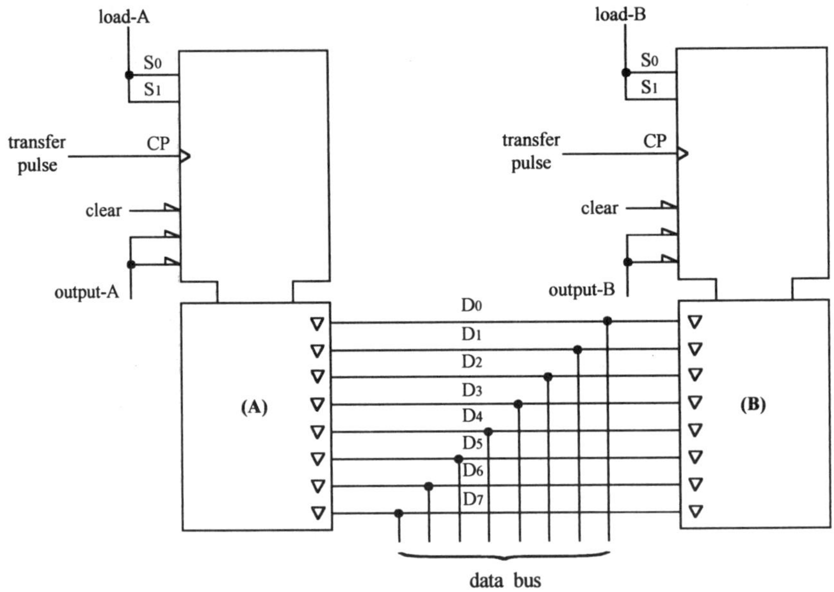

[그림 8-11] 공통 I/O 버스에서 사용되는 2개의 74LS299 연결도

output-A 신호가 LOW(load-A 신호는 HIGH)이면 레지스터 A에 저장된 데이터는 데이터 버스 라인에 연결된다. load-B가 HIGH이고 output-B가 LOW이면 전송 펄스가 LOW에서 HIGH로 변환될 때 데이터 버스 비트는 레지스터 B 속으로 로드된다. 조절신호의 표시된 조건은 레지스터 A에 저장된 데이터를 레지스터 B 속으로 전송하는 것을 허용한다.

output-B 신호가 LOW(load-B 신호는 HIGH)이면 레지스터 B에 저장된 데이터는 데이터 버스 라인에 연결된다. load-A가 HIGH이고, output-A가 LOW이면 전송 펄스가 LOW에서 HIGH로 변환될 때 데이터 버스 비트는 레지스터 A 속으로 로드된다. 조절신호는 레지스터 B에서의 데이터가 레지스터 A 속으로 병렬전송하는 결과를 가진다.

따라서 [그림 8-11]의 연결은 데이터 버스로부터 레지스터 A 혹은 레지스터 B로, 레지스터 A 혹은 레지스터 B로부터 데이터 버스로의 병렬전송 혹은 레지스터 A로부터 레지스터 B로, 레지스터 B로부터 레지스터 A로의 전송을 허용한다.

다음으로 시프트 레지스터는 직렬 데이터 통신에서 많이 응용된다. 따라서 시프트 레지스터의 최대용도는 디지털 전화계통에의 응용이라고 할 수 있겠다. 이 계통에서는 아직까지는 전화가입자와 중앙전화국(CO : Central

Office) 사이가 아날로그 2선 전송이지만, 중앙전화국에서는 각 가입자의 아날로그 음성신호를 ADC(Analog to Digital Converter)를 통하여 디지털 신호로 변환한다.

ADC는 아날로그 신호를 매초 8,000번 샘플링하여 8비트 병렬 데이터로 변환하여 출력한다. 이것은 다시 병렬입력-직렬출력 시프트 레지스터를 통해서 직렬 데이터로 변화된다. 그 이유는 하나의 전송선로를 이용해서 데이터를 원거리에 전송하기 위해서이다.

전송선로의 전송능력은 8,000×8=64 [kbps(Bits Per Second)]보다 훨씬 높기 때문에 보통 32개의 가입자 신호를 멀티플렉싱(multiplexing, 다중화)해서 보낸다.

즉, 한 전화선로를 통해서 32 가입자의 직렬 데이터를 32×64=2,048 [kbps]로 전송한다. 수신측의 중앙전화국에서는 이 직렬 데이터를 직렬입력-병렬출력 시프트 레지스터를 이용하여 병렬 데이터로 변환한 다음 32 채널로 디멀티플렉싱(demultiplexing)하고, 각 채널의 8비트 병렬 데이터를 DAC(Digital to Analog Converter)에 의하여 원래의 아날로그 신호를 재생한다. 전국의 디지털 전화계통을 생각한다면 엄청난 수의 시프트 레지스터가 필요함을 알 수 있다.

[그림 8-12]는 이와 같은 디지털 다중 전화계통의 블록 다이어그램을 나타낸 것이다. 직렬 데이터를 전송하기 위한 데이터선 이외에 비트열 데이터의 전송 타이밍의 기준을 제공하기 위한 클록 펄스를 보내는 선과 또 직렬 데이터 흐름에서의 데이터 바이트(byte)의 시작 등과 같은 데이터 형식(format)을 정의하기 위한 동기신호를 보내는 선이 필요하다.

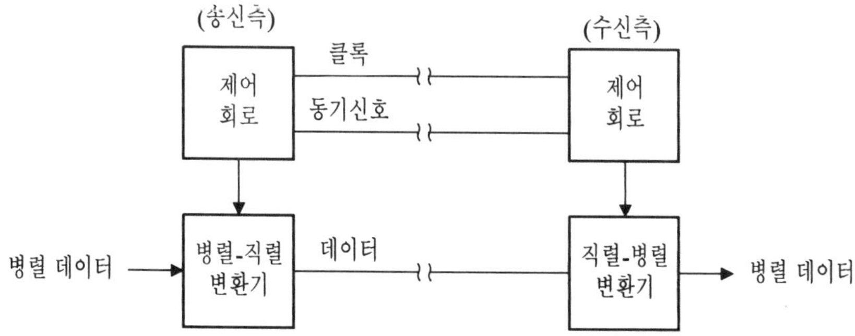

[그림 8-12] 송·수신측의 데이터 전송 시스템

마지막으로 시프트 레지스터는 시간지연(time delay) 회로에서 응용된다. [그림 8-2]에서 클록 펄스의 주파수가 1 [MHz]이면 주기 T는 1 [μs]이다. 따라서 Q_0를 기준으로 생각해보면 펄스 Q_1은 Q_0보다 1 [μs], Q_2는 Q_0보다 2 [μs], Q_3는 Q_0보다 3 [μs] 지연됨을 알 수가 있다. 따라서, 더 많은 시간지연을 시키려면 레지스터를 필요한 개수만큼 직렬로 연결하고, 클록 펄스를 공통으로 쓰면 된다. 이 밖에 시프트 레지스터는 카운터나 연산회로 등에도 이용된다.

8 연습문제

1. 4비트 시프트 레지스터의 내용이 '1010'이다. 직렬입력이 '110110'으로 가해지면서 6번 우향 시프트를 하였다면 레지스터의 내용은 어떻게 변하는가를 설명하여라.

2. 74178 IC를 사용하여 8비트 시프트 레지스터를 설계하여라.

3. 74194 레지스터는 상승 에지 트리거인가? 펄스 트리거인가?

4. 시프트 레지스터(74194)의 동작 모드를 [그림 8-13]에 표시한 각 펄스에 대해서 적어라.

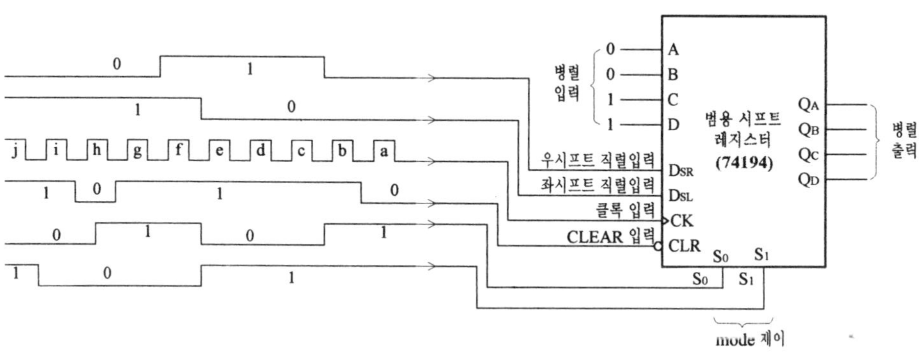

[그림 8-13] 시프트 레지스터와 펄스 열

5. 74 HC164 IC의 마스터 리셋($\overline{MR}$)입력은 'H', 'L' 중 어떤 때 동작하는가?

6. 74 HC164 IC는 클록 입력(CP)의 H→L, L→H 중 어떤 전이상태에서 동작하는가?

제 9 장 카운터 회로

순서 논리회로 중에서 입력신호가 들어올 때마다 미리 정해진 순서대로 상태가 변하는 것을 카운터(counter)라 한다. 카운터 회로는 디지털 시스템에서 많이 사용되고 있으며, 클록 펄스의 수를 세는 타이머(timer)의 기능이나 외부의 사건(event)을 세는 계수기(counter)의 기능을 가진다. 이와 같은 카운터 회로는 디지털 제어기(digital controller) 등에서 중요한 역할을 한다.

9.1 리플 카운터

카운터는 동기신호를 어떻게 사용하도록 구성하는가에 따라 동기식 카운터와 비동기식 카운터로 나눈다.

비동기식 카운터(asynchronous counter)는 클록 펄스가 모든 플립플롭의 동기신호로 인가되지 않도록 구성된다. 따라서 각 단의 출력값이 동일한 시간에 결정되지 않는다. 일반적으로 비동기식 카운터에서는 첫 번째 플립플롭에는 꼭 클록 펄스가 동기신호로 인가되어야 하지만 첫 번째 플립플롭을 제외한 나머지 플립플롭들은 앞단의 출력이나 클록 펄스를 동기신호로 사용하도록 구성된다. 비동기식 카운터에는 리플 카운터(ripple counter)와 궤환형 카운터(feedback counter) 등이 있다.

동기식 카운터(synchronous counter)는 클록 펄스가 모든 플립플롭의 동기신호로 인가되도록 구성된다. 따라서, 각 단의 출력값은 동일한 순간에 결정된다. 즉, 각 플립플롭의 동작을 클록 펄스에 동기시키는 방식으로, 순차회로에 의한 설계절차를 이용한다.

(1) 2진 리플 카운터

[그림 9-1 (a)]는 J-K 플립플롭이 T형 플립플롭의 기능을 할 수 있도록 구성한 것이다. 입력 클록 펄스가 '0'에서 '1'로 바뀌면 출력 Q의 상태를 바꾼다. 이 과정이 반복되면 [그림 9-1 (b)]와 같이 2개의 입력 사이클마다 하나의 출력 사이클을 얻을 수 있다. 이러한 T 플립플롭의 가장 커다란 특징은 입력 파형의 듀티 사이클(duty cycle)과는 관계없이 출력 펄스의 듀티 사이클이 항상 50%라는 점이다. 이러한 출력파형을 특히 방형파(square wave)라고 부른다. T 플립플롭의 출력방형파의 주파수는 항상 입력 펄스 주파수의 1/2이 되며, 이것을 일반적으로 ÷2 카운터라고 부른다.

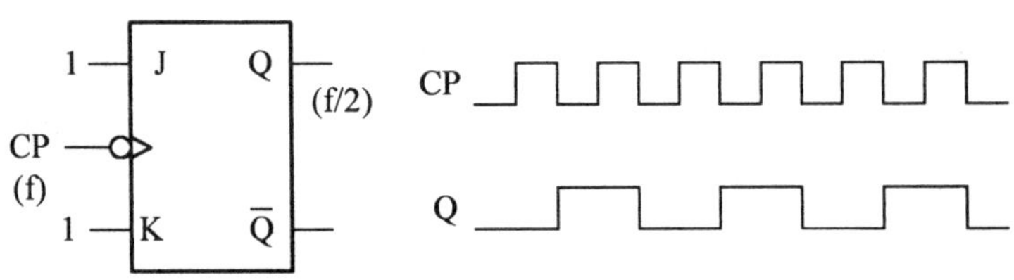

(a) JK 플립플롭 (b) 타이밍도

[그림 9-1] JK 플립플롭을 이용한 ÷2 카운터

[그림 9-2 (a)]의 3단 카운터와 같이 일련의 T 플립플롭을 캐스케이드(종속)로 접속해보자. 이와 같이 하나의 플립플롭의 출력 Q를 다음 플립플롭의 클록 입력에 접속하는 구성은 일반적으로 입력 주파수를 분주한다. 따라서 이를 분주기(divider)라고 부른다.

각 플립플롭은 ÷2회로(divided-by-2 circuit)의 기능을 가지므로 그 출력 주파수는 입력 주파수의 1/2이 된다. 따라서 플립플롭 A의 출력 주파수 Q_A는 $f_i/2$, 플립플롭 B의 출력 주파수 Q_B는 플립플롭 A의 출력 주파수의 $1/2(=f_i/4)$, 플립플롭 C의 출력 주파수 Q_C는 플립플롭 B의 출력 주파수의 $1/2(=f_i/8)$이 된다. 즉, T 플립플롭이 한 단씩 추가될 때마다 주파수는 1/2씩 감소한다.

일반적으로 n개의 T 플립플롭을 캐스케이드로 접속했을 때 주파수 분주기(frequency divider)의 출력 주파수 f_o는 다음 식으로 주어진다.

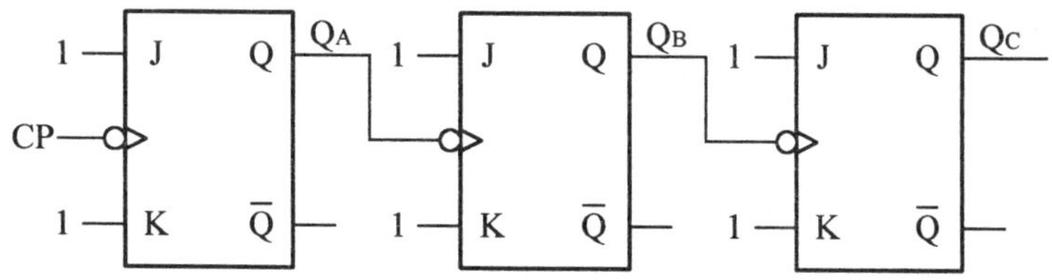

(a) 3단 2진 카운터

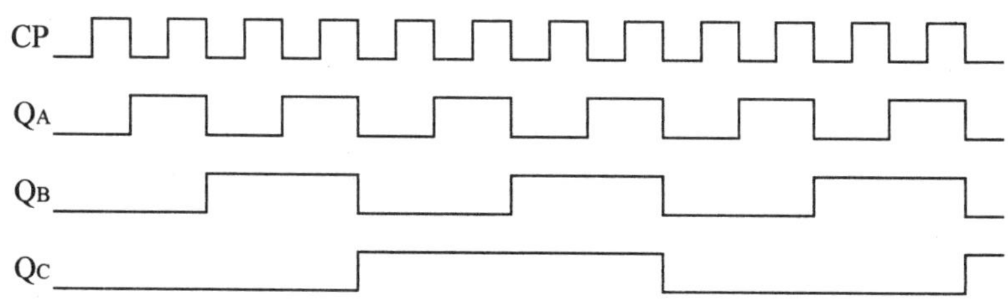

(b) 타이밍도

[그림 9-2] 3단 2진 리플 카운터

$$f_o = \frac{f_i}{2^n}$$

$M = 2^n$ 으로 표시되는 정수를 일반적으로 카운터의 모듈러스(modules)라고 하며, 이 종류의 카운터를 **modulus-M, modulo-M** 또는 **Mod-M** 카운터라고도 부른다.

[그림 9-2 (a)]의 카운터는 8개의 입력 펄스마다 하나의 출력 펄스를 출력하므로 Mod-8 또는 ÷8 카운터가 된다. 이제 주파수를 분주하는 개념에서 벗어나 클록 펄스의 수를 헤아리는 개념에서 살펴보자.

위의 카운터는 클록이 한 개씩 증가함에 따라 출력 $Q_CQ_BQ_A$는 000→001→010→011··→111 등으로 2진수의 오름차순으로 카운트(up count)하기 때문에 이와 같은 카운터를 2진 상향 카운터(up counter)라고 부른다.

또한, 동기신호가 동시에 각 단에 공급되는 것이 아니라 앞단의 출력상태에 따라 카운터의 상태가 변하므로 비동기 카운터 회로인 리플 카운터이다. 리플 카운터는 구조가 간단하여 제작이 간편한 장점을 갖고 있다. 그러나 다단구성시 전파지연 시간의 축적으로 인해 카운터 에러를 발생시키는 단점도 갖고 있다.

예제 9-1 5단 리플 카운터에서 지연시간이 20 [ns]일 때 최대입력 클록 주파수를 구하여라.

해답 전체적으로 5단 구성이므로 20 [ns]×5＝100 [ns]의 지연이 생긴다. 따라서, 최대입력 클록 주파수 $f_{(max)}$는 다음과 같다.

$$f_{(max)} = \frac{1}{100[ns]} = 10[MHz]$$

[참고] 입력 클록 주파수가 최대 클록 입력 주파수를 넘으면 카운터 에러가 발생한다.

(2) 하향 카운터

내림차순으로 카운트(down count)하려면 [그림 9-3 (a)]와 같이 단순히 앞단의 $\overline{Q}$ 출력을 다음 단의 클록으로 연결하기만 하면 된다. 이 카운터의 출력 상태는 (b)에 나타냈다. 그림에서 카운터 클록이 한 개씩 증가하면 출력 $Q_CQ_BQ_A$는 000, 111, 110, 101, …, 000가 되어 2진수 내림차순으로 카운트하기 때문에 이러한 카운터를 2진 하향 카운터(down counter)라 한다. 3단 구성이므로 출력이 하향 카운트됨과 동시에 입력 클록 펄스 2^3개(8개)마다 출력이 되풀이됨을 알 수 있다.

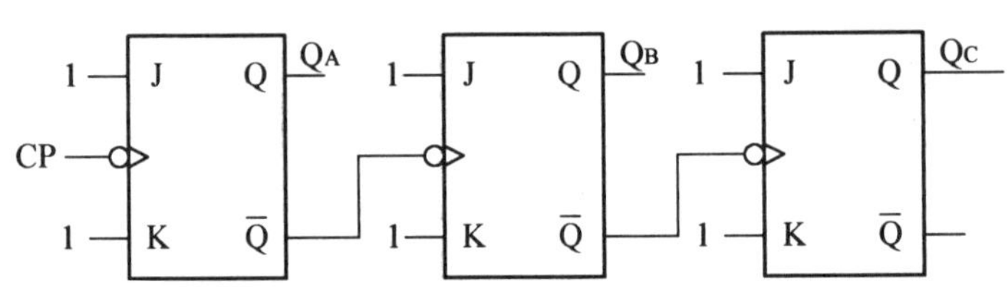

(a) 3단 2진 하향 카운터

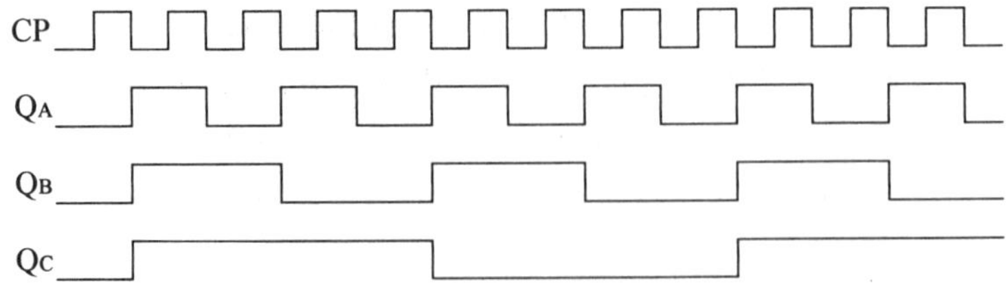

(b) 타이밍도

[그림 9-3] 3단 2진 리플 카운터

9 2 동기식 카운터

리플 카운터는 가장 만들기 쉬운 것이지만, 최고 동작 주파수가 한정되어 있는 것이 흠이다. 플립플롭은 신호전파를 위한 지연시간(delay time)을 가지고 있는데, 리플 카운터의 경우는 이들 지연시간이 서로 더하여져서, 최대 지연시간은 대략 이 지연시간에 플립플롭의 수를 곱한 값이 된다. 이런 주파수의 제약은 동기식 카운터(synchronous counter), 즉 병렬 카운터(parallel counter)의 사용에 의해 극복할 수 있다. 병렬 카운터에서는 모든 플립플롭이 클록 펄스에 의해 동시에 트리거된다. 즉, 모든 플립플롭의 출력상태의 변화가 일시에 일어나는 것이다.

(1) 동기식 8진 카운터

동기식 카운터를 설계하기 위해서는 각 플립플롭의 입력함수를 계산하여야 한다. 이를 위하여 동기식 8진 카운터를 설계해보자.

① 8진 동기식 카운터의 상태도를 작성한다.
② 상태도를 이용하여 상태표와 여기표를 작성한다.
③ 여기표를 이용하여 각 플립플롭의 입력함수를 계산한다. 이를 위해서 카르노 맵 등을 이용한다. 리플 카운터와 차이점은 동기식 카운터에서는 모든 플립플롭에 클록 펄스가 동시에 가해진다.
④ 회로를 작성한다.

[그림 9-4]는 일반적인 순서 논리회로에서 제어 입력변수와 출력 없이 3개의 플립플롭이 8진 카운터의 상태를 갖는 경우이다.

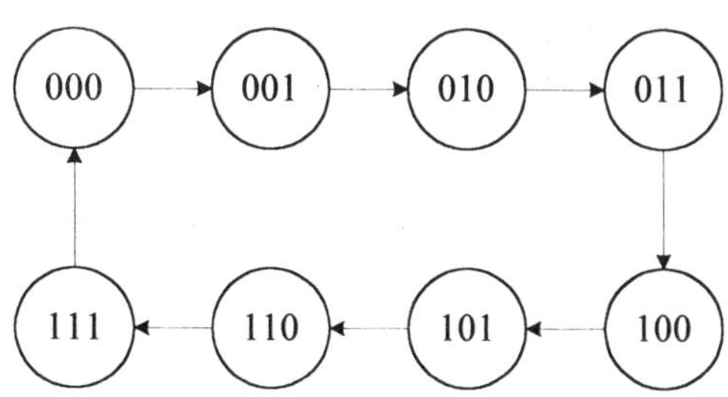

[그림 9-4] 8진 카운터의 상태도

〈표 9-1〉 8진 카운터의 상태표와 여기표

현재 상태			다음 상태			플립플롭 입력					
A	B	C	A	B	C	J_A	K_A	J_B	K_B	J_C	K_C
0	0	0	0	0	1	0	x	0	x	1	x
0	0	1	0	1	0	0	x	1	x	x	1
0	1	0	0	1	1	0	x	x	0	1	x
0	1	1	1	0	0	1	x	x	1	x	1
1	0	0	1	0	1	x	0	0	x	1	x
1	0	1	1	1	0	x	0	1	x	x	1
1	1	0	1	1	1	x	0	x	0	1	x
1	1	1	0	0	0	x	1	x	1	x	1

〈표 9-1〉은 상태도로부터 작성한 8진 카운터의 여기표이다. 이 표의 값을 카르노 맵에 나타내면 [그림 9-5]와 같으며, 이것으로부터 각 JK 플립플롭의 입력함수를 계산하면 다음의 식과 같다.

$J_A = B_C$ $\quad J_B = C$ $\quad J_C = 1$

$K_A = B_C$ $\quad K_B = C$ $\quad K_C = 1$

C \ AB	00	01	11	10
0			X	X
1		1	X	X

(a) J_A

C \ AB	00	01	11	10
0	X	X		
1	X	X	1	

(b) K_A

C \ AB	00	01	11	10
0		X	X	
1	1	X	X	1

(c) J_B

C \ AB	00	01	11	10
0	X			X
1	X	1	1	X

(d) K_B

C \ AB	00	01	11	10
0	1	1	1	1
1	X	X	X	X

(e) J_C

C \ AB	00	01	11	10
0	X	X	X	X
1	1	1	1	1

(f) K_C

[그림 9-5] 카르노 맵

이들 각 플립플롭의 입력함수를 이용하여 회로를 그리면 [그림 9-6]이 된다.

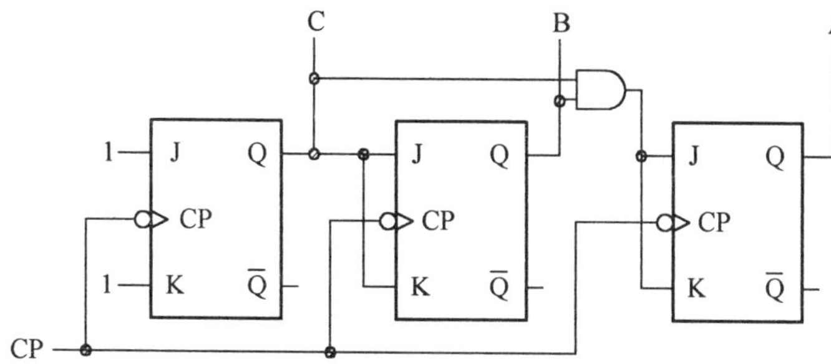

[그림 9-6] 동기 8진 카운터

(2) 동기식 10진(BCD) 카운터

동기식 10진(BCD) 카운터는 0(0000)에서 9(1001)까지의 10개의 상태를 순차적으로 카운트하고, 9 다음에 0으로 재순환하는 카운터이다. 동기식 BCD 카운터는 JK 플립플롭 또는 T 플립플롭을 사용하여 설계할 수 있으며, 순차 논리회로의 설계과정을 거쳐 구현할 수 있다. 〈표 9-2〉는 JK 플립플롭을 사용하는 동기식 BCD 카운터의 여기표이며, 올림수 출력 Cy는 동기식 BCD 카운터의 계수가 9가 되었을 때 논리 '1'이 되었다가 계수가 0이 되면 논리 '0'이 되도록 한다.

이 출력 Cy=1인 동안만 다음 단 BCD 카운터를 트리거시키도록 하면 10개의 클록 펄스가 입력될 때마다 한 번씩 동작하므로 2단 BCD 카운터의 경우 0부터 99까지 카운트할 수 있게 된다.

〈표 9-2〉 동기식 BCD 카운터의 여기표

현재 상태				다음 상태				플립플롭 입력								출력
A	B	C	D	A	B	C	D	J_A	K_A	J_B	K_B	J_C	K_C	J_D	K_D	Cy
0	0	0	0	0	0	0	1	0	×	0	×	0	×	1	×	0
0	0	0	1	0	0	1	0	0	×	0	×	1	×	×	1	0
0	0	1	0	0	0	1	1	0	×	0	×	×	0	1	×	0
0	0	1	1	0	1	0	0	0	×	1	×	×	1	×	1	0
0	1	0	0	0	1	0	1	0	×	×	0	0	×	1	×	0
0	1	0	1	0	1	1	0	0	×	×	0	1	×	×	1	0
0	1	1	0	0	1	1	1	0	×	×	0	×	0	1	×	0
0	1	1	1	1	0	0	0	1	×	×	1	×	1	×	1	0
1	0	0	0	1	0	0	1	×	0	0	×	0	×	1	×	0
1	0	0	1	0	0	0	0	×	1	0	×	0	×	×	1	1

〈표 9-2〉의 여기표를 [그림 9-7]과 같이 카르노 맵을 사용하여 간소화하면 각 플립플롭의 입력과 출력 Cy의 불 식은 다음과 같다. 이때, 최소항의 10(1010)에서부터 15(1111)까지는 무의항(don't care term)이므로 '×'로 표시하여 간소화한다.

$$J_A = BCD \qquad K_A = D$$
$$J_B = CD \qquad K_B = CD$$
$$J_C = A'D \qquad K_C = D$$
$$J_D = 1 \qquad K_D = 1$$
$$Cy = AD$$

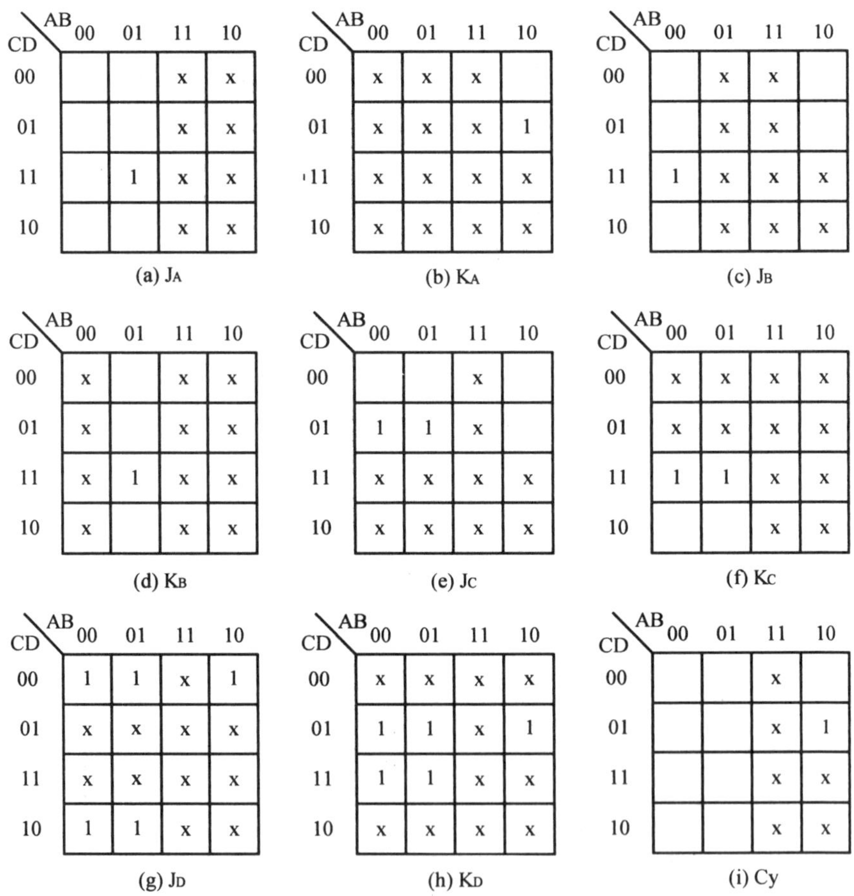

[그림 9-7] 〈표 9-2〉의 여기표에 대한 카르노 맵

동기식 10진 카운터는 4개의 JK 플립플롭과 4개의 AND 게이트를 사용하여 [그림 9-8]과 같이 구현할 수 있으며, 동기식 10진 카운터를 여러 단(stage) 종속으로 연결시키면 여러 자리의 카운터도 구성할 수 있다.

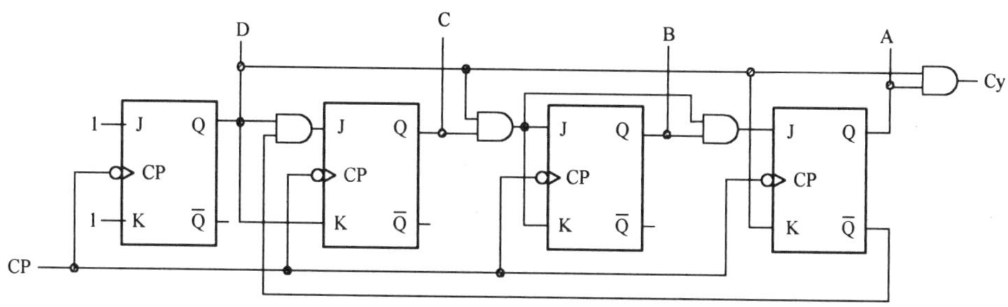

[그림 9-8] 동기식 10진 카운터

9-3 모듈러스 카운터

리플 카운터는 2진 카운터로 2, 4, 8, 16 등으로 카운트되지만 그 외의 카운트 값을 갖는 카운터를 설계하는 것도 가능하다. 10개의 펄스에서 다시 사이클이 시작되는 카운터는 10진 카운터(decade counter)라고 부르는데, 이것은 기수(radix)가 10이기 때문에 모듈러스 10(modulus-10) 카운터라고도 부르며 간단히 Mod-10 카운터라고도 한다. 이러한 모듈러스 카운터는 아래의 3가지 방법에 의해 설계가 가능하다.

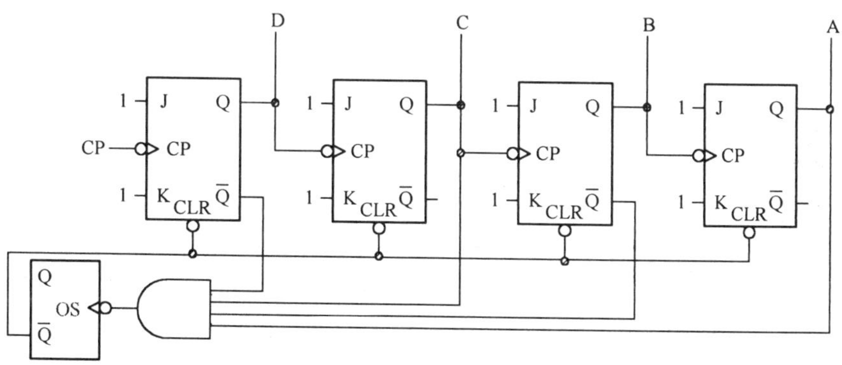

[그림 9-9] reset 입력을 이용하는 10진 리플 카운터

(1) one-shot M/V의 이용

[그림 9-9]는 one-shot M/V(Multi-Vibrator)를 이용한 10진 리플 카운터이다. 이 회로의 리셋 신호는 one-shot M/V(Multi-Vibrator)를 이용하여 만들게 된다. one-shot 회로는 트리거 신호가 인가되면 짧은 시간 동안 '1'로 되었다가 '0'으로 되돌아가서 안정상태를 유지하는 회로이다.

[그림 9-9]는 입력 펄스 카운트와 항상 일치되는 2진 카운트를 갖는 10진 카운터를 표시하고 있다(개별소자 F/F을 사용한다). 이것은 본질적으로 16까지 카운트할 수 있는 2진 리플 카운터이다. 우리가 원하는 것은 0에서 9까지 카운트된 다음에는 새로운 사이클을 위해서 0으로 리셋되는 동작인데 이런 리셋은 다음과 같은 과정을 통해서 이루어진다.

① 카운터가 리셋된다(count=0000). 카운트는 새로운 카운터 사이클을 시작하기 위한 준비를 한다.
② 입력 펄스는 2진 시퀀스(sequence)를 9까지(count=1001) 진행시킨다.
③ NAND 게이트의 출력은 평소 HIGH 상태를 유지하고 있다가 카운터 값이 1010이 되면 NAND 게이트의 출력이 '1'에서 '0'으로 변화하여 one-shot 회로를 트리거시킨다. 한편, 플립플롭의 CLR 단자 $\overline{Q}$는 HIGH 상태를 유지하고 있다가 one-shot M/V가 트리거되면 OS의 $\overline{Q}$ 출력에 의해서 특정 시간 동안 '0' 입력되므로 모든 플립플롭의 출력은 '0'으로 리셋된다.
④ '1001' 다음에 '1010'이 아주 짧은 시간 동안 존재하게 된다. 이와 같이 리플 카운터에서 원하지 않는 상태(카운터 값)를 'spike'라 하며, 디지털 시스템의 오류를 유발시킬 수 있으므로 가능하면 피해야 한다.
⑤ 모든 출력이 리셋된 후 다음 클록 펄스가 입력되면 '0000'부터 다시 카운트한다.

예제 9-2 3×8 디코더를 이용하여 Mod 6 카운터를 설계하시오

해답 3×8 디코더의 입력 A_0, A_1, A_2에 T 플립플롭의 출력 Q_0, Q_1, Q_2를 연결하고 디코더의 출력 Y_6을 3개의 T 플립플롭의 CLR(clear) 단자에 [그림 9-10]처럼 연결한다.

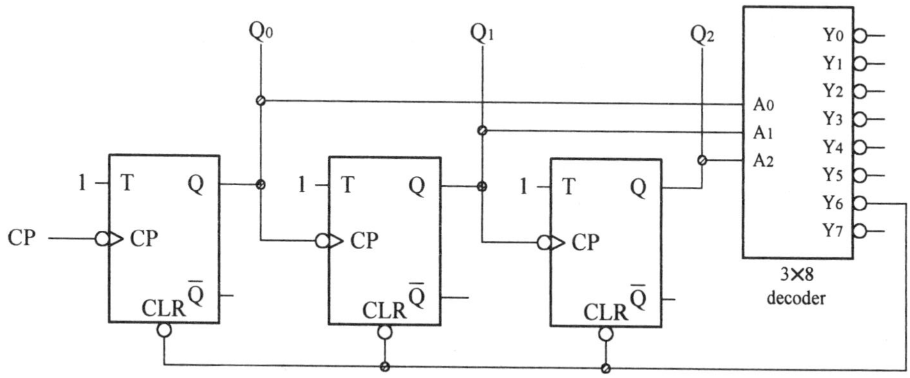

[그림 9-10] 3X8 디코더를 이용한 Mod 6 카운터

(2) 직접 동작형 카운터

일상적으로 가장 많이 사용하는 BCD 카운터는 10개의 상태를 가진다. 즉, 0에서 9까지 변한 후 다시 0으로 되돌아오는 동작을 반복한다. [그림 9-11]의 (a)는 BCD 카운터의 상태도이며, 0000에서 시작하여 1001에 도달한 후 다시 0000이 된다.

[그림 9-11]의 (b)는 BCD 카운터의 출력파형을 나타낸 것이다. 상태도나 타이밍도에서 알 수 있는 사실은 카운터의 값이 1001에 도달한 후에 다시 0000으로 되돌아가야 한다는 것이다. 따라서, 이와 같이 동작하도록 회로를 구성해주어야 BCD 리플 카운터가 만들어진다. (b)의 타이밍도로부터 각 플립플롭의 출력파형의 변화규칙을 알아보면 아래와 같다.

① Q_1은 CP가 들어올 때마다 반전(toggle)된다.

② Q_2는 Q_1 입력으로 트리거가 가능하다. $Q_8=0$이면 Q_1이 1→0일 때 반전되고, $Q_8=1$이면 Q_1이 1→0일 때 리셋된다.

③ Q_4는 Q_2 입력으로 트리거가 가능하며 Q_2가 1→0일 때마다 반전된다.

④ Q_8은 Q_1 입력으로 트리거가 가능하다. Q_2와 Q_4가 동시에 1이면 Q_1이 1→0일 때 반전되고, Q_2 또는 Q_4가 '0'이면 Q_1이 1→0일 때 리셋된다.

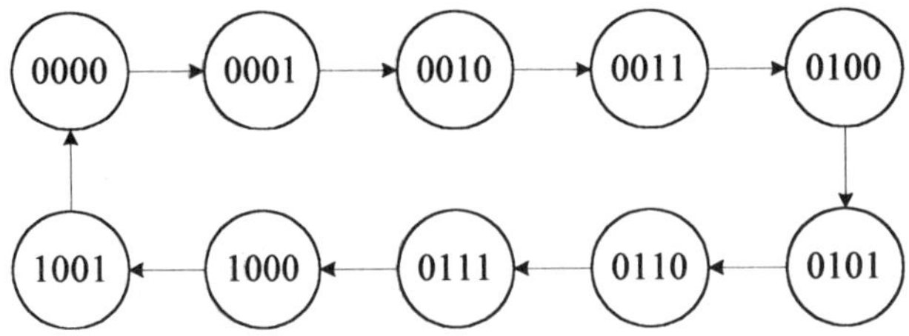

(a) 상태도

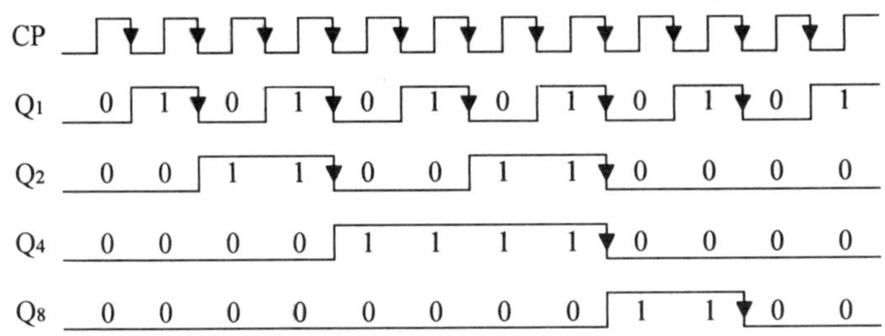

(b) 타이밍도

[그림 9-11] BCD 카운터

JK 플립플롭을 이용하여 위와 같은 규칙대로 회로를 구성하면 다음의 [그림 9-12]와 같은 직접 동작형 BCD 리플 카운터가 된다.

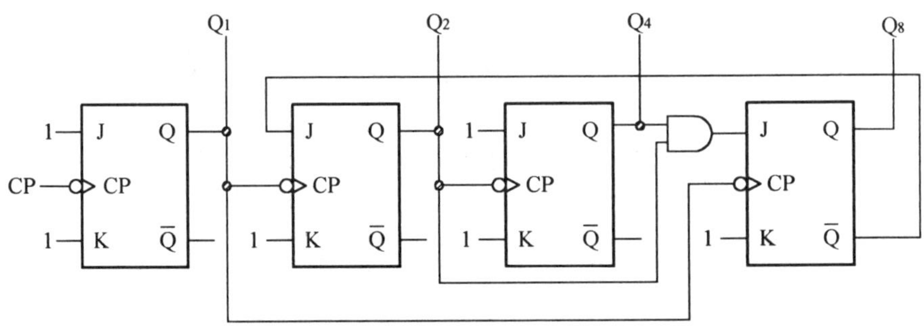

[그림 9-12] 직접 동작형 BCD 리플 카운터

그림에서 Q_1용 플립플롭은 CP에 의해서 반전되므로 J=K=1로 하였으며, 클록으로 CP를 사용한다. Q_2용 플립플롭은 Q_8이 '0'일 때는 반전, Q_8이 '1'일 때는 리셋되어야 하므로 J에는 $\overline{Q_8}$를, K에는 '1'을 연결하였으며, Q_1에 의하여 트리거되어야 하므로 Q_1을 클록으로 연결한다. Q_4용 플립플롭은 Q_2에 의해서 반전되어야 하므로 J=K=1로 하였으며, 클록으로 Q_2

를 사용한다. 또한, Q_8용 플립플롭은 $Q_2 = Q_4 = 1$일 때 Q_1에 의해서 반전되므로 J에는 $Q_2 \cdot Q_4$, $K = 1$로 하였으며, 클록으로 Q_1을 연결하였다.

위의 BCD 카운터는 0에서 9까지 카운트할 수 있으므로 decade 카운터라고도 하며, 두 개의 decade 카운터를 직렬로 연결하여 사용하면 0에서 99까지 카운트할 수 있게 된다. 따라서 n개의 decade 카운터를 직렬 연결하여 카운터를 구성하면 카운트할 수 있는 범위는 0에서 $(10^n - 1)$까지가 된다.

(3) 동기형 카운터

동기형, 병렬형 혹은 클록형 카운터는 모든 플립플롭이 동시에 트리거되는 카운터로 각 단의 동작은 각 해당 플립플롭의 입력(동기입력)에 의존한다. 예로서 [그림 9-13 (a)]와 같이 동작하는 동기형 5진 카운터를 설계해보자.

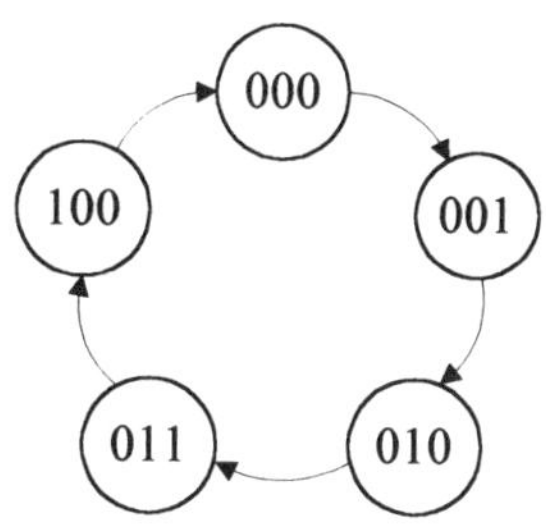

(a) 상태도

현재상태			다음상태		
A	B	C	A	B	C
0	0	0	0	0	1
0	0	1	0	1	0
0	1	0	0	1	1
0	1	1	1	0	0
1	0	0	0	0	0

(b) 상태표

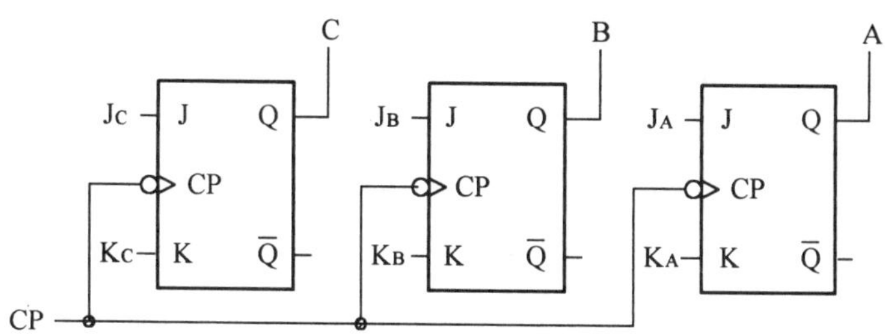

(c) 기본적인 회로도

현재상태			다음상태			플립플롭 입력					
A	B	C	A	B	C	J_A	K_A	J_B	K_B	J_C	K_C
0	0	0	0	0	1	0	x	0	x	1	x
0	0	1	0	1	0	0	x	1	x	x	1
0	1	0	0	1	1	0	x	x	0	1	x
0	1	1	1	0	0	1	x	x	1	x	1
1	0	0	0	0	0	x	1	0	x	0	x

(d) 여기표

[그림 9-13] 동기형 5진 카운터

동기형 5진 카운터는 [그림 9-13 (b)]에 표시된 상태표를 사용하면 조직적으로 설계할 수 있다. [그림 9-13 (c)]의 기본적인 회로도에서 알 수 있는 바와 같이 모든 플립플롭이 동기되기 위해서 동일한 클록 펄스를 사용한다.

5진 카운터를 설계하기 위해서는 3단으로 구성해야 하며 각 단은 각각의 클록 펄스에 의해서 트리거되지만 각 단의 JK 입력에 제공되는 논리신호에 따라서 상태가 변화된다. 5진 카운터에서의 계수표는 [그림 9-13 (b)]에 표시된 것처럼 '0'에서 '4'까지 다섯 단계의 카운트 단계를 가진다.

설계과정은 다음과 같다.

① 설계하고자 하는 카운터의 상태도로부터 상태표를 작성한다([그림 9-13 (a), (b)] 참조).

② 원하는 stage의 단수를 구성하는 데 필요한 입력을 갖는 동기형 카운터를 그린다([그림 9-13 (c)] 참조).

C \ AB	00	01	11	10
0			X	
1		1	X	X

(a) J_A

C \ AB	00	01	11	10
0	X	X	X	1
1	X	X	X	X

(b) K_A

C \ AB	00	01	11	10
0		X	X	
1	1	X	X	X

(c) J_B

C \ AB	00	01	11	10
0	X		X	X
1	X	1	X	X

(d) K_B

C \ AB	00	01	11	10
0	1	1	X	
1	X	X	X	X

(e) J_C

C \ AB	00	01	11	10
0	X	X	X	X
1	1	1	X	1

(f) K_C

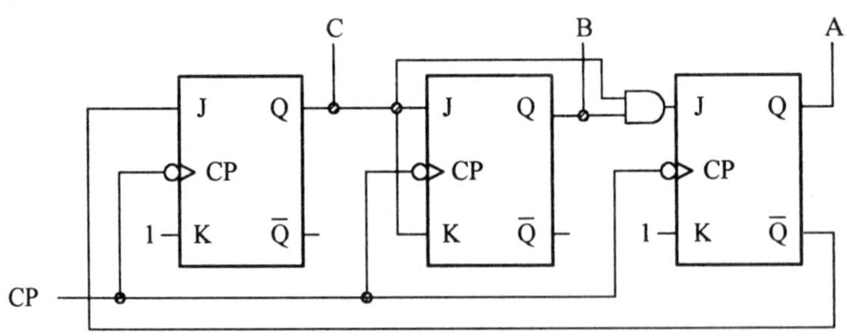

(g) 동기형 5진 카운터

[그림 9-14] 동기형 5진 카운터

③ 상태표로부터 여기표를 작성한다([그림 9-13 (d)] 참조).

④ 여기표를 이용해서 각 단의 **JK** 입력에 대한 카르노 맵을 작성한다([그림 9-14 (a)～(f)] 참조). 카르노 맵을 간략화하여 각 플립플롭의 입력함수를 계산하면 아래와 같다.

$J_A = BC$ $\qquad K_A = 1$

$J_B = C$ $\qquad K_B = C$

$J_C = \overline{A}$ $\qquad K_C = 1$

⑤ 마지막으로 동기형 카운터 회로를 그린다([그림 9-14 (g)] 참조).

9-4 링 카운터

링 카운터(ring counter)는 시프트 레지스터의 출력을 입력 쪽에 궤환(feedback)시킴으로써 클록 펄스가 입력되는 동안 레지스터의 초기값인 '100··0'이 레지스터 내부에서 순환하도록 만든 것이므로 환상 레지스터(circulating register)라고도 한다. 링 카운터에 클록 펄스가 인가되는 동안 단지 하나의 '1'이 처음 플립플롭에서 다음 플립플롭으로 계속 넘어가다가 마지막 플립플롭에 도달한 후 다시 처음 플립플롭으로 돌아오는 카운터이다. 따라서 Mod-N 링 카운터는 N단의 플립플롭이 필요하다.

[그림 9-15]는 10단 링 카운터 회로도이며, 〈표 9-3〉은 링 카운터의 카운트 순서를 보여주고 있다.

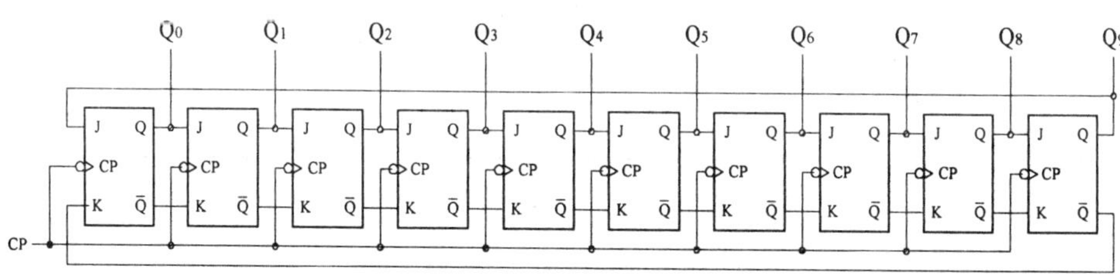

[그림 9-15] Mod-10 링 카운터

링 카운터에 클록이 인가되면 카운터의 값이 계속해서 시프트되기 때문에 시프트 레지스터의 형태로 생각할 수도 있으나 일반적으로 카운터로 분류한다. 이 카운터의 출력 Q_0, Q_1, Q_2, Q_3, … Q_9는 각각 10진수 0, 1, 2, 3,

… 9_{10}을 의미한다. 즉, Mod-10 링 카운터의 각 플립플롭의 출력은 10진수에 해당하므로 디코더(decoder) 없이도 10개의 타이밍 신호를 손쉽게 구성할 수 있다. 비록 코드를 표시하는 데 10 비트가 필요하지만 에러 검출이 쉬우므로 디지털 시스템에 많이 사용된다. 그러나 카운터보다는 타이밍 신호와 같은 제어용 펄스를 얻고자 할 때 많이 사용된다.

〈표 9-3〉 링 카운터의 카운트 순서

CP	Q_0	Q_1	Q_2	Q_3	Q_4	Q_5	Q_6	Q_7	Q_8	Q_9
0	1	0	0	0	0	0	0	0	0	0
1	0	1	0	0	0	0	0	0	0	0
2	0	0	1	0	0	0	0	0	0	0
3	0	0	0	1	0	0	0	0	0	0
4	0	0	0	0	1	0	0	0	0	0
5	0	0	0	0	0	1	0	0	0	0
6	0	0	0	0	0	0	1	0	0	0
7	0	0	0	0	0	0	0	1	0	0
8	0	0	0	0	0	0	0	0	1	0
9	0	0	0	0	0	0	0	0	0	1

응용 예를 보자. [그림 9-16]과 같이 링 카운터의 출력단자에 10개의 LED가 연결되어 있고, 출력단자에 'H'가 나오면 LED가 켜진다. 클리어(CLR) 단자를 'L'로 한 후, 카운터의 프리셋을 이용하여 초기치 $Q_0=1$로, 나머지는 모두 '0'으로 하면, $Q_0=1$이므로 LED-A는 'ON' 되고, 나머지 LED는 'OFF' 된다. 다음에 CLR 단자를 'H'로 한 후 클록 펄스를 가하면 LED-B, C, …의 순서로 하나씩 'ON' 된다. LED-J가 'ON' 된 후 다시 클록 펄스가 인가되면 LED-A가 'ON' 되므로 LED가 회전하면서 켜지게 된다. 프리셋을 이용하면 필요한 경우 1을 여러 개 두어 회전시킬 수도 있다.

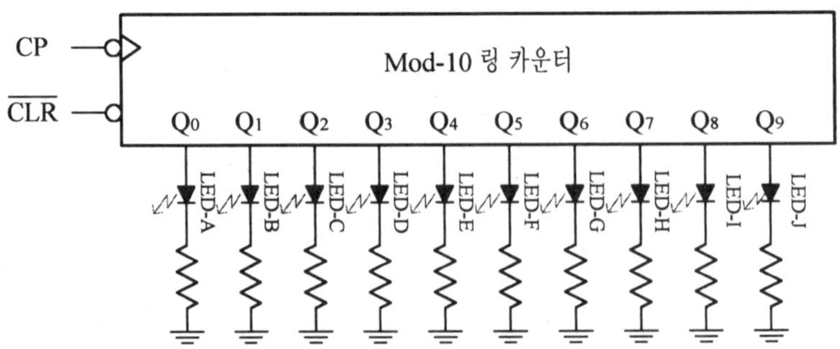

[그림 9-16] 링 카운터의 응용 예

또 다른 응용 예로는 링 카운터의 출력을 멀티플렉서의 선택 입력단자에 인가하여 병렬자료를 직렬자료로 변환하거나 디멀티플렉서의 선택 입력단자에 인가하여 직렬자료를 병렬자료로 변환하는 데 유용하게 사용한다.

9-5 캐스케이드 카운터

카운터는 더 많은 모듈 작용을 위하여 직렬 또는 종속으로 연결할 수 있다. 캐스케이드(cascade) 카운터는 앞 카운터의 출력을 그 다음 카운터의 입력에 연결하여 카운터를 구성하는 방식이다.

[그림 9-17]은 2단과 3단의 리플 카운터(ripple counter)를 직렬 연결하여 캐스케이드 카운터를 구성한 것이다. 앞단의 $\overline{Q}$를 다음 단의 트리거 신호로 사용하면 하향 카운터로 동작하게 되며, 앞단의 Q를 다음 단의 트리거 신호로 사용하면 상향 카운터가 구성된다.

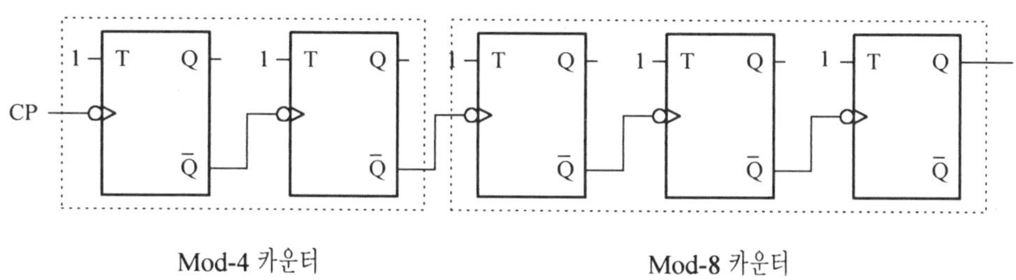

[그림 9-17] 두 개의 캐스케이드 카운터

일반적으로 캐스케이드 카운터의 카운터 범위는 각 모듈의 카운터 범위의 곱과 같다. 예를 들면, [그림 9-17]에 있는 캐스케이드 카운터는 앞단이 Mod-4 카운터로 동작하고 뒷단이 Mod-8 카운터이므로, $4 \times 8 = 32$이므로 Mod-32 카운터로 동작한다.

캐스케이드 카운터는 높은 주파수의 클록 펄스를 분주하는 데 흔히 사용된다. 예를 들어, 1 [MHz]의 기본 클록 펄스로 100 [kHz], 10 [kHz], 그리고 1 [kHz]의 클록 펄스를 얻는 것을 원한다면 10진 카운터를 이용한 3단 캐스케이드 카운터가 이용될 수 있다.

1 [MHz] 신호를 10으로 나누면 100 [kHz] 신호를 얻는다. 그리고 100 [kHz] 신호를 10으로 나누면 10 [kHz] 신호를 얻고, 다시 10으로 나누면 1 [kHz] 신

호를 얻게 된다.

캐스케이드 카운터를 이용한 주파수 분주기(frequency devider)를 [그림 9-18]에 나타내었다.

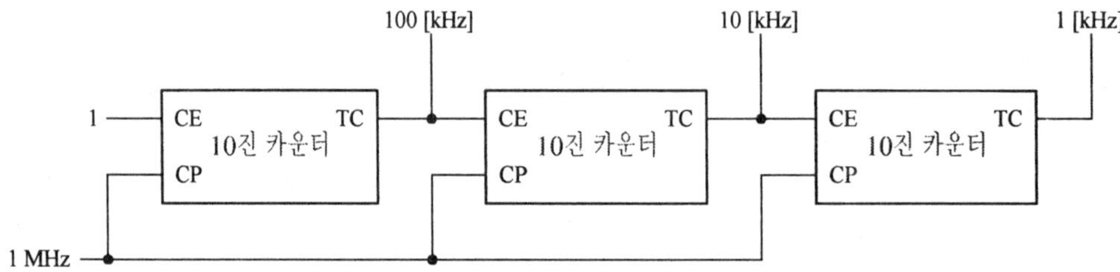

[그림 9-18] 10진 카운터를 이용한 주파수 분주기

그림에서 카운터 인에이블(count enable) 입력 CE가 '1'일 때 각 카운터는 동작할 수 있다. 또한 터미널 카운트(terminal count) TC는 카운터가 최대값에 도달하면 '1'로 되었다가 다음 클록 펄스에 의해서 카운터 값이 '0'으로 리셋되면 '0'으로 된다.

따라서 앞단의 TC 출력을 다음 단의 CE로 연결하면 앞단 카운터가 최대값을 유지하고 있는 1 클록 동안에 입력되는 하나의 클록 펄스를 뒷단도 카운트할 수 있게 된다. 따라서 위의 회로의 경우에는 앞단이 10번 카운트하면 뒷단은 1번 카운트한다.

예제 9-3

[그림 9-19]에 있는 캐스케이드 카운터의 카운트 범위를 구하여라.

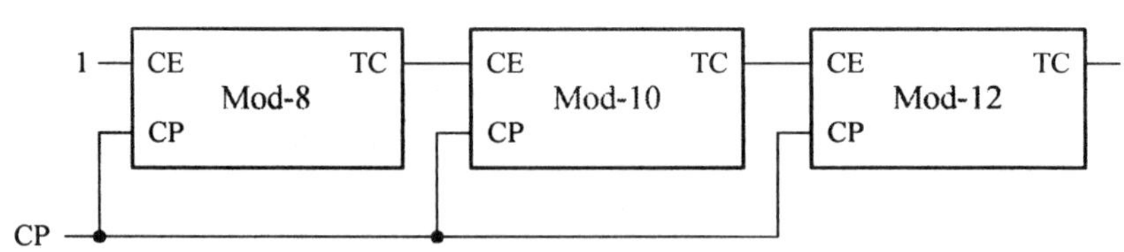

[그림 9-19]

해답 카운터 범위는 다음과 같다.

$$8 \times 10 \times 12 = 960$$

따라서 Mod-960 카운터이다.

9-6 카운터용 IC

이 절에서는 일반적으로 많이 사용되고 있는 MSI(Medium Scale Integrated) 카운터용 IC를 몇 가지 소개하고 그들이 어떻게 사용되는지를 알아보기로 하자. 그 한 가지 예인 74LS90은 [그림 9-20]에 표시된 것과 같은 구조로 되어 있으며 비동기 10진 카운터이다. 이 IC에는 4개의 플립플롭이 포함되어 있는데 그 중 3개는 JK 플립플롭이고 4번째는 RS 플립플롭이며, 각 플립플롭은 클록의 부에지(negative edge)에 의해서 트리거된다.

74LS90의 내부는 2진 카운터부 Q_0와 5진 카운터부 $Q_3Q_2Q_1$으로 구성되어 있으므로 2개의 클록 입력단(CP_0, CP_1)이 있다. 또한 각각 2개씩의 RESET 입력(MR_1, MR_2)과 SET 입력(MS_1, MS_2)이 있다.

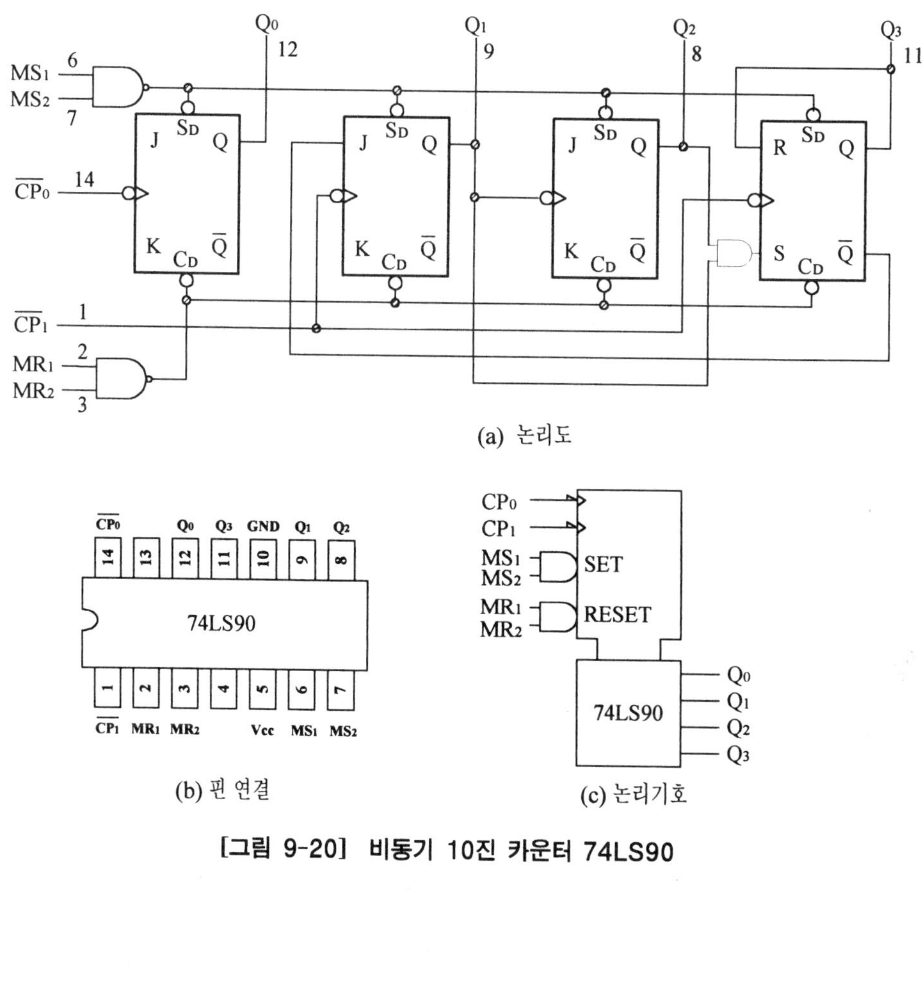

[그림 9-20] 비동기 10진 카운터 74LS90

74LS90으로 [그림 9-21]과 같이 구성하면 '0000'에서 '1001'까지 카운트하는 비동기 10진 카운터로 동작한다. 그림에 표시된 것처럼 SET와 RESET 입력은 모두 접지에 연결되므로 회로동작에 영향을 끼치지 못한다. 외부입력 클록은 2진 카운터부의 클록 입력 CP_0에 인가되고, 2진 카운터부의 출력 Q_0는 5진 카운터부의 클록 입력 CP_1에 인가된다.

74LS90은 [그림 9-22]에 표시된 것과 같은 5진 카운터로도 사용될 수 있다. CP_1에 외부 클록 펄스를 입력하고 Q_1, Q_2, Q_3를 출력으로 하면 5진 카운터가 된다. [그림 9-20]의 논리도를 보고 [그림 9-22 (b)]에 표시된 계수표와 같이 동작하는지 카운트 결과(count sequence)를 살펴보아라.

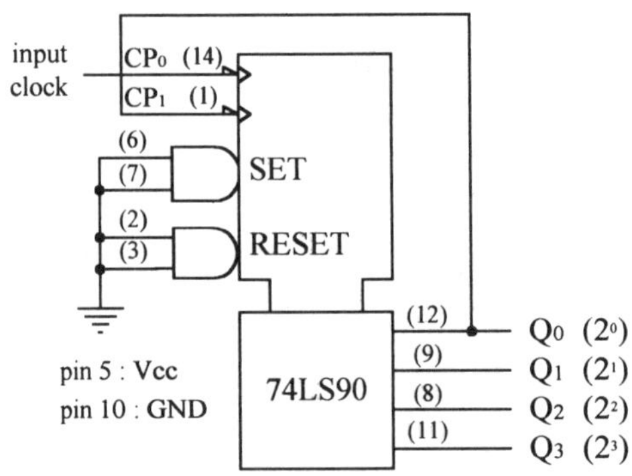

clock	Q_3	Q_2	Q_1	Q_0
0	0	0	0	0
1	0	0	0	1
2	0	0	1	0
3	0	0	1	1
4	0	1	0	0
5	0	1	0	1
6	0	1	1	0
7	0	1	1	1
8	1	0	0	0
9	1	0	0	1
10 or 0	0	0	0	0

(a) 논리연결　　(b) 계수표

[그림 9-21] 10진 카운터로 사용되는 74LS90

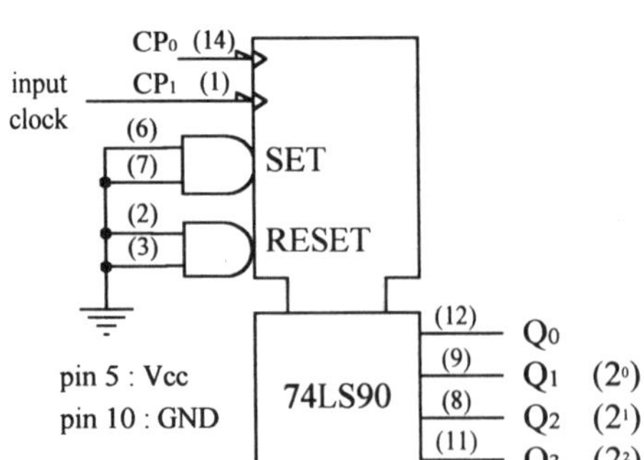

clock	Q_3	Q_2	Q_1
0	0	0	0
1	0	0	1
2	0	1	0
3	0	1	1
4	1	0	0
5 or 0	0	0	0

(a) 논리연결　　(b) 계수표

[그림 9-22] 5진 카운터로 사용되는 74LS90

또한, 비동기 입력 SET와 RESET을 이용하여 카운트 순서를 변화시킬 수 있다. 예를 들면 [그림 9-23]의 회로는 Q_1과 Q_2 출력을 두 개의 RESET 입력인 MR_1, MR_2에 연결하여 6진 카운터를 구성한 것이다.

이 카운터의 동작을 살펴보면, 카운터 값이 증가하여 '0110'에 도달하면 RESET 동작에 의하여 즉시 '0000'으로 된다. 즉, [그림 9-23]과 같이 구성된 74LS90 카운터는 '0000'에서부터 '0101'까지 카운트하는 6진 카운터로 동작한다. 이 경우에도 실제로는 7번째의 상태값인 '0110'이 짧은 순간 나타나게 되는데 이와 같이 원하지 않는 상태가 짧은 순간 동안 카운터의 출력단에 나타나는 것을 'spike'라 하며, 정밀한 디지털 시스템에서는 오동작의 원인이 된다.

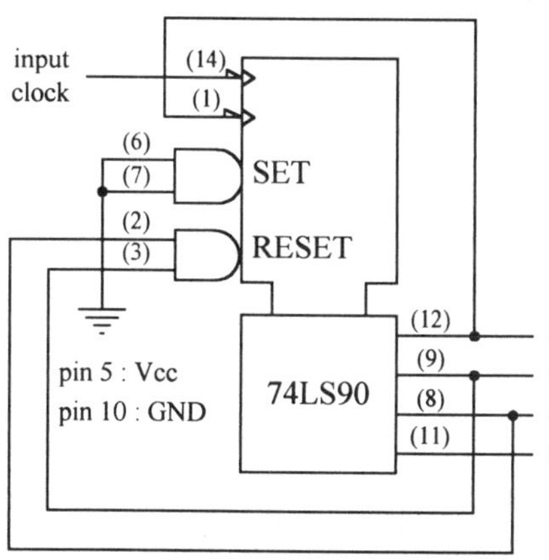

(a) 논리연결

clock	Q_3	Q_2	Q_1	Q_0
0	0	0	0	0
1	0	0	0	1
2	0	0	1	0
3	0	0	1	1
4	0	1	0	0
5	0	1	0	1
6 or 0 (RESET)	0 ↓ 0	1 ↓ 0	1 ↓ 0	0 ↓ 0

(b) 계수표

[그림 9-23] 6진 카운터로 사용되는 74LS90

[그림 9-24]에 표시된 74LS92는 12진 카운터로 많이 사용된다. 74LS92는 1비트의 2진 카운터와 각각 분리된 클록 입력을 갖는 3비트의 6진 카운터부로 구성되어 있다. 6진 카운터부는 비동기 방식으로 회로도의 count sequence를 하여보면 000, 001, 010, 100, 101, 110가 된다. 011의 과정이 없음에 유의하여라.

74LS92를 12진 카운터로 구성한 논리연결도와 계수표는 [그림 9-25]와 같으며, 2진 카운터부의 CP_0에는 외부 클록을 연결하고, 6진 카운터부의 CP_1에는 2진 카운터부의 출력 Q_0을 연결한다. 이 카운터의 카운트 순서는 [그림 9-25 (b)]의 계수표와 같으며, 12개의 상태값을 가진다.

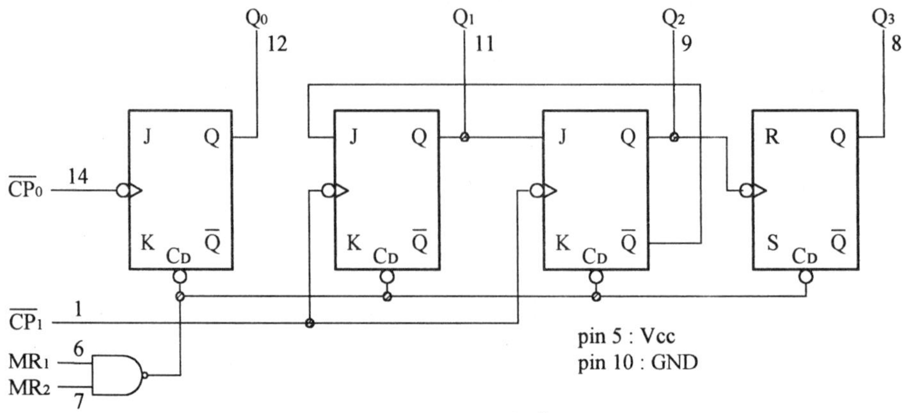

(a) 논리도

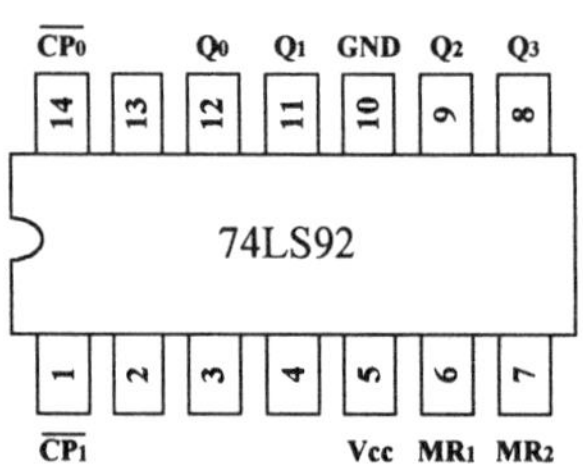

(b) 핀 연결

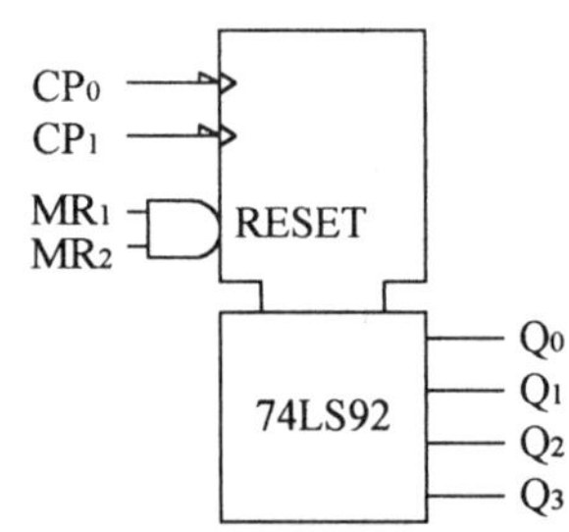

(c) 논리기호

[그림 9-24] 비동기 12진 카운터 74LS92

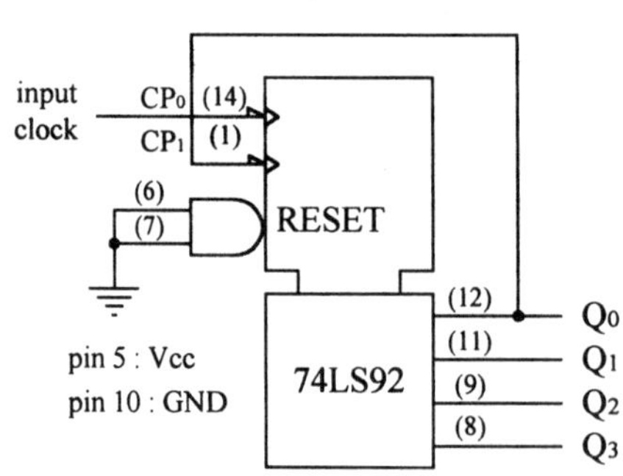

(a) 논리연결

clock	Q_3	Q_2	Q_1	Q_0
0	0	0	0	0
1	0	0	0	1
2	0	0	1	0
3	0	0	1	1
4	0	1	0	0
5	0	1	0	1
6	1	0	0	0
7	1	0	0	1
8	1	0	1	0
9	1	0	1	1
10	1	1	0	0
11	1	1	0	1
12 or 0	0	0	0	0

(b) 계수표

[그림 9-25] 12진 카운터로 사용되는 74LS92

RESET 입력 RS_1, RS_2를 사용하면 [그림 9-26]에 표시된 것과 같이 10진 카운터를 구성할 수 있다. [그림 9-26]의 카운터는 '0000'에서부터 카운트하여 11번째 상태인 '1100'이 되면 RESET 입력 RS_1, RS_2는 모두 '1'이 입력되므로 카운터 값은 순간적으로 '0000'으로 리셋된다. 따라서 총 10개의 상태값을 갖는 10진 카운터로 동작하게 된다. 이때의 10진 계수표는 [그림 9-21]의 계수표와 같지 않음에 유의하여라.

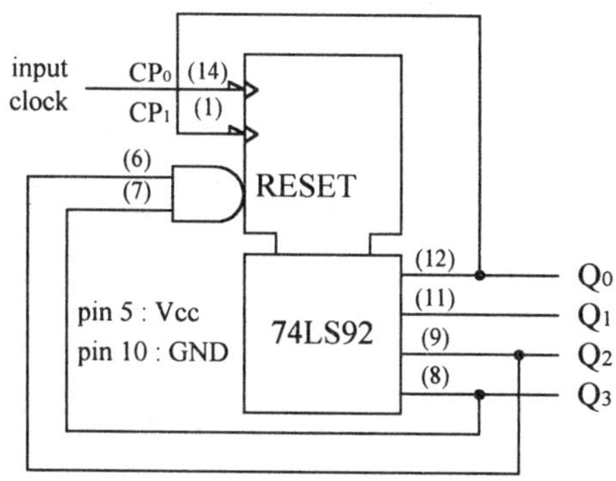

(a) 논리연결

clock	Q_3	Q_2	Q_1	Q_0
0	0	0	0	0
1	0	0	0	1
2	0	0	1	0
3	0	0	1	1
4	0	1	0	0
5	0	1	0	1
6	1	0	0	0
7	1	0	0	1
8	1	0	1	0
9	1	0	1	1
10 or 0 (reset)	1 ↓ 0	1 ↓ 0	0 ↓ 0	0 ↓ 0

(b) 계수표

[그림 9-26] 74LS92를 이용한 10진 카운터 구성

[그림 9-27]은 또 다른 유명한 MSI up-down 10진 카운터인 74LS568의 논리기호이다.

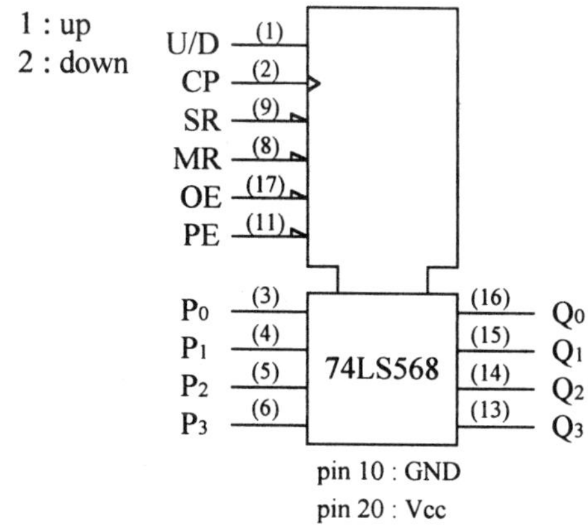

[그림 9-27] 74LS568 up-down 10진 카운터

이 카운터는 U/D 입력이 '1'이면 상향 카운터(up counter)로 동작하고, U/D 입력이 '0'이면 하향 카운터(down counter)로 동작한다. CP에 연결된 클록 펄스의 부에지(negative edge)에 동작하며, MR에 '0'이 입력되면 비동기적으로 리셋되고 SR에 '0'이 입력되면 동기적으로 리셋된다. 병렬입력 허용신호 PE에 '1'이 입력되면 데이터 버스 입력 $P_0 \sim P_3$값은 카운터에 적재(load)된다.

카운트의 출력 $Q_0 \sim Q_3$은 3상태(tri-state) 출력이며, 출력허용신호(OE : Output Enable)가 '0'일 때 카운터 값이 데이터 버스로 출력된다.

74LS390 IC는 4단 비동기 10진 카운터 쌍을 포함하고 있는 dual 10진 카운터이다. 74LS390의 각 반쪽에는 2진 카운터와 5진 카운터로 분할되어 있다. [그림 9-28]은 '0'에서 '99'까지 카운트하기 위한 회로구성이다.

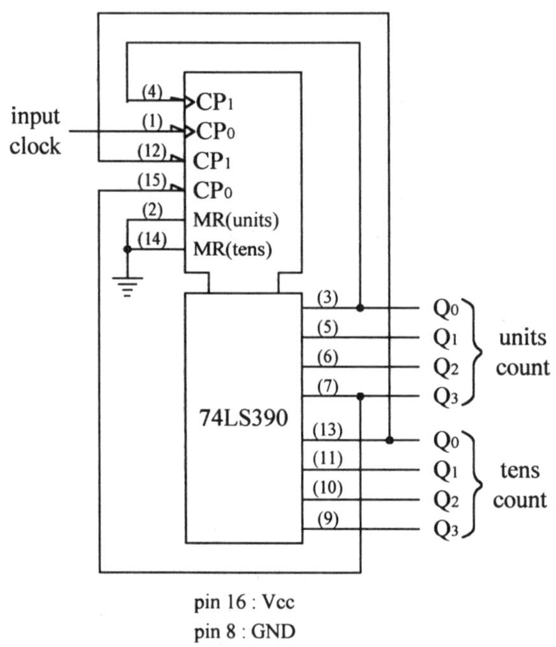

[그림 9-28] 74LS390을 이용한 100진 카운터

외부입력 클록은 일의 자리 BCD값을 출력하는 units count부에 CP_0에 연결하고, units count부의 Q_3 출력은 tens count부의 CP_0에 연결한다. units count부의 값이 '9'(1001)에서 '0'(0000)으로 될 때마다 units count부의 Q_3 출력은 '1'에서 '0'으로 상태가 변하여 tens count부를 트리거시키므로 tens count부의 BCD 출력은 십의 자리를 나타내게 된다. 따라서 전체 카운트 값은 '00'에서 '99'까지 카운트할 수 있는 100진 카운터로 동작하게 된다.

9 7 존슨 카운터

디지털 시스템의 동작을 제어하는 디지털 제어기(digital controller)는 제어 신호(control signal)를 정해진 순간에 발생하기 위해서 타이밍 신호(timing signal)를 이용한다. 타이밍 신호는 [그림 9-29 (a)]와 같이 시프트 레지스터를 이용하거나 (b)와 같이 카운터와 디코더(decoder)를 조합해서 만들 수 있다.

[그림 9-29 (a)]에는 4 비트 시프트 레지스터를 이용하여 만든 링 카운터(ring counter)가 있는데, 레지스터의 초기치를 '1000'으로 하면 초기의 T_0는 '1'이 된다. 클록 펄스가 들어올 때마다 레지스터의 내용이 한 비트씩 시프트되므로 각의 플립플롭은 클록 펄스가 네 번 들어올 때마다 한 번씩 '1'이 된다.

이러한 타이밍 신호는 2 비트 카운터와 2×4 디코더로도 구성할 수 있는데, [그림 9-29 (b)]에 있는 것과 같이 카운터가 00, 01, 10, 11로 변함에 따라서 타이밍 신호가 디코드되어 나온다.

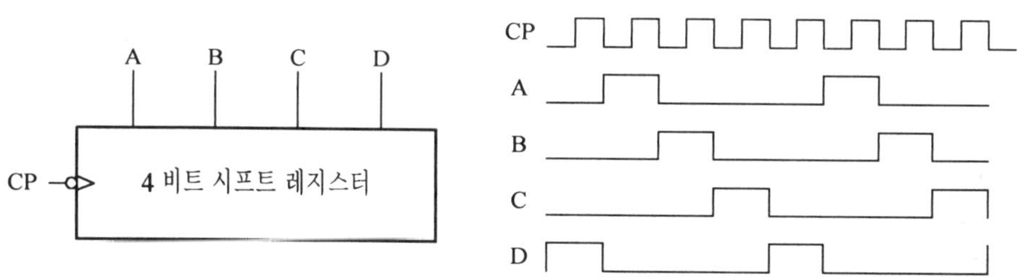

(a) 4 비트 시프트 레지스터를 이용한 타이밍 신호

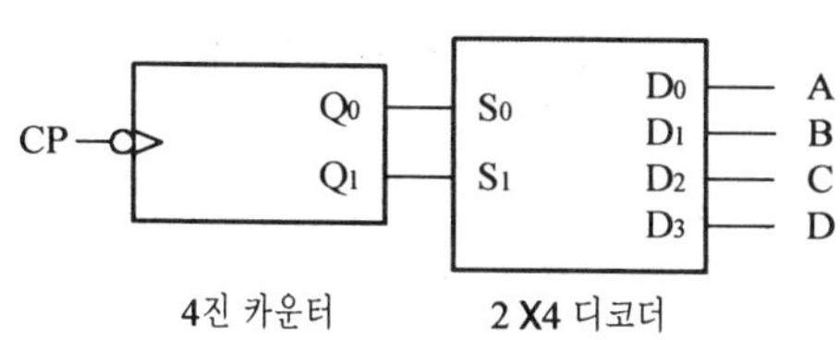

(b) 4 진 카운터와 2X4 디코더를 이용한 타이밍 신호 발생회로

[그림 9-29] 타이밍 신호의 발생

16개의 타이밍 신호를 만들기 위해서는 16 비트 링 카운터를 이용하거나 4 비트 카운터와 4×16 디코더를 이용하여 구성할 수 있다.

타이밍 신호를 만들기 위한 또 다른 방법으로 시프트 레지스터와 디코더를 이용할 수 있는데 이러한 조합을 존슨 카운터(Johnson's counter)라 한다.

k 비트 링 카운터는 k개의 상태를 만들 수 있음을 앞서 링 카운터에서 살펴보았다. 그러나, 첫 번째 시프트 레지스터의 입력에 마지막 플립플롭의 $\overline{Q}$를 연결하면 k 비트 레지스터로 2k개의 상태를 만들 수 있다. 이러한 카운터를 switch-tail ring 카운터라 한다.

[그림 9-30 (a)]에는 플립플롭 E의 출력 QE가 플립플롭 A에 연결된 switch-tail ring 카운터가 디코더와 조합되어 있다. 4 비트로 구성된 switch-tail ring 카운터의 8개의 상태가 [그림 9-30 (b)]에 있다. 따라서 존슨 카운터는 k 비트 switch-tail ring 카운터와 2k개의 타이밍 신호를 만들기 위한 2k개의 디코딩 게이트로 구성된다. [그림 9-30 (b)]의 마지막 열에는 각각의 상태를 디코드하기 위한 AND 게이트의 입력이 표시되어 있다.

예를 들어, 카운터의 상태가 '0000'과 같이 모두 '0'이면 $\overline{A}$, $\overline{B}$, $\overline{C}$, $\overline{E}$를 AND 게이트의 입력으로 하지 않고 $\overline{A}$와 $\overline{E}$만 AND 게이트에 입력하면 상태 '0000'을 유일하게 디코드할 수 있다. 또한, 상태가 '1111'과 같이 모두 '1'이면 A, B, C, E를 AND 게이트의 입력으로 하지 않고 A와 E만 AND 게이트에 입력하면 상태 '1111'을 유일하게 디코드한다. [예제 9-4]를 통하여 그 이유를 살펴보아라.

예제 9-4

[그림 9-30]에 있는 4 비트 존슨 카운터의 디코더부의 AND 게이트의 입력함수를 구해보아라.

해답 [그림 9-30 (b)]의 카운터 순서로부터 4 비트로 표현할 수 있는 총 16개의 상태 중에서 8개만 사용되고 있는 것을 알 수 있다. 이 표에서 사용되지 않은 8개의 상태를 무의항(don't care term)으로 하여 카르노 맵에 표현하면 [그림 9-30 (c)]와 같다. 이 카르노 맵에서 먼저 최소항(minterm) T_1에 '1'을 대입하고 불 식을 계산할 때 무의항을 이용하면 $T_1 = \overline{A}\,\overline{E}$를 얻을 수 있다. 최소항 T_2에 1을 대입하고 무의항 m_6, m_{14}, m_{10}을 이용하면 $T_2 = A\overline{B}$를 얻을 수 있다. 같은 요령으로 각 AND 게이트의 입력함수를 계산하면 [그림 9-30 (b)] 디코더의 AND 입력을 구할 수 있다.

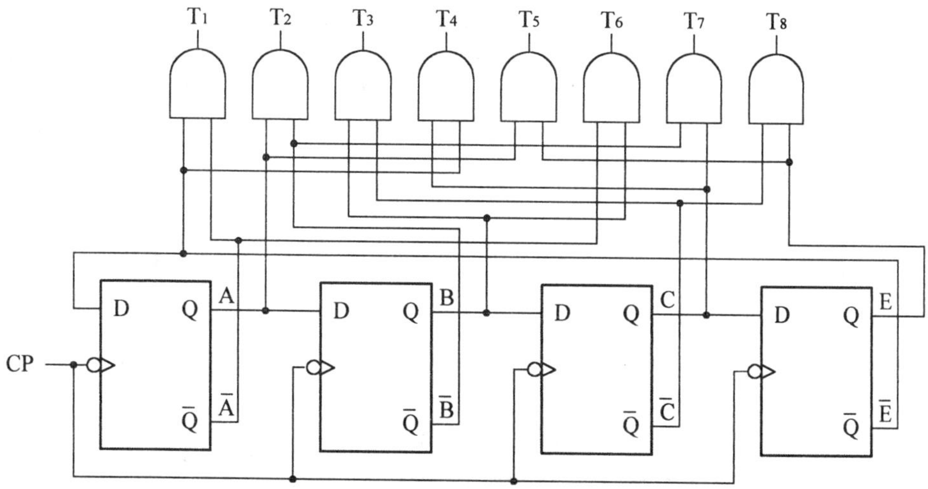

(a) 4 비트 존슨 카운터

순서	플립플롭 출력 A B C E	디코더의 AND 입력
1	0 0 0 0	$\bar{A}\bar{E}$
2	1 0 0 0	$A\bar{B}$
3	1 1 0 0	$B\bar{C}$
4	1 1 1 0	$C\bar{E}$
5	1 1 1 1	AE
6	0 1 1 1	$\bar{A}B$
7	0 0 1 1	$\bar{B}C$
8	0 0 0 1	$\bar{C}E$

(b) 카운트 순서

CE \ AB	00	01	11	10
00	T_1	x	T_3	T_2
01	T_8	x	x	x
11	T_7	T_6	T_5	x
10	x	x	T_4	x

(c) 카르노 맵

[그림 9-30] 4 비트 존슨 카운터

존슨 카운터는 타이밍 신호 이외에 주파수 분주기로 이용된다. 예를 들면, 14018 CMOS IC는 5단 존슨 카운터를 포함하고 있다. 따라서 $\overline{Q}_5$ 의 입력을 갖는 shift right 레지스터 형태의 경우 카운트는 〈표 9-4〉와 같이 10개의 과정을 되풀이하므로 5단 존슨 카운터는 10진 카운터라 할 수 있겠으나 〈표 9-4〉에서 알 수 있는 바와 같이 Q_5의 출력은 5개의 클록 펄스 동안에는 0이고 5개의 나머지 클록 펄스 동안에는 1이다. 즉, 입력 클록 펄스 10개마다 Q_5의 출력은 1개의 펄스를 제공한다. 즉, Q_5의 출력은 입력 클록을 10으로 분주한 셈이나 마찬가지이다. 따라서 5단 존슨 카운터는 입력 주파수를 10으로 분주한다.

〈표 9-4〉 5단 존슨 카운터(÷10)

Q_1	Q_2	Q_3	Q_4	Q_5	
0	0	0	0	0	
1	0	0	0	0	
1	1	0	0	0	
1	1	1	0	0	
1	1	1	1	0	Mod-10
1	1	1	1	1	
0	1	1	1	1	
0	0	1	1	1	
0	0	0	1	1	
0	0	0	0	1	
0	0	0	0	0	

같은 방법으로 $\overline{Q_4}$의 입력을 갖는 shift right 레지스터 형태의 경우 카운트는 〈표 9-5〉와 같이 8개의 과정을 되풀이하므로 8진 카운터라 할 수 있겠으나 〈표 9-5〉에서 알 수 있는 바와 같이 Q_4의 출력은 입력 클록 펄스 8개마다 1개의 펄스를 제공한다.

즉, Q_4의 출력은 입력 클록을 8로 나누어준다. 따라서 4단 존슨 카운터는 입력 주파수를 8로 분주한다.

〈표 9-5〉 4단 존슨 카운터(÷8)

Q_1	Q_2	Q_3	Q_4	
0	0	0	0	
1	0	0	0	
1	1	0	0	
1	1	1	0	Mod-8
1	1	1	1	
0	1	1	1	
0	0	1	1	
0	0	0	1	
0	0	0	0	

한편 $\overline{Q_5}$ $\overline{Q_4}$의 입력을 갖는 shift right 레지스터 형태의 경우 카운트는 〈표 9-6〉과 같이 9개의 과정을 되풀이하므로 9진 카운터라 할 수 있으나 Q_5의 출력은 입력을 9로 나누어준다.

〈표 9-6〉

Q_1	Q_2	Q_3	Q_4	Q_5	
0	0	0	0	0	
1	0	0	0	0	
1	1	0	0	0	
1	1	1	0	0	
1	1	1	1	0	Mod-9
0	1	1	1	1	
0	0	1	1	1	
0	0	0	1	1	
0	0	0	0	1	
0	0	0	0	0	

따라서 〈표 9-7〉을 이용하면 14018 CMOS IC로부터 입력 주파수를 2부터 10까지 자유롭게 분주하는 주파수를 얻을 수 있다. 이와 같이 존슨 카운터는 주파수 분주에 이용된다.

〈표 9-7〉

모드	궤환입력
÷10	$\overline{Q}_5$
÷ 8	$\overline{Q}_4$
÷ 6	$\overline{Q}_3$
÷ 4	$\overline{Q}_2$
÷ 2	$\overline{Q}_1$
÷ 9	$\overline{Q}_5 \cdot \overline{Q}_4$
÷ 7	$\overline{Q}_4 \cdot \overline{Q}_3$
÷ 5	$\overline{Q}_3 \cdot \overline{Q}_2$
÷ 3	$\overline{Q}_2 \cdot \overline{Q}_1$

예제 9-5

〈표 9-7〉에서 궤환입력으로 $\overline{Q}_1$을 이용할 때 왜 입력 주파수가 ÷2가 되는지를 살펴보아라.

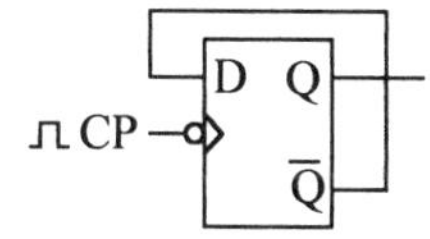

[그림 9-31]

해답 [그림 9-31]은 T F/F과 마찬가지이므로 입력 클록 주파수를 ÷2 한다.

9.8 카운터의 응용

먼저 워드 타임 발생기를 통하여 카운터가 이용되는 한 예를 살펴보도록 한다.

레지스터의 내용을 직렬방식(serial mode)으로 전송하기 위해서는 레지스터의 비트 수와 같은 수의 클록 펄스가 레지스터에 인가되어야 하며, 이 시간을 워드 타임(word time)이라 한다. 이러한 워드 타임 신호는 카운터와 플립플롭을 이용하여 만들 수 있다.

예를 들어 8 비트 레지스터의 자료를 직렬 방식으로 전달하기 위해서는 8개의 클록 펄스가 필요하다. 따라서 워드 타임 신호는 8개의 클록 펄스의 주기와 같아야 한다.

아래의 [그림 9-32]는 8비트 워드 타임 발생회로이다.

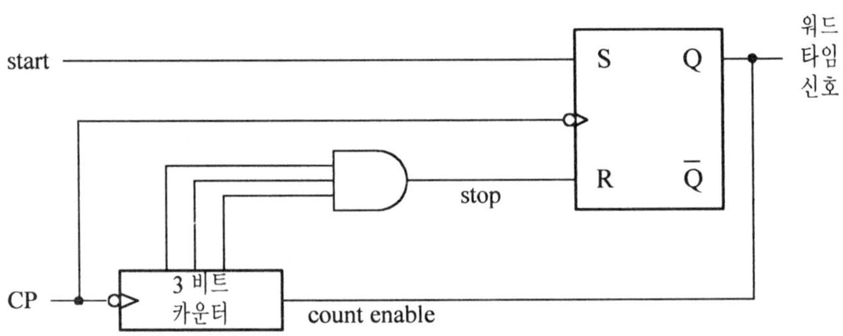

(a) 3 비트 카운터를 이용한 8 비트 워드 타임 신호 발생회로

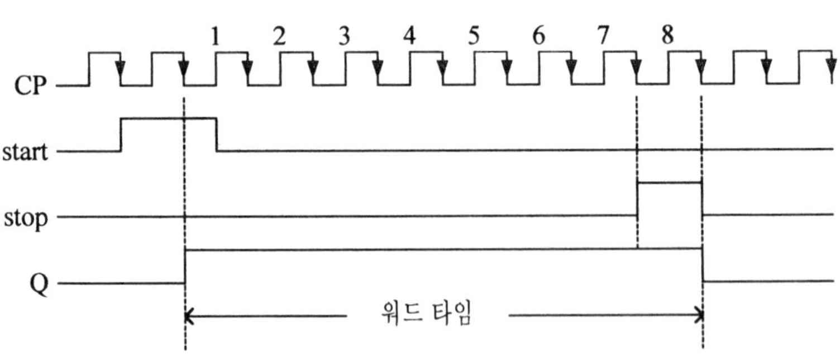

(b) 타이밍도

[그림 9-32] 8 비트 워드 타임 발생회로

워드 타임 신호 발생회로의 동작상태를 살펴보면, 초기에 3비트 카운터가 클리어 상태일 때 start 신호가 들어오면 RS 플립플롭의 S입력이 '1'이고, 3입력 AND 게이트의 출력인 stop은 '0'이므로 클록 펄스가 '0'에서 '1'로 변하는 상승 에지에서 플립플롭의 출력 Q는 세트된다. 출력 Q는 3비트 카운터의 count enable 신호로 사용되므로 다음 클록 펄스부터 카운터가 동작한다.

카운터가 동작을 시작한 후 start 신호를 '0'으로 해주면 RS 플립플롭의 두 입력 R과 S는 모두 '0'이므로 플립플롭의 출력 Q는 이전 상태값인 '1'을 유지한다. 7개의 클록 펄스를 카운트하면 3비트 카운터의 출력이 '111'이 되므로 3입력 AND 게이트의 출력인 stop 신호가 '0'에서 '1'로 변하게 된다. 이때 stop 신호가 '1'이 되므로 RS 플립플롭의 R 입력이 '1'이 된다. 따라서 8번째 클록 펄스의 하강 에지에서 RS 플립플롭의 출력 Q는 리셋된다. 따라서 플립플롭의 출력 Q는 8개의 클록 펄스 동안 '1'의 값을 유지하는 '8비트 워드 타임' 신호가 만들어진다.

디지털 카운터(digital counter)의 일반적인 응용의 하나로서 AC 100[V], 주파수 60[Hz]를 공급전원으로 하는 디지털 시계를 고찰해본다. 시계는 시·분·초까지 표시(display)해야 하므로 매우 정밀하게 제어되는 기본 클록 주파수가 요구된다. 즉, 초 카운터, 분 카운터, 시 카운터를 전원의 주파수인 60[Hz]를 이용하여 구성해야 한다.

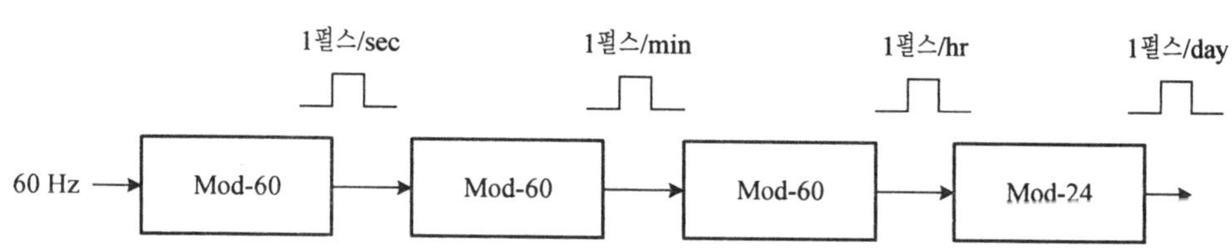

[그림 9-33] 디지털 시계의 주파수 분할 계통도

[그림 9-33]은 디지털 시계의 주파수 분할 계통도를 나타낸 것으로 이 과정을 정리해보면 다음과 같다.

■ 단계 1 : 기본 클록 주파수 형성

제일 먼저 주파수 60[Hz]의 정현파로부터 슈미트 트리거 회로를 이용하여 60[Hz]의 구형파를 얻는다. 기본 클록 주파수인 1[Hz]의 구형파를 만들기 위해 60[Hz]의 전원 주파수를 Mod-60 카운터(BCD 카운터와 Mod-6 카운터)를 이용하여 60으로 나눈다.

■ 단계 2 : 초 카운터 구성

기본 클록 주파수인 1 [Hz]의 구형파를 Mod-60 카운터를 이용하여 다시 60으로 나누면 1분마다 1 사이클을 갖는 구형파를 얻는다. 먼저 BCD 카운터는 기본 클록 주파수를 받아 0~9까지 카운트하여 9초 후 0으로 재순환하고, Mod-6 카운터를 트리거시켜 하나를 카운트하게 한다. 이런 과정이 반복되어 0~59까지 카운트하여 59초 후에 Mod-6 카운터는 0으로 재순환되면서 분 카운터를 트리거시켜 하나를 카운터하게 한다.

■ 단계 3 : 분 카운터 구성

60분이 되면 1시간을 나타내야 하므로 기본 클록 주파수(매초 1 펄스)를 60번 카운트해야 하는데, 이도 역시 마찬가지 방식으로 BCD 카운터와 Mod-6 카운터를 이용한다. 앞서 동작과 마찬가지로 0~59까지 카운트를 한 후 0으로 재순환되면서 시 카운터를 트리거시켜 시 카운터를 작동시킨다.

■ 단계 4 : 시간 카운터 구성

1시간마다 하나씩 발생하는 분 카운터의 출력 펄스를 Mod-24 카운터를 이용하여 다시 24로 나누면 24시간마다 1 사이클을 갖는 구형파를 얻는데 이를 시간 카운터로 활용한다. 시간 카운터는 1~24까지 카운트한 후 초나 분 카운터처럼 0으로 되돌아간다.

[그림 9-34]는 BCD 카운터인 74LS90(2진+5진 카운터)과 74LS92(2진+6진 카운터)를 이용한 간단한 디지털 시계의 기본 클록 주파수 형성회로를 보인 것이다.

① 카운터 1과 카운터 2는 60 [Hz]의 주파수를 분주하여 매초 1개의 펄스가 나오도록 동작한다.

② 이때 74LS90은 10진 카운터로 동작하며, 74LS92는 6진 카운터로 동작한다.

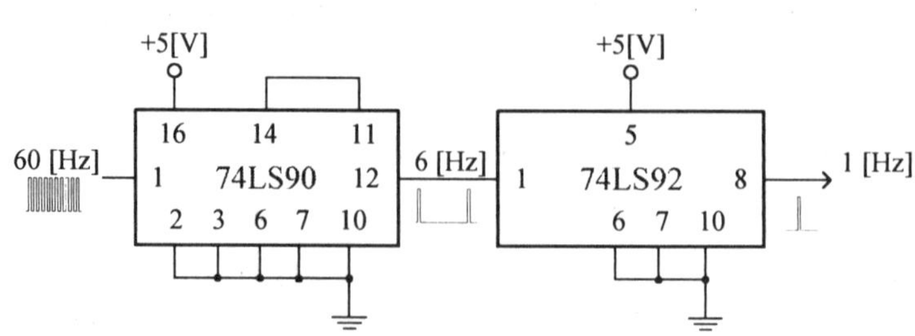

[그림 9-34] 기본 주파수 형성회로

9 연습문제

1. one-shot M/V를 이용하여 5진(Mod-5) 카운터 회로를 설계하여라.

2. 직접 동작형 방식에 의한 Mod-5 카운터 회로를 설계하여라.

3. 리셋형 Mod-6 카운터 회로를 설계하여라.

4. 직접 동작형 방식에 의한 Mod-6 카운터 회로를 설계하여라.

5. [그림 9-30]에서 입력 클록 펄스에 따른 플립플롭의 출력 A, B, C, E를 도시하여라. 또한 출력 T_0 ~ T_7의 출력파형도 도시하여라. 몇 개의 타이밍 신호가 발생하였는가?

6. 동기식 5진 카운터 회로를 D F/F을 이용하여 설계하여라.

7. 동기식 5진 카운터 회로를 JK F/F을 이용하여 설계하여라.

8. 16 비트 워드 타임을 발생하는 회로를 설계하여라.

9. 10개의 타이밍 신호를 갖는 존슨 카운터를 설계하여라.

10. 〈표 9-7〉에서 궤환입력으로 $\overline{Q_2}\ \overline{Q_1}$을 이용할 때 왜 입력 주파수가 3 분주(: 3)가 되는지를 살펴보아라.

제 10 장 기억회로

10-1 기억장치 개요

메모리는 디지털 시스템에서 중요한 부분이다. 메모리는 디지털 데이터를 저장하기 위하여 사용되는 기억소자의 배열이다.

데이터는 'WRITE'라는 처리에 의해 메모리 내에 저장되고, 'READ'라는 처리에 의해 메모리로부터 검색된다. 메모리는 데이터가 저장될 수 있는 저장장소(storage location)들로 구성된다. 각 저장장소는 주소에 의해 식별되고, 저장장소의 수는 메모리에 따라 몇 개에서 수십만 개까지 다양하다. 각 저장장소는 하나 이상의 비트로 이루어질 수 있다.

일반적으로, 메모리에 저장될 수 있는 총 비트 수를 용량(capacity)이라 한다. 때때로 그 용량은 바이트 형태로 정의된다. 데이터의 한 비트를 저장하는 각각의 저장요소(storage element)는 반도체 메모리에서 플립플롭이나 커패시터, 그리고 자기 메모리(magnetic storage)의 자기영역(magnetic domain)으로 구성된다. 여기서, 저장요소를 셀(cell)이라고 한다.

[그림 10-1]은 일반적인 메모리에 대해 WRITE, READ, 주소 및 저장용량의 개념을 간단히 나타낸 것이다.

메모리는 기억소자에 따라 바이폴라 메모리, MOS 메모리, 기타 CCD (Charge-Coupled Device) memory, MBM(Magnetic Bubble Memory) 등으로 나눌 수 있다. 바이폴라 메모리는 바이폴라 트랜지스터를 사용한 메모리로서 TTL, ECL의 RAM, PROM, 시프트 레지스터 등이 있다. 이 방식의 메모리는 일반적으로 액세스 시간이 빠르지만 소비전력이 크고 집적도가 낮다.

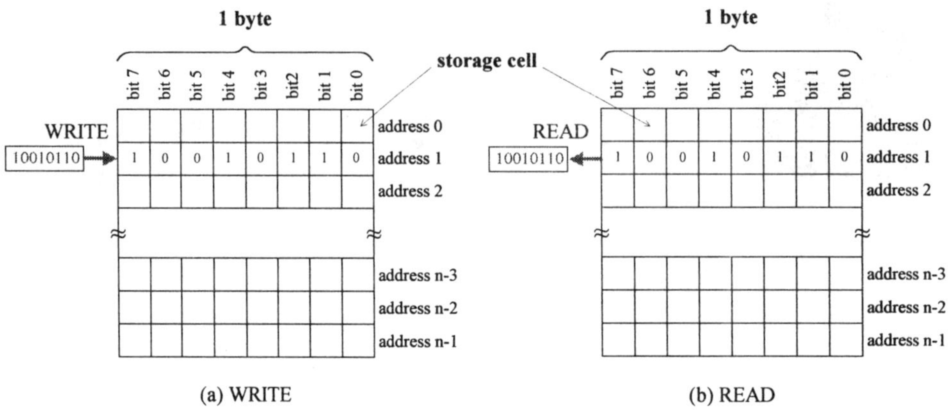

[그림 10-1] n 바이트의 용량을 갖는 메모리

MOS 메모리는 pMOS, nMOS 또는 CMOS를 사용한 메모리로서 RAM, PROM, ROM, 시프트 레지스터 등이 있다. MOS 메모리는 바이폴라 메모리에 비해서 속도는 조금 늦지만 소비전력이 적고 집적도가 높다. pMOS는 제조공정이 간단하지만 그 중 속도가 낮기 때문에 휴대용 계산기 등 저속회로에 쓰인다. nMOS는 속도가 계속 증가되어 현재 대용량 메모리는 거의 전부 nMOS이다.

CMOS는 제조공정이 다소 어렵지만 소비전력이 극히 작으므로 고집적회로에 적합하고 전지동작 등의 저전력 시스템에 사용된다. CCD와 MBM은 sequential 액세스 메모리에 속하고 매우 큰 대용량 메모리를 만들 수 있다. 따라서 버퍼 메모리로서 주목된다. 〈표 10-1〉에 반도체 제조기술상으로 본 각종 메모리의 용량, 동작속도, 소비전력의 개략치를 비교하였다. [그림 10-2]는 반도체 메모리를 트리(tree) 형식으로 표시한 것이다.

〈표 10-1〉 각종 메모리 비교

공정기술		용량(비트)	동작속도(ns)	소비전력(W)
RAM	TTL	576	45	1
	ECL	1～16 k	20	0.7～1.0
	nMOS	16～64 k	150	0.2～0.3
	nMOS	4～16 k	50	0.6～0.8
	CMOS	16 k	150	0.3
PROM	nMOS EPROM	16～64 k	200～450	0.5～0.8
	CMOS EPROM	16～64 k	250～300	40 mW/MHz
	TTL PROM	1～32 k	35～65	0.8～1.0

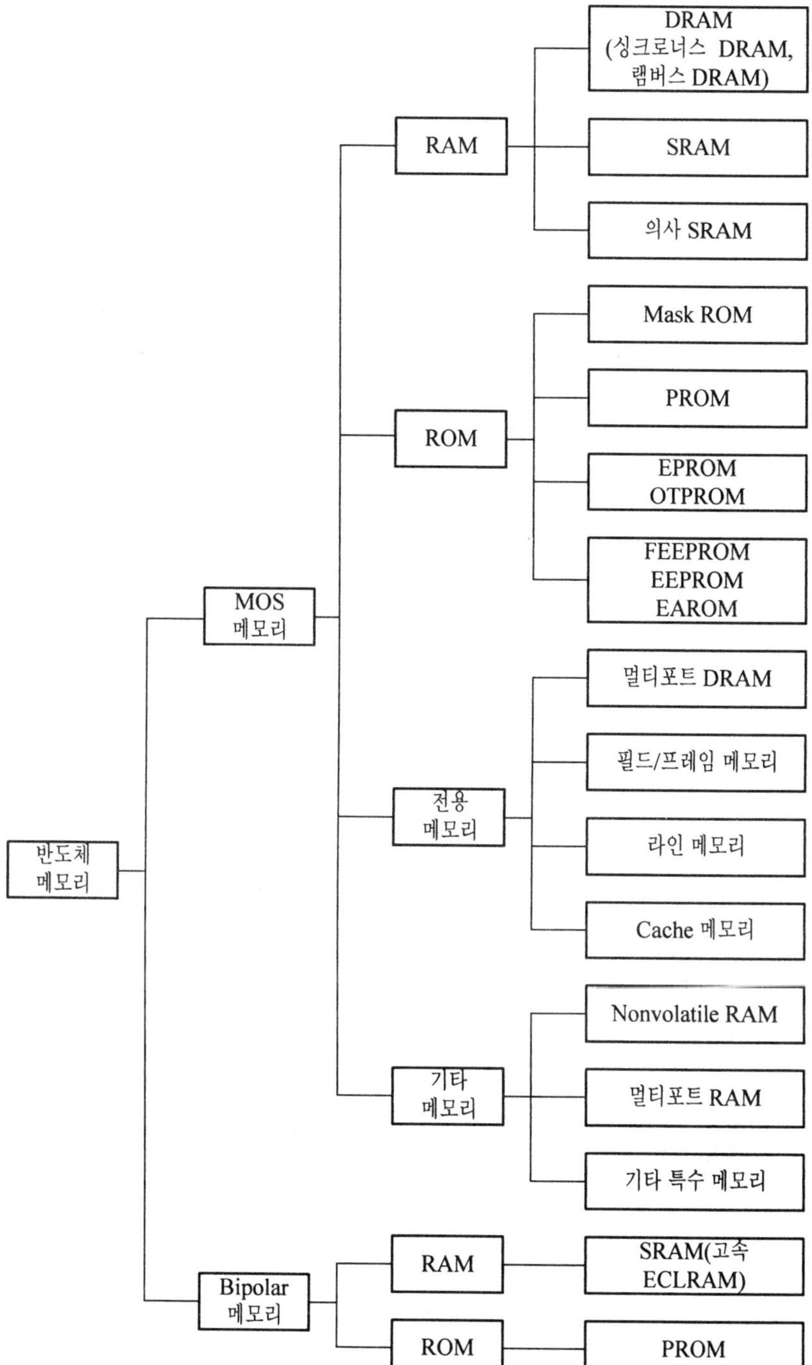

[그림 10-2] 반도체 메모리

예제 10-1

다음 각 응용에서 어떤 종류의 메모리가 적합할까? 그 이유도 밝혀 보아라.

a) 휴대용 계산기 b) 컴퓨터 시동 메시지
c) 택시 미터요금 계산기
d) 소량생산 제어용 로봇에 쓰일 메모리

해답

a) RAM(데이터를 자주 입 · 출력시키기 때문)
b) 마스크 ROM(고정 프로그램이므로)
c) EPROM(요금변동시 새로 써넣어야 하기 때문)
d) 퓨즈 링크 PROM(대량생산에는 마스크 ROM이 적합하나 소량의 경우에는 퓨즈 링크 PROM을 쓰는 것이 경제적임.)

10.2 ROM

ROM은 판독전용의 메모리로서 기억되어 있는 내용이 영구히 지워지지 않으므로 일반적으로 데이터를 변경시키지 않고 반복해서 사용할 필요가 있는 용도에 이용되고 있다. ROM의 주요용도는 마이크로프로그램, 코드 변환기, 문자발생기(character generator) 등에 이용되고 있다. 컴퓨터의 모니터에 문자를 표시하려면 컴퓨터는 각종 문자와 특수기호 등을 표시하는 방법을 모니터에 지시할 수 있는 기능을 갖춘 문자발생기가 필요하다.

ROM은 전원을 제거한 후에도 기억되어 있는 정보가 지워지지 않고 그대로 유지되기 때문에 비휘발성(nonvolatile) 메모리라고도 부른다.

먼저 이 절에서는 TTL ROM, MOS ROM, Mask ROM에 대해서만 설명하도록 한다.

(1) TTL ROM

TTL ROM의 동작속도는 빠르지만 메모리 셀의 크기는 일반적으로 MOS ROM에 비해서 크고 기억용량이 작으므로 조합 논리회로나 마이크로프로그래밍 등 주로 고속동작의 가장 중요한 용도에 쓰인다.

[그림 10-3]은 32×8 ROM의 내부논리를 보인 것이다. 1개의 워드(word)는 8비트로 구성되며 32개의 워드를 가진다. 32개의 워드를 지정하기 위해서는 5×32 디코더가 필요하고 따라서 32개의 AND 게이트가 필요하다.

그리고 1개의 워드가 8비트이므로 8개의 OR 게이트가 필요한데 이들은 각각 32개의 내부 퓨즈 연결선을 가진다. 이 퓨즈 연결선은 ROM 진리표의 프로그래밍에 의해 하드웨어적으로 절단된다.

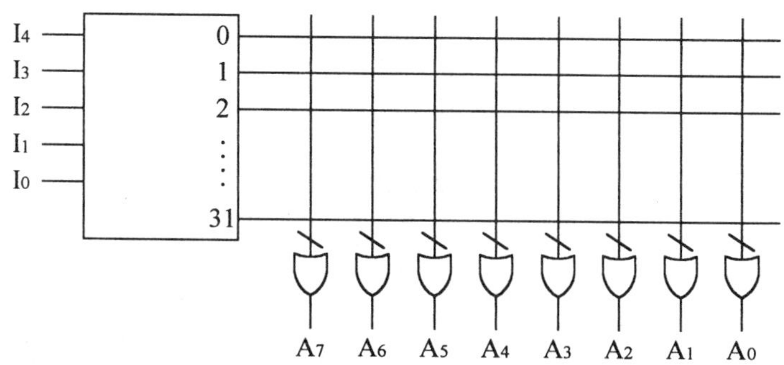

[그림 10-3] 32×8 ROM의 내부논리

[그림 10-4 (a)]는 TTL ROM SN74187의 구성 개요도이다. 메모리 용량은 1,024 비트로서 각각 4 비트인 256 워드로 구성되어 있다. 8 비트의 어드레스로 256개의 워드 중 1 워드를 선택하여 판독해낸다.

데이터는 1,024개의 트랜지스터의 각 이미터에 기록된다. 1,024개의 메모리 셀 어레이는 32×32개의 트랜지스터 매트릭스로 되어 있다. [그림 10-4]에서 8 비트의 어드레스($2^8=256$)는 5비트의 X 선택 어드레스와 3비트의 Y 선택 어드레스로 구분되어 동작한다.

5 비트의 X 선택 어드레스는 5×32 디코더에 의해서 32개의 X 선택 베이스 구동입력단 중에서 1개에만 베이스 구동진입(입력신호)을 공급한다. 또한, 3 비트의 Y 선택 어드레스는 4 세트의 출력부에 공통으로 연결된 3개의 Y 선택선(Y_0, Y_1, Y_2)으로 사용되어 각 출력부에서 8라인 중 1라인을 구동시킨다. 이때 인에이블 신호가 모두 '0'이면 Y 선택 어드레스에 의해서 선택된 4세트 출력부의 각 출력 비트는 4개의 데이터 출력단자에 나타난다.

이상과 같은 256×4 ROM을 구성할 때 1개의 디코더를 평면 배치하는 경우 8×256 디코더가 사용되므로 256개의 AND 게이트가 소요된다. 그러나 앞서 보인 바와 같이 5×32 디코더와 3×8 디코더를 입체 배치하면 40개의 AND 게이트만 소요된다. 따라서 대부분 디코더는 2차원 디코딩 구조를 가진다.

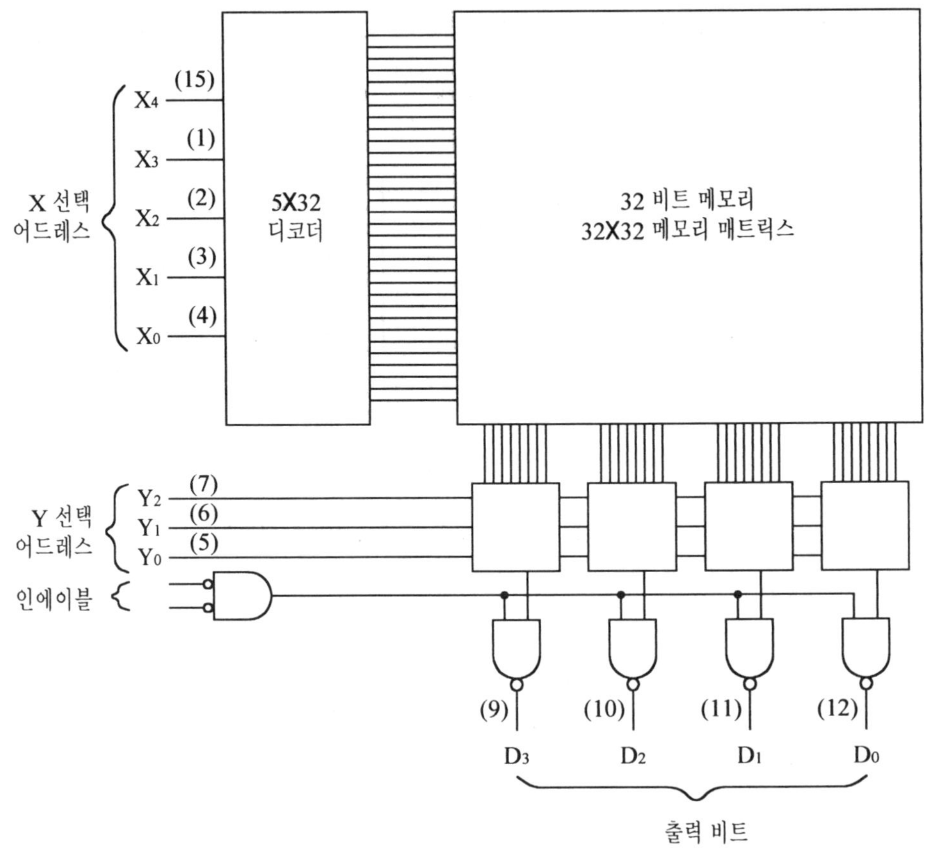

(a)

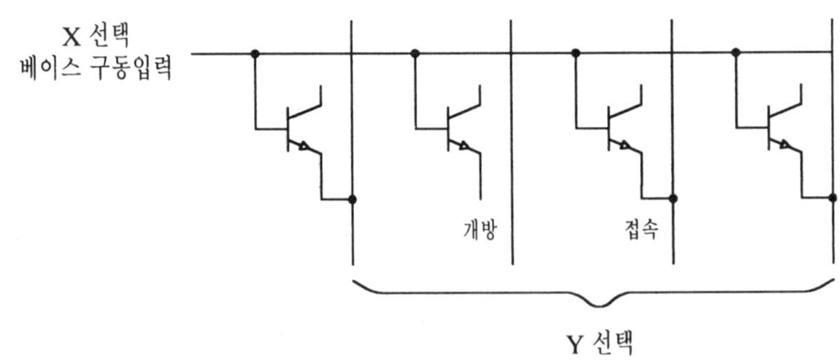

(b)

[그림 10-4] 74187(256×4) ROM의 구성도

[그림 10-4 (b)]는 메모리 셀로부터 데이터를 읽는 방법을 보인 것이다. X 선택 어드레스에 의해서 32개의 디코더 출력 중 하나에 '1'이 출력되어 베이스 구동신호가 공급되면 이 신호가 연결된 행(行)에 있는 트랜지스터만 구동된다.

각 메모리 셀의 데이터는 이들 트랜지스터의 이미터 쪽으로 전달되어서 Y 선택선에 연결(ON)되거나 개방(OFF)상태로 된다. ON 또는 OFF 상태에 따라 지정된 메모리 셀은 '0' 또는 '1'을 기억하게 되며 같은 데이터 출력의 연결은 IC를 제작할 때 미리 영구적으로 만들어진다. 이 TTL ROM에서의 소모전력은 매 비트당 0.5 [mW], 액세스 시간은 40 [ns]이다.

예제 10-2

$[6000]_{16}$ 번지에서 시작되는 4k×8 ROM의 어드레스 범위는 몇 번지까지인가?

해답

$4k = 2^{12} = 1 \times 16^3 = [1000]_{16}$

$\therefore [6000]_{16} + [1000]_{16} - 1 = [6FFF]_{16}$

(2) MOS ROM

가장 큰 용량이 필요한 경우에는 MOS ROM을 사용하면 된다. MOS ROM의 한 예로서 INTEL 8316은 8 비트의 2048 워드로 구성된 메모리 용량 16,384(16k) 비트의 스태틱(static) MOS ROM이며 24핀으로 되어 있다.

[그림 10-5]는 이 메모리 IC의 구성 개요도이며, 전력소모는 매 비트당 10[μW](따라서 전체 16k로서는 0.16 W)이고 액세스 시간은 약 50 [ns]이다. 11비트로 된 어드레스 입력에 의하여 2,048 워드 가운데 어느 하나를 선택할 수 있게 되어 있으며, 한 개의 워드는 8 비트로 구성되어 있다. 11개의 어드레스 비트 중 7개의 어드레스 비트는 디코드(decode)되어 128개의 열(列) 선택선의 하나로 가해지고 나머지 4개의 어드레스 비트는 행을 선택하는 16세트 가운데 한 세트를 선정하게 되는데 각 세트는 8개의 출력선을 가진다.

3개의 칩(chip) 선택 입력(CS)과 프로그램된 칩 선택 코드에 의하여 8종에 이르는 다른 16 k 메모리 IC를 선정하여 이용하면 메모리 용량을 128 k까지 확장시킬 수 있다. 메모리의 확장방법은 앞으로 다루게 된다.

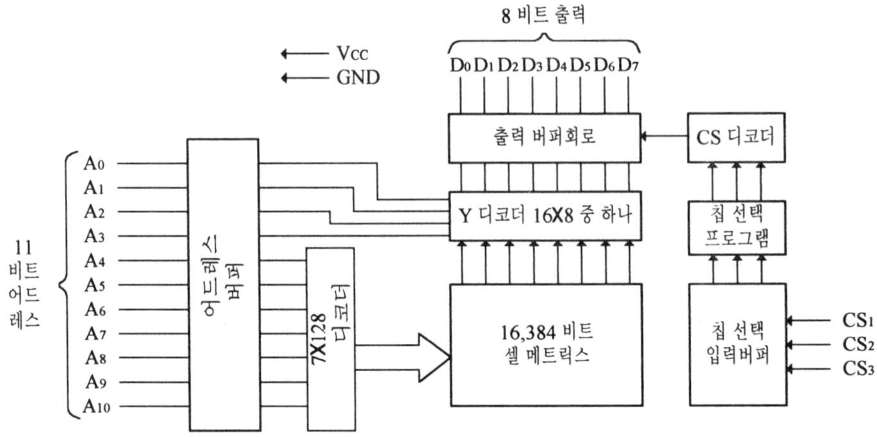

[그림 10-5] 16k MOS ROM의 구성도(Intel 8316)

(3) 마스크 ROM

마스크(mask) ROM은 소자를 제조하는 단계에서 데이터를 사전에 고정해 놓음으로써 뒤에 변경이 불가능한 ROM으로 메모리 셀의 구조가 간단하기 때문에 반도체 메모리 중 가장 집적도가 높다. 마스크 ROM을 용도별로 나누어본다면, 하나는 데이터가 미리 정해져 있는 것으로서 표준품으로 판매되고 있는데 대부분이 문자용의 ROM으로 프린터 또는 CRT 디스플레이 등에 사용된다. 다른 하나는 사용자의 요구에 따라 데이터를 프로그램해서 넣은 것으로 포토 마스크(photo mask)의 비용이 요구되는 부담은 있지만 전자사전과 같이 동일 데이터의 ROM을 대량으로 사용하는 경우에 적합하다.

10 3 PROM

지금까지 설명한 ROM은 제조시 '0' 또는 '1'의 데이터를 미리 기입해넣는 것이다. 그러나 이 ROM도 사용자가 스스로 프로그램할 수 있다면 편리할 때가 있다. 이러한 ROM을 프로그래머블(programmable) ROM, 즉 PROM이라고 부른다. 32×8 비트에서 4,096×4 비트까지의 용량을 갖는 각종 PROM이 개발되어 있다.

PROM은 퓨즈 링크(fuse link)를 사용하기 때문에 사용자에 의해서 프로그램될 수는 있지만 퓨즈 링크가 녹아버린 다음에는 다시 프로그램할 수 없다. PROM에서는 먼저 다이오드 또는 트랜지스터에 의한 메모리 셀의 완전한 어레이(배열)를 제작한다. 각 메모리 셀의 다이오드 또는 트랜지스터의 한 끝에는 가는 금속선이 접속되어 있으며, 프로그램할 때는 그 파형과 지속시간이 제대로 정해진 대전류를 흘려서 이 금속선을 녹여 자른다. 이렇게 하여 금속선에 의한 접속의 유무에 의해 데이터를 기억하는 원리로 되어 있다.

ROM 중에서 또 중요한 한 가지는 사용자에 의해서 프로그램되었다가 나중에 다시 프로그램될 수 있는 EPROM(Erasable Programmable Read Only Memory)이 있다. MOSFET를 사용하는 EPROM은 반복해서 프로그램하도록 제조되어 있다. EPROM에 저장된 데이터를 소거하기 위해서는 소자의 윗면에 있는 창(window)을 통해서 자외선을 쪼이면 된다.

[그림 10-6]은 UV-EPROM 셀의 기본구조로 증가형 MOSFET의 게이트에서 전하 트랩의 축적을 가능케 한다. p형 기판 증가형 MOSFET가 SiO_2 내에서 구성되는 부가적인 floating gate와 함께 사용된다. 셀은 산화층을 통해서 floating gate로 주입되는 높은 에너지의 전자에 의해서 프로그램된다.

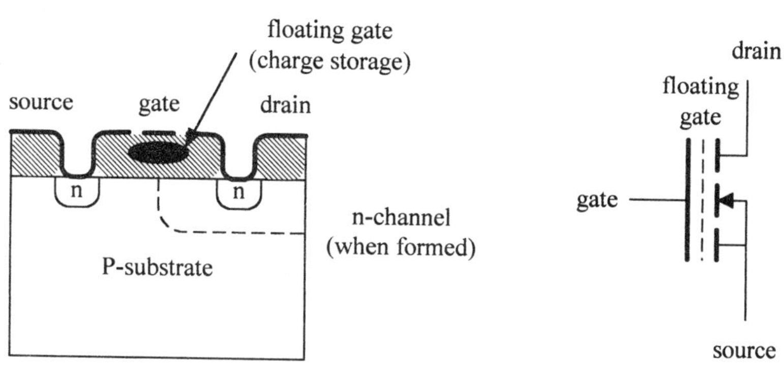

[그림 10-6] UV-EPROM 셀

floating gate에서 trap된 전하를 갖는 프로그램된 셀은 read 동작에서 드레인과 소스 사이에서 채널이 구성된다. 프로그램되지 않은 셀은 트랩된 전하가 없기 때문에 채널을 구성하지 못하며 read 동작에서 드레인과 소스 사이에 전류가 흐르지 않는다.

프로그램할 때는 원하는 셀을 선택하여 트랩 전하량이 충분해질 때까지 floating 게이트로 전하를 반복해서 주입시킨다. 프로그램이 완료되면 각 셀의 트랩 전하는 계속 유지된다. UV-EPROM 소자를 재프로그램하기 위해서는 소자를 디지털 시스템으로부터 분리시킨 다음 충분한 시간 동안 자외선을 노출시킨다. 자외선에 노출되는 동안 트랩 전자들에 충분한 양자 에너지를 전달하게 되어서 floating 게이트가 완전히 방전되어서 각 셀의 내용이 소거된다. UV-EPROM의 내용이 완전히 소거된 후 재프로그램하여 사용하면 된다.

UV-EPROM IC에는 2708(1k×8bit), 2716(2k×8bit), 2732(4k×8bit), 2764(8k×8bit) 등이 있다. [그림 10-7]은 IC 2708의 기능도와 핀 배열을 보인 것이다.

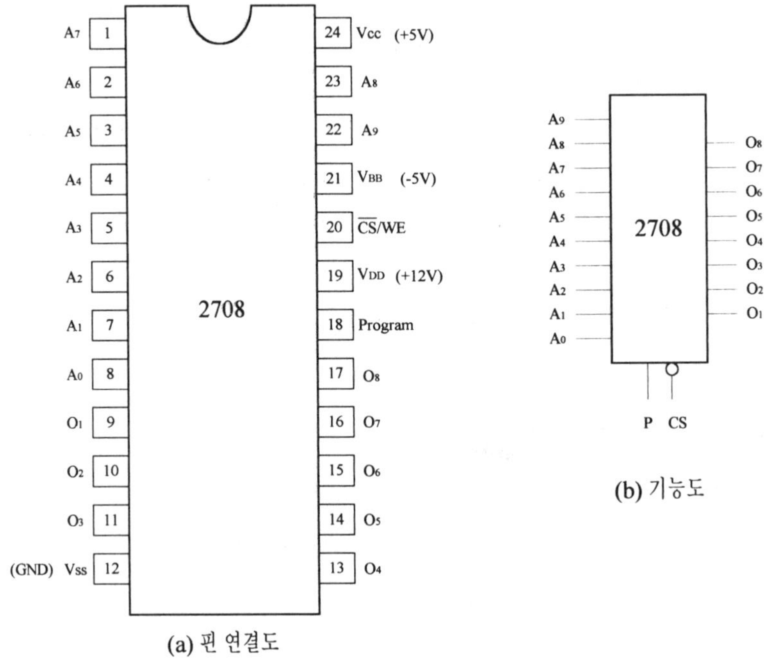

[그림 10-7] 1k×8 bit UV-EPROM unit(2708)

IC 2708은 24핀으로 제작되어 있으며, 어드레스용으로 10핀($2^{10}=1,024$)이 사용되고, 데이터용으로 8핀이 사용된다. 제어입력(program과 $\overline{CS}$/WE)은 프로그래밍, 즉 소자 내에 데이터를 써넣거나(program) 혹은 소자로부터 데이터를 읽어들이는 것(read)을 제어한다. 2708에서는 3개의 공급전원(+5V, −5V, +12V)이 사용되는 종류도 있지만 대부분의 버전에서는 +5[V] 전원만 사용한다.

예 제 10-3

두 개의 2708 IC를 이용하여 2k×8bit ROM을 구성하여라

해답 [그림 10-8]은 두 개의 2708 IC를 연결해서 2k×8bit ROM을 구성하는 방법을 나타낸 것으로 인버터를 이용하였다. A_{10}이 'L'이면 아래쪽의 2708이 선택되고 A_0에서 A_9까지의 어드레스 비트에 의해서 아래쪽 2708로부터 원하는 데이터를 읽어낸다. A_{10}이 'H'이면 정확하게 동일한 위치의 데이터가 읽혀지지만 이 경우에는 위쪽의 2708의 데이터가 읽혀진다. 즉, 11 비트의 어드레스에 의해서 두 개의 EPROM에 기록되어 있는 2,048개의 메모리 위치를 선택하여줌으로써 항상 단일 메모리 위치로부터 1 바이트의 데이터를 읽어낼 수 있다.

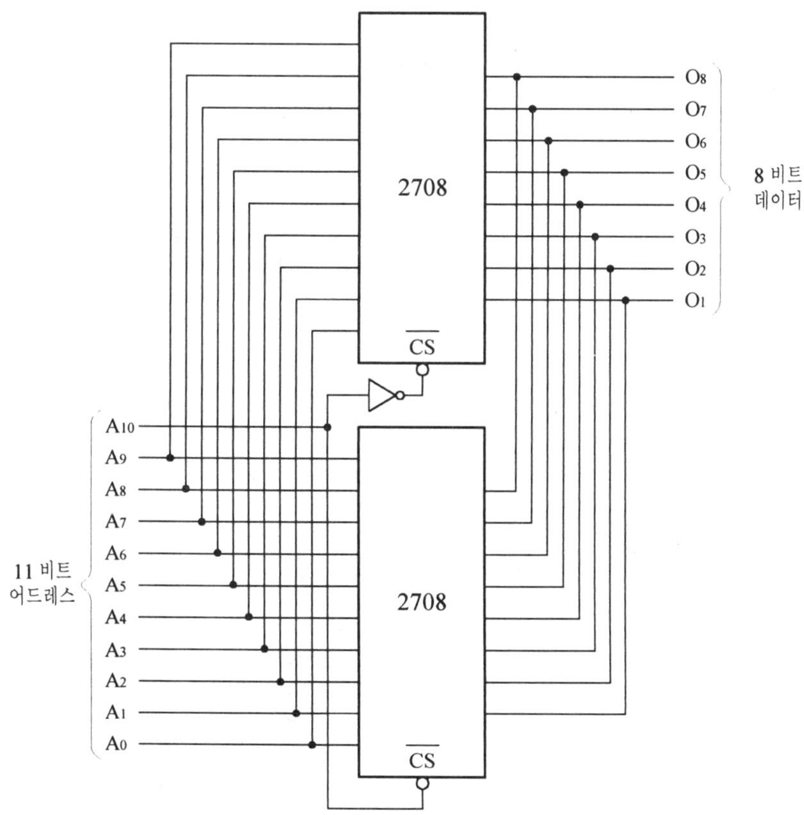

[그림 10-8] 2708을 이용한 메모리 확장

프로그램이 가능한 ROM인 PROM은 [그림 10-9]와 같이 디코더 형태의 고정된 AND 배열과 프로그램이 가능한 출력 OR 배열을 가지고 있다. 따라서, PROM은 기억장치 이외에 AND-OR형의 논리회로 구현시에도 이용될 수 있다.

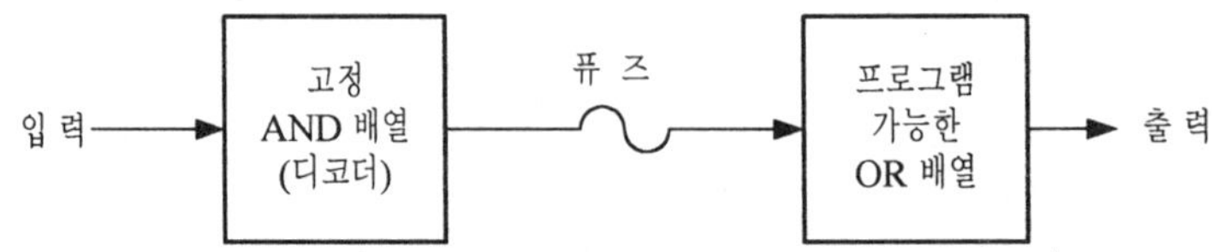

[그림 10-9] PROM의 구조

예제 10-4

[그림 10-10]의 PROM을 이용하여 입력 A, B 출력 SUM $= A\overline{B} + \overline{A}B$, CARRY $= AB$인 반가산기를 구성하여라. (주) 그림에서 퓨즈 링크 심벌 ↘은 →|—∿—(다이오드와 퓨즈로 구성)을 뜻한다.

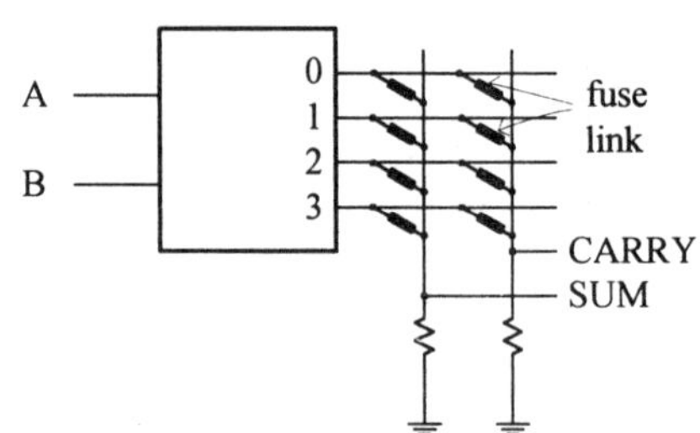

[그림 10-10]

해답 [그림 10-11]과 같이 퓨즈 링크되어 있는 것을 프로그램에 의해서끊어주면 된다. (주) 그림에서 ×는 끊어준 표시를 나타낸다.

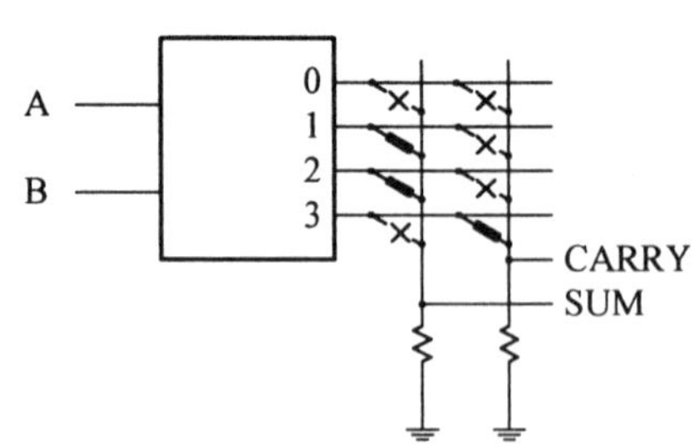

[그림 10-11]

10-4 static RAM

static RAM 메모리들은 쌍극성 회로와 MOSFET 회로(p형과 n형), I^2L (Integrated Injection Logic) 회로로 구성될 수 있다. 쌍극성 메모리의 일반적인 액세스 타임(access time)은 약 20 [ns]로 빠른 편이고 MOS형 메모리가 갖는 일반적인 액세스 타임은 약 200 [ns]로 늦은 편이다. 그러나 I^2L 회로 동작은 쌍극성 회로만큼 속도가 빠르면서도 MOS 회로와 같은 집적밀도를 제공할 수 있다.

I^2L과 MOS 회로는 역시 저소비전력을 갖기 때문에 쌍극성 메모리가 비트당 수 [mW]를 사용하는 것에 비해서 비트당 수 [μW]를 사용하게 된다. 따라서 쌍극성 메모리는 소용량이면서 속도가 아주 빠른 연산 스크래치-패드(arithmetic scratch-pad) 메모리와 같은 컴퓨터의 일부 혹은 특별한 응용에서 사용된다. 대용량의 메인 메모리에는 MOS형이 사용된다.

쌍극성(bipolar) RAM 메모리 셀(cell)의 형태가 [그림 10-12]에 표시되어 있다. 단일 메모리 셀(single memory cell)은 두 개의 트랜지스터와 두 개의 저항(비교적 간단한 배열)을 사용해서 구성할 수 있다.

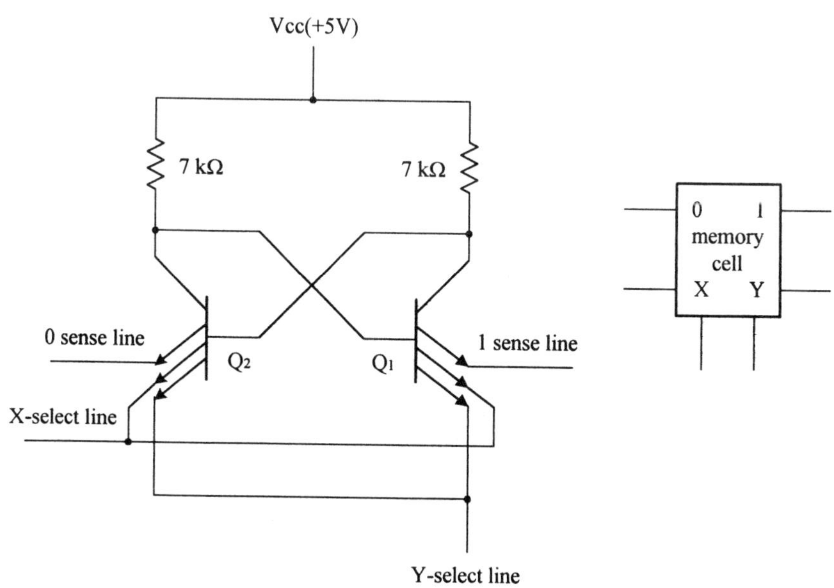

[그림 10-12] 쌍극성 RAM 메모리 셀

Q_1이 ON이면 Q_2가 OFF이고, 혹은 그 반대현상이 발생되는데 셀에 저장된 비트 정보에 따라서 결정된다. X 선택선이나 Y 선택선 또는 두 선 모두 'L'(0 [V]) 상태이면 두 트랜지스터가 모두 ON되어 콜렉터 전류는 '0 sense line'이나 '1 sense line'으로 전달되지 않는다.

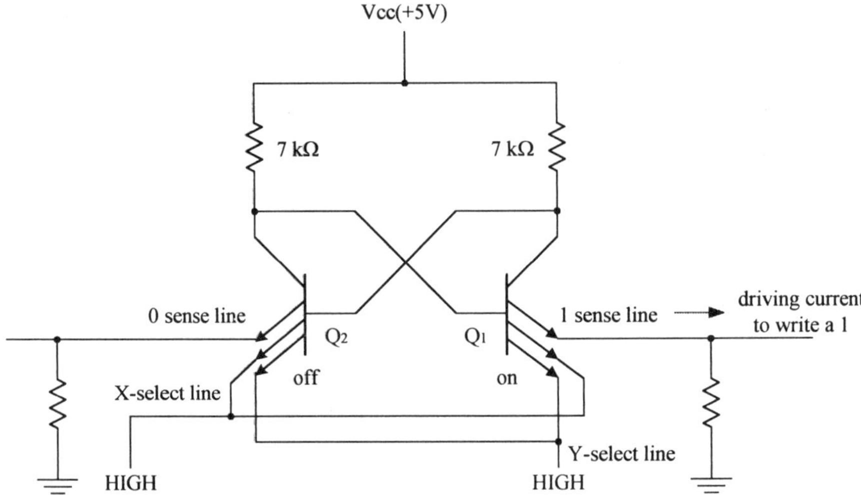

(a) write 동작

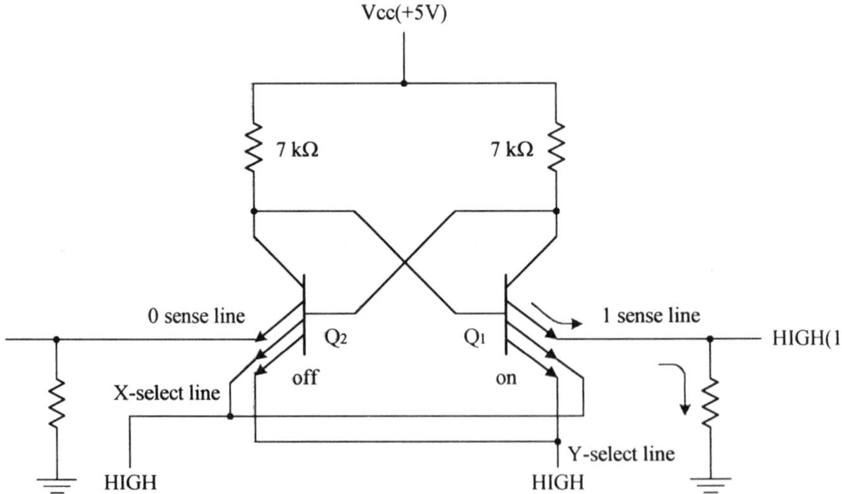

(b) read 동작

[그림 10-13] 쌍극성 RAM 메모리 셀의 동작

예를 들면, 메모리 셀에 저장된 정보가 '1'일 때 Q_1이 ON이라고 가정하면 Q_1의 콜렉터 전압은 트랜지스터 Q_2를 OFF 상태로 유지시킨다. 한 개(혹은 둘 모두)의 선택선이 오랫동안 'L'일 때 Q_1의 콜렉터 전류는 접지(GND)로 경로를 갖는데 '1의 sense line'은 통과하지 않는다. X 선택선과 Y 선택선이 모두 'H'일 때는 특정한 셀이 선택되며 이때 Q_1의 컬렉터 전류는 '1'이 저장되어 있다는 것을 표시하기 위해 '1의 sense line'을 통해서 흐르게 된다('0 sense line'으로는 전류가 흐르지 않는다).

쌍극성 메모리 셀의 자료기록(writing)은 X 선택선과 Y 선택선을 모두 'H'로 함에 따라서 선택되는 셀에 'L'를 입력함으로써 이루어진다. 만약 한쪽 선택선이 'L'로 유지된다면 메모리 셀에 저장된 비트 자료는 접지된 이미터 연결을 유지한다. 양쪽 선택 입력이 'H'라면 '0' 혹은 '1'의 sense line은 셀에 기록(write)하기 위해서 사용될 수 있다. [그림 10-13]의 (a)는 선택된 셀에 '1'을 기록하는 것을 나타내고 있다(여기서는 Q_1이 ON이라고 정의한다).

저장된 데이터를 읽어내는 동작은 양쪽 선택 입력이 모두 'H'로 되어 선택된 셀에서 실행된다. 만약 '1'이 저장되어 있다면 Q_1은 '1' sense line을 'H'로 구동시키며, 만약 '0'이 저장되어 있다면 Q_2가 '0' sense line을 'H'로 구동시킨다.

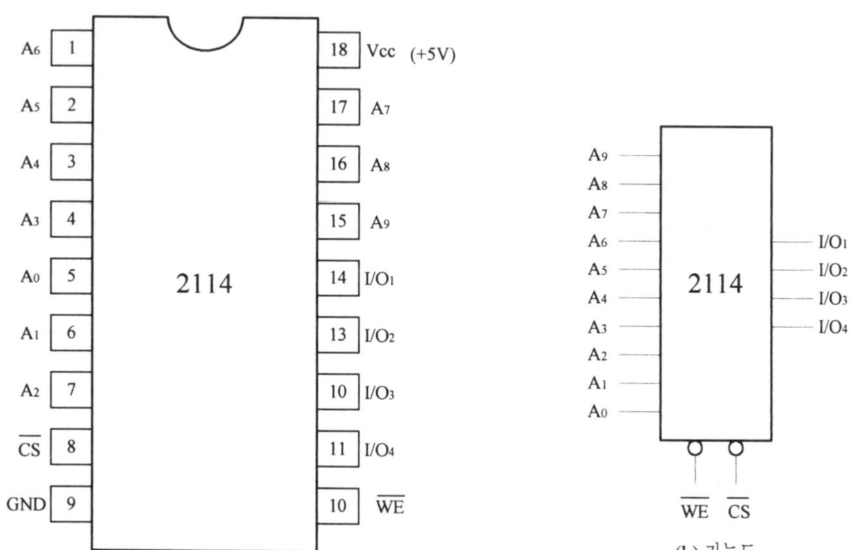

(a) 핀 연결도

(b) 기능도

[그림 10-14] 1k×4bit static RAM(2114)

MOS를 이용한 static RAM으로 IC 2114가 있다. [그림 10-14]에 표시된 것처럼 단일 18핀 패키지로 구성되어 있다. 4,096개의 cell unit가 1,024×4 비트로 구성되며 셀당 6개의 MOSFET가 사용된다. $\overline{CS}$ 라인은 메모리 크기를 확장시키는 데 필요한 IC의 선택을 허용한다. $\overline{WE}$ 라인은 read와 write 동작을 선택한다(write 동작에서는 LOW임).

4개의 데이터 핀은 write 동작에서 입력 라인으로, read 동작에서는 출력 라인으로 사용된다. 공통의 입출력 데이터 라인은 공통 데이터 버스에 IC의 핀 번호를 연결하도록 허용하는 3상태(tri-state) 출력을 사용한다.

예제 10-5

1 kbyte×4 bit IC인 2114 IC를 사용해서 1 kbyte×8 bit IC를 구성하여라.

해답 데이터의 8비트를 제공하기 위하여 두 개의 선택선 IC를 연결하면 8비트 데이터 버스가 구성된다. 구성도는 [그림 10-15]와 같다.

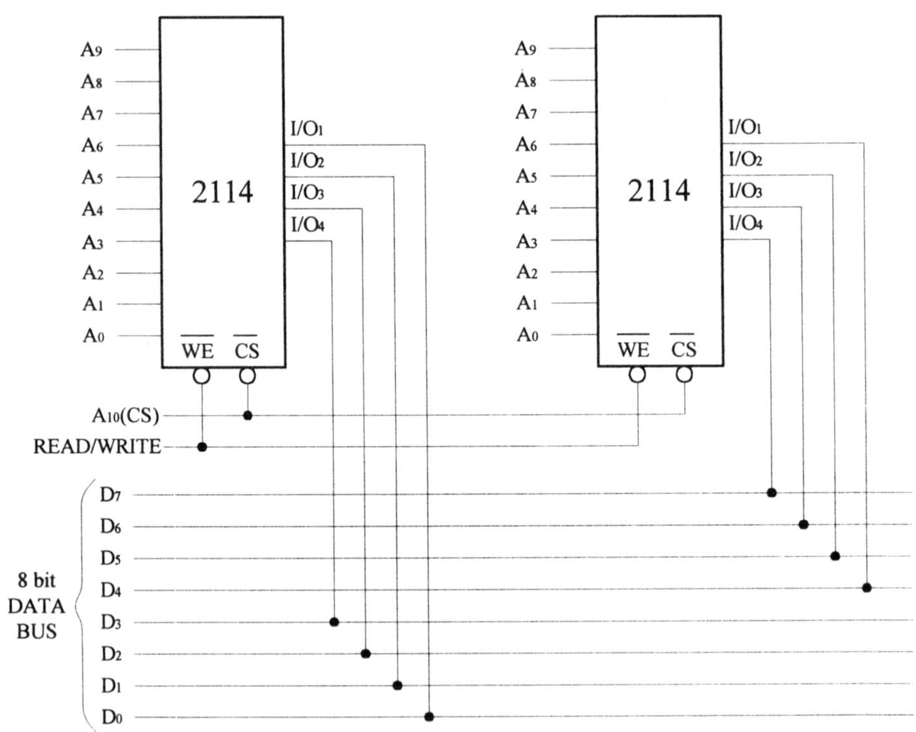

[그림 10-15] 2114 IC의 확장

예제 10-6

4 k×8 bit 메모리를 구성하는 데 몇 개의 2114 IC가 사용되는가?

해답 2114 IC 한 개는 4 k bit의 저장능력을 가진다. 그런데 전체 메모리 크기는 32 k bit의 데이터를 저장해야 하므로 8개가 필요하다.

$$\frac{32\text{k bits}}{4\text{k bit/IC}} = 8 \text{ IC}$$

10-5 DRAM

DRAM(Dynamic RAM)은 전원이 공급되고 있어도 그 기억내용의 시간이 지남에 따라 소멸되기 때문에 주기적인 리프레시가 필요한 동적 RAM이다.

DRAM은 SRAM의 직접밀도의 한계를 초월하기 위하여 플립플롭에 정보를 기억하는 대신에 셀 내의 커패시터에 전하형태로 정보를 저장하며 주기억장치에 쓰인다.

즉, DRAM의 셀들은 데이터 비트를 래치보다는 작은 커패시터에 저장하므로 구조가 매우 단순한 장점이 있어 DRAM은 SRAM보다 비트당 저가격으로 아주 큰 메모리 영역을 칩에 만들 수 있다. 그러나 기억하는 커패시터는 일정한 시간이 지나면 그 전하는 방전하여 저장된 정보를 소멸시키므로 주기적으로 전하를 재충전시켜야 하는 단점이 있는데 이러한 재충전과정을 리프레시(refresh)라 한다.

dynamic MOS 메모리 셀은 [그림 10-16]에 표시된 것처럼 한 개의 트랜지스터와 한 개의 콘덴서로 구성된다. 메모리 셀은 셀을 동작시키기 위해서 read와 write 게이트로 MOS 트랜지스터를 사용한다. 데이터 입력은 Q_1을 ON으로 전환시키는 write 조절신호에 의하여 저장을 위해서 연결된다.

트랜지스터 Q_1이 ON으로 되면 Q_2의 게이트에서 콘덴서 양단에 데이터 전압이 연결된다. 만약 데이터 입력이 HIGH(+5V)이면 write 신호가 존재하는 동안 콘덴서가 충전된다. 만약 데이터 입력이 LOW(0 [V])이면 write 동작에 의해서 콘덴서가 방전된다. 저장된 LOW는 명확히 불분명하게 유지된다. 저장된 HIGH는 콘덴서가 충전을 유지하는 동안 데이터 1의 HIGH 전압 레벨로 유지된다.

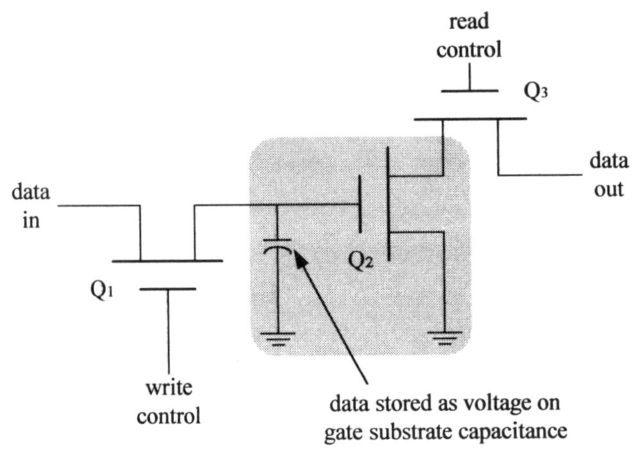

[그림 10-16] dynamic MOSFET 메모리 셀

적은 메모리 크기를 구하기 위한 콘덴서의 크기는 아주 작다(어떤 것은 몇 pF 정도이다). 따라서 불과 수 milisecond에서 수백 milisecond 정도만 충전을 유지한다. 방전은 게이트에서 MOSFET Q_2의 소스 저항을 통해서 이루어진다. 충전을 유지하기 위해서 주기적으로 데이터를 리프레시하거나 rewrite해야 한다(적어도 매번 2 [ms] 간격으로).

dynamic 메모리 셀에서 데이터를 리프레시하기 위해서는 메모리를 보조하기 위해서 더욱 복잡한 회로가 필요하게 되는데 셀의 크기를 감소시키기 위해서는 불이익을 감수할 가치가 있다. 항상 이런 리프레시는 컴퓨터 동작 내에서 이루어지기 때문에 리프레시는 사용자에게 보이지 않지만 메모리가 사용되지 않을 때에는 동작 사이클의 일부 동안에만 발생된다.

트랜지스터 Q_3는 데이터의 판독에 사용된다. read 조절신호가 HIGH로 되면 Q_3가 ON으로 구동되고 데이터가 셀로부터의 출력으로 연결된다. Q_2 트랜지스터가 게이트에서 저장된 데이터를 유지시키고 드레인에서 출력을 제공하기 때문에 저장된 데이터 비트는 read시에 반전된다. 저장된 'H' 전압은 Q_2를 ON으로 구동시키고 'L' 출력을 제공한다. 반면 Q_2에 의해서 저장된 'L' 비트 정보는 Q_2를 OFF시키고 출력을 반전시킨다. 이런 데이터 read의 반전은 외부회로나 메모리 IC의 또 다른 일부에 의해서 고려된다.

외부의 데이터가 메모리 셀로 쓰여질 때 write 신호가 'H'로 되고 Q_1이 ON으로 구동되며 입력 데이터는 셀에 의해서 저장된다. read 신호가 'H'일 때 데이터가 read되며 데이터의 반전이 셀로부터 read된다. read와 write 신호가 모두 ON으로 되면 리프레시가 수행되기 때문에 셀로부터의 데이터 read는 셀로 write back된다. 외부의 리프레시 회로는 리프레시 동작의 홀수 또는 짝수의 track을 유지하기 때문에 데이터 read가 true 데이터인지 혹은 반전된 데이터인지를 자동적으로 결정하는 것이 가능하다.

실제적인 dynamic memory unit는 4116(16k×1bit) IC를 들 수 있는데 논리도는 [그림 10-17]에 표시한 것과 같이 16 k bit의 메모리가 단일 16핀 IC 속에 탑재되어 있다. 16k의 메모리에는 14 비트의 어드레스가(214＝16,384) 필요하므로 메모리 데이터는 read row 어드레스 스트로브($\overline{RAS}$) 신호가 'L'로 될 때 IC에 저장된 7개의 row 어드레스 비트와 column 어드레스 스트로브 신호($\overline{CAS}$)가 'L'일 때 동일한 7개의 column 어드레스 비트를 가지고 동작된다. 단일 데이터 입력(D_{in})과 단일 데이터 출력(D_{out})이 구해진다.

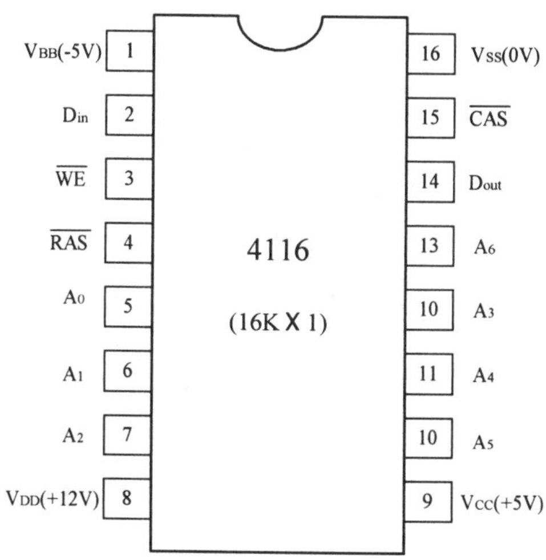

(a) 핀 연결도

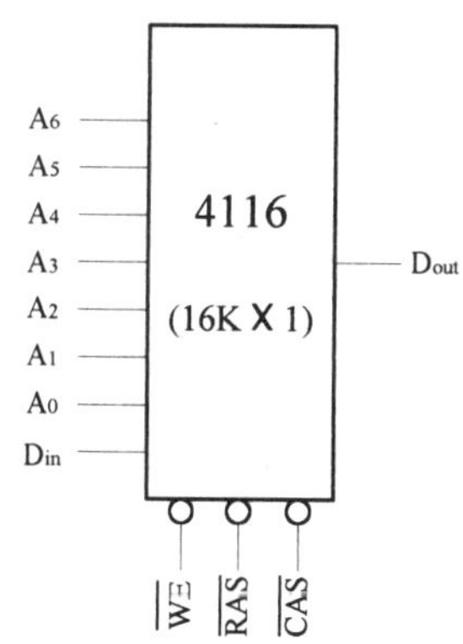

(b) 논리도

[그림 10-17] 4116(16k×1bit) dynamic 메모리 IC

$\overline{WE}$ 입력이 'L'로 되면 선택된 메모리 셀로 입력 데이터를 write하는 것이 허용되며 $\overline{WE}$ 입력이 'H'로 되면 선택된 메모리 셀로부터 데이터를 읽어내는 것이 허용된다.

[그림 10-17]에 표시된 4116은 3개의 공급전원(＋5[V], －5[V], ＋12[V])으로 동작된다. 그러나 1번 핀과 8번 핀에 전압을 인가하지 않으면 ＋5[V] 전원만으로 동작시킬 수 있다. 재충전(refresh)은 2 [ms]마다 128개의 각 row 어

드레스에서 메모리 셀(read 혹은 write)이 수행될 때 실행된다. 메모리 셀의 구조는 row 어드레스 비트를 사용하는 단일 row 선택이 허용된다. row에 대한 read 동작은 역시 row에서의 모든 메모리 셀을 리프레시시킨다. 128개의 메모리 셀 unit는 128개의 row마다 각기 read되는 사이클이 이루어진다(이것은 적어도 2 [ms] 간격으로 반복된다).

리프레시 동작은 몇 가지의 방법에 의해서 수행되는데 어떤 것은 128개의 사이클이 필요하며 또 다른 것은 사이클의 1/2만 가져도 리프레시를 수행하는 것도 있다. 외부 리프레시 회로조절의 설계는 도면이 필요한데 이런 외부의 리프레시 조절회로는 리프레시가 동기 모드 혹은 비동기 모드이건 간에 메모리 셀 내에서 동작된다.

리프레시 사이클은 burst-mode 리프레시로 알려진 지속적인 사이클의 세트에 의해서 실행되기도 하고 단일 사이클 리프레시에서의 discrete 사이클에 의해서 실행되기도 한다.

비동기형 리프레시에서는 설계가 리프레시 동작이 매번 31 [us](2 ms/64 cycle)에서 이루어진다고 가정한다(메모리의 다른 동작이 어떻든 무관하다). 따라서 리프레시 조절회로가 리프레시 동작을 수행할 때 컴퓨터는 리프레시 사이클이 끝날 때까지 메모리를 사용해서 유지된다.

리프레시의 동기형 방법은 컴퓨터의 정상적인 동작을 하는 동기에서 리프레시를 띄엄띄엄 시도시키는 것이다. 두 사이클의 컴퓨터 시스템에서 컴퓨터가 한 사이클에서는 동작하고 나머지 사이클에서는 사용되지 않도록 해서 메모리가 사용된다. 리프레시 조절기가 메모리가 사용되지 않는 동안 리프레시하도록 설계된다면 컴퓨터는 필수적으로 리프레시 동작에 대해서 인식할 수 없게 되고 전체적으로는 눈에 보이지 않고도 동작할 수 있게 될 것이다.

어드레스 래칭(address latching)에 관해서는 오직 7개의 어드레스 비트만을 사용하면 데이터 셀 선택에서 14 비트의 전체를 사용하기 위해서 분리된 시간에 두 개의 7 비트 어드레스 파트를 저장하거나 메모리 IC 래치를 갖는 16k×1 메모리의 14개의 어드레스 비트를 제공할 수 있다.

4116은 제한된 핀 패키지를 갖는 dynamic memory IC 그룹의 일종으로 A_0에서 A_6까지의 7 비트의 어드레스 라인은 먼저 row 어드레스 선택 비트를 제공하고 $\overline{RAS}$ 라인 신호가 LOW로 될 때 내부의 IC 회로에 의해서 래치된다. 이러한 어드레스 비트는 $\overline{CAS}$ 라인이 LOW로 될 때 메모리 IC에 의해서 저장되는 column 선택 비트를 제공하기 위해서 변경된다. 래치(F/F) 회로는 IC 내부에서 16384 메모리 셀 중의 한 개를 선택하기 위해서 필요한 14 비트의 어드레스를 보류시키고 있다.

데이터 래치(data latch)는 외부적인 사용을 위한 데이터의 read out과 저장을 위해서 IC 속으로 들어가는 데이터를 보류시키기 위해서 입력 데이터 D_{in}은 $\overline{CAS}$와 $\overline{WE}$ 신호에 의해서 IC 속으로 래치된다. 출력 데이터 D_{out} 역시 $\overline{CAS}$ 신호에 의해서 IC로부터 출력을 위하여 래치된다.

[그림 10-18]은 메모리 구조와 같은 데이터 래칭 동작과 어드레스를 표시하는 4116 블록도이다. 입력에서 어드레스 비트 A_0에서 A_6은 $\overline{RAS}$ 신호에 의해서 row 선택과 $\overline{CAS}$ 신호에 의한 column 선택으로 래치된다. $\overline{WE}$ 신호는 입력 데이터 비트를 래치시키고 $\overline{CAS}$ 신호는 출력 데이터 비트를 래치시킨다. 한 번 래치되면 row 어드레스 비트는 메모리 스택의 위쪽 절반 혹은 아래쪽 절반에 들어 있는 64개 row 중 한 개(128개의 row 중 한 개)를 선택하기 위해서 디코드되고 그 반면 column 어드레스 비트는 128개의

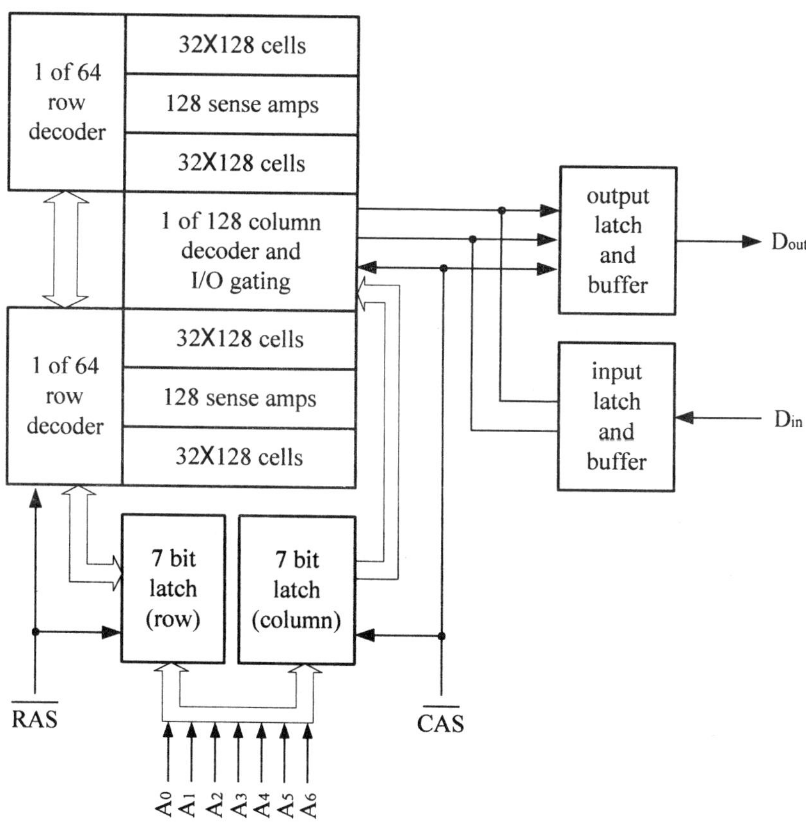

[그림 10-18] 16k×1인 dynamic memory 4116의 블록도

column 중 한 개가 선택된다. 단일 메모리 셀은(16384 중의 한 개) read 동작에서 출력 데이터 비트 D_{out}으로 래치되거나 write 동작에서 선택된 셀 속으로 쓰이는 입력 비트 D_{in}으로 래치된다.

10 6 PLE

PLE(Programmable Logic Element)는 AND 게이트 입력은 고정되고 OR 게이트 입력만 프로그램할 수 있다. PLE는 PROM과 흡사한 것으로 주어진 논리함수에서 적의 항이 PLE로서 실현하기에는 너무 많은 경우 PROM을 이용할 수 있다.

[그림 10-19]는 간단한 2입력-3출력의 PLE에서 프로그램된 결과를 나타낸다. AND 입력은 최소항(minterm)을 계산하도록 제작되어 있으며, 사용자는 이 연결상태를 변경시킬 수 없다. 따라서 AND 게이트의 출력은 위로부터

$$m_0 = \overline{B}\,\overline{A}$$

$$m_1 = \overline{B}A$$

$$m_2 = B\overline{A}$$

$$m_3 = BA$$

와 같이 최소항을 구성하게 된다.

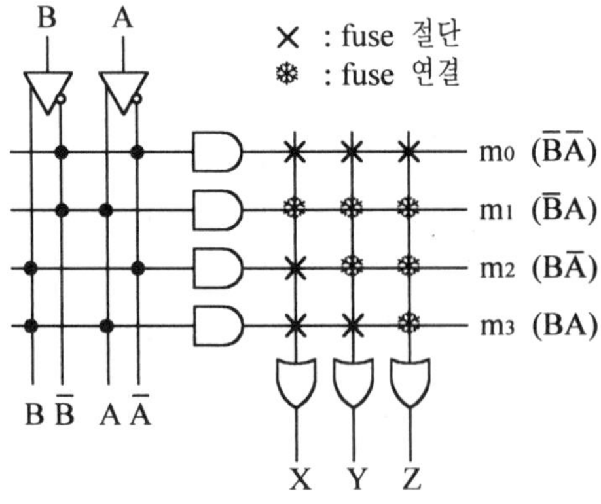

[그림 10-19] PLE

입력변수가 n개이면 2^n개의 AND 게이트 출력에서 입력변수에 관한 모든 최소항을 얻는다. 입력변수가 A, B 2개이므로 4개의 AND 게이트 출력에서 입력변수에 관한 AND-OR형의 불 함수를 구현할 수가 있다.

사용자는 OR 게이트의 입력만 프로그램할 수 있으며, 프로그램하기 전에는 OR 게이트의 모든 수평/수직 교차점의 퓨즈는 연결(link)되어 있으나, 프로그램에 의해서 선택적으로 퓨즈를 절단시키게 된다. [그림 10-19]에서 '*' 표시는 프로그램 후 퓨즈가 연결되어 있는 것을 나타내고, 'x' 표시는 프로그램 후 퓨즈가 절단된 것을 나타낸다.

따라서, [그림 10-19] PLE의 출력함수 X, Y, Z는 아래와 같이 구해진다.

$$X = m_1 = \overline{B}A$$

$$Y = m_1 + m_2 = \overline{B}A + B\overline{A}$$

$$Z = m_1 + m_2 + m_3 = \overline{B}A + B\overline{A} + BA$$

제품화된 PLE는 출력 OR 게이트에 3상 버퍼를 단 것, 또 레지스터를 거쳐서 버퍼에 연결된 것들이 있다([그림 10-20]). 3상 버퍼는 출력을 버스에 실을 때 필요한 것이고, 레지스터는 일단 얻어진 출력을 입력의 변화에 관계없이 보존하기 위한 것이다.

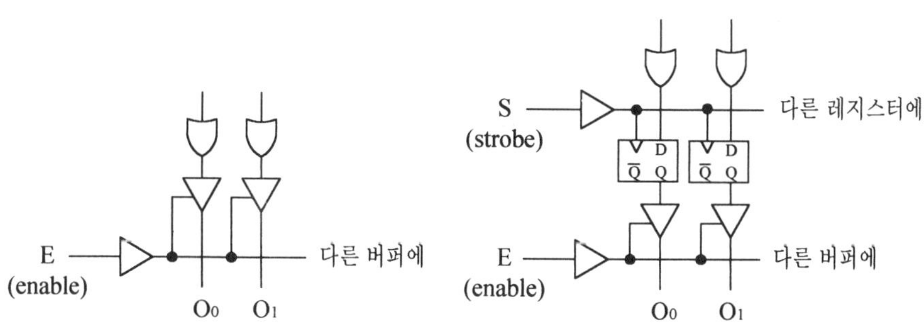

(a) 버퍼를 거친 출력 (b) 레지스터와 버퍼가 있는 출력

[그림 10-20] PLE 출력

예제 10-7

[그림 10-19]의 PLE를 이용하여 반가산기를 구현하여라. 이때 CARRY =X, SUM=Y를 이용하여라.

해답 $X = m_3$, $Y = m_1 + m_2$가 되도록 하면 [그림 10-21]과 같이 된다.

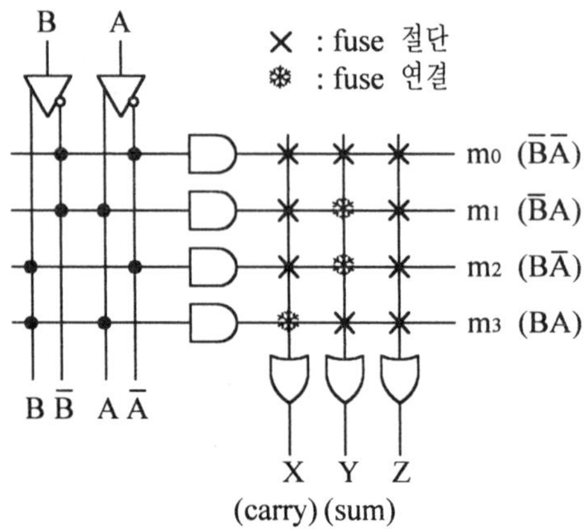

[그림 10-21] PLE

10 7 PLA

PLA(Programmable Logic Array)는 입력변수에 대하여 모든 최소항을 만들지 않는다는 점을 제외하면 개념적으로 PROM과 유사하다. PROM은 고정 AND 배열인 데 반해 PAL는 퓨즈(fuse)로 프로그램이 가능한 AND 배열이라는 점이 다를 뿐이다. 즉, PLA는 PROM의 고정 AND 배열로 구성된 디코더를 입력변수에 대한 곱항을 만들도록 프로그램할 수 있는 AND 게이트의 배열로 대치하고, 이 AND 게이트 배열의 출력은 필요한 불 함수에 대한 합항을 만들기 위해서 OR 게이트에 연결하는 구조이다. PLA의 기본구조는 [그림 10-22]와 같다. AND 배열과 OR 배열 모두 퓨즈에 의하여 프로그래밍이 가능한 구조이다.

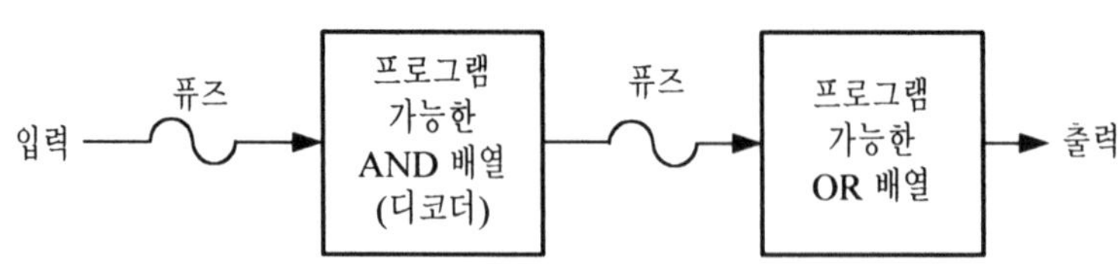

[그림 10-22] PLA의 구조

세 개의 입력과 두 개의 출력을 갖는 PLA의 내부논리는 [그림 10-23]과 같다. 여기에 있는 회로는 너무 작아서 상업적으로 쓸모는 없지만, 여기서는 PLA의 전형적인 논리구조를 설명하기 위해 소개했다. 각 입력들은 버퍼를 통하여 T(true)와 그 보수 C(complement) 출력을 가지며, 각 입력과 보수는 수평과 수직선들의 교차점으로 표시되는 각 AND 게이트에 입력되고, AND 게이트의 출력은 각 OR 게이트에 입력된다. AND 게이트의 출력은 곱항을 결정하고, OR 게이트의 출력은 선택된 곱항의 논리합을 결정한다.

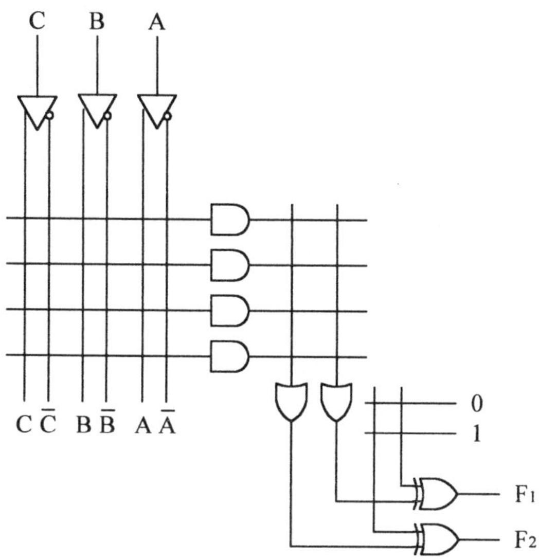

[그림 10-23] 3 입력, 4 곱항, 2 출력을 갖는 PLA

OR 게이트의 출력과 별도로 공급되는 논리 '1'과 '0'은 XOR 게이트에 입력된다. XOR 게이트의 입력으로 사용되는 논리 '1'과 '0'은 OR 게이트의 출력에 대한 보수처리 여부를 결정하게 된다. 즉, XOR 게이트에 논리 '1'이 입력되면 OR 게이트의 출력은 보수가 되고($X \oplus 1 = \overline{X}$), XOR 게이트에 논리 '0'이 연결되면 OR 게이트의 출력은 그대로 출력된다($X \oplus 0 = X$). 따라서, [그림 10-24]의 PLA로 구현한 불 함수는 식 (10-1)과 같음을 알 수 있다.

$$F_1(T) = A\overline{B} + AC + \overline{A}B\overline{C} \quad (10\text{-}1\ a)$$

$$F_2(C) = AC + BC \quad (10\text{-}1b)$$

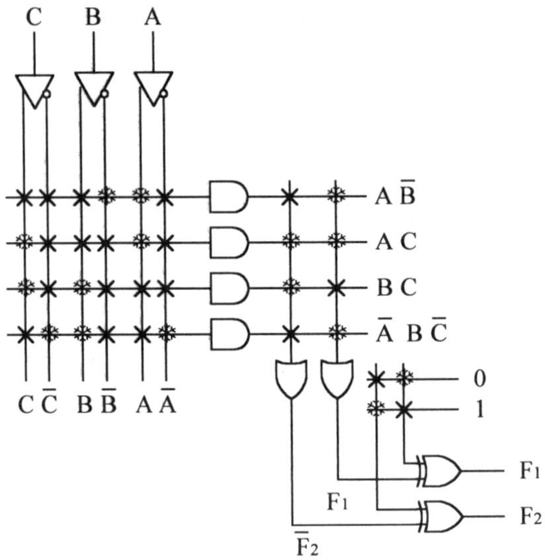

[그림 10-24] 3 입력, 4 곱항, 2 출력을 갖는 PLA

PLA 내의 선 접속 여부는 표의 형태로 지정할 수 있다. 예를 들어 [그림 10-24]의 PLA의 선 접속을 지정한 프로그래밍 표는 〈표 10-2〉와 같다.

〈표 10-2〉 PLA 프로그래밍 표

곱 항		입 력			출 력	
		A	B	C	F_1(T)	F_2(C)
$A\overline{B}$	1	1	0	-	1	-
AC	2	1	-	1	1	1
BC	3	-	1	1	-	1
$\overline{A}B\overline{C}$	4	0	1	0	1	-

PLA의 프로그래밍 표는 3부분으로 구성되어 있다. 첫 번째 부분은 곱항을 순서적으로 기록한 것이고, 두 번째 부분은 입력과 AND 게이트 사이에 필요한 경로를 지정한 것이며, 세 번째 부분은 AND와 OR 게이트 사이의 경로를 지정한 것이다. 각 출력변수는 T(true)나 C(complement)를 가질 수 있다.

각 곱항에 대해서 입력은 '1', '0', '-' 등으로 표시하며, 곱항이 T의 형태로 나타나면 대응되는 입력변수는 '1'로 표시하고, 보수로 나타나면 '0'으로, 변수가 곱의 항에 없으면 '-'로 표시한다.

입력과 AND 게이트 사이의 경로는 프로그래밍 표에서 입력으로 이름 붙여진 열에 지정한다. '1'로 표시한 것은 입력변수로부터 AND 게이트까지가 원래 형태의 선을 갖는 것을 의미하고, 입력열의 '0'은 변수의 보수로부터 선이 AND 게이트의 입력인 것을 나타내며, '-' 표시는 입력변수와 그 보수가 끊긴 선임을 표시한다.

AND와 OR 게이트 사이의 경로는 출력이라고 이름 붙여진 열 아래 표시하고, 출력변수는 함수에 포함된 곱항에 대해서 '1'로 표시한다. 출력의 열에 '1'을 가진 각 곱항은 AND 게이트의 출력에서 OR 게이트의 출력까지 경로가 필요하다. '-'로 표시한 것은 선이 끊어진 것을 의미한다. OR 게이트의 입력에서 개방단자는 '0'과 같이 동작한다고 생각한다. 그리고 출력은 대응하는 XOR 게이트의 다른 입력이 '0'에 연결되어 있는 것을 의미하고, C는 '1'에 연결되어 있는 것을 의미한다.

PLA의 크기는 입력과 곱항, 그리고 출력의 수로서 결정한다. 전형적인 집적회로 PLA에는 16개의 입력과 48개의 곱의 항, 8개의 출력이 있다. n 입력과 k 개의 곱의 항 그리고 m 개의 출력에 대해서 PLA의 내부논리는 n 개의 버퍼-인버터 게이트와 k 개 AND 게이트, m 개 OR 게이트와 m 개 XOR 게이트로 구성된다. 입력과 AND 배열 사이에는 $2n \times k$의 선이, AND와 OR 배열 사이에는 $k \times m$선이, 그리고 XOR 게이트에 연관해서는 m 개의 선이 필요하다.

PLA를 사용해서 디지털 시스템을 설계할 때에는 [그림 10-24]에서 한 것처럼 장치의 내부연결을 나타낼 필요는 없다. 단지 필요한 논리를 제공해줄 수 있는 PLA 프로그래밍 표만 있으면 된다.

ROM을 사용함으로써 PLA는 마스크 프로그래밍이 가능하거나, 현장에서의 프로그래밍이 가능할 수 있다. 마스크 프로그래밍이 있어서 소비자는 제조자에게 PLA 프로그램 표를 제출해주면, 제조자는 이것을 사용해서 소비자가 결정한 내부논리에 맞는 PLA를 만들어낸다. 두 번째의 PLA 유형은 현장에서 프로그램이 가능한 논리배열로 FPLA(Field Programmable Lobic Array)가 있으며, FPLA는 시판되는 하드웨어 프로그래밍 장치를 이용하여 사용자가 직접 프로그램할 수 있다.

예제 10-8

PLA를 사용하여 아래의 불 함수를 구현하여라.

$$F_1(A, B, C) = \Sigma m(0, 1, 2, 4)$$

$$F_2(A, B, C) = \Sigma m(0, 5, 6, 7)$$

해답 1 중심의 함수로부터

$$F_1 = \overline{A}\,\overline{B} + \overline{A}\,\overline{C} + \overline{B}\,\overline{C}$$

$$F_2 = AB + AC + \overline{A}\,\overline{B}\,\overline{C}$$

0 중심의 함수로부터

$$\overline{F}_1 = AB + AC + BC$$

$$\overline{F}_2 = \overline{A}C + \overline{A}B + A\overline{B}\,\overline{C}$$

이상에서 공통성분이 많은 F_1와 F_2로 출력을 나타낸다.

$$\overline{F}_1 = AB + AC + BC$$

$$F_2 = AB + AC + \overline{A}\,\overline{B}\,\overline{C}$$

따라서 3입력 4곱항 2출력을 갖는 PLA의 구성이 가능하다. 3입력 A, B, C의 버퍼와 인버터를 이용하여 4개의 AND 게이트의 입력 AB, AC, BC, $\overline{A}\,\overline{B}\,\overline{C}$를 구성한다. 출력은 OR 게이트 2개로 F_1과 F_2를 구성하고 다시 XOR 게이트 2개로 $\overline{F}_1$, F_2를 구현할 수 있다. 여기서는 PLA의 프로그래밍 표만 보인다.

〈표 10-3〉 PLA 프로그래밍 표

곱 항	입 력			출 력	
	A	B	C	$\overline{F}_1$	F_2
A B	1	1	-	1	1
A C	1	-	1	1	1
B C	-	1	1	1	-
$\overline{A}\ \overline{B}\ \overline{C}$	0	0	0	-	1

10 8 PAL

프로그램 가능한 배열논리 PAL(Programmable Array Logic)은 고정된 OR 배열과 프로그램이 가능한 AND 배열을 갖는 논리장치이다. PAL은 단지 AND 게이트들만 프로그램이 가능하기 때문에 프로그램은 쉽지만 PLA보다는 융통성이 부족하다.

PAL의 기본구조는 [그림 10-25]와 같다.

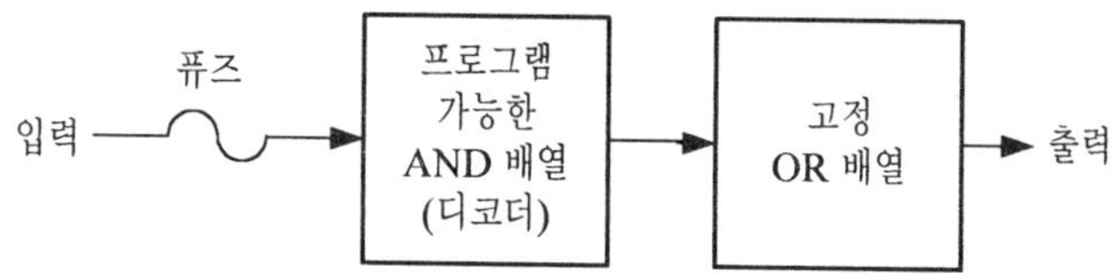

[그림 10-25] PAL의 구조

조합회로의 설계에 있어 PAL을 사용하는 예로 최소항의 합으로 주어진 식 (10-2)의 불 함수를 고찰해보자.

$$W(A,B,C,D) = \Sigma(2,12,13) \qquad (10\text{-}2\ a)$$

$$X(A,B,C,D) = \Sigma(7,8,9,10,11,12,13,14,15) \qquad (10\text{-}2\ b)$$

$$Y(A,B,C,D) = \Sigma(0,2,3,4,5,6,7,8,9,10,11,15) \qquad (10\text{-}2\ c)$$

$$Z(A,B,C,D) = \Sigma(1,2,8,12,13) \qquad (10\text{-}2\ d)$$

이 네 개의 함수를 간소화해서 최소의 항으로 만든 결과는 식 (10-3)의 불 함수와 같다. Z에 대한 함수는 4개의 곱의 항을 가짐에 주의해야 한다. 이런 항들 중 2개의 논리합은 W와 같다. 따라서 W를 사용함으로써 Z에 대한 항의 수를 4개에서 3개로 줄일 수 있다.

$$W = AB\overline{C} + \overline{A}\,\overline{B}C\overline{D} \qquad (10\text{-}3\ a)$$

$$X = A + BCD \qquad (10\text{-}3\ b)$$

$$Y = \overline{A}B + CD + \overline{B}\,\overline{D} \qquad (10\text{-}3\ c)$$

$$Z = AB\overline{C} + \overline{A}\,\overline{B}C\overline{D} + A\overline{C}\,\overline{D} + \overline{A}\,\overline{B}\,\overline{C}\,\overline{D} \qquad (10\text{-}3\ d)$$

$$= W + A\overline{C}\,\overline{D} + \overline{A}\,\overline{B}\,\overline{C}D$$

PAL의 프로그래밍 표는 단지 AND 게이트의 입력만을 프로그램하는 것을 제외하면 PLA에 대한 것과 유사하다. 〈표 10-4〉는 네 개의 불 함수에 대한 PAL 프로그래밍 표로서, 세 개의 부분으로 나누어져 있다. 처음 두 부분은 불 함수를 구현하기 위해서 단지 2개의 곱의 항만이 필요하다. 출력 Z에 대한 마지막 부분은 4개의 곱의 항이 필요하다.

W로부터의 출력을 사용해서 함수를 3개의 항으로 줄일 수 있다. Y와 Z의 경우 출력함수를 표현하기 위해서는 퓨즈로 프로그램 가능한 AND 배열이 각각 최소한 3개가 필요함을 알 수 있다. 출력은 W, Y, X, Z로 4개의 OR 게이트가 필요하다. 본래 4 입력이므로 프로그램 가능 입력이 8개이나 여기서는 출력들 중에서 맨 위쪽의 한 출력은 버퍼-인버터 게이트를 통해 AND 게이트의 입력으로 궤환(feedback)시키고 있으므로 각 AND 게이트는 10개

〈표 10-4〉 PAL 프로그래밍 표

곱 항	AND 입력					출 력
	A	B	C	D	W	
1	1	1	0	-	-	
2	0	0	1	0	-	$W = AB\overline{C} + \overline{A}\,\overline{B}C\overline{D}$
3	-	-	-	-	-	
4	1	-	-	-	-	
5	-	1	1	1	-	$X = A + BCD$
6	-	-	-	-	-	
7	0	1	-	-	-	
8	-	-	1	1	-	$Y = \overline{A}B + CD + \overline{B}\,\overline{D}$
9	-	0	-	0	-	
10	-	-	-	-	1	
11	1	-	0	0	-	$Z = W + A\overline{C}\,\overline{D} + \overline{A}\,\overline{B}\,\overline{C}D$
12	0	0	0	1	-	

의 프로그램 가능 입력이 있다. 이것은 [그림 10-26]에서 각 수평선을 AND 교차하는 10개의 수직선에 해당하고, 수평선은 AND 게이트의 다중 입력구조를 나타낸다.

표에서 논리 '1'이나 '0'은 원래의 퓨즈선을 그대로 두는 것은 '○' 기호로 표시했고, 만약 곱항 3과 같이 AND 게이트를 쓰지 않았다면 모든 입력은 원래 상태로 남겨둔다. 그러면 해당하는 입력은 각 입력변수의 T와 C를 모두 받기 때문에 AND 게이트의 출력은 항상 '0'이 된다.

프로그래밍 표에 지정한 것과 같은 PAL에 대한 퓨즈선 도표는 [그림 10-26]과 같다. PLD(Programmable Logic Device)를 사용하는 경우처럼 PAL을 사용한 설계는 CAD 기술을 사용함으로써 쉽게 이루어질 수 있다. 내부의 선을 끊는 과정은 특별한 전자장치의 하드웨어를 이용하여 수행한다. 상용 PAL 장치는 [그림 10-26]에서 나타낸 것보다 많은 게이트를 포함한다. 전형적인 PAL 집적회로는 8개의 입력과 8개의 출력, 그리고 각각이 AND-OR 배열(8-wide AND-OR array)로 구성된 8개의 부분으로 이루어진다. 출력단자는 때때로 양방향인데, 이것은 필요하다면 출력 대신에 입력도 프로그램 가능하다는 것을 의미한다. [그림 10-26]은 3 AND-OR 구조를 갖는 4입력 4출력 PAL이라 할 수 있겠다. 어떤 PAL에서는 출력 부분이 D 플립플롭으로 구성된 것도 있다. 플립플롭의 출력은 버퍼-인버터 게이트를 통해서 AND 프로그램 배열로 궤환되므로, 이것은 순서회로를 구현할 수 있는 가능성을 제공한다.

[그림 10-27]은 순서회로를 구현할 수 있는 프로그램 가능한 논리장치 PLD(Programmable Logic Device)를 보인 것이다.

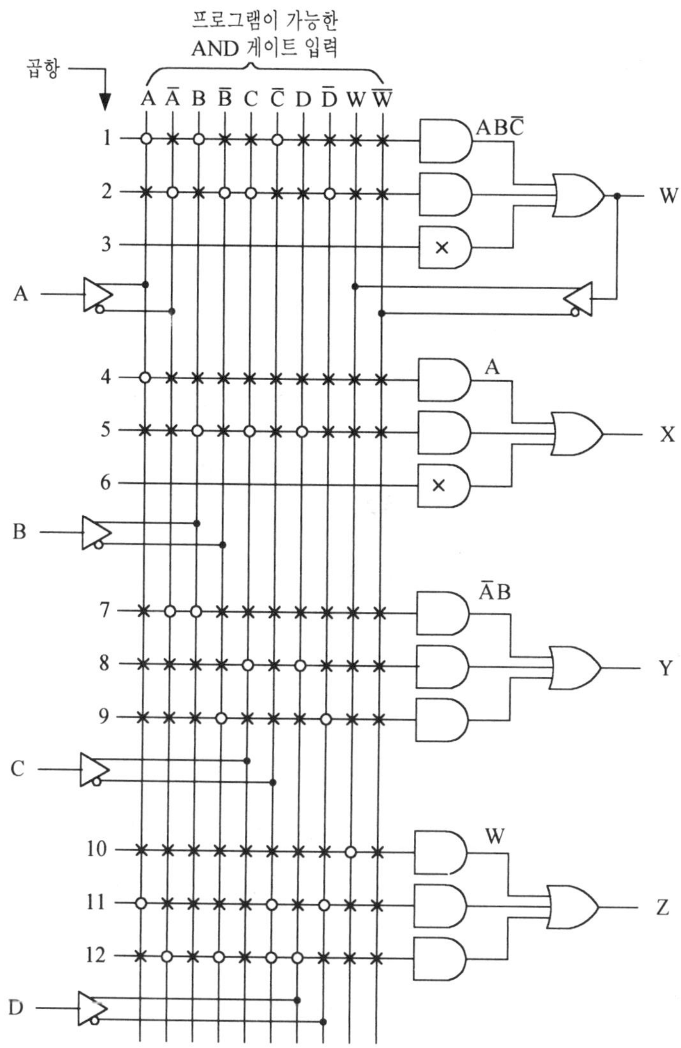

[그림 10-26] PAL 퓨즈선 도표

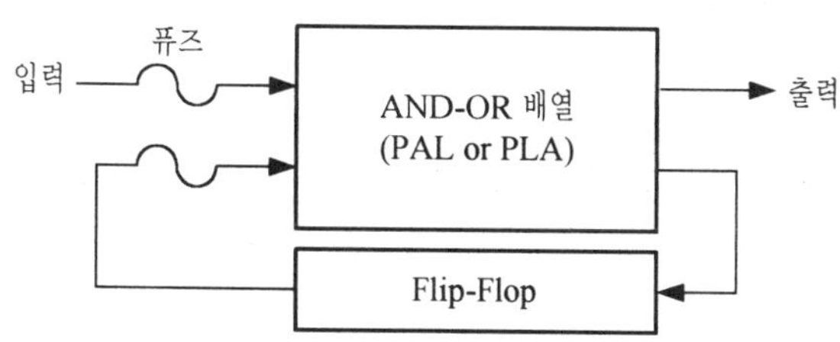

[그림 10-27] PLD의 구조

10 연습문제

1. 반도체 메모리의 장점을 세 가지 이상 열거하여라.

2. ROM의 용도를 3가지 이상 열거하여라.

3. 비휘발성 읽기/쓰기 메모리의 종류를 열거하여라.

4. 마이크로컴퓨터에서 대용량 기억장치로 하드 디스크가 거의 표준화되어 있는 이유를 설명하여라.

5. DRAM과 SRAM을 비교 설명하여라.

6. 메모리의 $R/\overline{W}$와 메모리 인에이블의 기능을 설명하여라.

7. 컴퓨터가 512 kb의 RAM을 가지고 있다면 읽거나 쓸 수 있는 데이터는 몇 바이트인가?

8. 5개의 주소 입력단자(A, B, C, D, E)와 8개의 출력단자(DO_1, DO_2, DO_3, DO_4, DO_5, DO_6, DO_7, DO_8)로 구성된 32×8 ROM의 회로도를 그려라.

9. 어드레스 멀티플렉싱의 장점을 서술하여라.

10. 8k×8의 용량을 만들기 위하여 2k×8 ROM을 서로 연결하고자 한다. PROM 칩 몇 개가 필요한가? 또한 어드레스 버스선은 몇 개인가?

11. 16k×8 메모리에 대하여 어드레스 입력, 데이터 입력, 데이터 출력선은 얼마나 필요한가?

12. 2114 IC는 1,024×4 RAM이다. 1,024개의 기억장소를 액세스하기 위해 몇 개의 주소 입력단자가 필요한가?

제 11 장 디지털 응용

11 1 표본화 정리

표본화 정리(sampling theorem)에 의하면 주파수 범위(유효 최대 주파수)가 f인 아날로그 신호를 2f의 주파수로 샘플링(sampling)하면 아날로그 입력의 원파형을 재생할 수 있다. 이와 같은 샘플링 주파수 2f를 나이퀴스트 주파수(Nyquist frequency)라 한다. 즉, 아날로그 신호 안에 포함되어 있는 유효한 신호성분 중에서 가장 높은 주파수를 f_c라 할 때 나이퀴스트 주파수인 $2f_c$ 이상의 주파수로 샘플링하여야 원래 아날로그 신호를 재생할 수 있다. 샘플링 주파수가 $2f_c$보다 낮으면 원래의 아날로그 신호보다 낮은 주파수의 유령신호가 발생할 수도 있기 때문이다.

A-D 변환기(ADC : Analog to Digital Convertcr)가 아날로그 값을 디지털 신호로 변환하는 데는 시간이 걸리는데 이를 변환시간(conversion time)이라 한다. 변환시간 동안 입력신호는 고정된 것으로 가정하였으나 실제로 그렇지 않다. 보통 아날로그 신호는 계속 변한다. 만일 매우 빨리 변한다면 비교기는 2개의 계속적으로 변하는 신호를 비교하려 하기 때문에 변환은 부정확할 것이다.

이를 극복하기 위한 방법으로 아날로그 입력신호와 A-D 변환기 입력 사이에 샘플 홀더(sample and holder) 회로를 사용한다. 즉, 어떤 순간의 아날로그 값을 샘플링하면 다음 샘플링할 때까지 그 값을 보존(hold)한다. [그림 11-1]은 아날로그 입력과 샘플링 출력을 보인 것이다.

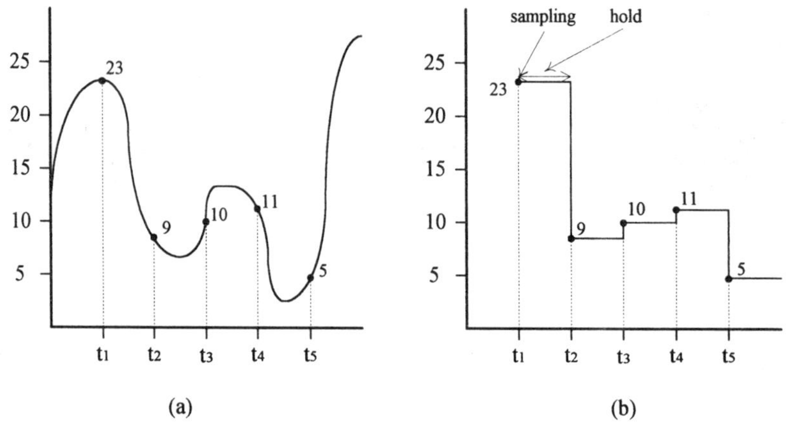

[그림 11-1] 아날로그 입력과 샘플링 출력

보존회로(holder)는 표본된 신호를 A-D 변환작업이 끝날 때까지 A-D 변환기 입력단자에 유지시켜주기 위한 것이다. A-D 변환기의 변환시간이 짧을수록 보존시간도 짧아진다. 아날로그 입력의 주파수가 높을 때는 샘플링 횟수가 많아져야 하므로 더욱 변환시간이 빨라져야 될 것이다.

[그림 11-2 (a)]는 실제의 샘플 홀더 회로로서 SW가 ON되면 C에 e_{in}이 충전되고, SW가 OFF되면 $e_o = -e_{in}$이 남아 A-D 변환작업이 끝날 때까지 보존된다. SW가 OFF되면 OP-AMP의 입력 임피던스가 높으므로 C에 충전된 전압은 거의 방전되지 않고 보존된다. [그림 11-2 (b)]는 샘플 홀더 회로의 또 하나의 예를 나타낸 것이다.

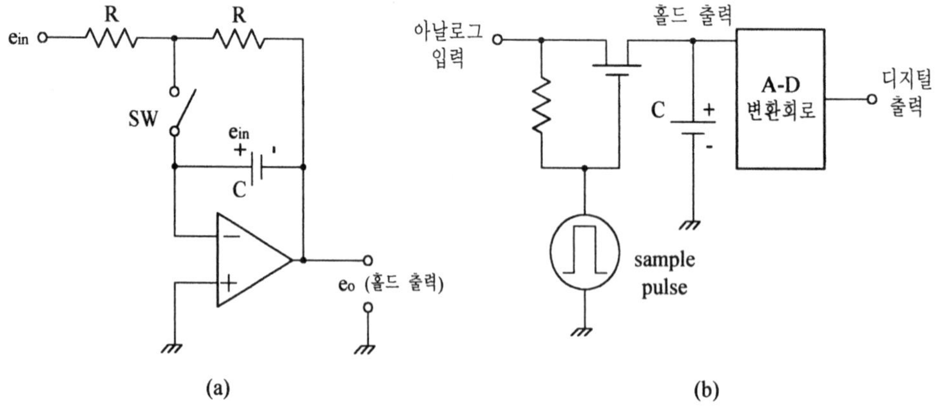

[그림 11-2] 실제의 샘플링과 보존회로

아날로그 신호는 보통 어떤 유한범위 $\pm V_0$ 내에서 연속된 값을 취한다. 이것을 ΔV 구간[이것을 양자화 스텝(quantizing step)이라고 한다]으로 구분하고 그 수를 읽어내는 조작을 양자화(quantization)라 부른다. 즉, 연속적인 값을 가지는 신호는 양자화에 의해서 이산적인 값으로 변환되며 따라서 맺음(truncation)을 받기 때문에 오차가 발생한다. 이것을 양자화 잡음(quantization noise)이라 한다.

$\pm\Delta V/2$의 양자화 스텝으로 구분된 각 양자화 레벨 내에 한결같이 신호가 분포하고 있다면 맺음에 의해 생기는 양자화 잡음 전력은 양자화 스텝 ΔV를 작게 할수록 그 제곱에 비례하여 경감시킬 수가 있다.

아날로그 신호를 2진수로 표시하는 경우의 포맷에 대해서 생각해보자. 우선 입력 아날로그 신호가 (−)가 되지 않고 0과 1 사이에 정규화된 값을 취하면 '0'과 '1' 사이에서 아날로그 신호를 n비트로 표시할 경우 0 0…0(n비트)~1 1…1(n비트)이라는 2^n개의 2진수를 차례로 할당하면 된다. 이때, [그림 11-3 (a)]에 n=3 비트인 경우에 대해서 나타내듯이 '0'과 '1' 사이를 2^3 등분하면 아날로그 레벨이 5/8과 6/8 사이의 값을 취할 때, 2진수 표현은 101이 할당된다.

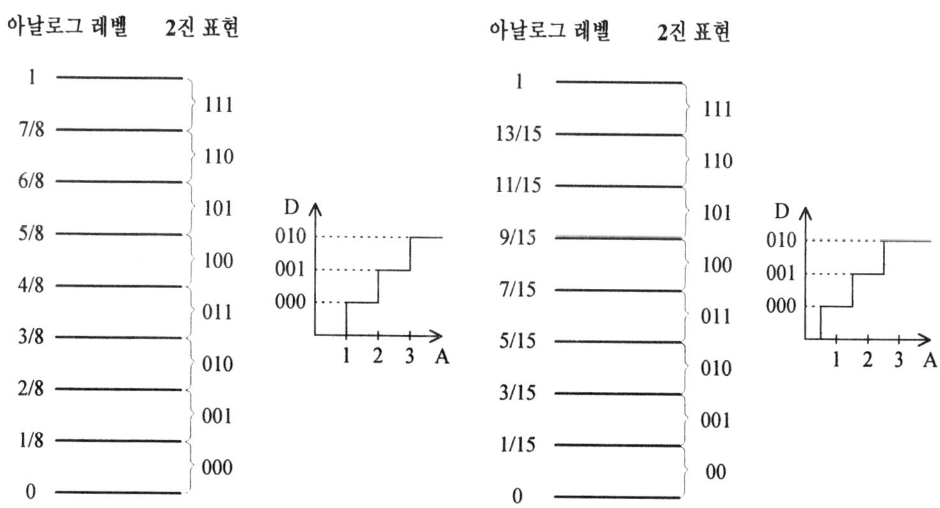

(a) 절사형　　　　(b) offset형

[그림 11-3] 양자화 레벨의 선택법(단극성)

2진 표현의 000이 표현하는 아날로그 레벨은 '0'으로 하는 것이 타당하지만 이와 같이 하면 입력 아날로그 레벨이 1/8보다 약간 작아도 000으로 표현되어 오차는 최대 1/8, 즉 양자화 스텝과 같게 된다. 이런 방식을 절사형이라 한다.

이것에 대해서 [그림 11-3 (b)]에 나타내는 바와 같이 아날로그 레벨이 0과 1/15 사이일 때 000, 1/15과 3/15 사이일 때 001, 3/15과 5/15 사이일 때 010,…으로 할당되며 각각이 표현하는 아날로그 레벨을 0, 2/15, 4/15, …로 하면 최대 양자화 오차는 양자화 스텝 2/15의 반인 1/15로 억제되므로 이와 같은 양자화 레벨을 선택하는 것이 바람직하다. 이런 방식을 offset형이라 한다.

11 2 D-A 변환기

디지털-아날로그 변환기(Digital to Analog Converter : DAC)는 2진 디지털 신호를 전압 · 전류 · 변위 · 압력 · 온도 등의 아날로그 신호로 변화시키는 장치이다. D-A 변환기는 구조가 간단하며 기본적 구성요소는 OP-AMP이다. 일반적으로 디지털 제어신호는 아날로그 전압 또는 전류로 변환되어 motor나 heater 등을 제어한다. D-A 변환기는 보통 A-D 변환기의 한 부분으로 이용된다.

(1) 가중치 저항회로망을 이용한 D-A 변환기

일반적으로 D-A 변환기들은 IC로 출하되고 있기 때문에 각 IC의 내부회로까지 자세히 알 필요는 없지만 D-A 변환기의 성능을 효율적으로 사용하기 위해서 기본적인 구조는 이해하고 있어야 한다. [그림 11-4 (a)]는 웨이티드(weighted) 저항을 갖는 4 비트 D-A 변환기의 기본회로를 보여주고 있다.

A, B, C, D는 0 [V]('L')와 5 [V]('H')의 값을 갖는 2진 디지털 입력이고, 연산증폭기(OP-AMP : OPerational AMPlifier)는 이들 입력전압의 자리값 합을 구하기 위한 가산증폭기(summing amplifier)로 이용되고 있다.

이 회로에서 각 저항은 표기되어 있는 대로 $R_F = 1[k\Omega]$이고, 입력저항은 1 [kΩ]에서 8 [kΩ]이다. 또한 MSB 입력저항을 기준으로 다음 비트의 입력저항들은 순차적으로 2배씩 증가하고 있고 요구하는 전압출력의 자리값은 이 가중치 저항값들에 의해서 얻게 된다. 전압증폭도가 $-R_F/R_{in}$이므로 D 입력은 저항의 비가 1이므로 가산증폭기는 감쇄 없이 출력전압으로 나타나

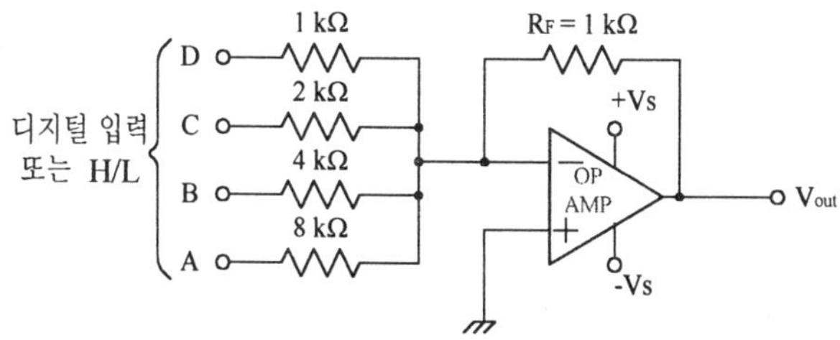

(a)

D C B A	Vout(volts)	
0 0 0 0	0	← LSB
0 0 0 1	-0.625	
0 0 1 0	-1.250	
0 0 1 1	-1.875	
0 1 0 0	-2.500	
0 1 0 1	-3.125	
0 1 1 0	-3.750	
0 1 1 1	-4.375	
1 0 0 0	-5.000	
1 0 0 1	-5.625	
1 0 1 0	-6.250	
1 0 1 1	-6.875	
1 1 0 0	-7.500	
1 1 0 1	-8.125	
1 1 1 0	-8.750	
1 1 1 1	-9.375	← MSB

(b)

[그림 11-4] 가산 연산증폭기를 사용하는 기본형 D-A 변환기

고, C 입력은 $R_{IN}=2[k\Omega]$이므로 1/2로 감쇄되고, B 입력은 1/4의 감쇄를 가지며, A 입력은 1/8 감쇄를 가진다. 그러므로, 가산증폭기의 출력은 입력저항 R_{IN}과 궤환저항 R_F의 비와 각 입력전압이 곱해진 후 합한 다음 식으로 표현할 수 있다.

$$V_{OUT}=-(V_D+\frac{1}{2}V_C+\frac{1}{4}V_B+\frac{1}{8}V_A)[V]$$

여기서, −부호는 가산증폭기의 반전입력에 입력이 가해짐을 뜻한다.

가산증폭기 출력은 [그림 11-4 (b)]에 보여준 것처럼 아날로그 전압이다. 이 표는 모든 가능한 입력조건과 출력전압을 나타내고 있다. 예를 들어, 만약 디지털 입력이 1010이면,

$$V_{OUT}=-(5V+0V+\frac{1}{4}\times 5V+0V)=-6.250[V]$$

가 된다. [그림 11-4]의 (b)로부터 변환계수(convertion factor) $CF=9.375\times\frac{1}{2^4-1}$로부터 0.625[V/unit]임을 알 수 있다. 따라서 $CF=V_{FS}\times\frac{1}{2^n-1}$이 된다. 여기서 V_{FS}는 최대 출력전압, n은 디지털 입력 비트수이다.

D-A 변환기의 분해능은 $\frac{1}{8}\times 5[V]=0.625[V]$로서, LSB의 자리값과 같으므로 표에 보여준 바와 같이 한 단계씩 입력코드를 증가시키면 아날로그 출력은 0.625[V]씩 증가한다.

따라서 $CF = \frac{R_F}{R_{IN(LSB)}} \times V_{REF}$ 로도 구할 수 있다. 여기서 $R_{IN(LSB)} = RA$ 에 해당이 되며 기준전압 $V_{REF} = 5[V]$ 이다.

살펴본 바와 같이 2진 가중치 저항에 의한 D-A 변환기에서의 저항값은 1 비트에 대해서 2배씩 변화하므로 비트수가 증가하면 MSB와 LSB의 저항값의 폭은 매우 커진다. 실제에 있어서 넓은 범위에 걸쳐서 저항의 비를 얻기는 매우 어렵다. 따라서 입력 비트가 8 비트 이내에서만 가능하다. 가산연산 증폭기를 이용한 전류구동형의 가중치 회로망 D-A 변환기의 일반적인 구성은 [그림 11-5]와 같다.

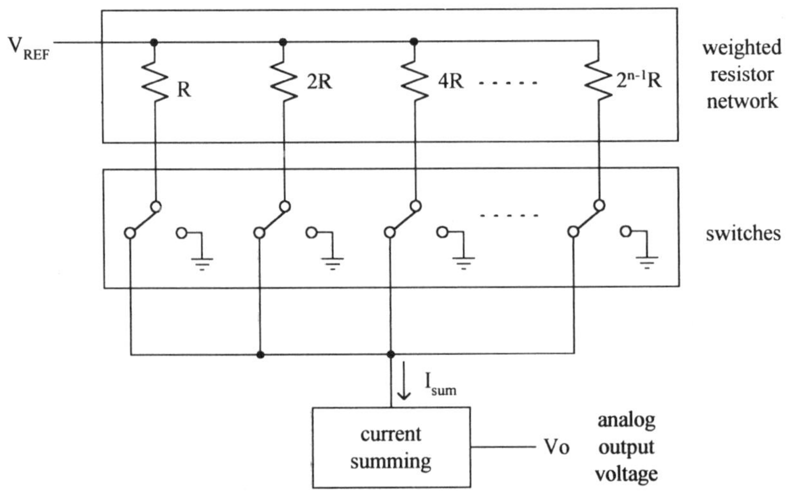

[그림 11-5] 가중치 저항회로망을 사용하는 DAC

예제 11-1

[그림 11-4]의 D-A 변환기에서 $V_{REF} = 3[V]$ 이고 디지털 입력값이 1111일 때의 출력값 $V_{FS} = -10[V]$ 가 되도록 하려면 R_F 를 $R_{in(MSB)}$ 의 몇 배로 하여야 되겠는가?

해답 $V_o = -V_{REF} \times \frac{R_F}{8R_{in(MSB)}}(8+4+2+1)$ 에서

$-10 = -3 \times \frac{15R_F}{8R_{in(MSB)}}$ $\quad \therefore R_F = \frac{10}{3} \times \frac{8}{15} R_{in(MSB)} = \frac{16}{9} R_{in(MSB)}$

따라서, R_F 1 [kΩ]을 $\frac{16}{9}$ [kΩ]으로 대체하면 된다.

이와 같이 아날로그의 출력이 최대 허용출력 이내가 되도록 R_F 저항값을 적당한 값으로 조정하는 것을 스케일링(scaling)이라고 한다.

예제 11-2 가중치 저항회로망을 이용한 12비트 D-A 변환기의 MSB 저항이 2[kΩ]일 때 LSB 저항값을 구하여라.

해답 $2^{12} = 4096\,[\text{M}\Omega]$

위의 예제와 같이 MSB 저항과 LSB 저항값의 폭이 너무 커지면 정밀도와 안전성이 떨어진다.

(2) 사다리형 D-A 변환기

가중치 저항회로망을 이용한 D-A 변환기의 경우 저항값의 폭이 너무 커서 실현 곤란한 문제점을 해결하기 위해서는 [그림 11-6]과 같은 사다리형(ladder) D-A 변환기를 사용하면 된다. R, 2R 저항회로망으로 되어 있으므로 R-2R D-A 변환기라고도 부른다. 저항의 연결상태가 사다리 모양으로 되어 있어서 상위 비트(MSB)에서 하위 비트(LSB)로 본 합성저항값이 어느 곳에

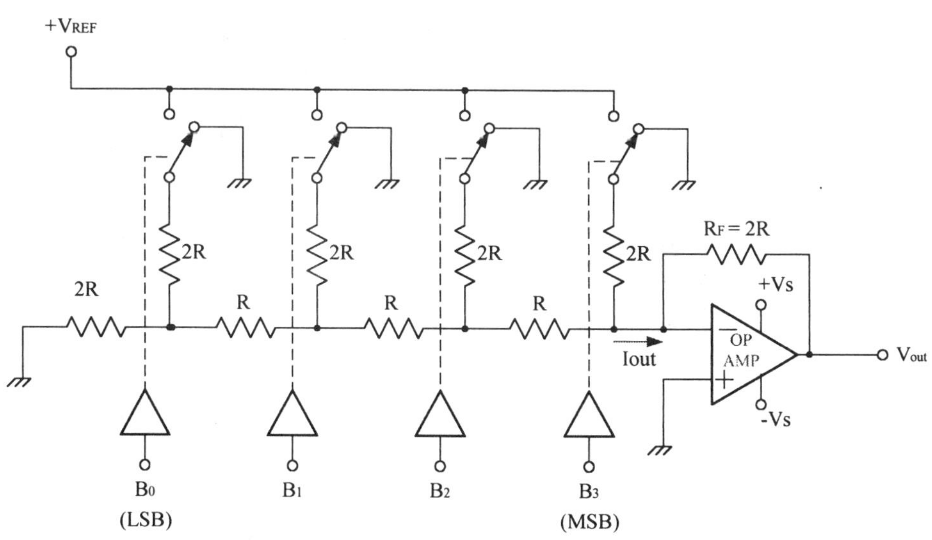

[그림 11-6] R-2R 사다리형 D-A 변환기

서나 2R이 되게 한 회로로서 출력단자에 나타나는 각 비트의 전압의 웨이트가 1, 2, 4, 8이 되게 구성되어 있다.

가장 광범위하게 사용되는 D-A 변환기 회로 중의 하나가 [그림 11-6]에 보여준 저항값이 단지 1 : 2의 비율만으로 된 R-2R 사다리(ladder) 회로이다. 이 회로에서 저항 R과 저항 2R만이 사다리 모양으로 배열되어 사용되고 있으며, 입력 데이터는 네 개의 스위치를 제어한다. 따라서, 4단 사다리형 회로망의 출력전압 V_{OUT}은 다음 식으로 구할 수 있다.

$$V_{OUT} = \frac{V_{REF}}{2^4} \times B$$

여기서 B는 0(0000)에서 15(1111)까지의 2진 입력값이다. $V_{REF} = 16$[V]로 하였을 때 2진 입력값과 출력전압의 관계는 〈표 11-1〉과 같다. 4비트 D-A 변환기의 분해능은 $V_{FS} \times \frac{1}{2^n - 1}$, 또는 $V_{REF} \times \frac{1}{2^n}$ 로부터 1[V]가 된다. 여기서 n은 디지털 신호의 비트수를 뜻한다. 9비트 D-A 변환기의 경우 분해능은 $\frac{1}{2^9}$ 로서 약 0.2% 정도가 된다.

일반적인 전압구동형 R-2R 사다리형 D-A 변환기의 구성은 [그림 11-7]과 같다. 여기서 OP-AMP는 단위이득 분리회로인 동상의 버퍼로 이용되고 있는 점만 다를 뿐 [그림 11-6]과 같은 구조이다.

〈표 11-1〉 2진 입력값과 출력전압의 관계

디지털 입력				아날로그 출력 전압[V]
B_3	B_2	B_1	B_0	
0	0	0	0	0
0	0	0	1	1
0	0	1	0	2
0	0	1	1	3
0	1	0	0	4
	⋮			⋮
1	1	0	1	13
1	1	1	0	14
1	1	1	1	15

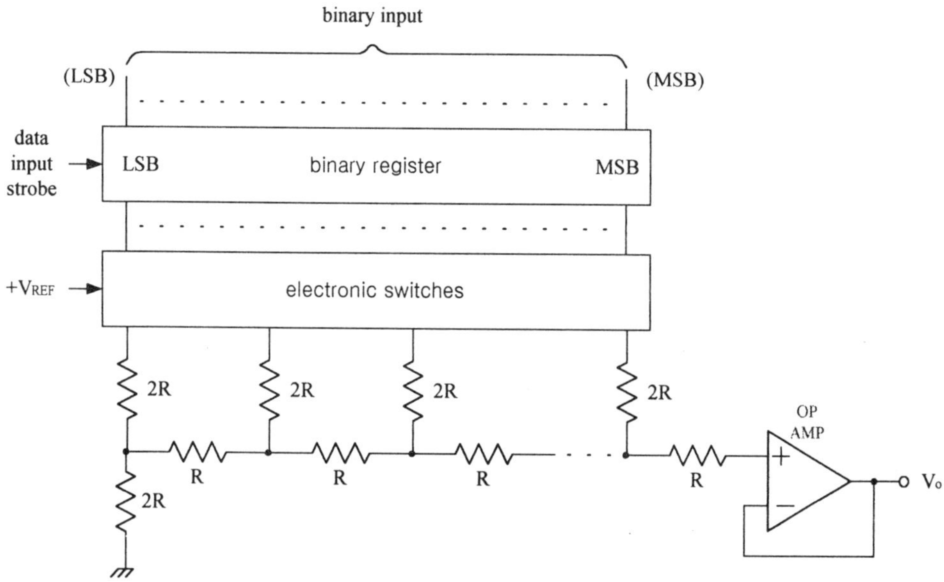

[그림 11-7] R-2R 사다리형 회로망을 사용하는 DAC

11-3 A-D 변환기

아날로그 신호를 샘플링하고 또한 양자화하는 장치를 A-D 변환기라고 한다. 이 절에서는 A-D 변환기 중에서 5가지만 소개하도록 한다.

(1) 계단형 A-D 변환기

계단형 A-D 변환기는 카운터형의 일종으로 변환시간이 다소 많이 걸린다. [그림 11-8]과 같이 사다리형 회로망을 사용하는 A-D 변환기의 회로동작은 다음과 같다.

① 아날로그 입력전압 신호는 조절 논리회로를 통하여 2진 카운터를 zero로 리셋시킨다(따라서 사다리형 회로망의 출력전압은 0 [V]로 된다).

② 카운터 시작 입력에 신호가 인가되면 외부 클록은 조절논리를 통하여 2진 카운터 회로에 입력된다. 따라서, 게이트 클록 펄스가 입력될 때마다 카운트 값은 증가하기 시작하고, 사다리형 회로망의 출력전압은 고정된 양(step)만큼 증가된다. 이런 사다리형 회로망의 출력인 계단형 전

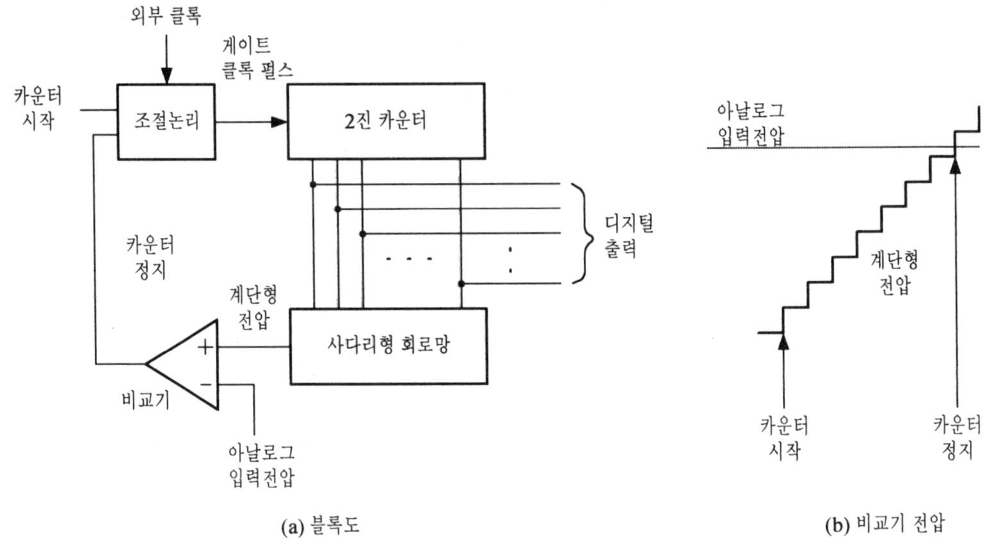

[그림 11-8] 사다리형 회로망을 사용하는 ADC

압은 비교기 회로에 의해서 아날로그 입력전압과 비교된다.

③ [그림 11-8 (b)]에 표시된 것처럼 계단형 전압이 아날로그 입력전압과 같거나 커지게 되면 비교기의 출력은 카운트 동작을 정지시키는 카운터 정지신호를 출력한다. 카운터 정지신호가 입력되면 조절회로는 외부 클록이 2진 카운터에 입력되는 것을 차단하게 된다. 따라서, 2진 카운터는 카운트 동작을 중지하고 고정된 디지털 값은 출력한다. 낮은 아날로그 입력전압은 작은 카운트 값으로 변환되고, 높은 아날로그 입력전압은 큰 카운트 값으로 변환된다.

카운터 범위와 아날로그 입력전압 범위의 스케일링이 필요하게 되며, 아날로그 신호를 디지털 신호로 변환하는 데 소요되는 변환시간(conversition time)은 클록 주파수와 2진 카운터의 비트수에 따라서 달라진다. 아날로그 입력전압이 큰 경우 변환시간이 오래 걸리는 단점을 개선시킨 것으로 트래킹(tracking) AD 변환기가 있다. 이것은 up-down 카운터를 이용하여 아날로그의 입력 변화를 계속 추적하도록 하는 방식이다.

예제 11-3

클록 주파수가 1 [MHz]인 8 비트 카운터를 사용하는 계단형 A-D 변환기의 최대 변환시간과 평균 변환시간을 구하여라.

해답 1 [MHz]의 카운트 주기 T = 1 [μs]이다. 따라서 8단의 최대 카운트는 2^8=256이므로 최대 변환시간은 256 [μs]이다. 보통 평균 변환시간은 스택에 표시되지만 최대 변환시간의 1/2로 표시된다. 따라서, 평균 변환시간은 128 [μs]가 된다.

(2) 램프형 A-D 변환기

[그림 11-9]는 램프(ramp)형 A-D 변환기이다. 단일 기울기 AD 변환기로 여기서는 DA 변환기가 필요 없다. 아날로그 입력신호는 램프 발생기의 출력과 전압비교기에 의하여 비교된다. 먼저, 계수기를 clear시켜 '0'으로 하고, V_{in}에는 아날로그 입력을 넣고 램프 발생기의 동작과 동시에 클록 펄스를 가하면 비교기는 아날로그 입력 V_{in}과 램프 발생기 출력 V_R을 비교하여 $V_{in} > V_R$일 때는 V_C를 'H'로 하여 클록 펄스가 2진 계수기에 전달된다. 램프 발생기의 출력 V_R은 시간 t에 따라 증가하여 $V_{in} < V_R$이 되면 V_C는 'L' 출력을 내고 따라서 AND 회로 출력은 'L'로 되어 카운트 동작을 정지한다.

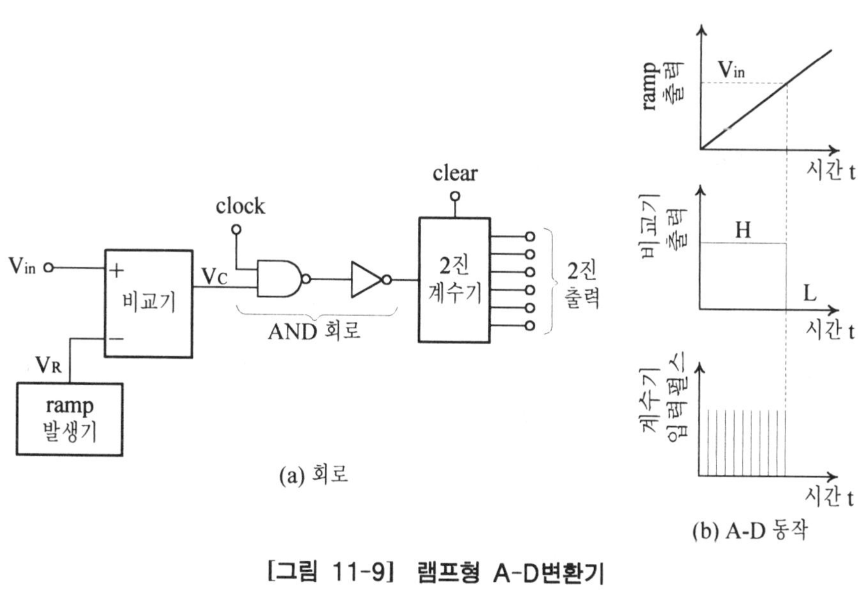

(a) 회로 (b) A-D 동작

[그림 11-9] 램프형 A-D변환기

램프형 A-D 변환기는 비교적 간단하나, 램프 파형의 직선성과 클록의 안정도에 따라 정밀도가 결정되며, 램프 파형이 최대치에 가까워짐에 따라 그 기울기가 낮아지는 경우 정밀도는 낮아지게 된다.

예제 11-4

램프 발생기의 기울기가 0.1 [V/msec]이고, 클록 펄스가 40 [kHz]일 때 아날로그 입력 5 [V]의 디지털 출력은 10진수로 얼마인가? 또, 이를 계수하려면 몇 비트의 2진 계수기를 써야 하는가?

해답 ① [그림 11-9]에서 램프 발생기 전압 V_R이 V_{in}이 되는 데 필요한 시간 t_1

$$t_1 = \frac{5[V]}{0.1[V/msec]} = 50[msec]$$

② 40 [kHz]는 주기가 25 [μs]이므로 t_1 시간 동안 계수기에 입력되는 클록 펄스 수

$$50[ms] \div 25[\mu s] = 2000$$

③ 클록 펄스 2000개를 계수하여 0～1999를 n비트로 표현하려면

$$2^n = 2000$$

$$n \log 2 \fallingdotseq n \times 0.301,$$

$$\log 2000 = \log 2 + \log 1000 = 0.301 + 3 = 3.301 \text{ 이므로}$$

$$n = \frac{3.301}{0.301} = 10.9 \cdots\cdots = 11$$

따라서 2000을 표시하려면 11비트의 2진 계수기를 써야 한다.

---

(3) dual slope A-D 변환기

[그림 11-10]은 dual slope를 갖는 A-D 변환기이다. (a) 회로에서 동작 초기에 카운터는 리셋 상태이고 적분기의 출력은 0이다. 제어논리에 의해 선택된 스위치 S_1을 통해 양의 아날로그 입력전압 V_{in}이 입력되면 일정 시간 t_{in}(입력 적분시간) 동안 적분기 커패시터 C에 전하가 충전된다. 이때 충전되는 전하량 Q_1은 식 (11-1)과 같다.

$$Q_1 = \left(\frac{V_{in}}{R}\right) t_{in} [C] \tag{11-1}$$

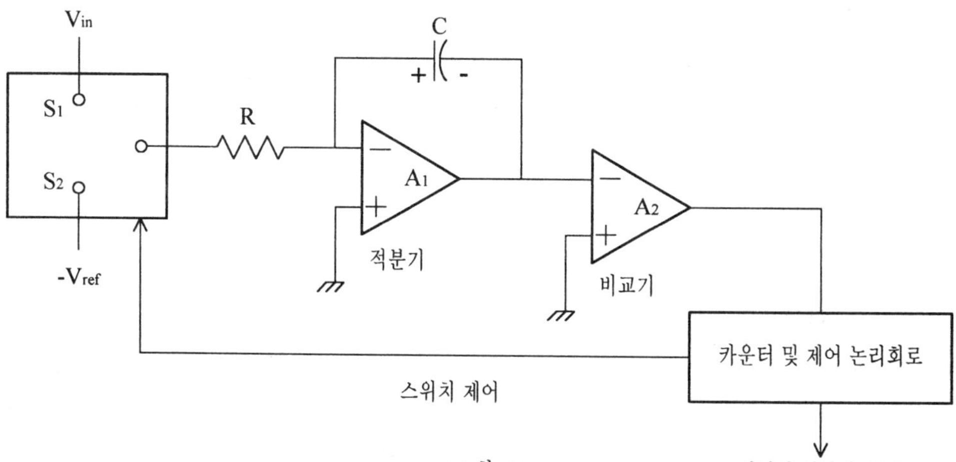

(a) 회 로

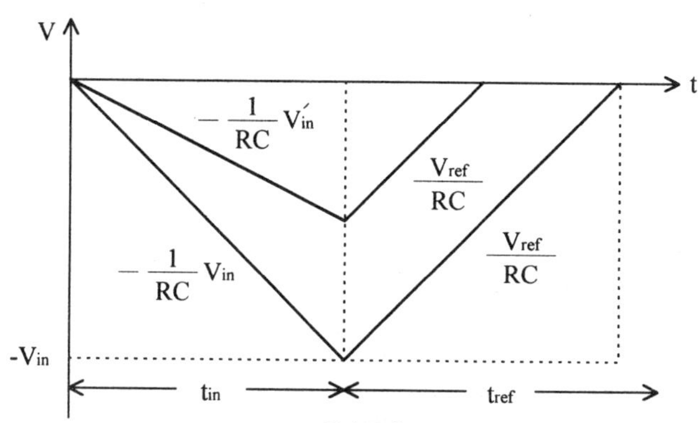

(b) 동작특성

[그림 11-10] dual slope A-D 변환기

A_1의 출력전압은 (b) 동작특성에서 보는 바와 같이 입력전압의 크기에 따라 기울기가 다른 선형 램프로 나타나고 카운터는 t_{in} 동안 지정된 계수에 도달하면 리셋된 후 제어논리는 음의 기준전압 $-V_{ref}$에 연결된다. 스위치 S_2가 선택되면 $-V_{ref}$에 의한 일정 전류 때문에 선형적으로 전하량이 방전한다. 이때 기준전압 적분시간을 t_{ref}라 하면 기준전압 V_{ref}의 역적분에 의해 방전된 전하량 Q_2는 식 (11-2)와 같다.

$$Q_2 = \left(\frac{V_{ref}}{R}\right) t_{ref} \tag{11-2}$$

A_1의 출력전압은 (b) 동작특성에서 보는 바와 같이 방전전압의 대소에 관계없이 기울기가 일정한 선형 램프로 나타나고 t_{ref} 동안 카운터는 계수를 시작한다.

$Q_1 = Q_2$가 되어야 하므로 식 (11-1)과 (11-2)로부터

$$V_{in} = \frac{V_{ref}}{t_{in}} \cdot t_{ref} \tag{11-3}$$

식 (11-3)에서 t_{in}과 V_{ref}는 일정한 상수값을 갖게 되므로 V_{in}은 t_{ref}에 비례한다. 따라서 t_{ref}를 정확하게 카운터하면 아날로그 입력전압을 구할 수 있게 된다. 이 방식은 R과 C의 오차나 클록 주파수가 정밀도에 영향을 끼치지 않는 이점을 갖고 있다. R이나 C나 주파수의 변화는 t_{in} 기간 동안 영향을 주지만 t_{ref} 기간에도 같은 영향을 주어 서로 상쇄되기 때문이다. 2중 기울기 A-D 변환기는 이러한 특성을 지니고 있어 잡음에 강하고 안정된 동작을 하므로 디지털 전압계 등 측정기구에서 많이 이용된다.

(4) 연속접근형 A-D 변환기

아날로그 입력신호가 크게 변동하는 경우 Up/Down 카운터는 V_{in}에 상당한 디지털 출력으로 접근하는 데 시간이 걸리게 된다.

[그림 11-11]은 접근시간을 단축하는 연속접근형 A-D 변환기(successive approximation A-D converter)로서 n 비트의 출력을 만드는 데 n개의 클록 주기가 필요하다. 입력에 관계없이 변환시간이 짧고 일정하기 때문에 가장 많이 쓰인다. 쉽게 설명하기 위하여 입력전압이 0~15 [V] 범위이고, 4 비트의 계수기로 디지털 출력은 0~15까지를 표시하며, 그리하여 '1'이 1 [V]에 대한 디지털 출력이라 하자.

아날로그 입력 V_{in}이 11 [V]라 할 때 디지털 출력의 접근동작을 알아본다. 첫 번째 클록 펄스에 의하여 논리회로는 축적 레지스터의 첫 번째 MSB를 1로 세트시킨다. 즉, 디지털 출력은 1000이 되고 D-A 변환기의 출력은 8 [V]가 된다.

이것은 비교기에서 비교되어 $V_{in} = 11[V] > 8[V]$이므로 그 출력을 H로 유지(keep)한다. 이 'H' 신호와 클록 펄스에 의하여 논리회로(logic block)는 축적 레지스터(storage register)의 두 번째 MSB를 '1'로 세트시킨다. 즉, 디지털 출력은 1100이 되고, D-A 변환기의 출력은 12 [V]가 된다.

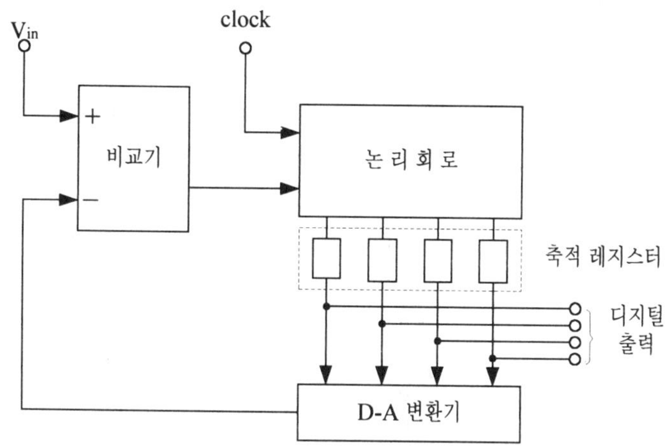

[그림 11-11] 연속 접근형 A-D 변환기

아날로그 입력신호 11 [V]는 12 [V]보다 작기 때문에 비교기의 출력은 L이 된다. 이 L 출력과 다음 클록 펄스는 앞서의 두 번째 MSB의 '1'을 '0'으로 리셋(reset)시키고, 세 번째 비트를 '1'로 세트시킨다. 그러면 디지털 출력은 1010이 되고 이것은 10 [V]를 의미한다.

아날로그 입력신호 11 [V]는 10 [V]보다 크기 때문에 논리회로는 세 번째 비트를 그대로 '1'로 유지(keep)시키면서 LSB를 '1'로 세트시킨다. 그러면 디지털 출력은 1011이 되고 D-A 변환기의 출력이 11 [V]가 되므로 동작은 끝난다. 그러므로 4 비트 변환기의 입력의 변화에 대한 출력의 적응은 4개의 클록 펄스 주기 이내에 이루어진다. 매 클록 펄스마다 입력전압이 비교전압보다 크면 유지하고 작으면 리셋(reset)하는 이런 동작을 위한 논리회로의 설계는 복잡하다. 이것은 4개의 F/F을 갖고 1개의 입력이 있는 순서 논리회로의 설계가 될 것이다.

예 제 11-5

2.5 [MHz]의 클록 펄스에 동작하는 12비트 연속 접근형 A-D 변환기의 변환시간을 구하여라.

해답

$$T = \frac{1}{2.5\text{MHz}} = 0.4\,[\mu s]$$

$$0.4\,\mu s \times 12 = 4.8\,[\mu s]$$

---

(5) flash A-D 변환기

flash A-D 변환기는 [그림 11-12]와 같다. OP-AMP를 이용한 비교기에 아날로그 입력이 가해지면 이 입력전압은 바로 디지털로 변환된다. [그림 11-12]의 (b)는 회로의 아날로그 입력전압 레벨에 따른 2진 출력값을 나타낸 진리표이며, (c)는 아날로그 입력파형과 양자화 출력파형의 관계를 보인 것이다.

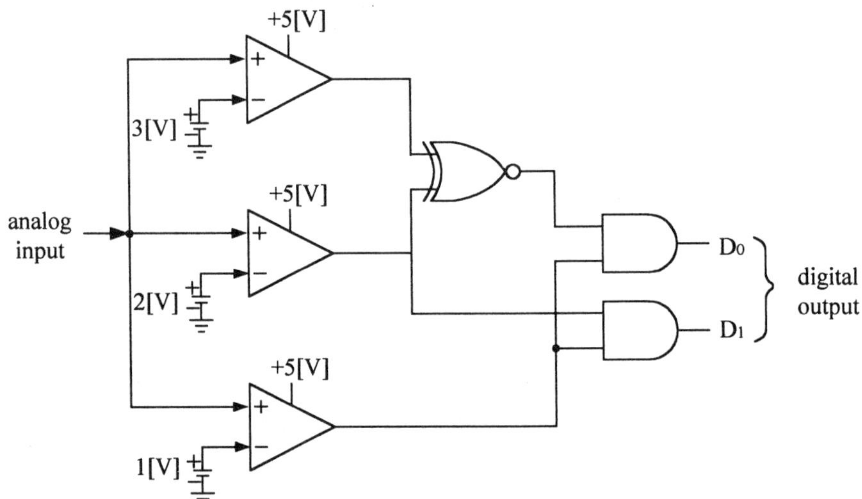

(a) 2 비트 flash A-D 변환기 구성

input	D_1	D_0
< 1[V]	0	0
>= 1[V] and < 2[V]	0	1
>= 2[V] and <3[V]	1	0
>= 3[V]	1	1

(b) truth table

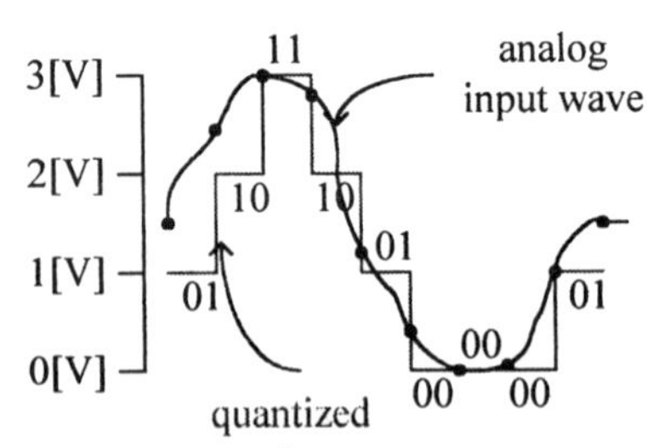

(c) 양자화 출력파형

[그림 11-12] flash A-D 변환기

11-4 정확도와 분해능

D-A 변환기의 두 가지 중요한 특성은 정확도(accuracy)와 분해능(resolution)이다.

(1) 정확도

D-A 변환기의 정확도는 주로 사다리형 회로에 사용된 정밀급 저항의 정확도와 기준전원의 정밀도에 관계되며, 실제 출력전압(측정치)과 이론적인 출력전압(참값)과의 오차를 말한다. 정확도는 직선성(linearity)과 차분직선성(differential linearity)으로 구분된다. 직선성은 상대적으로 정확도를 뜻하는 것으로 [그림 11-13]에서 기준선에 대한 변환기 출력의 최대 편차를 말한다.

이상적인 상태에서는 그 값이 ±1/2 LSB 이하가 되어야 한다. 한편, 입력에서 LSB가 변화하였을 때의 실제 출력값과 이에 대한 이론적인 출력값의 편차를 차분직선성이라고 한다. 예를 들면, 1 비트 변했을 때의 출력변화의 이론값이 100 [mV]인데, 실제로는 101 [mV]의 변화가 있었다면 차분직선성은 1%가 된다.

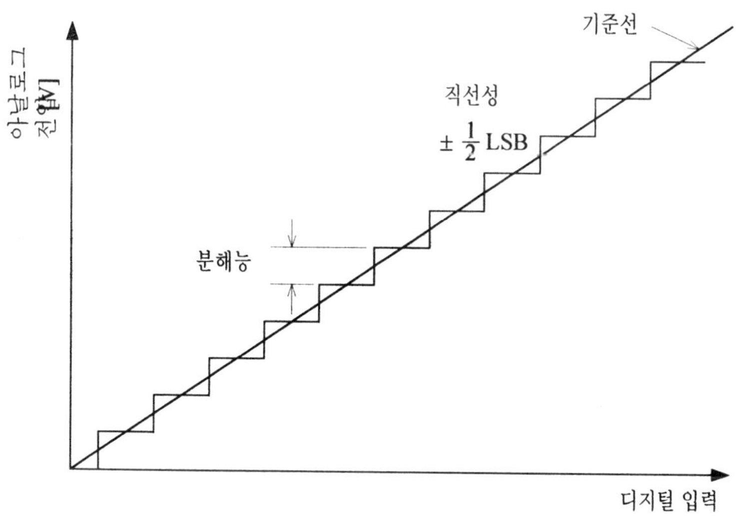

[그림 11-13] 직선성과 차분직선성

(2) 분해능

D-A 변환기의 분해능은 디지털 입력의 변화에 대해서 아날로그 출력에서 발생하는 가장 작은 변화로서, 항상 디지털 입력의 LSB가 갖는 자리값과 같다. 예를 들면, 4 비트 D-A 변환기에서 LSB는 자리값으로 1/16을 갖게 된다. 즉, 출력전압의 최소 증가분은 입력전압의 1/16이 된다.

+8 [V]의 입력전압 레벨을 갖는 경우에 LSB의 자리값은 1/16이므로 출력전압은 단계적으로 0.5 [V]씩 변화하게 된다. 따라서, 이 변환기는 0.5 [V]보다 작은 전압을 구별할 수 없는데, 이와 같은 구별 능력의 한계를 변환기의 분해능(resolution)이라고 한다. 분해능은 디지털 입력이 한 단계 변화하는 만큼 V_{OUT}이 변하는 양이므로 스텝 크기(step size)라고도 한다.

예를 들어, 10 비트 D-A 변환기의 LSB값은 1/1,024이므로 이 변환기의 출력전압의 증분은 대략 전 스케일(FS : Full Scale) 전압의 1/1,000 정도가 된다. 따라서 변환기의 전 스케일이 +10 [V]이면 분해능은 대략 +10×(1/1,000) = 10 [mV]이다.

[그림 11-14]는 D-A 변환기의 입력에 인가되는 4 비트 2진 카운터의 출력을 보여주고 있다.

클록 펄스(CP)가 인가되면 4 비트 카운터는 0(0000)에서부터 업 카운트를 개시하여 15(1111)가 되면, 다시 0(0000)으로 되돌아오는 16가지 상태를 계속해서 반복한다. 이 D-A 변환기의 최대 출력은 15 [V]가 된다. 또한 16개의

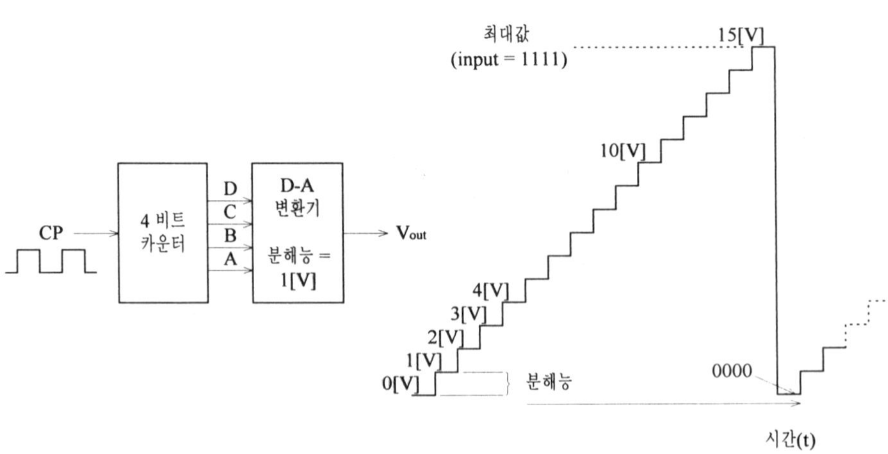

[그림 11-14] 4 비트 2진 카운터와 연결된 D-A 변환기의 출력파형

입력 코드에 해당하는 16단계를 가지며, 0 [V]와 최대 15 [V]간에는 15단계가 있다. 그러므로, N 비트 D-A 변환기의 전압 레벨의 수는 '0'을 포함해서 2N 개이며 계단의 수는 2N-1개다.

분해능은 단계당 전압이나 전류의 양으로 표현하는 것이 보통이지만 최대 출력에 대한 %로서 표현하기도 하는데 이를 % 분해능이라 한다. 이와 같은 % 분해능은 적을수록 우수하다. [그림 11-14]의 D-A 변환기의 최대 출력값이 15 [V]이고, 스텝 크기가 1 [V]이므로 다음 식에 의해 구할 수 있으며, 또한 비트의 수만 알면 쉽게 구할 수 있다. 일반적으로 % 분해능은 $1/2^n \times$ 100%로 구해지며 여기서 n은 비트수이다.

일반적으로 A-D 변환기의 주된 아날로그 오차는 비교회로에서 발생한다.

예제 11-6

12단을 갖는 계단형 AD 변환기를 사용할 때 % 분해능을 구하여라.

해답 $100\% \times \frac{1}{2^{12}} = 0.0244\%$

$= 244\,\text{ppm(parts per million)}$

11-5 디지털 시계

계수기(counter)와 해독기(decoder)를 이용한 설계 가운데서 대단히 흥미로운 것으로는 디지털 시계를 들 수 있다.

[그림 11-15]는 시계회로에서 사용하기 위한 60 [Hz]의 클록 펄스를 구하기 위한 슈미트 트리거 회로이다. 이 회로는 변압기와 74LS14 슈미트 트리

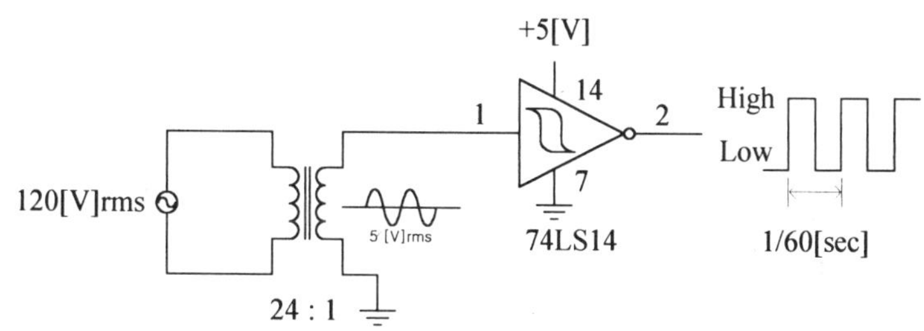

[그림 11-15] 클록신호를 구하기 위한 74LS14를 이용한 슈미트 트리거 회로

거 회로를 이용하여 60 [Hz] 교류 입력신호로부터 60 [Hz] 클록 펄스를 얻을 수 있다.

[그림 11-16]은 디지털 시계에 대한 블록도이며, 우측의 74LS14는 60 [Hz] 교류전원으로부터 60 [Hz] 구형파로 변환해주는 기능을 수행한다([그림 11-15] 참조).

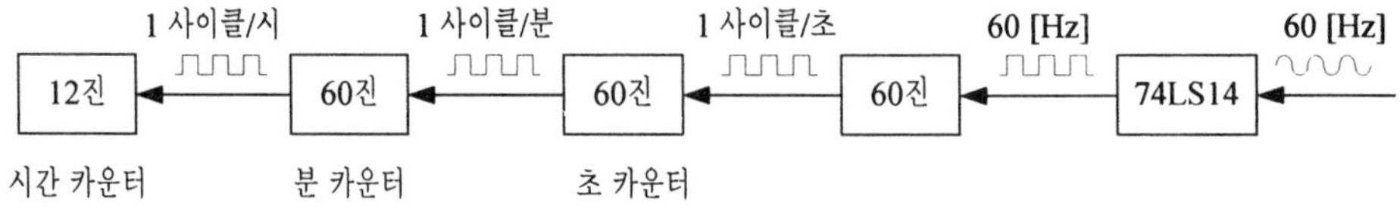

[그림 11-16] 디지털 시계에 대한 블록도

첫 번째의 60진 카운터는 60 [Hz]의 클록 펄스로부터 1 [Hz]의 초 신호를 출력한다. 두 번째의 60진 카운터는 초 신호를 입력하여 카운트하므로 초 카운터라 하며, 60초가 경과되면 하나의 분 신호를 출력한다. 세 번째의 60진 카운터는 분 신호를 입력하여 카운트하므로 분 카운터라 하며 60분이 경과되면 시 신호를 출력하게 된다. 네 번째에 있는 12진 카운터는 1 시간마다 한 번씩 입력되는 시 신호를 입력하여 카운트하므로 시간 카운터라 하며 12 시간마다 값이 초기화된다.

디지털 시계회로의 첫 단에서 사용되는 60 진 카운터를 구성하기 위해서는 최소 6개의 플립플롭이 필요하다. 그런데, 가장 간단한 구성법으로는 2진 리플 카운터를 들 수 있으므로, 카운터는 6 단 플립플롭으로 구성된 리플 카운터가 바람직하다. 그러나 6개의 플립플롭으로 구성하면 최대 64개의 상태가 나타나므로, 여분의 4개 상태를 제외하기 위하여 [그림 11-17]과 같이 궤환(feed back)을 걸어준다.

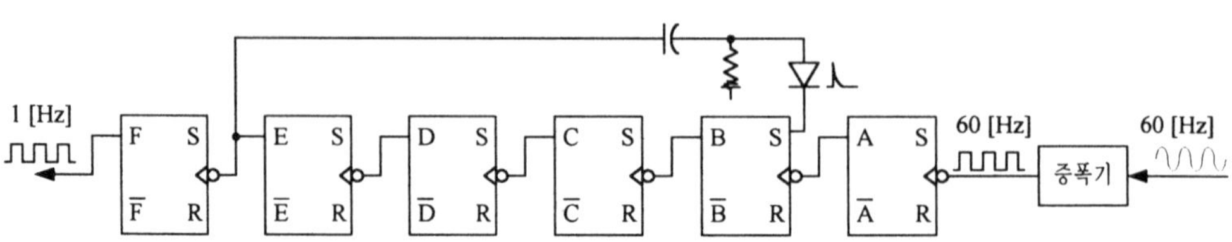

[그림 11-17] 60진 리플 카운터

궤환을 가하지 않는 구성에서는 카운터가 64개의 상태를 가지게 되고, 이 동안에 E는 두 번 높은 상태('1')에 있게 된다. 따라서 E가 플립플롭 B의 S입력에 궤환되면, E가 높은 값을 가질 때마다 입력연산으로 2개의 펄스가 입력에 가해진 것과 같은 효과를 나타내므로, 64개에서 4개를 뺀 60개의 펄스가 가해지면 이 카운터는 그 카운트 시퀀스를 한 번 마치게 된다. 즉, 64개의 상태를 거치는 대신, 60개의 상태를 거쳐 카운트 시퀀스를 마치게 되는 것이다.

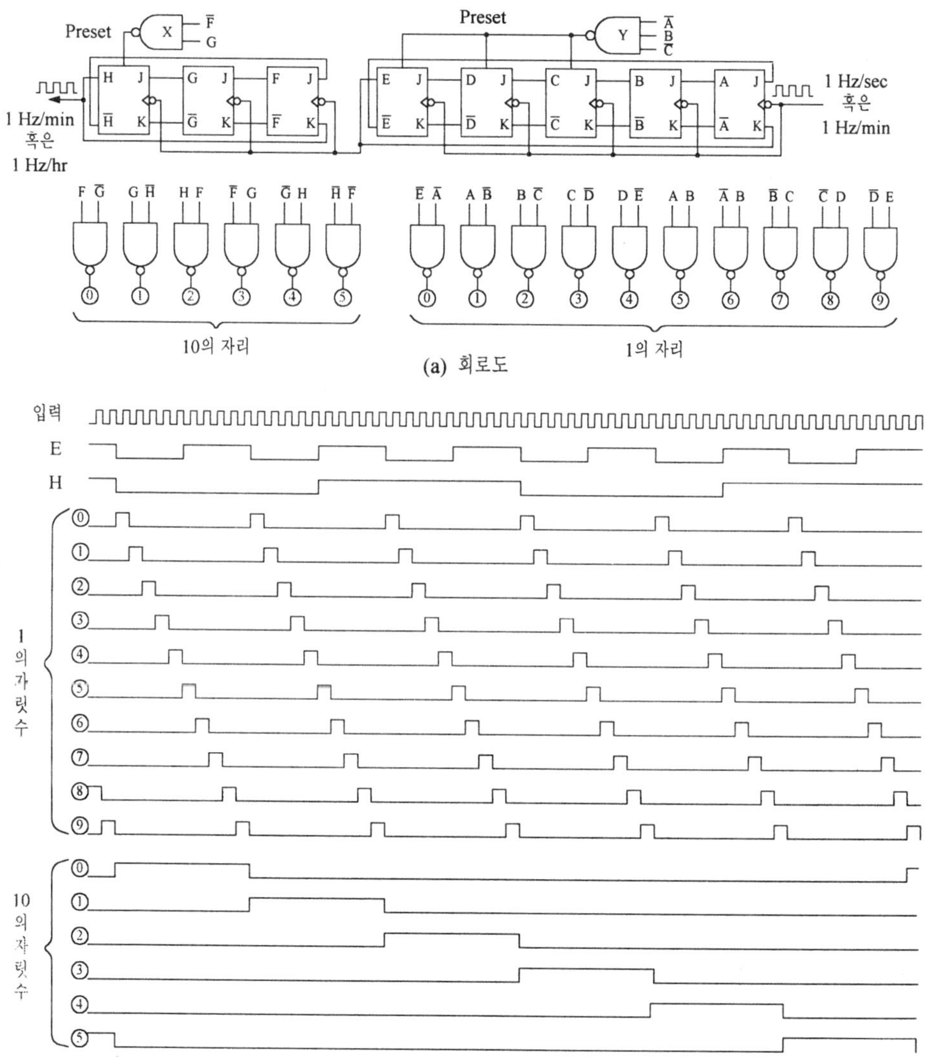

(a) 회로도

(b) 타이밍도

[그림 11-18] 1의 자리 및 10의 자리를 디코드하는 60진 카운터

두 번째 카운터도 60으로 나누어야 하고 첫 번째 것과 같이 구성할 수 있으나, 60개의 상태를 디코드하기 위해서는 6 입력 NAND 게이트 60개가 필요하다. 이러한 점을 개선하기 위하여 [그림 11-18]과 같이 Mod-10 존슨 카운터(Johnson counter)와 Mod-6 존슨 카운터를 직렬로 연결하여 사용한다.

디코드되는 해당 NAND 게이트는 [그림 11-18] 카운터 회로에 나타내었다. 따라서, 60개의 상태를 디코드하기 위해서 필요한 6 입력 NAND 게이트 60개를 2 입력 NAND 게이트 16개만으로 구현할 수 있게 된다.

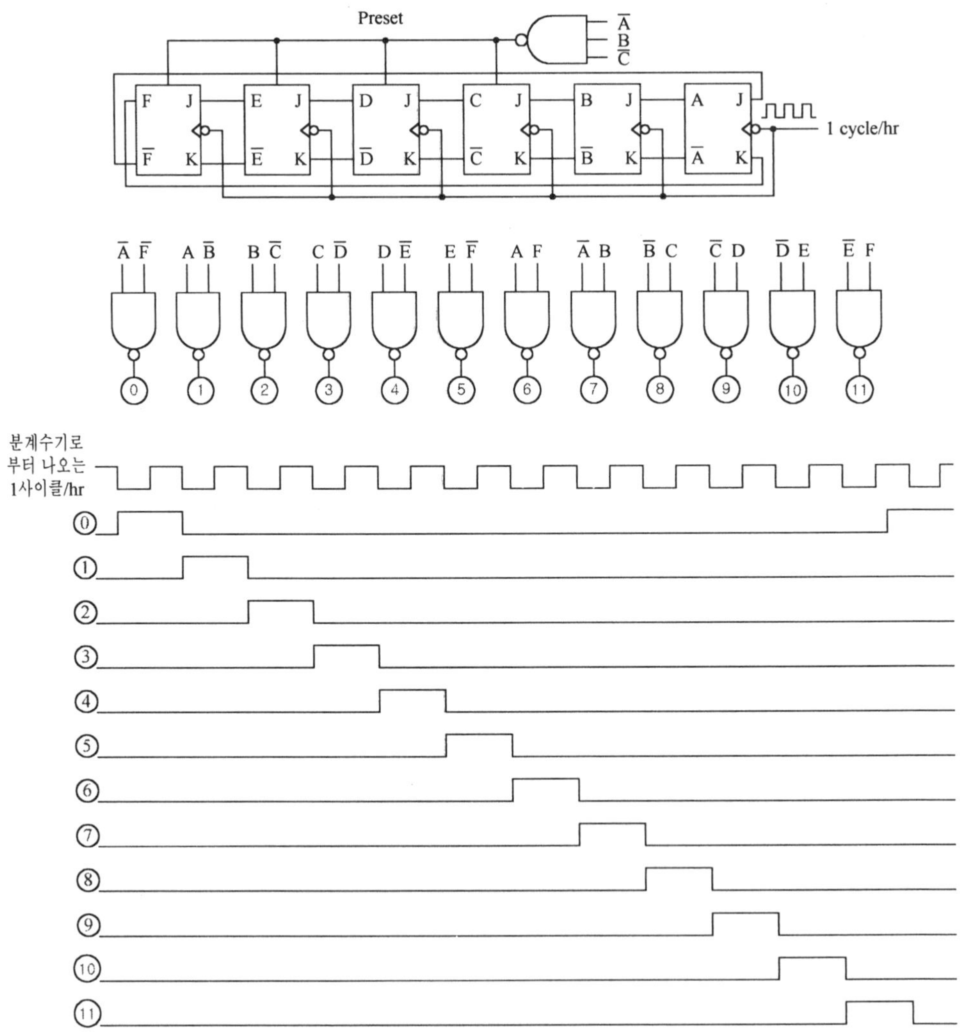

[그림 11-19] 12진 존슨 카운터

60진 카운터의 동작은 [그림 11-18 (b)]의 파형을 살펴봄으로써 확인할 수 있다. 가령, G와 $\overline{H}$가 높고 F가 낮으며, 10초 단위 줄의 램프 1이 켜지고, 이와 동시에 Mod-10 카운터에서 B와 $\overline{C}$가 높고 나머지가 다 낮으면 초단위 줄의 램프 2도 켜진다. 즉, 이때에 카운터는 12초를 가리키고 있다. NAND 게이트 X와 Y는 60진 카운터가 정상 동작하도록 보정해주고 있다.

시간 카운터도 디코드를 쉽게 하기 위하여 6단 플립플롭 존슨 카운터를 사용하며, 이에 관한 논리도와 타이밍도는 [그림 11-19]와 같다.

11 6 디지털 주파수계

디지털 주파수계(digital frequency counter)는 미지의 주파수를 입력으로 넣었을 때 그 값을 수치로 나타내어주는 계기로서 전자 측정기기 중에서 중요한 역할을 한다.

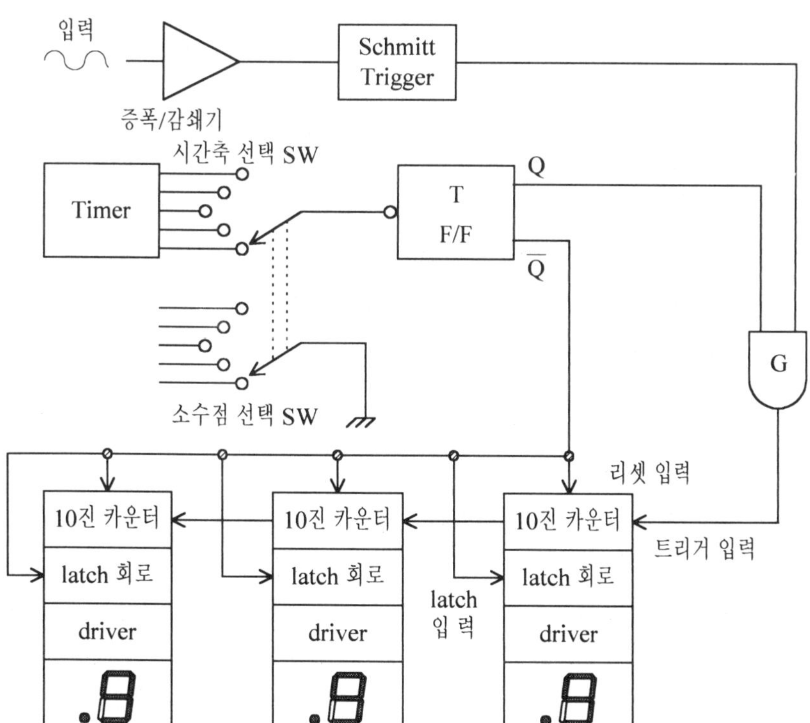

[그림 11-20] 디지털 주파수계의 블록선도

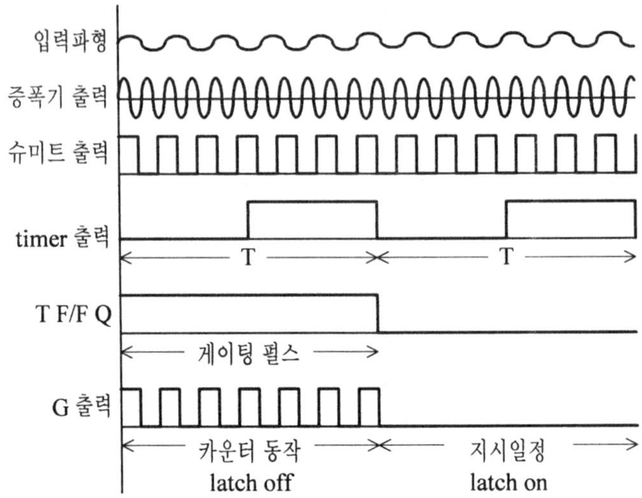

[그림 11-21] 디지털 주파수계의 파형

[그림 11-20]은 디지털 주파수계의 블록선도이고 [그림 11-21]은 디지털 주파수계의 파형을 보인 것이다. 이를 통하여 주파수계의 동작원리를 살펴보도록 하자.

주파수를 측정하고자 하는 미지의 정현파는 증폭/감쇄기를 거치고 슈미트 트리거 회로를 거치면 구형파가 된다. 한편 디지털 주파수계의 심장부라 할 수 있는 타이머부는 주파수 안정도가 높은 수정발진기로 높은 주파수를 발진시켜 이를 분주하여 사용한다. 예로서 1[MHz]의 수정발진기가 있다면 슈미트 트리거 회로를 거쳐 10진 카운터 5단을 거치면 타이머 출력은 100[ms]가 되고 6단이라면 1[sec]가 되는데 이는 시간축 선택 SW에 해당이 된다.

타이머 출력이 T형 F/F을 거치면 T F/F의 출력 Q와 같은 게이팅 펄스를 얻을 수 있다. AND 게이트 G를 통과한 미지의 입력 펄스는 게이팅 펄스 T 주기 동안 10진 카운터를 작동시켜 계수를 진행한다. 래치 회로는 OFF되어 있다가 계수가 끝나는 시각에 $\overline{Q}=1$이 되어 동작하게 되는데 이때 계수는 이루어지지 않으며 마지막 계수상태를 일정하게 지시한다.

$\overline{Q}$가 1에서 0으로 떨어질 때 각 카운터의 리셋 회로를 트리거하여 초기값을 0으로 한다. 표시시간과 계수시간이 아주 짧으면 표시기의 ON, OFF 주파수는 측정자의 눈으로 식별할 수 없을 정도로 매우 높기 때문에 우리 눈에는 측정된 주파수의 계수값이 일정하게 보이게 된다.

예제 11-7

디지털 주파수계의 타이머가 1[MHz] 클록 발생 주파수를 6단 10진 카운터로 분주하여 사용할 때 3[kHz]의 정현파를 인가한다면 미터의 지시값은 얼마가 되겠는가?

해답 시간축 $T = \frac{1}{1[MHz]} \times 10^6 = 1[sec]$

시간축 T 동안의 계수입력 펄스 $= 1 \div \frac{1}{3[kHz]} = 3000[개]$

11 7 디지털 전압계

디지털 전압계(digital voltmeter)는 측정전압을 디지털 수치로 표시하는 장치로서 측정전압을 주기로 변화하여 이 주기 동안의 펄스를 디지털 카운터로 지시하게 하는 것이다. 종래의 아날로그 전압계의 정밀도가 수%에 지나지 않는 반면 디지털 전압계는 최소 0.1%에서 0.01% 이상 정밀하게 읽을 수 있다. 디지털 전압계의 논리회로는 [그림 11-22]와 같다.

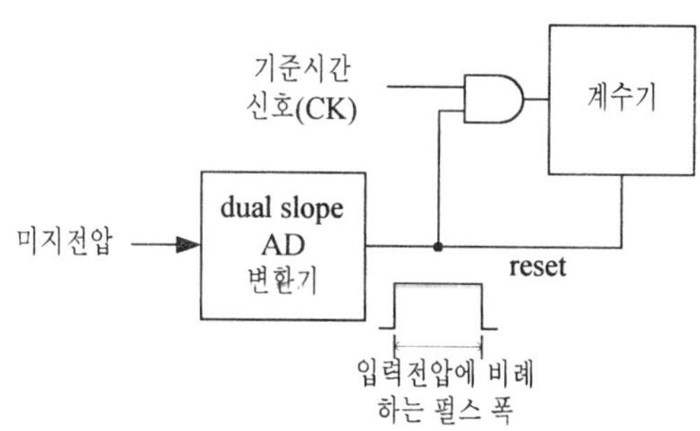

[그림 11-22] 디지털 주파수계

그림에서 보는 바와 같이 미지의 전압이 A-D 변환기를 거치면 그 출력은 입력전압에 비례하는 펄스폭을 갖게 된다. 기준시간 신호가 항상 AND 게이트에 가하여지고 있다가 미지의 폭을 가진 신호가 인가되면 그 동안만 기준시간 신호가 계수기에 가하여진다. 계수기는 이 기준시간 신호의 수를 계수함으로써 미지전압의 크기를 알게 되는 것이다. 예를 들어, 기준시간 신호로 1 [MHz]의 클록 펄스가 인가되는 계수기가 200개의 펄스의 수를 계수하였다

면 입력전압에 비례하여 나타난 구형파의 폭은

$$200 \times 10^{-6}[\mathrm{sec}]$$

이 되는데, $10^{-4}[\mathrm{sec}]$의 폭을 가질 때 전압 1[V]를 나타낸다고 하면

$$200 \times 10^{-6} = 2.0 \times 10^{-4}$$

이므로 미지의 입력전압은 2[V]가 된다. 측정치를 지시면에서 직독할 수 있게 하기 위해서는 주파수계와 같이 구성하면 된다.

따라서 기본구조는 주파수 카운터와 유사함을 알 수 있다. 주파수 카운터와의 주요 차이점은 전압제어 발진기(VCO : Voltage Controled Oscillator)가 추가된다는 점이다. 전압제어 발진기는 전압-주파수 변환기로 출력 주파수는 입력전압에 비례하며 삼각파를 출력한다.

표시형 A-D 변환기는 디지털 전압계, 디지털 온도계, 디지털 멀티미터(DMM) 등을 구성하는 데 사용된다.

CMOS 계열의 ICL7106 A-D 변환기 IC에 10개의 수동소자와 3½자리 LCD 표시장치를 외부에서 연결하면 디지털 전압계의 회로가 완성된다.

11 8 마이크로컴퓨터

마이크로프로세서(microprocessor)는 디지털 데이터를 처리하기 위해 프로그램된 LSI 디지털 시스템이다. 이것은 단일 IC 칩(또는 형태나 제조방법에 따른 한 세트의 IC 칩)으로 구성된다. 마이크로프로세서는 시스템이 프로그램 되어 특수임무를 수행하는 일반적인 논리장치이다. 마이크로프로세서는 IC 형태로 된 컴퓨터의 일부이고, 이것을 이해하기 위해서 마이크로컴퓨터의 구성이나 구조에 대하여 알아야 한다.

마이크로 컴퓨터를 구성하는 다섯 개의 기본적인 장치는 다음과 같다.

① 기억장치(memory unit)
② 연산장치(ALU : Arithmetic Logic Unit)
③ 제어장치(CU : Control Unit)
④ 입력장치(input unit)
⑤ 출력장치(output unit)

ALU와 제어장치는 CPU(Central Processing Unit) 내에 포함된다. 특히, 마

이크로프로세서(MPU : Micro Processing Unit)는 CPU의 기능을 1개의 VLSI IC에 내장시킨 것으로 프로그램이 가능하며 마이크로컴퓨터의 핵심소자가 되었다. 마이크로컴퓨터는 대형 컴퓨터보다 값싸고 작은 규모이며 상대적으로 느린 속도로 동작하는 저장 프로그램(stored-program) 방식의 디지털 컴퓨터라 할 수 있겠다.

[그림 11-23]은 소형 마이크로컴퓨터의 일반적인 구조를 보여주고 있으며, 역시 일반적인 컴퓨터에 포함된 입력장치, CPU에 포함된 제어 및 산술연산장치, 기억장치, 출력장치의 5가지 부분으로 구성되어 있다.

CPU는 [그림 11-23]의 왼쪽에 표시된 제어 버스(control bus)를 이용하여 주변장치들을 제어한다. 주소 버스(address bus)는 메모리 위치, 입력 포트(input port), 출력 포트(output port) 등을 선택한다. 데이터 버스(data bus)는 양방향성을 가지고 있으며 CPU에서 메모리 혹은 출력 포트로 데이터를 보내거나 메모리 혹은 입력 포트로부터 데이터를 받아들인다.

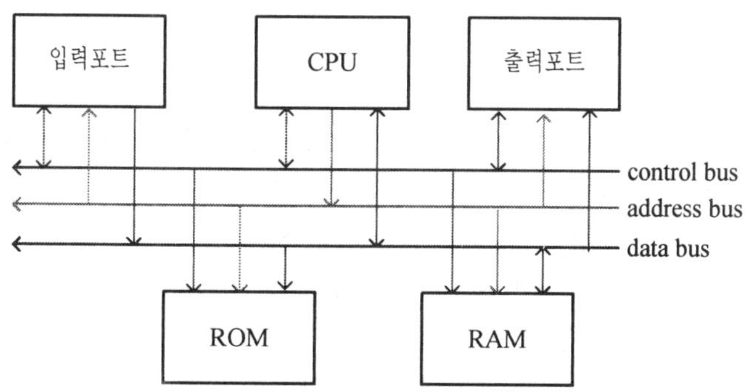

[그림 11-23] 마이크로컴퓨터 시스템의 블록도

마이크로컴퓨터의 ROM은 CPU가 실행해야 할 프로그램이 부호화된 명령어 형태로 저장되어 있으며, 시스템의 기동 프로그램이나 초기화 프로그램 등이 포함되어 있다. 사용자가 실행할 프로그램은 보조기억장치로부터 RAM으로 전송된다. RAM에는 프로그램 실행중에 사용하게 되는 데이터도 저장된다.

마이크로컴퓨터의 CPU와 기억장치가 단독으로 사용되는 예는 매우 드물며, [그림 11-24]와 같이 입력 · 출력, 보조 기억장치 등과 같은 주변장치들과 연결되어 사용된다.

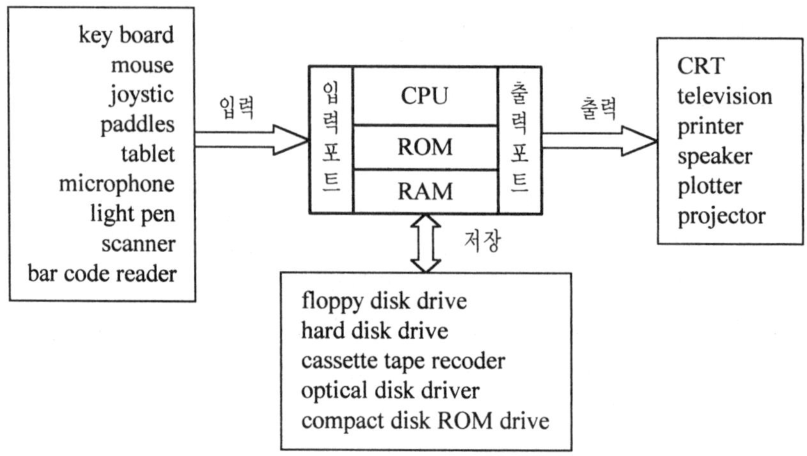

[그림 11-24] 마이크로컴퓨터에 접속되는 여러 가지 주변장치

입력장치로는 키보드(keyboard), 마우스(mouse), 조이스틱(joystick) 등이 많이 사용되고 있으며, 그 밖에도 [그림 11-24]의 왼쪽과 같은 장치들이 입력장치로 사용되고 있다. 플로피 디스크 드라이브(floppy disk drive)는 대부분의 마이크로컴퓨터의 보조기억장치로 많이 사용되고 있다. 그 밖에도 하드 디스크(hard disk)나 광 디스크(optical disk)가 사용되고 있으며, 카세트 테이프 기록장치(cassette tape recoder)도 가끔 사용된다. CRT 모니터(monitor)나 프린터(printer)는 출력장치의 대표적인 예이며, TV, 스피커, 플로터(plotter), 레이저 프린터(laser printer) 등도 출력장치로 많이 사용되고 있다.

모뎀(MODEM : MOdulator-DEModulator)은 전화선을 사용하여 멀리 떨어져 있는 다른 마이크로컴퓨터와 데이터를 송·수신할 수 있는 주변장치이며, 데이터를 송신할 때는 출력장치로 동작하고 데이터를 수신할 때는 입력장치로 동작한다. 다시 말하면 모뎀은 디지털 신호를 전화선을 통해 전달될 수 있도록 음성신호로 바꾸며, 또한 통신선을 통해 들어온 음성신호를 컴퓨터가 쓸 수 있는 디지털 신호로 바꾸어주는 변환기라 할 수 있겠다.

11 연습문제

1. $100 \sim 300$[kHz]의 주파수 범위를 갖는 아날로그 신호를 A-D 변환할 때 샘플링 주파수는 얼마로 해야 하는가?

2. 10비트 A-D 변환기의 양자화 오차는 몇 %인가? 전체적 오차는 몇 %로 잡는 것이 타당하겠는가?

3. dual slope A-D 변환기의 장점은 무엇인가?

4. 연속접근형(successive approximation) A-D 변환기에서 디지털 출력이 5(0101)인 경우 출력이 나오기까지의 과정을 설명하여라.

5. 10비트의 연속접근형 A-D 변환기에서 1[MHz]의 clock 펄스를 쓸 때의 변환시간을 구하여라.

6. R-2R의 사다리형 D-A 변환기를 8비트로 확장했을 때 스위치 제어입력=10110111에 대응하는 출력전압 V_o를 구하여라.

7. R-2R 전압형 D-A 변환기에서 $V_{REF} = 3$[V]일 때 $V_{out\,max} = -10$[V]로 하려면 R_f를 R의 몇 배로 해야 하는가?

8. 사다리형 R-2R D-A 변환기에서 $V_R = -10$[V]일 때 다음과 같은 디지털 입력에 대한 아날로그 출력전압을 산출하여라. 단, $R_f = R$이다.
   a) 10101010　　b) 11110000　　c) 00001111

9. 다음을 설명하여라.
   a) 변환계수
   b) 하중저항
   c) 스케일링

찾 아 보 기

디지털 공학

2010년 2월 20일 2판 6쇄 발행

저 자 최동선 · 양승호
발행인 남 승 우

발행처 도서출판 상尙 학學 당堂

서울시 동작구 조흥1길 4 (사당3동 220-43)
TEL : 02) 595-1692 ~ 4
FAX : 02) 595-1394
E-mail : namdoo6@unitel.co.kr
신고 : 2-155호 (1968. 11. 29)

정가 17,000원

ISBN 89-88911-15-6 93560